대기오염개론

대기연구회 저
서성석 감수

Dust Particulated material Gaseous material Green house gas Smoke Soot Volatile Organic Compounds Harzadous materal

화수목

머리말

대기환경은 인간을 비롯한 동 · 식물에게 있어서 생명의 근원이며 없어서는 아니될 필요한 원천이다. 역사적으로 볼 때 환경을 잘 가꾸고 슬기롭게 이용한 국민은 번영했다는 작은 진리를 보아 민족번영을 위해 우리 모두 아름다운 금수강산을 지속가능하게 발전시켜 나가야 한다.

세계 각국은 기후변화문제를 해결하기 위하여 각종 온실가스 저감 대책을 수립해서 하나뿐인 지구를 스스로 보호하자는 지상목표 아래 에너지 설비를 해야만 대기환경오염으로부터 자연을 보전 · 보호하고 신재생 모두가 건강하고 쾌적한 생활환경을 영위할 수 있어서 관심이 고조되고 있다.

이제 기후변화와 대기환경오염문제는 한 국가만의 이슈가 아니라 지구촌식구 모두가 노력해서 중병을 앓고 있는 지구를 살리기 위해 환경친화적인 행동을 솔선수범해서 실천해야 한다.

이러한 때에 대기환경오염뿐만아니라 온실가스삭감으로 지구환경오염인 지구온난화, 오존층파괴, 산성비, 열대우림파괴, 황사현상, 엘니뇨현상 등과 같은 지구촌문제를 해결하기 위한 전문기술인력이 필요되면서 요구되고 있다.

본서는 이론과 실무를 토대로 집필했으며 최선을 다해 대기오염개론분야의 전반적인 대기환경분야의 기초이론을 이해하기 위하여 노력을 다했지만 미비한 점이 많이 있으리라 사료되니, 여러 선후배님과 독자 여러분의 아낌없는 충고와 지도편달을 부탁드립니다.

끝으로 이 책의 출판을 위해 협조해 주신 동료 및 학생들과 출간을 위해 애써 주신 가족들과 화수목 출판사 여러분께 깊은 감사를 드립니다.

저자 일동

차 례

1 대기오염

부 록

CHAPTER

01

대기오염

제1절 대기오염

1 대기오염(Air Pollution)

1) 대기(Air)의 조성

(1) 건조대기

대기(Air)는 지구촌 위에 있는 기체상 부분을 말하는데, 일반적으로 지구를 둘러싸고 있는 대기를 지칭할 때 많이 사용되며, 대기의 질량은 5×10^{21}g으로 지표에서 높이 20km 이하에 95%가 존재한다. 특히 대기의 아래층을 대류권이라 하는데, 이 부분에서는 순환작용에 의해 각종 기상현상이 일어난다. 그리고 표준상태(0℃, 760mmHg)에서 건조대기의 조성(v/v,%)은 질소 78.1%로 가장 많이 존재하고 그 다음에 산소가 20.9%(약 21%), 아르곤 0.93%, 탄산가스 0.04% 등으로 구성되어 있다[(표 1-1) 참조].

대기 중의 질소는 정상상태에서는 인체에 직접적인 영향을 주지 않고 산소는 인간, 동물 및 식물의 호흡작용에 절대적으로 필요한 물질이다. 산소는 인간이 1회 호흡할 때마다 4~5%의 산소를 소비하고 탄산가스를 배출하는데, 성인일 경우 안정한 상태에서 1일 약 2,500~3,000L의 산소를 필요로 한다. 산소는 생리적으로 영양소를 산화시켜 에너지를 얻는 데 사용되고, 식물의 동화작용과 대기의 이동에 의해서 보충된다.

(2) 대기와 공기

대기(大氣)는 지구를 둘러싸고 있는 120여 개의 많은 화학 성분들의 혼합물이며, 그 조성은 시간과 장소에 따라 변해서 항상 일정한 것은 아니다. 공기와 대기는 영문표기로 같은 Air이지만 우리나라에서는 실내(indoor)에 있으면 공기(空氣), 실외에 있으면 대기로 구분하고 있다.

표 1-1 대류권내 정상대기의 조성

화학성분	농도	화학성분	농도
O_2	20.946% ± 0.002	H_2	0.5ppm
N_2	78.084% ± 0.004	CH_4	1.5ppm
CO_2	0.04% ± 0.001	N_2O	0.5ppm ± 0.1
Ar	0.934% ± 0.001	SO_2	0 ~ 1ppm
Ne	18.18ppm ± 0.04	NO_2	0 ~ 0.2ppm
He	5.24ppm ± 0.004	NH_3	극미량
Kr	1.14ppm ± 0.01	O_3	0.07ppm(겨울)
Xe	0.087ppm ± 0.001		0.02ppm(여름)

건조공기의 평균분자량은 약 28.83g이며, 표준상태(STP : Standard Temperature Pressure)에서 공기밀도는 약 1.293kg/sm^3(0℃, 1기압)이다.

(3) 자정작용

우리가 살고 있는 지구촌은 지금으로부터 45~46억년 전에 탄생되었다. 지구촌이 탄생하면서 탄산가스(CO_2)가 생성되어 지구촌에 CO_2가 가득하게 되니 식물이 35억년 전에 탄생해 낮에 탄소 동화작용에 의해서 CO_2를 흡수하여 감소되고, 산소(O_2)를 생성하게 되었다. 지구촌에 산소가 있으니까 생명체인 생물이 탄생되었으며, 사람도 서기 200만년 전에 태어나서 지금까지 지구촌에 살고 있는 한 생명체이다. 이처럼 자연환경은 자연 스스로가 희석작용 · 산화작용 · 교환작용 · 살균작용 · 세정작용 등을 하면서 생태계가 먹이사슬(food chain)과 항존성(homeostasis)이 보존되어 왔다.

2) 대기오염의 정의

대기오염은 새로 탄생된 것이 아니라 오랜 옛날부터 지금까지 인류는 갖가지 영향(산불, 산림채취, 화전농사, 특정 동 · 식물 남획, 악취 등)을 대기환경에 주면서 살아 왔다. 하지만 우리는 난방, 자동차, 생산활동 등을 통해 대기 속에 수많은 대기오염물질을 배출시켰으나 대기의 자정작용(self purification)에 의해서 과거에는 깨끗하게 유지되었다. 그러나, 최근에는 대기환경부하가 너무 많이 증가해서 대기정화환경용량을 초과하여 대기오염이 심화되었다. 각국의 대기오염에 대한 정의를 알아보면 다음과 같다.

가. 대한민국

환경정책기본법에서는 환경오염을 "사업활동, 기타 사람의 활동에 따라 발생하는 대기오염, 수질오염, 토양오염, 해양오염, 방사능오염, 소음 · 진동, 악취 등으로서 사람의 건강이나 환경에 피해를 주는 상태를 말한다"고 명시하고 있다. 우리나라는 별도로 대기오염을 정의하지 않지만 '대기오염위해성'은 대기환경보전법에서 정의하고 있다.

나. 미국

미국 대부분의 주(洲)들은 대기오염을 "환경대기 중에 하나 또는 그 이상의 오염물질이 존재하여 그 양과 지속시간이 인간의 건강, 동 · 식물의 생육이나 재산에 악영향을 미치거나, 생활 및 재산을 향유하거나, 사업을 수행할 권리를 부당하게 방해받는 현상" 이라고 정의하고 있다. 그리고 환경보호청(EPA)에서는 대기오염을 "인위적이거나 자연적으로 발생하는 물질이 개인의 쾌락과 안전, 건강을 손상시키거나 재산을 만족하게 사용하는 것을 방해하기에 충분한 농도로 존재한 대기상태이다"라고 명시하고 있다.

다. 세계보건기구(WHO)

WHO(World Health Organization)에서는 대기오염을 "대기 중에서 인공적으로 배출된 대기오염물질이 존재하여 대기오염물질의 양과 그 농도의 지속시간이 어떤 지역주민의 불특정 다수인에게 불쾌감을 주거나, 해당 지역에 공중보건상 위해를 미치고, 인간이나 동 · 식물의 생활에 피해를 주어서 도시민의 생활과 재산을 향유한 정당한 권리를 방해하는 상태이다"라고 명시하고 있다.

라. 일본

일본은 대기오염을 "매연, 먼지, 악취와 가스로 인해서 보건과 위생상에 미치는 위해와 생활환경에 관련된 피해가 발생한 상태이다"라고 명시하고 있다.

3) 대기오염 원인

(1) 3P시대

오늘날 시대를 3P시대라 한다. 즉 인구(popullation), 공해(pollution), 빈곤(poverty)의 커다란 3가지 과제를 일컬어 말하고 있다. 대기오염(air pollution)은 정상상태인 대기중에 존재하지 않는 물질이 자연 · 인위적으로 발생하거나, 존재하는 물질의 농도가 증가되는 상태이다. 즉 대기 중 매연, 초미세먼지, 가스 및 악취 등이 사람의 보건위생상 위해를 주며 생태계의 변화를 일으켜 인간의 생활에 밀접한 관계가 있는 재산과 동·식물 및 그 생육환경에 악영향을 미칠 정도로 어떤 지역에 단위 부피당 다량으로 존재하는 상태가 되는 현상을 대기오염 되었다고 말한다.

(2) 우리나라의 대기오염

대기오염은 1960년대 초부터 시작되어 5차례에 걸친 경제개발 5개년계획의 성공적인 발전에 의해 급진적인 공업화와 경제성장으로 인하여 도시의 인구팽창과 집중화, 공업단지조성, 산업시설의 대형화, 에너지의 대량소비, 교통량 증가 등으로 대기오염문제가 발생되었다. 우리 국토의 환경용량(environmental capacity)과 자정작용(self-purification)을 초과하여 국민생활을 저해시키는 대기오염이 심화됨에 따라서 공해문제가 정부 및 국민의 중요한 공동 관심사로 대두되었다. 특히 우리가 주목해야 하는 것은 경제활동에 의해 발생한 대기오염은 우발적이 아니라 필연적이며, 일시적이 아니라 일상적이며, 국지적이 아니라 모든 영역에 야기시킨다는 사실을 상기할 때 대기오염방지는 너무나 당연한 일이다. 그래서 대기오염이 우리의 지상과제로 등장된 것도 명약관화(明若觀火)한 일이라 하겠다.

(3) 지구환경보전

과학과 기술의 발전에 따른 경제성장은 인구팽창, 식량부족, 천연자원 고갈 등으로 말미암아 생태론적 위기를 가속화시키고 있다. 이러한 위기의식은 1972년 스웨덴의 수도 스톡홀름에서 '하나뿐인 지구'란 슬로건 아래 세계 113개국 대표가 채택한 UN인간환경선언문에서 "우리는 역사의 전환점을 맞고 있으며, 이제 우리는 전세계적인 차원에서 환경영향에 대한 사려깊은 주의를 배려하면서 행동하지 않으면 안 된다. 계속해서 무지와 무관심으로 오늘을 보내는 경우 우리의 생명과 삶의 근원인 지구환경에 대하여 돌이킬 수 없는 중대한 영향을 끼치게 될 것이다."라고 천명했다.

그림 1-1 하나뿐인 지구

특히 경제성장에 대한 논쟁은 행복추구를 전제로 한 지금까지의 전통적인 경제체제의 재검토로 지속가능한 발전을 필요로 해야 함은 분명한 사실이다. 왜냐하면 우리 인간의 육체를 형성하는데 없어서는 안 될 필요불가결한 대기, 물, 영양소는 맑은 대기, 깨끗한 물, 건강한 토양에서 얻어지기 때문이다. 그러기 위해서는 이제까지 대기환경을 무시한 경제성장을 지양하고 모든 지구촌식구들이 건강하고 쾌적한 대기환경에서 삶의 질을 높이는 친환경성 소비생활, 비오염적 활동을 증대시키는 생태론적 환경친화 및 대기환경개선정책으로 전환을 해야 한다.

(4) 대기환경보전대책

대기오염물질의 배출방지 및 쾌적한 대기질 조성을 위한 기본 목표 아래서 조화 있는 장기적 대개환경보전 대책의 기본골격은 다음과 같다.

(가) 기상 · 지형 · 토지이용 · 배출원 등 제반조건을 화석연료에서 신재생에너지로 전환해 관리해 나가야 한다.

(나) 대기환경오염 영향권을 중심으로 한 수도권 환경관리권 영역을 설정해 우선 개선해 나가야 한다.

(다) 지역별 · 대기오염물질별 오염도 및 오염부하량, 이산화탄소삭감량을 실천해나가야 한다.

(라) 대기 오염도 및 오염부하량을 예측해야 한다.

(마) 목표 대기질 설정 및 대기환경용량 설정방안을 제시해야 한다.

(바) 대기환경오염 개선을 위한 대책의 제시 및 기술적 · 행정적 주요 대기오염 방지대책의 타당성을 검토해 나가야 한다.

(사) 대기오염 방지대책의 우선 순위설정, 재원조달 및 국토개발 등 관리계획을 수립해 나가야 한다.

4) 대기오염의 현상

(1) 대기환경오염

자연환경과 생활환경이 대기오염물질에 의해서 피해가 나타나는 형태의 대기오염이다.

(2) 광역오염

대도시의 대기오염처럼 대기오염물질이 원거리까지, 즉 산성비 및 황사(黃砂)현상처럼 국경을 넘어서 확산되어 광범위하게 피해가 나타나는 형태의 대기오염이다.

(3) 지역오염

어떠한 공단, 마을 등 특정한 지역에서 대기오염발생원을 중심으로 피해가 지협적으로 피해가 나타나는 형태의 대기오염이다.

(4) 국지오염

공장주변 등에서 대기오염현상이 다른 지역과 달리 피해형태가 구별될 정도로 일부 지역에 국한되어 피해가 나타나는 형태의 대기오염이다.

(5) 대기오염의 레벨

가. 유해량

공해병증세가 나타날 정도는 아니지만 불쾌감과 어떤 증상을 나타낼 정도로서 아주 대기오염에 민감한 자에게만 생활의 안정감이 흐트러지게 할 정도의 대기오염물질의 부하량이나 그 혼합량을 말한다.

나. 위험량

대기오염에 감수성이 예민한 자에게 만성질환과 잠재적이거나 생리적인 기능(function)에 악영향을 미치게 할 정도의 대기오염물질의 부하량이나 그 혼합량을 말한다.

다. 긴급량

대기오염의 급성환자는 사망하게 될 정도의 대기오염물질의 부하량이나 그 혼합량을 말한다.

2 대기오염물질

1) 대기오염물질의 정의 및 분류

대기오염물질은 대기오염의 원인이 되는 가스상물질, 입자상물질과 기후 · 생태계변화 유발물질로서 환경부령으로 정한 먼지, 가스, 매연, 검댕, 휘발성 유기화합물 등이며, 대기환경보전법에서 사용하는 용어의 정의는 다음과 같다.

(1) 먼지(dust)

대기 중에 떠다니거나 흩날려 내려오는 입자상물질(PM : particulated material)을 말한다. 떠다니는 먼지를 날림먼지, 흩날려 내려오는 먼지를 강하먼지라고 한다.

(2) 입자상물질(particulated material)

물질의 파쇄 · 선별 · 퇴적 · 이적, 기타 기계적인 처리나 연소 · 합성 · 분해시에 발생하는 고체상 및 액체상의 미세한 물질을 말한다(PM-10은 먼지입자 크기가 10μm 이하의 미세먼지이며, PM-2.5는 2.5μm 이하의 초미세먼지를 말한다.).

(3) 가스상물질(gaseous material)

물질의 연소 · 합성 · 분해시에 발생하거나, 물리적인 성질에 의해서 발생하는 기체상물질을 말한다.

(4) 온실가스(GHG : green house gas)

지구온난화 등으로 생태계의 변화를 가져올 수 있는 기체상 물질로서 환경부령으로 정한 이산화탄소(CO_2), 메탄(CH_4), 아산화질소(N_2O), 과불화탄소(PFC), 수소불화 탄소(HFCs), 육불화항(SF_6)를 말한다.

(5) 매연(smoke)

연소시에 발생하는 유리(遊離)탄소(free carbon)를 주로 하는 미세한 입자상물질을 말한다.

(6) 검댕(soot)

연소시에 발생하는 유리탄소가 응결하여서 입자의 지름이 1미크론 미터(μm) 이상이 되는 입자상물질을 말한다.

(7) 휘발성유기화합물(VOCs: Volatile Organic Compounds)

대기중에 휘발돼 악취나 오존을 발생시키는 탄화수소화합물을 일컫는 말로 증기압이 높아 대기중으로 쉽게 증발되는 액체 또는 기체상 유기화합물의 총칭이다.

(8) 유해성 대기감시물질 및 특정대기유해물질(harzadous materal)

사람의 건강 · 재산이나 동 · 식물의 생육에 직 · 간접으로 중대한 위해를 줄 우려가 있는 대기오염물질을 말한다.

(9) 대기오염물질의 종류

대기환경보전법에서 환경부령으로 2012년 5월 13일 개정해 공표한 대기오염물질은 현재 61종으로서 다음과 같다.

입자상물질, 브롬(Br) 및 그 화합물, 알루미늄(Al) 및 그 화합물, 바나듐(V) 및 그 화합물, 망간(Mn)화학물, 철(Fe) 및 그 화합물, 아연(Zn) 및 그 화합물, 셀렌(Se) 및 그 화합물, 안티몬(Sb) 및 그 화합물, 주석(Sn) 및 그 화합물, 텔루륨(Te) 및 그 화합물, 바륨(Ba) 및 그 화합물, 일산화탄소(CO), 암모니아(NH_3), 질소산화물(NO_x), 황산화물(SO_x), 황화수소(H_2S), 황화메틸(CH_3S), 이황화메틸($(CH_3)_2S_2$), 메르캅탄류(−SH), 아민류($-NH_2$), 사염화탄소(CCl_4), 이황화탄소(CS_2), 인(P) 및 그 화합물, 붕소(B) 탄화수소(HC), 벤젠(C_2H_6), 스틸렌(C_8H_8), 아크로레인(CH_2CHCHO), 카드뮴(Cd) 및 그 화합물, 시안화물(HCN), 납(Pb) 및 그 화합물, 크롬(Cr) 및 그 화합물, 비소(As) 및 그 화합물, 수은(Hg) 및 그 화합물, 구리(Cu) 및 그 화합물, 염소(Cl_2) 및 그 화합물, 플루오르화물(HF), 석면, 니켈(Ni) 및 그 화합물, 염화비닐(vinylchloride), 디(다이)옥신(Dioxin), 페놀(C_2H_5OH) 및 그 화합물, 베릴륨(Be) 및 그 화합물, 아닐린, 프로필렌옥사이드, 클로로포름($CHCl_3$), 포름알데히드(HCHO), 아세트알데히드(CH_3CHO), 벤지딘(C_5H_5N), 1.3−부타디엔과 폴리클로리네이티드 비페닐(PCB: 다활방향종 탄화수소류), 에틸렌옥사이드, 디클로메탄, 테트라 클로로 에틸렌, 1,2−디클로로 에탄, 에틸벤젠, 트리 클로로 에틸렌, 아크릴로 니트릴, 히드라진이다.

(10) 특정대기유해물질의 종류

대기환경보전법에서 환경부령으로 1998년 1월 1일부터 정해 공표한 특정대기유해물질은 현재 모두 35종으로서 다음과 같다. 카드뮴(Cd) 및 그 화합물, 시안화수소(HCN), 납(Pb) 및 그 화합물, 폴리 클로리네이티드 비페닐(PCB: 다활방향족 탄화수소류), 크롬(Cr) 화합물, 비소(As) 및 그 화합물, 수은(Hg) 및 그 화합물, 염소(Cl_2) 및 염화수소(HCl), 플루오르(F) 화합물, 석면(Asbestos), 니켈(Ni) 및그 화합물, 염화비닐(VC), 다이옥신(Dioxin), 페놀(C_2H_5OH) 및 그 화합물, 베릴륨(Be) 및 그 화합물, 벤젠(C_6H_6), 아세트알데히드(CH_3CHO), 아닐린($C_6H_5NH_2$), 프로필렌옥사이드(CH_3CH_2COOH), 포름알레히드(HCHO), 사염화탄소(CCl_4), 이황화메틸(CH_3S_2), 1.3-부타디엔(C_4H_6), 클로로포름($CHCl_3$), 벤지딘(C_5H_5N), 에틸렌옥사이드, 디클로로메탄, 스틸렌, 에틸벤젠, 테트라 클로로 에틸렌, 1,2-디클로로 에탄, 트리 클로로 에틸렌, 아크릴로 니트릴, 히드라진이다.

(11) 기타 대기 오염물질의 종류

가. 지구온난화 및 생태계 변화 유발물질(6종)

이산화탄소(CO_2), 아산화질소(N_2O), 메탄(CH_4), 과불화탄소(PFC), 수소불화탄소(HFC), 육불화황(SF_6)이다.

나. 지하생활공간 공기오염물질(14종)

먼지, 황산화물(SOx), 일산화탄소(CO), 이산화탄소(CO_2), 질소화합물(NOx), 포름알데히드(HCHO), 석면(asbestos), 라돈(Rn), 카드뮴(Cd), 크롬(Cr), 비소(As), 구리(Cu), 납(Pb), 수은(Hg)이다.

다. 지정 악취 물질(22종: 악취방지법 신설로 대기오염물질에서 제외됨)

암모니아, 메틸메르캅탄, 황화수소, 다이메틸설파이드, 다이메틸다이설파이드, 트라이메틸아민, 아세트알데하이드, 스타이렌, 프로피온알데하이드, 뷰틸알데하이드, n-발레르알데하이드, i-발레르알데하이드, 톨루엔, 자일렌, 메틸에틸케톤, 메틸아이소뷰틸케톤, 뷰틸아세테이트, 프로피온산, n-뷰틸산, n-발레르산, i-발레르산, i-뷰틸알코올이다.

2) 대기오염물질의 특징

(1) 대기오염물질의 발생원인

대기의 조성은 대체로 질소 78%, 산소 21%, 아르곤 0.09%과 탄산가스 400ppm이지만 이 대기를 오염시키는 물질의 발생원인은 첫째가 자연, 둘째가 인위, 셋째가 인위 및 자연의 3항목으로 분리된다.

가. 자연발생원

화산에 의해서 발생하는 먼지류, 온천지 등에서 발생하는 가스상 물질, 탄전이나 유전지에서의 가스상 물질, 바람에 의한 미세먼지, 해염, 동식물의 부패, 발효에 의한 가스상 물질 등이다. 특히 화산, 산불, 온천, 탄전, 태풍, 해염, 습지 등이 주요 자연발생원이다.

나. 인위발생원

생산의 기술, 활동에 의한 생산수단, 연료사용, 각종 산업의 제품제조, 가공의 공정, 농약 등 생산을 위한 인위적인 발생원이다. 여기서 사업장, 자동차, 비행기, 축제, 선박, 열차, 인공위성, 폭발화재, 건설, 인간활동 등이 인위발생원이다.

다. 인위 · 자연 혼합발생원

인위 및 자연적으로 발생한 1차 오염물질이 자연의 힘에 의해서 2차 오염물질로서 발생하는 경우로 광화학 스모그와 산성비가 인위 · 자연 혼합발생원이다. 대기 중에서 가스상오염 물질이 반응하거나 입자상물질이 서로 흡수 · 흡착하여서 특히 에어로졸에 녹거나 공기 중에서 산화 · 분해하고 광화학반응을 일으킨다. 광화학 스모그는 대기 중에 방출된 탄화수소와 질소산화물이 태양광선 중의 자외선과 작용하여 발생한다고 하는 것이 일반적인 정설이다. 대기 중에는 질소, 산소, SO_2, 먼지, 그밖의 탄화수소나 무기화물이 존재하고 이것이 자외선에 의해서 반응하여 O_3, PAN, PBN 등 옥시던트나 알데히드 등 여러가지 생성물의 발생이 알려지고 있지만 아직 대기 중에서 광화학 스모그의 메커니즘은 상세하게 해명되어 있지 않다.

이 연구를 위한 내외의 연구자가 발표한 논문에 산성비는 발생원에서 배출된 SO_x, NO_x가 대기 중에서 산화되어 황산, 질산으로 되고 염산, 그밖의 알데히드류의 산류(酸類)가 과산화수소와 함께 지상의 높은 곳에 위치한 구름에 접하여 에어로졸과 혼합하여 지표에 강하하는 것이다. 발생기구는 복잡하지만 (그림 1-2)와 같이 추정된다. 원래 비는 대기 중의 탄산가스(CO_2)와 반응해 약산성(pH 5.6)을 띠는데, 대기오염원에서 배출된 SO*x*(황산화물), NO*x*(질소산화물) 등이 대기 중의 물방울에 녹아 비를 산성화시킨다.

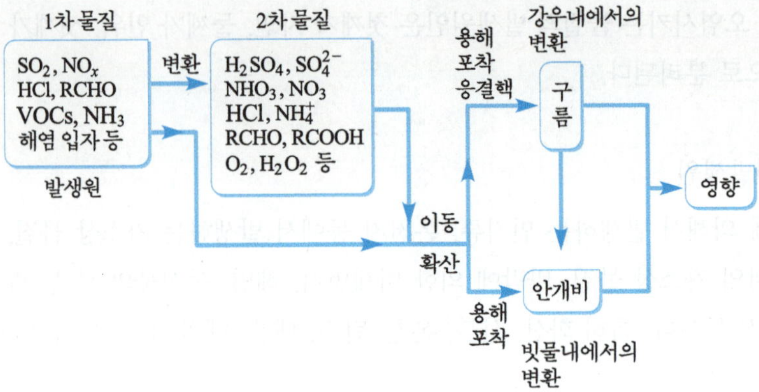

그림 1-2 대기오염물질의 발생기구

가. 인위적 발생원의 종류

인위발생원은 다시 점오염원, 선오염원과 면오염원으로 분류된다.

㉠ 점오염원(point source) : 도시고형폐기물 소각시설, 열병합발전소, 화력발전소, 대규모 공장 등의 굴뚝처럼 하나의 시설로부터 다량의 대기오염물질을 배출해 대기오염문제를 일으킨다.

㉡ 선오염원(line source) : 자동차, 열차, 항공기, 선박 등의 운행도로 · 선로 · 주행로를 중심으로 해서 대기오염물질을 발생시켜서 주변환경에 대기오염문제를 일으킨다.

㉢ 면오염원(area source) : 일정한 지역 내에 소규모적인 발생원이 다수 모여 있으면서 대기 오염물질을 발생시켜 해당지역에만 대기오염문제를 일으킨다.

나. 대기배출업소

㉠ 연도별 대기배출업소의 변화 : 대기배출업소는 1990년에 24,801개 업소였으며, 2014년에는 50,721개소, 자동차등록현황은 1965년 41,511대였으며, 1975년 200,521대, 1985년 1,113,430대, 1990년 3,394,803대, 2005년 1,540만대, 2010년 1,794만대, 2014년 2,012만대이다. 1종사업장 1,171개소, 2종사업장 1,280개소, 3종사업장 1,858개소이었는데 환경부 2015환경백서에 의하면 4종사업장 16,207개

소와 5종사업장 30,205개소이다. 전국 대기오염배출량 중 일산화탄소(CO)는 년간 70.4만톤인데 자동차에서 62.9%의 44.3톤을 배출하며, 질소산화물(NO_x)는 전국 107.5만톤중 32.2%인 34.6만톤, VOC_s는 91.1만톤중 7.5%인 6.8만톤과 PM-10은 12만톤중 10.8만톤중 1.3만톤을 배출해왔다. 그리고 자동차의 대기오염물질이 년간 전국적으로 353.1만톤중 24.9%의 88만톤을 도로이동으로 배출시키고 있다(2015년, 국립환경과학원).

자동차의 대기오염물질별 현황은 (표 1-2)와 같다.

표 1-2 자동차에서 배출되는 대기오염물질의 현황

(2012년: 만톤/년)

구분	합계	CO	NO_x	PM-10	VOC_s	NH_3	SO_x
배출량 합계	353.1	70.4	107.5	12.0	91.1	30.3	41.8
도로이동 배출량	88.0	44.3	34.6	1.3	6.8	1.0	0
비율	24.9	62.9	32.2	10.8	7.5	3.3	0

(2) 대기오염물질의 배출량

가. 배출량의 종류

HC, SO_2, NO_2, CO, PM-10 등의 대기오염발생원에서 배출된 직접 발생량과 O_3처럼 1차 대기오염물질인 NO_2, HC가 낮에 자외선과 반응하여 생성된 2차 대기오염물질의 발생량도 있다.

나. 대기오염농도

우리나라의 대기오염도는 SO_2는 2004년에 0.006ppm이었는데 2014년 0.005ppm으로 개선되었으나 0.024ppm에서 2014년 0.024ppm으로 개선되고 있지 않다.

O_3는 2004년에 0.022ppm이었는데 2010년 0.023ppm과 2014년 0.027ppm으로 자동차 증가로 크게 높아졌다. CO는 2004년 0.7ppm이었는데 2010년, 2014년 0.5ppm으로 개선되었고, Pb(납)은 2004년에 0.0732$\mu g/m^3$이었는데 2010년 0.0408$\mu g/m^3$와 2014년 0.0304$\mu g/m^3$로 58.5%가 개선되었다.

PM-10는 2004년 58$\mu g/m^3$이었는데 2010년 51$\mu g/m^3$와 2014년 49$\mu g/m^3$로 조금씩 개선되어가고 있다. 그리고 유류별 대기오염물질의 발생률은 유류 3,061,660ton으로 전체 연간 대기오염물질 발생량의 20%와 가스는 193,245ton으로 4.4%를 차지하고 있다. 연간 총발생량인 4,349,606ton의 대기오염물질 분포비율은 수송부문이 48.8%, 산업부문 28.8%, 발전부문 14.6%와 난방부문 8.8%이며, 대기오염물질의 발생은 산업부문이 먼지와 SO_2, 수송 · 난방부문이 CO, 수송부문이 NO_x와 PM-10을 주로 배출하고 있다.

수도권 대기질 개선 추진('05.11~), 저황유와 LNG 등 청정연료의 공급확대, 배출규제 강화 등 정부의 대기질 개선 대책 추진으로 SO_2, PM_{10}, Pb의 농도는 지속적으로 감소하는 추세이나, 기후변화에 따른 기온상승, 자동차 등록대수 증가 등으로 NO_2, O_3농도는 개선이 더딘 실정이다.

또한 미세먼지(PM_{10}) 오염도는 수도권 지역을 중심으로 지속적으로 감소하고 있으나 여전히 선진국에 비해 높은 수준이며, 특히 2013년부터 기상 및 국외 영향 등으로 다시 정체하는 추세를 보이고 있다.

이와 같은 고농도 미세먼지 발생 현상은 황사, 스모그 등 국외 장거리 이동오염물질의 국내 유입량 증가와 확산지연 등이 주요 원인인 것으로 추정되며, 장거리 이동 오염물질의 국내 오염에 대한 기여도는 약 30~50% 수준이라는 연구결과가 있다. 이와 같은 현상은 중국 등 주변국의 오염물질 배출량을 단기간 내 줄이기 어려운 점, 대기정체 등 기상상황을 고려할 때 당분간은 자주 발생할 가능성이 높을 것으로 예상된다.

(3) 대기오염물질별 오염도

가. SO_2

SO_2는 청정연료와 저공해 CNG연료공급확대나 수소자동차보급, 전기자동차보급 등으로 SO_2농도가 점진적으로 줄고 있다. 우리나라의 저황유공급과 청정연료사용 의무화 등으로 전 도시가 WHO 권고기준치인 0.015~0.023ppm을 달성했다. 우리나라의 연간 SO_2 환경기준치는 0.02ppm 이하와 24시간 평균 0.05ppm 이하이지만, 2016년에는 주요도시가 점차 감소하는 추세를 나타내고 있다(표 1-3).

표 1-3 주요도시의 연 평균 SO_2 오염도 현황 (단위 : ppm)

구분	서울	부산	광주	대구	인천	울산
1980년	0.094	0.058	0.009	0.038	0.026	0.053
1990년	0.051	0.039	0.017	0.041	0.044	0.031
1995년	0.017	0.023	0.010	0.031	0.023	0.028
2004년	0.005	0.007	0.004	0.006	0.007	0.010
2010년	0.005	0.006	0.004	0.006	0.007	0.008
2014년	0.006	0.007	0.004	0.004	0.007	0.008

SO_2 오염도는 계절에 따라 도시별 약간의 차이가 있는 양상을 볼 수가 있는데, 서울, 부산, 광주 등의 모든 도시가 1~2월에 가장 높았고, 서울은 여름철에 가장 낮았지만, 울산만 6~7월이 가장 높았고, 9~11월에 가장 낮은 경향을 나타낸다.

표 1-4 주요도시의 월별 평균 SO_2 오염도 현황 (단위 : ppm)

구분	서울	부산	광주	대구	인천	울산
1월	0.019/0.007	0.031/0.008	0.010/0.004	0.032/0.008	0.022/0.010	0.024/0.008
2월	0.018/0.006	0.027/0.006	0.009/0.006	0.030/0.005	0.017/0.008	0.024/0.007
3월	0.016/0.007	0.023/0.007	0.008/0.005	0.023/0.004	0.012/0.008	0.018/0.007
4월	0.014/0.006	0.022/0.008	0.008/0.004	0.026/0.004	0.010/0.008	0.023/0.010
5월	0.014/0.006	0.023/0.007	0.007/0.004	0.025/0.004	0.011/0.008	0.030/0.010
6월	0.009/0.005	0.019/0.007	0.005/0.004	0.013/0.002	0.006/0.006	0.028/0.009
7월	0.007/0.005	0.018/0.007	0.005/0.003	0.012/0.003	0.006/0.006	0.028/0.009
8월	0.008/0.004	0.016/0.007	0.005/0.003	0.011/0.002	0.018/0.005	0.017/0.007
9월	0.010/0.004	0.018/0.006	0.006/0.003	0.017/0.003	0.012/0.006	0.016/0.006
10월	0.011/0.005	0.021/0.006	0.008/0.004	0.025/0.003	0.011/0.006	0.016/0.006
11월	0.011/0.006	0.018/0.007	0.009/0.003	0.026/0.004	0.013/0.007	0.015/0.006
12월	0.018/0.006	0.026/0.006	0.012/0.004	0.036/0.005	0.020/0.007	0.019/0.006
연평균	0.013/0.006	0.022/0.007	0.015/0.005	0.023/0.004	0.012/0.007	0.022/0.008

자료) 1997년 환경백서(환경부)와 2015년 환경통계연감(환경부)

나. NO_2, O_3, CO

서울의 환경기준치는 NO_2(이산화질소)가 연간 평균 0.033ppm 이하, CO(일산화탄소)가 8시간 평균 0.5ppm 이하와 O_3(오존)이 시간 평균 0.023ppm 이하이며, PM-10(미세먼지)는 평균 46㎍/m^3과 Pb(납) 0.037㎍/m^3이었다. 도시별 대기오염물질(NO_2, O_3, CO)는 전기자동차대수가 점차 증가해 매년 크게 감소하는 양상을 나타낼 것이다. 그리고 벤젠(C_6H_6)이 대기환경 기준항목으로 조정되었고 연간 평균치가 5㎍/m^3이하이다.

표 1-5 주요도시의 NO_2, O_3, CO 년간 평균 오염도 현황 (단위 : ppm)

구분		서울	부산	광주	대구	인천	울산	대전
1995년	NO_2	0.032	0.027	0.020	0.028	0.024	0.023	0.021
	O_3	0.013	0.016	0.016	0.017	0.013	0.023	0.015
	CO	1.3	1.0	0.9	1.0	1.8	1.3	1.2
2014년	NO_2	0.033	0.020	0.019	0.024	0.028	0.023	0.020
	O_3	0.023	0.029	0.029	0.026	0.026	0.028	0.026
	CO	0.5	0.4	0.5	0.4	0.6	0.5	0.5

자료) 2015년 환경통계연감(환경부)

다. 미세먼지(PM-10)와 초미세먼지(PM-2.5)

PM-10 환경기준치는 연간 평균 50㎍/m³ 이하와 24시간 평균 100㎍/m³ 이하이며, 그리고 PM-2.5는 연간 평균 25㎍/m³ 이하, 24시간 평균 50㎍/m³ 이하이다. 대도시의 총부유먼지(TSP)오염도는 점진적으로 도로포장 등에 의해 (표 1-6)처럼 감소추세를 나타내고 있다. 그리고 월별로는 5~6월, 12월이 가장 높으면, 비가 오는 7~8월이 제일 낮았다.

표 1-6 주요도시의 계절별 PM-10 년간 평균 오염도 현황 (단위 : ㎍/m³)

구분	서울	부산	광주	대구	인천	대전	울산
2005년	58	58	49	55	61	48	50
2010년	49	49	45	51	55	43	48
2014년	46	48	41	45	49	41	46

자료) 2015년 환경통계연감(환경부)

라. 산성비(Acid rain)

비는 대기 중의 탄산가스와 반응해서 원래 약산성인 pH 5.6 정도이어야 하는데, 대기 오염원으로부터 발생된 SOx, NO_x 등이 대기 중에 있다가 물방울에 녹은 후 비를 산성화시켜 초우(初雨)의 산성비로 pH5.5 이하가 내리게 된다.

비의 산성도는 대기 중의 SO_2오염도에 비례하며, 대도시는 11~03월에 집중해 pH 5.5 이하의 비가 내려서 식물의 수분흡수를 억제하거나, 토양의 유기물 분해를 방해하며, 건물 · 교량 · 문화재 · 동상 등의 구조물을 부식시킨다.

표 1-7 주요도시의 연도별 강우중 산성도 현황 (단위 : pH)

구분	서울	부산	광주	대구	인천	대전	울산
1986년	5.3	5.2	6.1	5.4	5.5	5.4	5.2
1990년	5.0	5.2	5.5	5.7	5.9	5.4	5.6
1995년	5.8	5.2	6.2	5.7	5.9	5.9	5.3
2005년	4.4	4.8	4.8	5.3	4.5	4.6	5.2
2010년	4.6	4.4	5.0	4.6	4.6	4.3	4.4
2014년	4.8	5.0	5.4	5.1	4.7	5.1	5.0

마. 중금속인 Cd(카드뮴)과 Pb(납)

주요도시의 중금속오염도는 점진적으로 감소되며, Cd이 Pb보다 낮게 나타난다. Pb

는 무연(無鉛)휘발유의 사용으로 크게 매년 (표 1-8)처럼 감소되는 경향을 나타내고 있다. Pb(납) 대기환경기준치는 3개월 평균 1.5㎍/m³ 이하이다.

표 1-8 주요 도시의 연도별 중금속의 오염도 현황 (단위 : ㎍/m³)

구분		서울	부산	광주	대구	인천	대전	울산
Pb	1993년	0.2090	0.1759	0.0536	0.0476	0.2588	0.2573	0.0866
	1995년	0.1844	0.0705	0.0487	0.0138	0.2427	0.3666	0.0457
	2004년	0.079	0.052	0.042	0.069	0.141	0.073	0.069
	2010년	0.028	0.046	0.022	0.036	0.067	0.035	0.065
	2014년	0.037	0.023	0.014	0.026	0.041	0.031	0.037
Cd	1993년	0.0035	0.0030	0.0010	0.0014	0.0060	0.0016	0.0128
	1994년	0.0035	0.0029	0.0011	0.0021	0.0066	0.0021	0.0113
	1995년	0.0041	0.0023	0.0013	0.0005	0.0061	0.0034	0.0073
	1996년	0.0031	0.0022	0.0014	0.0032	0.0063	0.0020	0.0168

(4) 대기오염물질과 산업

산업에 의해서 발생하는 대기오염물질의 종류는 아주 많으며, 양적으로는 NO*x*, 미세먼지, SO*x*, CO가 많고 탄화수소류의 순으로 존재하나 각각 대기 중에서 이들 유해의 정도는 반드시 양과의 상관성은 적다. 미량에서도 이들 자신 또는 다른 오염물질과의 복합 반응에 의해서 현저하게 인체나 생활환경에 영향을 미치는 것도 있다.

가. 가스상물질

대표적인 가스상물질은 (표 1-9)와 같고 그 발생원에 관계하는 산업도 여러 업종이 있다.

나. 입자상물질(PM : Particulate Material)

매연발생시설에서 발생하는 먼지나 기타 시설에서 발생하는 먼지에 대해서 PM-10, PM-2.5이며, 액적 입자를 미스트(mist) 또는 입경이 작은 것과 종합적으로 부유입자상물질 에어로졸이라 한다. 입자상물질 중 크고 무거운 힘에 의해서 지상에 강하하는 것을 강하먼지라 한다. 매연 중에 함유된 먼지는 연료의 주성분인 탄화수소류가 연소과정에서 산화·분해반응에 의해 발생하는 탄소류를 말한다.

매연발생시설에 있어 먼지의 배출허용농도는 시설의 종류, 사용하는 연료의 발생량

표 1-9 대표적인 가스상물질과 관련업종

물질명	화학식	관련업종
플루오르화수소	HF	화학비료제조, 요업, 알루미늄공업
황화수소	H_2S	석유정제, 가스공업, 암모니아공업, 펄프제조
이산화세렌	SeO_2	금속정련, 화학공업
염화수소	CHI	소다공업, 플라스틱처리
이산화질소	CO_2	질산제조, 연소를 동반하는 각종 업종, 니트로화합물제조
이산화황	SO_2	황산제조, 중유연소각산업, 금속공업, 제지공업
염소	Cl_2	소다공업, 기타화학공업
사플루오르화규소	SiF_4	화학비료제조
포스겐	$COCl_2$	염색공업, 유기합성
이황화탄소	CS_2	이황화탄소제조, 용제, 식문군증
시안화수소	HCN	청산제조, 제철, 가스공업, 화학공업, 전기도금
암모니아	NH_3	화학비료, 도금, 유기·무기약품, 청사진, 냉동업냉매
삼염화인	PCl_3	의약제조, 이염화인
오염화인	PCl_5	삼염화인, 옥시산화인
황인	P_4	인정련, 인화합물제조
클로로설폰산	HSO_3Cl	의약제조 염료제조
포름알데히트	$HCHO$	포르말린제조, 피혁, 합성수지
아클로레인	CH_2CHCHO	아크릴산제조, 합성수지, 바니스제조
인화수소	PH_3	인산제조, 인산비료
벤젠	C_6H_6	석유정제, 포르말린제조, 도장공업, 유기용제
메탄올	CH_3OH	메탄올제조, 포르말린제조, 도장공업, 수지공업
니켈카르보닐	$Ni(CO)_4$	석유화학, 니켈정련
황산(SO_3을 포함한다.)	H_2SO_4	황산제조, 비료공업, 무기화학
브롬	Br_2	염료, 의약, 농약
일산화탄소	CO	가스공업, 금속정련공업, 내연기관운전
페놀	C_6H_5OH	타이루공업, 화학약품, 도장공업, 수지공업
피리딘	C_5H_5N	제약, 화학공업 등
멜캅탄	C_2H_5SH	석유, 석유화학, 제약, 사료제조

에 의해서 정해지며, 그 발생원을 시설별로 알아 본다면 (표 1-10)과 같다. 먼지의 발생량이 가장 많은 것은 보일러이고, 연료가 oil에서 석탄으로 전환되면 먼지가 증가된다.

표 1-10 먼지 · 분진류의 발생원

발생원장치	종류
보일러	미세먼지, 플라이앳슈(fiy ash)
시멘트기름	크링카미세먼지, 미세먼지
광석배소로	금속산화물, 광석분체, 플라이앳슈(fiy ash), 미세먼지, fume
용광로	광석분체, 코크스분체, 광재미세먼지, 미세먼지
철합금로	SiO_2미세먼지, 미세먼지
제강평로	산화철분체, 미세먼지
요업로	플라이앳슈(Fly ash), 미세먼지
전로	미세먼지
시멘트소성로	미세먼지
큐포라	미세먼지
코크스로	미세먼지
금속규소로	SiO_2분체
카본블랙로	미세먼지
페기물소각로	미세먼지, 플라이앳슈(fly ash)
석탄건류로	타르미스트
황산프란트	황산미스트
아연도금	산화아연, 미세먼지, 암모늄 mist, fume
광성분쇄	미세먼지
분체처리운반설비	
도로포장재처리로	미세먼지, SiO_2먼지, 타르미스트(tar mist)

다. 특정대기유해물질

인체나 동 · 식물이 해를 미치는 물질의 유해정도는 대기오염물질의 성상과 양에 의한다. 대기환경보전법으로 정해져 있는 대표적인 특정대기유해물질은 (표 1-11)과 같고 이들의 발생원과 배출허용기준도 정해져 있다.

㉠ 카드뮴 및 그 화합물 : 카드뮴 및 그 화합물 카드뮴(Cd), 황산카드뮴($CdSO_4$), 산화카드뮴(CdO), 황화카드뮴(CdS) 등이 있다. 아연 정련의 공정에서 배출되는 이 화합물은 황산 카드뮴, 산화카드뮴이다. 금속카드뮴은 가열에 의해서 증기로 되고 그 화합물도 가열에 의해서 승화하거나 분해한다. 카드뮴계 안료의 제조에 있어서는 카드뮴을 황산으로 녹이고 황산아연, 세렌, 산화소다 등을 가하여 황화합물로서 침전시키고, 이것은 건조 소멸된다. 소멸할 때에 SO_2를 발생하는 일이 있다.

표 1-11 대표적인 특정대기유해물질과 그 발생원

유 해 물 질	발 생 원
카드뮴 및 그 화합물	아연제련(소결로, 침전물재생, 광석처리) 합금, 납땜제조 카드뮴도금 카드뮴안료제조 · 사용공정 기타(비누안정제, 염화비닐소각 등)
염소 및 염화수소	염소가스제조 · 처리 염산제조공정 철강염산세척공정 무기염소화합물 제조공정 염소화탄화수소의 제조 · 처리공정
납 및 그 화합물	납정련(소결로 · 용광로, 전기로, 광석처리) 납용해로 연계통안료 제조 · 사용공정 크리스탈유리용해로 도자기소성로 기타(비누안정제, 염화비닐소각)
플루오르소, 플루오르화수소 및 4플루오르화 규소	알루미늄제조 인산계비료제조공정(광석처리, 소성로, 용융로) 유리용융로 플루오르화수소, 플루오르화나트륨 등 제조공정 유기 플루오르화합물제조(합성수지, 프론 등) 소성로(유약제) 기타(조재제를 사용하는 전로, 전기로 등)

㉡ 염소 및 염화수소 : 염소(Cl_2)는 식염을 전해하여 만들지만 이것으로 염화수소(HCl)를 제조시에는 액체염소와 수소를 직접 연소시키고 냉각한다. 이때 냉각탑에서 나오는 가스는 세정탑에서 처리한 후 배출시켜야 한다.
염화비닐(VC)은 에틸렌과 염소와 염화에틸렌을 만들고, 이때도 탈염산해야 한다. 탈염산공정의 배출가스 중에 탈 회수시 염산이 남는다. 아연 도금의 경우에 pH 완충제로서 염화암모니아(NH_4Cl) 등을 사용하므로 그 배출가스 중에 독성(NH_4Cl)이 배출된다. NH_4Cl는 물에 녹기 어렵지만 사염화탄소에는 잘 녹는다. 염화수소는 물에 잘 녹아 염산으로 된다.

㉢ 납 및 그 화합물 : 납(Pb), 일산화납(PbO), 황산납($PbSO_4$), 황화납(PbS), 이산화납

(PbO_2), 사산화삼납(Pb_3O_4) 등으로 배출가스 중에서 먼지와 SO_2를 많이 함유되어 있다. 용광로에는 코크스, 석회석, 규산광, 형석(CaF_2)을 부원료로 넣고 조연을 만든다. 이때 유해가스는 배출구로부터 닥트로 인출시켜 처리해야 한다.

연단이나 안료를 만들 경우에는 반사로와 용기 연결장치가 필요하다. 연계안료를 제조하는 공정에서는 금속연을 용해로에서 녹이고 반응실(70℃)에서 질산과 연료의 연소에 의해서 발생하는 CO_2와 반응시킨다. 반응의 경우 70~80%가 생성되어 제품으로 건조한다. 이 건조 공정에서 방출된 가스는 처리한 후 배출시켜야 한다.

㉣ 플루오르 및 그 화합물 : 플루오르화수소 및 플루오르화규소, 플루오르(F)는 물과 반응하여 플루오르화수소(HF)를 발생하고 무기물 및 유기물과 반응하여 플루오르 화합물을 만든다. 사플루오르화규소는(SiF_4) 물과 반응하여 이산화규소(SiO_2)와 육플루오르화규소산(H_2SiF_6)을 생성한다. 플루오르화수소는 형석(CaF_2)과 황산을 일정비율로 혼합하여 기준해 넣고 약 400℃에서 가열하여 반응시킨다. 반응은 세정집진기(scrubber)에서 진행되고 혼입불순물을 제거한 후 흡수탑에 인도하여 물에 흡수시켜 플루오르화수소산으로 한다. CaF_2에서 실리카(SiO_2)를 함유하고 있으므로 이것을 제조공정 중 플루오르화수소와 화합하여 플루오르화규소를 만든다. 원료에 빙정석$(2NaF \cdot AlF_2)$, 플루오르화알루미늄(AlF_3)을 사용하는 알루미늄 정련, 인광석$(Ca_4(PO_4)_3 \cdot CaF)$을 사용하는 인산비료공업 또는 형석(CaF_2)을 사용하는 공업, 타일 바닥 및 주철업도 플루오르화합물의 발생원이다.

3) 대기오염물질의 성상

(1) 가스상 물질

가. CO(일산화탄소)

㉠ 일반성상은 분자량이 28.01, 밀도는 0℃, latm에서 1.25g/ℓ, 녹는점은 −205℃, 끓는점은 −191.5℃이다.

㉡ 외관상으로는 무색 · 무취의 기체이며, 노동위생상 허용농도는 50ppm($55mg/m^3$)이고 20℃ 물에 2.3Vol% 정도로 난용성물질이다. CO는 탄소화합물인 가연성물질의 불완전연소시 발생되며 CO_2와 적열한 탄소(C)가 접촉시 발생되기도 한다.

㉢ CO는 혈구소(血球素)인 헤모글로빈(Hb : Hemoglobin)에 대한 산소친화력이 산소(O_2)보다 약 210~270배 강해서 CO가 흡입시 HD와 결합해서 CO−Hb(일산화탄소 혈구소)를 생성한다.

㉣ 피 속에 CO-Hb 존재하게 되면 체내 조직이 O_2결핍에 의해서 각종 증상인 중추신경계의 기능변화, 산소작용의 중독적인 영향이 일어난다.

㉤ 자동차 배출가스로부터의 CO분포는 차도(車道)부근의 수평분포가 비교적 바람이 약할 경우에 비교적 평탄한 지역에서의 교통량이 많은 교차지점 및 차도 부근에 대기오염물질농도는 차도 위가 가장 높다.

㉥ 주로 20m에서 40m 떨어진 곳이어야만 대기오염물질농도가 크게 감소되었다. 그리고 차도 위의 수직분포는 비교적 바람이 약한 자동차 교통량이 많은 차도 부근중 지상에서 2m까지가 제일 높다. 높이가 증가할수록 농도는 낮아지며, CO농도는 자동차의 교통량, 풍속, 풍향에 크게 지배된다.

㉦ 대도시일 경우 자동차의 교통량이 많아서 풍속이 0.5m/sec에서 1m/sec 정도이어서 기온의 접지역전이 발생된다면 CO농도는 지상으로부터 100m까지는 거의 일정해 도시전체에 높은 대기오염피해를 일으킨다.

나. NO_2(이산화질소)

㉠ 일반성상은 분자량이 46.01, 비중이 액체 1.448, 기체 1.58이며, 녹는점은 -9.3℃, 끓는점은 21.3℃이다. 외관상으로 적갈색 기체이고 자극성 냄새 있는 기체이며, 노동위생상 허용농도는 5ppm이다.

㉡ NO, NO_2는 연소시 공기 속의 N_2와 O_2가 결합해서 발생되며, 고정발생원은 자동차, 항공기, 선박 등의 이동발생원이 있고 공장 등의 굴뚝, 자동차의 배기관 등에서 NO가 배출된다. 배출된 NO는 대기 속에서 희석, 확산되는 과정에서 천천히 산화되어 NO_2로 된다.

㉢ 차도에는 NO가 적으나 NO_2가 높아서 호흡기에 대한 피해가 심하며, 햇빛의 자외선에 의해 비메탄계탄화수소(NMHC : Non Methane Hydrocarbon)와 화학반응을 해서 옥시던트(Oxidant)를 생성하기 때문에 광화학 스모그의 원인 물질이 생성된다.

㉣ 따라서 NO_2 배출원에 따라 대책은 고정발생원에 대한 유효한 탈질장치 연구개발과 그 배연탈질방지장치 설치와 함께 이동발생원에 대한 엔진개선연구 등에 따른 대책도 동시에 수립되어져야만 NO_2의 총량규체효과를 이룰 수 있다.

㉤ NO_x는 고온에서 N_2와 O_2가 반응해 생성된 Thermal NO_x와 연료 속의 피리딘 등이 산화해 생성된 Fuel NO_x가 있으며, Thermal NO_x반응기구는 Zeldovich박사가 규명해 발표했다.

다. SO_2(이산화황)

㉠ 일반성상은 분자량이 64.7, 비중이 2.263, 녹는점이 −72℃이고 끓는점이 10,002℃이다. 외관상으로는 무색기체이며, 자극성 냄새를 가진 기체로서 물에 100g에 대한 용해도는 20℃에서 10.5g이고 노동위생상의 허용농도는 5ppm(13mg/m^3)이다.

㉡ SO_2는 S(黃)이나 황화물(황철광, 황동광 등)의 연소시 발생되거나, 화석연료의 연소시 황이 산화되어서 발생된다.

㉢ 발생원은 보일러(boiler)의 고정발생원과 디젤자동차, 선박, 열차 등의 이동발생원에서 SO_2로 배출된다. SO_2는 대기 속에서 SO_3로 산화된 후 수증기와 반응해 H_2SO_4 mist가 되어서 흡입되면 인체나 동 · 식물에 피해를 준다.

㉣ SO_2피해를 감소시키는 대책은 저황유(청정)연료로 전환, 배연탈황장치의 개발과 설치, 전기자동차개발, 발생원 규제 등이 효과적이다.

라. CFCs(프레온가스)

㉠ 일반성상은 CFC−113($C_2Cl_3F_6$)분자량이 187.4, 끓는점은 47.6℃, 응고점은 −35℃, 임계온도는 214.4℃, 임계압력 34.8kgf/cm^2, 인화성은 없다.

㉡ ODP(Ozonelayer Deplection Potential)값은 0.8, 물에 100g에 대한 용해도는 25℃에서 0.011g이다. 그리고 CFC−11(CCl_3F)은 분자량이 137.5, 끓는점이 23.8℃, ODP 1.0(CFC−11의 오존층 파괴력(ODP) 질량당 추정치를 1.0로 기준한다), GHP(Green House Potential)은 0.4이며 CFC−12(CCl_2F_2)는 분자량이 121이며, 끓는점은 −29.8℃, ODP 1.0, GHP 1.0(CFC−12를 온실효과의 질량당 추정치를 1.0으로 기준한다)이다.

㉢ CFC의 용도는 주로 발포제 CFC−11, CFC−12 등과 용제나 세정제 CFC−113와 냉매 CFC−11, CFC−12, HCFC−22 등이며, 에어졸 CFC−11, CFC−12 등이 많이 사용된다.

㉣ CFC−11(CCl_3F)가 오존층을 파괴한다는 조사는 1974년 아일랜드 J. E. Lovelock이며, 오존층이 감소하면 자외선량이 증가하게 되어 피부암발생률이 증가할 뿐만 아니라 동 · 식물의 생장에 영향을 줄 뿐만 아니라 생태계의 균형이 파괴된 CFC−11과 CFC−12는 무색, 무취의 저독성이어서 주로 냉매, 발포제, 분사제, 용제 등에 사용되며, 화학적으로 안정해서 대기 중에 방출되면 유일한 제거반응기구는 성층권에서의 광분해이다.

ⓜ 대기 중에서 수명은 CFC-11이 36년, CFC-12이 50년 걸린다. 대기 중에 매년 축적될 수가 있어 성층권의 대기오염문제가 되고 있다.

ⓑ 프레온가스가 성층권의 미치는 오염문제는 Johnston이 "초음속기 배가스에 의해 오존농도가 치명적인 감소가 된다"는 주장이 있은 후 Molina와 Rowland가 tri-chloro Fluoro Methane(F-11), di-chloro Fluoro Methane(F-12) 등인 Freon 가스류가 성층권에 확산해서 광분해하여 오존층을 소모하는 설을 주장했다.

ⓢ CFC는 사용금지 되었으며, 독성이 적고, 연소 · 폭발성 등도 낮고 안정성이 높은 물질로서 대기환경오염문제가 없는 물질인 대체 HFC 등이 개발되었다.

(2) 입자상물질(PM : Particulate Material)

가. 미세먼지(PM-10)일 경우

㉠ 대기환경 중의 입자상물질은 미세입자상물질(PM-10)과 침강먼지가 있으며, 미세입자상물질은 대기 중에 부유하는 입자상물질 중 10μ 이하이고 비교적 장기간 대기 중을 비산하고 있다가 호흡을 통해 허파에 침착되면 인간의 건강에 미치는 영향은 크다.

㉡ 강하먼지는 대기 중의 입자상물질 중 중력이나 비에 의해서 강하해 먼지 등 어떤 입자가 커져서 인간의 건강에 미치는 영향은 부유입자상물질처럼 크지 않다.

㉢ 대기환경 중의 먼지에는 중금속 등의 무기성분인 Fe(철), Pb(납), Cu(구리), Mn(망간), V(바나듐), Cd(카드뮴), Ni(니켈), Cr(크롬), Zn(아연), 수용성 물질인 SO_4^{2-}(황산이온), NO_3^-(질산이온), Cl^-(염소이온)과 유기성분이 함께 함유하고 있다. 그리고 발암성물질과 돌연변이성물질도 함유하고 있다.

나. 황산, 황산염입자상물질일 경우

㉠ 휘발유 속에는 황(S)이 0.01~0.1%, 경유 속에는 황이 0.1~0.5%과 중유 속에는 최고 3.5% 정도가 함유되어 있다.

㉡ 이들의 황(黃 : S)은 유기황, 황화물, 황산염의 형태로 연료 속에 존재한다. 이들 중 황산염(SO_4^{2-})은 회분 속에 함유되며, 연소시 SO_2 등이 되며, 이중 SO_2의 10% 정도가 SO_3가 된다.

$$S+O_2 \rightarrow SO_2 \qquad (1.1)$$

$$SO_2 + O_2 \rightarrow SO_3 \qquad (1.2)$$

㉢ SO_3/SO_2비의 생성률은 연소온도, 배가스온도, 희석률, 입자상물질농도, 입자표면적, 상대습도, NOx농도, 공기연소비, 연소설비형태에 따라 다르다.

㉣ SO_3와 fly ash의 반응에 의해 $CaSO_4$, $MgSO_4$, $ZnSO_4$, Na_2SO_4, K_2SO_4, $FeSO_4$가 생성되며, 1차 황산염은 전체 S의 2~20%이고 그 질량중위경(MMD : Mass Medium Diameter)도 5~15μ으로 대개 공기비 1.1, S = 3.27%의 석탄을 연소하면, SO_2 2000ppm, H_2SO_4 0.3ppm이고 fly ash 중의 $CaSO_4$ 1%, $MgSO_4$, 0.1%, $ZnSO_4$ 100ppm 정도이었다.

㉤ 그리고 m = 1.02, S = 2.85일 때는 SO_2 1500ppm, SO_3 200ppm, fly ash 중에는 SiSO4, Na2SO4, $MgSO_4$, $CaSO_4$가 거의 비슷하게 함유되었다.

㉥ 경유 촉매사용자동차의 배출가스 중에 황산염량은 주행거리 1km당 4~7mg, 휘발유 촉매사용자동차는 0.4mg에서 0.2mg 정도이었다.

다. 수은(Hg : Mercury)일 경우

㉠ 수은화합물 중 저급 알킬수은은 불가약성의 신경장해를 일으킨다.

㉡ 수은에 의한 환경오염문제가 국제적으로 인식된 것은 일본의 수후병(水候病)이며, 스웨덴의 야생조류가 농약의 수은화합물인 메틸수은(CH_3Hg)에 의해 크게 멸종된 사건이다.

라. 카드뮴(Cd : Cadmium)일 경우

㉠ 카드뮴은 안료, 염화비닐안정제, 알킬전지, 합금, 도금 등의 재료로서 이용되며, 최근 이들 생산량이 급격히 증가되고 있다.

㉡ 특히 섬아연광(閃亞鉛鑛)에는 Cd가 고농도로 함유되어 있고, Cd에 폭로된 동물의 간과 콩팥에 카드뮴이 생농축되어 단백뇨(protein urine)과 폐기종(肺氣腫)을 일으킨다.

㉢ Cd은 골연화증(骨軟化症)인 이따이이따이병을 일으켜 연골(軟骨)에 영향을 준다.

마. 납(Pb : Lead)일 경우

㉠ 납화합물은 안료, 유약(釉藥), 의약으로 사용되며, 납이 인체에는 변비, 빈형, 신근마비, 복부산통 등을 일으킨다.

㉡ 말초적혈구의 활성을 저하시키며, 혈청을 증가시킨다.

바. 크롬(Cr : Chrome)일 경우

㉠ 크롬은 6가크롬과 3가크롬이 있으며, 경구, 경피 · 경기도(경氣道)로 흡수되면 자극성과 부식성에 의한 영향을 준다.

㉡ 6가크롬은 호흡기계질환에 의해 비중격천공(鼻中隔穿孔), 궤양, 비염, 인후염, 급성화학성 폐염, 기관지성 종양(腫瘍) 등을 일으키며, 6가크롬에 의한 천공연구는 1827년 독일의 William Cumin에 의해 발표되었다.

사. 주석(Sn : Tin)일 경우

㉠ 주석은 Sn합금의 주조(鑄造), 용융의 작업과 분체상 주석화합물을 취급시 허파에 주석침착증이나 호흡곤란증상을 일으킨다.

㉡ 주석염(tinsalt)의 흡입시 마비, 경련, 맥박증가, 중추신경계의 장해 등이 나타난다.

아. 셀레늄(Se : Selenium)일 경우

㉠ 셀레늄은 발육지연, 머리빠짐, 관절염, 위장장해, 발암성, 세포유전독성 등을 일으킨다.

㉡ 무기 셀렌화합물 생체 속에 들어오면 단백질의 SH기(radical) 결합해 Se의 결합성은 pH에 의존하고 불안정한 결합으로 간장기능을 저하시킨다.

자. 비소(As : ARSenic)일 경우

㉠ 비소는 피부의 각화증(角化症), 폐암(肺癌), 구강 · 인후 · 식도 · 상기도 상피 · 신장 · 방광 등에 암을 일으킨다.

㉡ 3가 비소(As^{3+})는 신경장해, 운동기능부전, 시력장해, 청력장해, 간장장해, 골격에 피해를 준다.

차. 플루오르화합물(F^- : Fluoride)일 경우

㉠ 플루오르(Fluorine)는 대기 속에서는 플루오르화합물(Fluoride)이 되어 주로 알루미늄제련, 인비료제조, 요업 · 제철업 등의 공장에서 배출되는 무기 플루오르화합(가스상은 HF, SiF_4, 입자상은 NaF, Na_2SiF_6, AlF_3, CaF_2, Na_3AlF_6, $Na_5Al_3F_{14}$

등)에 의해서 대기오염문제가 된다.

㉡ 주로 가스상이 입자상보다 독성이 강하며, 입자상 플루오르화합물은 난용성이어서 독성이 약하기 때문이다.

㉢ 무기 플루오르화합물에 의한 특징은 SO_2, NO_2, oxidant와 함께 식물에도 피해를 일으킨다.

제2절
대기환경 관리

1 대기환경 관련법 및 기준

1) 대기환경 관련법

(1) 헌법

헌법은 국민의 기본법으로 국가의 통치조직과 통치작용의 원리를 정하고, 국민의 기본권을 보호하는 최고법이다. 그런데 헌법 제35조에서 "모든 국민은 건강하고 쾌적한 환경에서 생활할 권리를 가지며, 국가와 국민은 환경보전을 위하여 노력하여야 한다"라는 환경권의 내용과 행동에 관하여 법률로 규정했다. 그러므로 국민의 환경권은 근대 최초로 시민법상 권리인 소유권이며, 인간은 누구나 환경권을 향유할 자유가 있다.

우리나라는 인구증가, 산업화, 도시화와 국토개발로 대기환경오염문제가 양적으로 확대, 지역적으로 일반화, 내용상으로 복잡화와 피해가 극심해지면서 대기환경오염방지와 지구환경보전을 위해 적극적이어야만 한다. 그리고 생태학적인 생명(life cycle)연장에 노력할 때 쾌적한 대기환경에서 지구촌 식구들은 건강하게 삶의 질을 높일 수가 있게 될 것이다.

(2) 환경정책기본법

헌법에 명시된 국민의 환경권을 보장 및 실현하기 위하여 국가환경시책의 기본이념과 방향을 제시하고, 지구환경보전을 위한 국가의 기본정책을 명시하고 있다. 그리고 개별 환경법의 근거를 규정하는 데에 역할을 하고 있다. 환경정책기본법은 지구환경보전을 위한 근본적인 규정으로서의 기능을 하지만 다른 개별 환경법보다 우월한 효력을 갖고 있는 것은 아니다. 오로지 선언적인 규정이며, 직접적으로 대기환경오염을 규제하고 있지는 않다. 다만 국민의 환경권을 구현하기 위한 정부의지의 천명이다.

(3) 대기환경보전법

대기오염으로 인한 국민건강 및 대기환경상의 위해를 예방하고 대기환경을 적정하게 관리 · 보전함으로써 모든 국민이 건강하고 쾌적한 대기환경에서 생활할 수 있게 하는 데 있다. 그리고 대기오염물질의 배출로 인한 대기환경을 보전하기 위한 사업자에 대한 배출규제와 연료사용규제, 자동차의 배출가스규제 등의 주요 내용을 대기환경보전법에서 명시하고 있다.

그린라운드(green round)에 대비하여 우리나라의 대기환경기준을 조기에 선진화하기 위해서 대기부문의 환경재해방지를 위하여 환경사고의 우려 사업장에 대한 관리체계를 강화했다. 그리고 공정별 · 사고유형별로 관리해서 사전에 예방하도록 했다. 그래서 깨끗한 대기질에 대한 국민의 욕구에 부응하기 위한 대기의 환경조화형, 환경친화성 및 청정기술도입을 서두르고 있다.

(4) 국제협약

국제지구대기화학계획(IGAL)의 동아시아와 북태평양지역의 연구사업, NASA의 PEM-WEST사업에 참여해서 광범위한 지역 내의 대기오염현황, 대기오염물질의 장거리이동, 황사문제 등 국제지구의 대기조사사업이 적극적으로 실시되고 있다. 그리고 항공기를 이용해서 황사와 장거리이동시 대기오염물질의 공간적인 분포의 이동경로를 조사하고 이에 대한 대책방안도 마련되고 있다. 이제는 지구환경오염저감을 위해서 모든 국가들이 무역과 환경을 연관시켜 환경정책을 전개해 큰 성과를 얻게 될 것이다.

가. 오존층보호를 위한 비엔나협약

1985년 3월 22일에 채택되어 1988년 9월 22일에 발효되었으며, 우리나라는 1992년 2월 27일(발효일시 1992. 5. 27)에 가입했다. 오존층파괴를 방지하기 위한 과학기술의 협력이며, 오존층파괴에 따른 인간의 건강과 지구환경을 보전하기 위한 각국의 의무 등 준수를 위한 협약이다.

나. 오존층파괴물질에 관한 몬트리올 의정서

1987년 9월 16일에 채택되어 1989년 1월 1일에 발효되었으며, 우리나라는 1992년 2

월 27일(발효일시 1992. 5. 27)에 가입했다. 1986년을 기준으로 CFCs(Chloro Fluoro Carbons) 등의 소비량을 단계적으로 감축하자는 일정을 규정했으며, 비가입국에 대해서는 무역을 규제하기로 했다.

다. 기후변화에 관한 유엔기본협약

1992년 5월 9일에 채택되어 1994년 3월 21일 발효되었으며, 우리나라는 1993년 12월 14일(발효일시 1994. 3. 21)에 가입했다.

지구의 온난화를 방지하기 위해서 각국 온실가스의 배출감축에 관한 기본내용을 규정했다. 우리나라는 CO_2배출저감을 위해 화석연료사용을 억제해야 하며, 에너지 다소비형 산업구조를 저소비형 산업구조로서 전환해야 하기 때문에 큰 타격을 받게 되었다.

2) 대기환경기준

환경청은 1980년 1월 5일 대통령령 제9707호로 보건사회부 외청으로서 동년 1월 15일에 현판식을 갖고 업무를 개시했으며, 1986년 10월 29일 전국 6개 지역 서울 · 부산 · 광주 · 대전 · 대구 · 원주에 환경지청을 설치함으로써 환경보전기능을 더욱 강화하게 되었다. 환경행정업무는 환경문제의 심각화 · 복잡화 · 다양화로 인해 환경처로 승격되었으며, 다시 1994년 환경부로 승격되면서 지방환경관리관서는 유역환경관리청(한강 · 영산강 · 낙동강 · 금강)과 지방환경관리청(새만금 · 원주 · 대구 · 안산)으로 개편되었다.

효율적인 대기환경관리체제를 정립하기 위하여 종전 환경보전법상 환경기준 설정항목은 SO_2, CO, NO_2, TSP, O_3, HC로 정했다. 1980년 당시는 SO_2만 환경기준이 설정되었으며, 1983년 8월에 SO_2 외에 CO, NO_2, TSP, O_3, HC 등에도 환경기준을 설정해 명실공히 대기오염으로 인한 국민의 건강과 동 · 식물, 생태계 보호를 위한 대기보전정책추진의 지표를 갖게 되었다. 그러다가 1995년 1월 1일에 HC가 삭제되고 PM-10과 Pb이 첨가되었다. 현재의 환경기준항목과 그 측정방법은 (표 1-12)와 같다.

3) 대기오염물질의 환경기준 등

(1) 황산화물(SO)

황산화물로서는 SO_2(아황산가스)와 SO_3(무수황산)가 문제로 되고 있다. 황산화물은 공장

표 1-12 대기환경기준

구분		환경기준치	측정방법
아황산가스 (SO_2)		연간 평균치 : 0.02ppm 이하 24시간 평균치 : 0.05ppm 이하 1시간 평균치 : 0.25ppm 이하	자외선 형광법 (Pulse U.V. Fluorescence Method)
일산화탄소(CO)		8시간 평균치 : 9ppm 이하 1시간 평균치 : 25ppm 이하	비분산적외선 분석법 (Non-Dispersive Infrared Method)
이산화질소 (NO_2)		연간 평균치 : 0.03ppm 이하 24시간 평균치 : 0.06ppm 이하 1시간 평균치 : 0.1ppm 이하	화학 발광법 (Chemiluminescence Method)
오존 (O_3)		8시간 평균치 : 0.06ppm 이하 1시간 평균치 : 0.1ppm 이하	자외선 광도법 (U.V. Photometric Method)
납 (Pb)		연간 평균치 : 0.5μg/m³ 이하	원자흡광 광도법 (Atomic Absorption Spectrophotometry)
미세 먼지	초미세먼지(PM-2.5)	연간 평균치 : 25μg/m³ 이하 24시간 평균치 : 50μg/m³ 이하	중량농도 (자동측정법)
	미세먼지(PM-10)	연간 평균치 : 50μg/m³ 이하 24시간 평균치 : 100μg/m³ 이하	베타선 흡수법 (β-Ray Absorption Method)
벤젠		연간 평균치 : 5μg/m³ 이하	가스크로마토그래피(Gas Chromatography)

주 : 1. 1시간 평균치는 전체 측정수를 1000개로 환산하여 그 999번째의 수의 값이 그 기준을 초과하여서는 아니 되고, 8시간 및 24시간 평균치는 전체 측정수를 100개로 환산하여 그 99번째의 수의 값이 그 기준을 초과하여서는 아니 된다.
2. PM_{10} 미세먼지는 입자의 크기가 10㎛ 이하인 먼지를 말한다.
3. $PM_{2.5}$ 미세먼지는 입자의 크기가 2.5㎛ 이하인 먼지를 말한다.

에 있어서 중유(重油, heavy oil)의 연소에 의해서 발생한 것이 대부분이고 에너지원의 상당부분을 중유에 의존함에 따라서 이에 대한 대책이 강구되어야 하는 대기오염물질이다. 특히 SO_2는 연료 중에 함유된 황(S)이 공기 중의 산소와 결합하여 생성된다.

SOx는 1963년 최초의 환경기준으로서 정해졌는데, 1977년 12월 31일 개정되었으며, 종전의 황산화물은 SO_2로서 과거기준은 다음과 같다. "연간 평균치는 0.05ppm 이하이고, 24시간 평균치는 0.15ppm이다" 상기 환경기준이 적용되다가 1993년 12월 31일 환경정책기본법이 개정되면서 SO_2의 환경기준이 적용되다가 현재는 환경정책기본법이 개정되면서 SO_2의 환경기준은 "연간 평균치는 0.02ppm 이하이고, 24시간 평균치는 0.05ppm 이하이며, 1시간 평균치는 0.15ppm이다"(1시간 및 24시간의 평균치는 연간 3회 이상 초과해서는 안됨).

대기오염물질 중에서 오염피해에 영향이 가장 큰 것이 황산화물질이며 이것은 연료 중에 포함된 황(S)분이 연소시 공기 중의 산소(O_2)와 결합해 생성되어 발생된 것으로 사업장의 배출시설에 사용되는 연료의 종류는 유류, 석탄, 기체연료 등이나, 대부분 유류에 따른 것으로 그 감소방안은 다음과 같다.

가. S성분이 적은 저황연료유 공급을 확대하는 방법(산업체, 자동차, 열공급시설)
나. 정유과정에서 S성분을 제거(탈황)하는 방법
다. 배출가스 중 SO_x을 제거하는 방법(배연 탈황)

환경부에서는 환경보전법 제27조의 2의 규정에 의거해 1981년 7월 1일부터 수도권을 시작으로 저황유(低黃油) 연료를 확대 공급한 결과, 서울에서 연평균치가 1980년에는 0.094ppm으로 환경기준치 0.05ppm의 두 배 정도로 높았으나, 1983년에는 0.051ppm, 1985년 0.056ppm까지 감소시켜 대기환경기준에 접근시켰다. 현재는 SO_2 환경기준치가 0.02ppm으로 강화되면서 SO_2농도는 감소되었다. 2012년부터 Bunker-C oil(방카씨유)은 S성분 1.6%를 1.0% 이하, 경유는 0.2%를 0.1% 이하의 연료사용을 의무화하다가 1997년 7월부터 방카씨유(B-C유)의 경우, 서울, 부산, 대구, 수도권 등 50개 시 · 군에 S성분 0.5%에서 0.3% 이하를 사용하도록 했으며, 안성, 포천 등은 0.5%를 사용함으로써 단계적으로 청정연료를 사용하도록 했다. 한편 경유는 S성분 0.1%를 전국 어디서나 공급하도록 함으로써 연료정책에 따른 SO_2농도는 크게 감소되어 대기질이 개선될 전망이다.

가. 환경기준에 의한 대기오염평가

㉠ 단기적인 평가 : SO_2 등의 대기오염상태를 환경기준으로 보아 단기적인 평가는 연속 및 수시로 행한 측정결과에 의해서 측정을 행한 날짜 및 시간에 대해 그 평가를 실시하게 된다. 지역의 오염상황, 농도치의 시간적 변동 등 이상하게 생각되는 측정치가 얻어졌을 경우는 측정기의 유지관리상태, 기상조건, 발생원의 상황 등에 대해서 신중히 검토를 하여 해당 측정치가 측정지에 영향을 주는 경우 등 지역 대기오염의 상황을 옳게 반영하고 있지 않다고 인정되는 경우에는 당연히 평가대상이 안 된다. 또한 1일 평균치의 평가는 1시간치의 뺀값이 1일 24시간 중 4시간을 넘는 경우에는 평가대상으로 하지 않는다.

㉡ 장기적인 평가 : 환경기준에 대한 평가는 해양지역의 대기오염에 대한 시책의 효과 등을 정확히 판단할 수 있는 상태에서는 연간 측정결과치를 장기적으로 관찰한 상태에서 평가를 실시하는 것이 필요하다. 하지만 현행 측정체제에 있어서는 측정 정도에 한계가 있을 뿐만 아니라 측정 시간과 날짜에 있어서 특수사정이 직접 반영

되는 것 등에 의해서 장기적인 평가를 실시한다.

1일 평균치인 측정치(단기적인 평가대상으로 하지 않는 측정값은 제외함)에 대해서 측정치의 최고값으로 2% 범위대에 있는 것(1년인 365일분의 측정치인 경우는 7일 정도의 측정치)을 제외해 평가를 한다. 단, 1일 평균치에 대해서는 환경기준을 초과한 날짜가 2일 이상 연속된 경우이다.

나. 환경기준의 달성

장기적인 평가에 따른 대기환경기준의 달성은 매년 달성률이 증가하고 있으며, 서울의 경우, SO_2 농도는 1980년 0.094ppm, 1983년 0.051ppm, 1984년 0.066ppm, 1986년 0.054ppm으로 환경기준 0.05ppm을 초과하고 있는 상태에서 이에 대한 대책 수립이 요망되었다. 그러다가 1988년 0.062ppm, 1990년 0.051ppm, 1992년 0.035ppm으로 감소추세이다가 1994년 0.019ppm으로 환경기준 0.05ppm보다 2.5배로 낮아 환경기준치를 0.03ppm 이하로 낮게 조정했다. 그 후 1995년 0.017ppm, 1996년 0.013ppm으로 크게 개선되었다(현재는 0.02ppm 이하로 하향 조정됨).

SO_2저감대책은 황함유 0.1%인 저황경유의 서울, 부산, 대구와 수도권 등 57개 시 · 군에 지속적 공급확대, 원유의 탈황유시설의 설치, LNG연료를 도입해 수도권에 집중 공급하는 등 단계적 연료대체계획을 수립해야 하며, 0.2ton 보일러는 의무적으로 청정연료인 LNG를 서울 · 부산 · 대구시내에 사용하도록 1996년 9월부터 시행했다.

(2) 질소산화물(NOx)

NO_x는 N_2O, NO, N_2O_3, NO_2, N_2O_4, N_2O_5를 말하며, N_2O, N_2O_3, N_2O_4, N_2O_5 등은 인체의 건강에 무해하다고 알려지거나, 대기 중에 무시할 정도로 경미하다.

NO(일산화질소)와 NO_2(이산화질소)를 주축으로 하는 질소산화물은 물질의 연소에 따라서 필연적으로 발생하고, 주발생원은 자동차 및 공장이지만 맥주, 가정의 난방시설에서도 배출되며 자연계에서도 발생된다.

질소산화물은 고온연소과정에서 대부분이 NO형태로 생성되고 이것이 대기 중에 배출된 후 산화되어 NO_2로 된다. 이 반응과정에서 자외선이 탄화수소와 반응해서 O_3 등의 과산화물을 2단계로 생성하고 기상조건 등의 특수한 조건이되면 이들 물질에 의해서 광화학 스모그 현상이 나타난다.

질소산화물에 대해서 1시간 농도가 0.5ppm 이상으로 되었을 때 일본에서 주의경보를 발령하기도 했으며, 우리나라 환경기준치는 다음과 같다. "연간 평균치가 0.03ppm 이하이고, 24시간 평균는 0.06ppm 이하이며, 1시간 평균치가 0.1ppm 이하일 것"(1시간 및 24시간 평균치는 연간 3회 이상 초과해서는 안됨)

NOx저감대책은 배연탈질(stack gas denitrification), 2단연소(double stage combusion)법 및 저 NOx 버너(low NOx burner)법 등이 있다.

(3) 오존(O_3)

광화학 옥시던트(oxidant)는 오존(O_3)으로 나타내며, 1993년까지는 광화학(光化學) 반응에 의한 대기오염의 중요한 지표로 광화학 옥시던트의 환경기준은 다음과 같다. "연간 평균치는 0.02ppm 이하이고 1시간 평균치는 0.1ppm 이하일 것" 1993년 12월 31일에 대기환경보전법시행규칙 개정시부터 오존(O_3) 환경기준 "8시간 평균치 0.06ppm 이하이고, 1시간 평균치 0.1ppm 이하일 것"이 지금까지 적용되고 있다(1시간 및 8시간 평균치는 연간 3회 이상 초과하여서는 안 된다).

2차 오염물질 중 가장 중요시되고 많이 존재하는 것은 광화학 반응에 의해 형성되는 광화학적 산화물로서 주로 NOx와 광화학적 활성인 탄화수소의 반응에 의해 생성된 O_3와 PAN으로 구성된다. 대도시의 O_3 농도가 1시간 평균치 0.1ppm 이상인 경우가 4~9월까지 빈번하다. 기상조건으로 보아 대기오염상태가 계속된다고 인정할 때 오존 주의경보를 발령하는데, 1995년 7월부터 서울지역, 1996년부터 인천지역, 1997년 7월부터 부산 · 대구 등 4대 광역시와 경기도의 수원시 등 7대 도시에 오존경보제실시와 서울 · 부산 등 6대 도시에 오존예보제를 실시하고 있다.

특히 자동차 대수의 급격한 증가에 따라서 대도시의 옥시던트 농도 증가 및 광화학 스모그 발생이 우려되며 1986년도 옥시던트 현황은 수도권 0.184~0.025ppm, 부산 0.1~0.022ppm, 대구 0.06~0.0ppm이었으나, O_3의 "1시간 평균환경기준은 0.1ppm 이하인데 1995년 0.013ppm, 부산 0.016ppm, 대구 0.017ppm, 인천 0.013ppm, 광주 0.016ppm, 대전 0.015ppm과 울산 0.015ppm이었으나, 2014년에는 서울 0.171ppm, 부산 0.137ppm, 대구 0.157ppm, 인천 0.026ppm, 광주 · 대전 0.137ppm, 울산 0.149ppm으로 대체로 20년 동안 크게 높아졌다.

한편 광화학적 산화물은 오존이 대부분이고, 자연에 존재하는 오존은 성층권에서 산소원자의 광분해에 의하여 생성된 오존이 대류권으로 유입되는 것과 나무 등과 같은 식물에서 terpenes 등의 자연적 탄화수소의 광화학적 반응에 의하여 생성된 것이 있으며, 이렇게 생성된 오존이 배경농도이다.

대부분 대기 중 탄화수소의 광화학적 변환에 의한 peroxy radicals는 낮시간 동안 광에너지에 의하여 NO를 NO_2로 변화시키면서 오존이 생성되는 방향으로 반응을 일으키고 밤에는 대기 중으로 NO의 배출이 오존의 생성을 억제시킨다.

(4) 일산화탄소(CO)

일산화탄소에 의한 대기오염은 대부분이 자동차 배출가스에 의한 것으로 환경기준은 다음과 같다.

"1개월 평균치는 8ppm 이하이고 8시간 평균치는 20ppm 이하일 것" 다시 CO의 환경기준은 1995년 1월 1일에 "8시간 평균치는 9ppm 이하이고, 1시간 평균치는 25ppm 이하일 것"으로 개정되었다(1시간 및 8시간의 평균치는 연간 3회 이상 초과해서는 안됨).

CO는 대부분이 환경기준치 이하로서 4ppm 이하이며 오전 5시경부터 증가하기 시작해서 7~9시경에 정점(peak)을 이루다가 다시 18시에 증가해 19~21시경에 다시 정점농도에 이른다. 이런 변화는 rush hour, 즉 출퇴근시간의 차량 통행량과 비례한 것으로 밝혀졌다. 대도시의 8시간 평균치는 1995년 서울 1.3ppm, 부산 · 대구 1.0ppm, 인천 1.8ppm, 광주 0.9ppm, 대전 1.2ppm, 울산 1.3ppm이었으나, 2014년 서울 0.5ppm, 부산 0.4ppm, 대구 0.4ppm, 울산 0.5ppm, 인천 0.6ppm, 광주 0.5ppm, 대전 0.5ppm으로 10년 후에 비해 2배 이상 감소되었다.

(5) 미세먼지(PM-10 : 입경 10㎛ 이하 먼지)

먼지는 초미세먼지(PM-2.5)와 미세먼지(PM-10)으로 분류된다. PM-10은 먼지의 입자크기가 10μ이하인 미세한 먼지를 말한다. 그리고 PM-2.5는 2.5㎛ 이하의 초미세먼지를 말한다.

미세먼지 중 입경(粒經) 10㎛ 이하의 입자는 침강 속도가 작아 대기 중에 비교적 장기간 체류해서 호흡시 기도(氣道) 및 폐포(肺胞)에 침착해 호흡기에 영향을 주는 것으로서, 특히 10㎛이하인 입자를 대상으로 한 부유입자상물질에 관련된 환경기준은 다음과 같다. "연간 평균치는 100㎛/m^3 이하이고, 24시간 평균치는 300㎛/m^3 이하일 것"으로 제정되었다. 2015년 1월 1일에 초미세먼지(PM-2.5)로 분류되어서 환경기준에 첨가되었다. 특히 입자의 크기가 대략 10㎍ 이상인 것을 강하먼지(降下먼지)이라 하며, 대기 중에서 사람이나 동 · 식물에 주로 영향을 주는 먼지는 0.1~10㎍이며, 산업공정에서 연료의 연소 및 입자의 분쇄 등을 통해 발생된다. 강하먼지는 그 자체가 대기 중에서 큰 영향을 주지 않지만, 연탄 저탄장, 비포장도로 등에서 바람에 의해 대기 중에 비산되면서 영향을 미치게 된다.

가. 먼지의 발생형태

연료의 연소에 의한 공정먼지와 기계적 · 물리적 처리, 바람 등에 의한 일정한 배출구가 없이 발생되는 미세먼지가 있는데, 먼지 총발생량의 약 50% 이상이 비산먼지(PM-10)이다.

나. 먼지의 현황

주요도시의 먼지농도는 수도권 85㎍/m³, 부산 89㎍/m³, 대구 75㎍/m³로서 현재 환경기준치 150㎍/m³ 미만이며, 세계각국의 대비표는(표 1-13)과 같다.

우리나라의 서울 등 7대 도시의 1996년에 연간평균 미세먼지농도는 서울 85㎍/m³, 부산 89㎍/m³, 대구 75㎍/m³, 인천 86㎍/m³, 광주 74㎍/m³, 대전 63㎍/m³와 울산 106㎍/m³로 1983년대의 미국의 Los Angeles 먼지농도 50㎍/m³ 보다 높다. 10년 지난 2014년에는 서울 46㎍/m³, 부산 48㎍/m³, 광주 41㎍/m³, 대구 45㎍/m³, 인천 49㎍/m³, 대전 41㎍/m³, 울산 46㎍/m³로 50%정도로 낮아졌다.

다. 먼지 저감대책

㉠ 산업공정에서 배출되는 먼지 : 공정에서 사용되는 연료 중 회분함량이 많은 석탄, Bunker-C유 등을 LNG, 도시가스 등으로 대체, 연소시설 및 연소방법의 개선, 공정의 시설개량 등을 통해 먼지발생량을 근원적으로 감소시키거나, 배출시설의 최종배출구(排出口)를 통해 대기 중에 배출되기 전에 적절한 대기오염 집진시설(cyclone, bag filter, electroic precipitator, wet scrubber 등)을 설치해 배출량을 감소시키는 방법이 있다.

㉡ 배출구가 없는 비산먼지 : 석탄, 모래, 고체원료 등 분체상의 물질을 저장할 때는 상옥시설(上屋施設), 지하 저장시설 등의 구조물을 설비하거나, 일정한 방진벽(防塵壁) 등을 설치한 후 물을 살수 · 살포해서 억제하거나, 운반하는 차량을 특수제작된 밀폐차량 및 덮개가 잘 된 dump차를 운행하며, 사업장의 출입구에 세륜(洗輪) · 세차(洗車)시설을 설비해 가동하도록 한다.

또한 이동시설인 belt conveyor 등은 상부에 덮개시설 및 밀폐시설을 설치하여야 하며, 제조장과 작업장에서 창문, 출입문을 통해 장 내에서 발생된 미세먼지가 장

표 1-13 국내의 대기환경기준의 비교 (단위 : ppm)

		한국	미국	캐나다	일본	WHO
PM-10(μg/m³)	연평균치	50(25)	(50)	(70)	–	60~90
	24시간 평균치	100(50)	(150)	(120)	(100)	150~230
	1시간 평균치	–	–	–	(200)[e]	–
SO_2(ppm)	연평균치	0.02[b]	0.030	0.02(0.01)	–	0.015~0.023
	24시간 평균치	0.05[a]	0.140	0.11(0.06)	0.04	0.04
	1시간 평균치	0.15	–	0.34	0.10	–
NO_2(ppm)	연평균치	0.03	0.050	0.05(0.03)	–	–
	24시간 평균치	0.05	–	0.11	0.040[f]~0.06	0.08
	1시간 평균치	0.1[a]	–	0.21	–	0.21
CO(ppm)	24시간 평균치	–	–	–	9	–
	8시간 평균치	9[a]	9.0	13(5)	35	9
	1시간 평균치	25	35.0	30(13)	–	26
O_3	8시간 평균치	0.06	–	0.025	–	0.05~0.06
	1시간 평균치	0.10[a]	0.12	0.08(0.05)	0.06	0.08~0.1
Pb(μg/m³)	3개월 평균치	0.5	1.5	–	–	0.5~1(연평균)

주 : *a) 연간 3회 이상 초과 못한다.*
b) 연간일수의 70%는 이 기준 이하로 유지되어야 한다.
c) PM-10(　) 숫자는 PM-2.5 환경기준이다.
d) 연간 1회 이상 초과 못한다.
e) 입경 10μm 이하의 먼지에 한한다.
f) 30개 도시에 적용, 기타 지역은 0.06ppm
g) 캐나다 기준은 acceptable level이며,(　) 내는 desirable level이다.
h) 한국의 벤젠환경기준은 연간 평균치로 5μg/m³ 이하이다.

외로 배출되지 않도록 하고 항상 바닥에 먼지가 퇴적되지 않도록 청소관리를 철저히 해야 한다. 한편 흙을 파거나 매립하는 조경과 도로공사, 건축물의 철거 · 보수 등을 실시할 때 미세먼지가 없도록 최대한 억제시켜야 한다.

(6) 산성비(Acid rain)

① 대기 중에 CO_2는 건조공기 중 약 402ppm으로 존재하기 때문에 오염되지 않은 비는 CO_2가 포화되어 H_2CO_3로써 용해 · 해리되어 pH가 상온에서 5.5~5.6을 나타내는데, 일반적으로 이보다 pH가 낮은 비를 산성비라고 말한다. 지표면에 내린 비에 함유된 산성물질은 aerosol, 가스상물질, 눈(snow), 안개(fog), 비(rain), 입자상물질 등 각종 형태로써 이들을 산성강하물(acid precipitates 또는 acid deposits)이라 한다.

② 특히 aerosol 형태로 직접 침착하는 것을 건성침착(dry deposition)이라 하고 강수(降

水)에 수반하여 침착하는 것을 습성침착(wet deposition)이라 한다. 산성강하(acid precipitation)에 의해 지표면에 침착하는 건성침착(dry deposition)이 있다. 습성침착 중 오염물질이 강수에 들어가는 과정은 rain-out와 wash-out으로 구분되고 wash-out 경우에 입자상물질이 빗방울에 의한 입자의 관성충돌, 확산침착, 차단, 열 및 증기 영동에 의한 포집으로 알려졌다. 그리고 rain-out의 경우는 복잡해 정성적인 면만을 보면 기류가 상승할 때 공기가 냉각하므로 냉각 공기 중 수증기가 과포화되어 응결해서 운립(雲粒)을 생성한다.

③ 운립은 H_2SO_4, $(NH_4)_2SO_4$, NaCl 등의 입자를 핵으로 하여 발생하고 이때 HNO_3, HCl, NH_3 등의 가스도 동시에 운립 중에 용해한다. 이 운립은 다시 상승중에 남아 있는 미립자를 확산 · 침착시키며, 또 용해된 SO_2는 동시에 용해한 O_3, O_2, H_2O_2 등에 의해 산화되어 H_2SO_4를 생성한다. 특히 건성침착은 지표부근의 미기상, 침착물질의 성질, 침착면의 성질 등 많은 인자에 의하여 좌우되는 복잡한 현상이다.

④ 산성비에 의한 식물에 대한 영향은 pH 3~4 이하가 되면 잎 표면에 괴사반점이 생기며, 특히 산성비에 민감한 콩은 pH 4.0에서 시금치, 담배, 감자, 토마토 등은 pH 3.5에서 그 증상을 나타냈다. 또한 산성비의 꽃잎에 대한 탈색반응은 나팔꽃이 가장 감수성이 높았고, 이때 산성비가 살포된 잎은 chlorophyll함량을 저하시켜 광합성이 저해되어 잎의 수축이나 왜소화(歪小化)가 관찰되고 있으며 잎 및 콩꼬투리의 마름현상이 나타났다.

⑤ 또한 근채류(根菜類)의 수확에도 많은 영향을 미쳤다. 수목에 대한 산성비의 영향은 직접적으로 기공세포의 정상기능방해, 산성물질의 세포유해작용, 수정 · 발아 등의

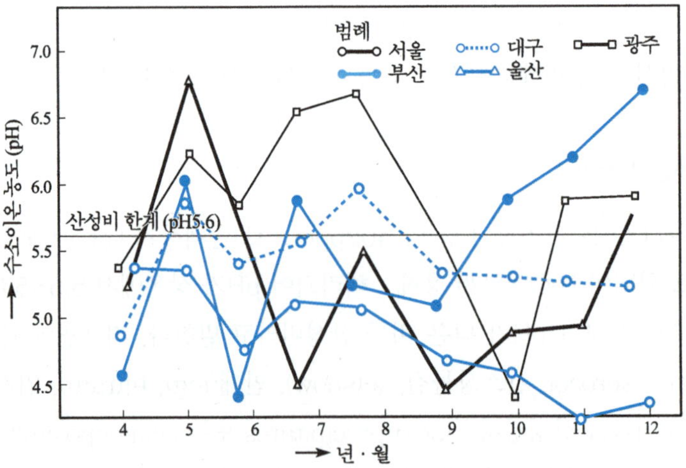

그림 1-3 대도시별 강우시 월별 · 연도별 pH변화

방해가 일어났고, 간접적으로는 건조 등 다른 환경적 스트레스 요인에 대한 감수성이 높았다. 이러한 산성비에 대한 식물의 영향 외에도 토양생태계 및 육수, 특히 호소생태계에도 적지 않은 영향을 미쳤다.

⑥ 전국 148개소에 대기측정망이 설치되어 강우 중의 산성도를 1984년부터 측정하고 있는데, 1996년에 부산만 연평균 pH 5.6 이하로 나타났으며, 2014년에는 부산 pH 5.0, 광주 pH 5.4, 인천은 pH 4.7, 서울 pH 4.8, 울산은 5.0, 대구 5.1이었다. 6개 특광역시에서 자연상태의 우수(雨水) pH값이 pH 5.6 보다 낮아서 산성비의 피해가 나타났다.

(7) 대기오염물질의 발생기작

① 각종 발생원에서 대기 중에 방출되는 오염물질의 종류는 매우 다양하고 그 형태로 에어로졸, 입자, 가스이다. 예를 들면 연소과정에 있어서 오염물질의 발생을 알아보면 연소의 조건, 즉 연료의 종류, 연소로, 연소방법, 연소의 목적에 따라서 연소과정은 다르고 CO_2, CO, NO*x*, SO*x*, 탄화수소류, 알데히드류, 유기산류, 먼지 등이 발생하며 각각의 성분 및 양에는 변동폭이 크다.

② 연소반응에도 소결, 연소, 분해, 반응 등 다양하나, 산업 · 생산 목적에 따르는 경우에 배출된 성분은 원재료에서 발생하는 불화합물 등 유해물질을 포함한다. 오염물질의 누출, 안전사고 등에 의해서 발생할 경우와 연료의 증가에 따른 오염물질 발생 혹은 그 화합물을 포함한다.

③ 따라서 정부에서는 매년 저황유 계획을 수립해 감소화시키고 있다. 환경부는 점배출원을 업소별 연간 기준 총연료 사용량에 따라서 배출업소를 1종에서 5종으로 분류했는데, 대부분 60%가 5종업소(주거용 및 상업용 등 소규모 보일러 열공급업소)이며, 자동차 보유대수는 2011년 8만대이고 경유차 794만대로 39.5%를 차지해 대기오염이 증가되고 있다. 향후 2020년대는 전기자동차가 증가될 것으로 예상되어, 자동차에 의한 대기오염문제는 줄어들 것으로 예상된다.

가. 사업장 분류

대기환경보전법에서 사업장 규모별 업종구분은 연간 대기오염물질의 발생량으로 다음과 같이 구분한다.

㉠ 1종 사업장일 경우 : 80톤 이상인 사업장이다.

㉡ 2종 사업장일 경우 : 연간 20톤에서 80톤 미만인 사업장이다.

㉢ 3종 사업자일 경우 : 연간 10톤 이상에서 20톤 미만인 사업장이다.

㉣ 4종 사업자일 경우 : 연간 2톤 이상에서 10톤 미만이 사업장이다.

㉤ 5종 사업장일 경우 : 연간 2톤 미만인 1종 내지 4종 사업장에 해당되지 아니하는 사업장이다.

표 1-14 사업장 분류기준(년간 대기오염물질 발생량 합계로 구분)

사업장	1종	2종	3종	4종	5종
무발생량 (톤/년)	80톤 이상	20~80톤	16~20톤	2~10톤	2톤 미만
오염도 검사	매월 2회 이상	매월 1회 이상	매분기 1회 이상	년 1회 이상	년 1회 이상

나. 대기오염물질의 분류

대기오염물질이 누설, 매연에 의해서 발생할 경우나 가공, 운반, 분석, 살포 등 물리적 처리 및 자연발생의 경우에는 단일성분의 오염물질이 방산되는 일이 있다. 이들의 발생원에서 배출된 1차 오염물질은 대기 중에 있어서 각종 광화학 반응에 의해서 2차 오염물질을 발생하는 일이 있다.

㉠ 1차 오염물질 : 대기오염물질이 직접 배출시설인 발생원으로부터 대기 속에 배출되어서 대기를 오염시키는 물질을 말한다. 대개 1차 오염물질은 아침과 저녁, 밤에 지상농도가 증가하며, 낮에는 낮고, 계절적으로는 겨울철에 높고 여름철에 낮다.

㉡ 이유는 지상의 기온이 높으면 대기의 대류현상에 의해 대기오염물질이 상공으로 확산되기 때문에 지상의 기온이 높은 하루 중에는 낮과 사계절 중에서는 여름철에 가장 쾌적한 생활을 할 수 있게 된다.

㉢ 각각의 발생원에서 대기 속에 배출된 SO_x나 미세먼지, 휘발성유기화합물(VOCs), NO_x 등의 오염물질이 농도 · 발생량 · 성상 · 폭로시간 등에 따라 직접 대기를 오염해 건강이나 생활환경에 피해를 준다.

㉣ 2차 오염물질 : 대기배출시설로부터 대기 속에 배출된 1차 오염물질인 올레핀계 탄화수소와 이산화질소의 대기오염물질이 햇빛중 자외선과 낮에 산화반응, 일명 광화학 반응을 하여서 2차 대기오염물질인 O_3(오존), PAN(Peroxy Acetyl Nitrate), H_2O_2, acrolein(CH_2=CHCHO) 등을 생성한다.

㉤ 2차 오염물질인 옥시던트는 낮에 생성되어 그 농도가 증가하며, 이외에도 분해 · 합성 등에 의해서 생성된다.

ⓑ 각각의 발생원에서 배출된 대기오염물질이 오염물질 사이의 상호작용이나 대기오염질과 대기의 정상성분과의 반응, 태양광선에 의해 광화학반응 등에 따라 다른 성상을 갖는 오염물질로 변화하여 대기를 오염시킨다.

다. 대기오염발생원에 따른 분류

㉠ 발생원의 이동성에 따른 분류

ⓐ 고정발생원에 의한 대기오염은 공장, 사업장, 빌딩, 일반가정의 보일러(열공급시설), 소각시설, 열병합발전소, 가열로, 화력발전소 등의 고정시설이 굴뚝(stack)으로부터 배출된 SO_x, NO_x, CO, VOCs, 미세먼지, Dioxin, 유해물질 등의 대기오염물질이 배출된다.

ⓑ 이동발생원에 의한 대기오염은 자동차, 항공기, 기차, 선박 등에서 배출된 CO, NO_x, 미세먼지, HC, VOCs, SO_x 등에 의한 대기오염이다.

㉡ 사회경제적 실태를 고려한 분류

ⓐ 산업에 의한 대기오염(산업공해)은 석유화학제품, 철강, 시멘트, 전력 등의 사업장에서 배출되는 대기오염물질에 의해서 생긴 대기오염이다.

ⓑ 도시생활에 의한 대기오염(도시공해)은 국민의 일상생활에 따라 발생한 대기오염물질이 아주 큰 비중을 차지하여 생긴 대기오염이다. 주로 자동차의 배출가스, 냉난반용 보일러의 연기 등이 주 대기오염원이며, 발생원이 불특정다수이다.

㉢ 대기오염지역을 고려한 분류

ⓐ 국지오염은 대기오염지역이 비교적 적은 범위에 한정적으로 발생한 대기오염이다.

ⓑ 주로 건설현장에서 비산먼지에 의한 대기오염, 시멘트먼지에 의한 대기오염, 악취에 의한 대기오염, HF에 의한 대기오염 등이다.

ⓒ 광역오염은 대기오염지역이 아주 광범위하게 발생된 대기오염이며, 비산먼지에 의한 황사현상이나 바다의 원유선박좌초에 따른 VOCs발생, 산불에 따른 대기오염 등이다.

㉣ 기타 대기오염 분류

ⓐ 대기오염은 복합오염과 단독오염으로 구분한다.

ⓑ 복합오염은 어떤 여러 대기오염물질에 의해 생긴 대기오염을 말하며, 주로 미세먼지와 SO_2 등이다.

ⓒ 단독오염은 한 종류의 대기오염물질에 의해 생긴 대기오염을 말하며, HF, Dioxin 등에 의한 식물 및 인체의 피해이다.

2 대기환경개선

1) 대기질 개선

대기환경문제는 인류의 생존과 직결되는 가장 근본적인 문제로서 전 국가가 공동으로 대처해야 할 절박한 과제로 등장했다. 많은 미래학자들도 가장 세계적으로 난제(難題)는 대기환경오염문제의 해결이라고 정하고 있다. 이러한 맥락에서 우리나라는 1990년을 환경원년으로 설정해 놓고 환경의 21세기를 맞아 쾌적한 환경을 유지해 국민건강증진과 국민행복증진을 위한 맑고 깨끗한 대기환경조성에 최선을 다하고 있다.

환경개선계획은 지방행정자치단체가 환경적으로 건전하고 지속가능한 발전의 구심체가 되도록 환경관리능력을 고취시키고, OECD(경제협력개발기구)의 가입에 따른 국내환경규제제도의 선진화와 환경을 무역에 연계시키기 위한 청정기술개발에 역점을 두고 있다. 그럼으로써 모든 국민이 건강하고 쾌적한 생활환경에서 살아갈 수 있도록 대기환경관리 기본계획(2015~2024년)을 추진하고 있다.

(1) 대도시 대기질의 강화

㉠ WHO의 대기환경기준 : WHO의 대기환경기준권고치는 연간 평균이 0.016~0.023ppm 이하, TSP의 연간 평균이 60~90$\mu g/m^3$ 이하와 PM-10의 24시간 평균이 70$\mu g/m^3$ 이하이다.

㉡ 우리나라의 개선목표 : 우리나라의 대기환경기준은 SO_2의 연간 평균 0.03ppm 이하에서 0.02ppm 이하로 강화하고, 2015년부터 PM-2.5의 연간 평균 25$\mu g/m^3$ 이하와 24시간 평균 50$\mu g/m^3$ 이하로 강화 및 PM-10은 연간 평균이 25$\mu g/m^3$ 이하, 24시간 평균 50$\mu g/m^3$ 이하로 강화하였다.

㉢ 개선계획 : 환경부는 환경기준을 유지하기 위해서 지방행정자치단체별로 지역실정에 맞게 지역환경기준을 제정해 운영하여야 하며, 배출허용기준의 준수만으로는 도저히 환경기준달성이 곤란한 지역인 온산 · 여천 · 울산공단처럼 SO_2총량규제를 도입해서 쾌적한 대기질을 유지할 수가 있다. 대기오염실태를 파악해서 청정연료, 저황유 수급 등에 따른 청정연료보급과 저황유 공급확대를 지속적으로 확충하고, 자동차의 배출허용기준치도 선진국 수준으로 강화해서 점진적으로 환경친화적인 생활실천에 따른 교통수요관리를 전개해 나가야 한다. 자동차공해는 혼잡통행 대상지역을

확대하고, 도심지의 주차료 추가인상과 압축천연가스(CNG) · 전기 자동차의 보급으로 개선되어가야 한다.

㉣ 청정연료보급 등 : 대도시의 쾌적하고 안전한 대기환경을 조성하는 데는 청정연료의 공급확대와 산업체 · 발전시설의 저황유 공급지역 확대이다. 그리고 현재 7대 광역시(서울 · 부산 · 광주 · 대구 · 인천 · 대전 · 울산)와 서울특별시, 경기도의 13개시(과천 · 성남 · 구리 · 하남 · 의정부 · 부천 · 안양 등)까지 오존경보제를 확대하며, 오존예보제도 서울, 인천, 부산, 광주, 대구, 대전의 6대광역시에 새로이 도입 · 시행하게 된다. 현재 서울 및 6대 광역시, 경기도 13개시 등 총 20개 지역에서는 고체연료 사용제한지역으로 규정했고, 청정연료 사용의무제도도 LNG, CNG로 대체 사용하도록 의무화했다.

㉤ 지하생활공간의 공기질개선 : 지하생활공간은 지하철역사, 지하도상가, 지하주차장 등을 말하며, 최근 지하생활시간이 많아지기 때문에 공기질의 개선을 위해서 환기설비(ventilation system)를 설치의무화함으로써 공기질개선을 도모했다. 그리고 라돈(Rn), 석면 등의 인체에 피해가능성이 높은 대기오염물질을 지하생활공간 공기질 관리법 시행규칙이 환경부령 97-36호로 1988년 1월 26일에 규정됨으로써 집중관리하도록 하고 있다[(표 1-15) 참조].

㉥ 기술개발의 향상 : 선진국은 1950년대부터 대기환경문제에 대한 중요성을 인식하고 환경공학적 기술개발과 청정기술개발을 1980년대에 착수한 후 1990년에는 CO_2분리 및 회수기술, 오존층 보호 및 지구온난화에 관한 지구환경기술개발 등 지구환경보호 기술개발에 박차를 가하고 있다. 환경선진국의 환경기술개발은 제1세대에서 제3세대로 구분되며, 제1세대는(기존기술) 대기의 사후처리기술(end of pipe technology), 제2세대(청정기술)는 저오염 · 무공해기술(clean technology) 등이며, 제3세대(미래형 기술)는 생명공학을 이용한 첨단기술(high technology)이다.

표 1-15 지하공기질기준

오염 물질	이산화 탄소	일산화 탄소	이산화 질소	오존	석면	라돈	미세 먼지	포름 알데히드	총 휘발성 유기화합물
단위	ppm	ppm	ppm	ppm	개/cm^3	pci/L	$\mu g/m^3$	$\mu g/m^3$	$\mu g/m^3$
기준	1,000	10	0.05	0.06	0.01	4.0	150	120	500
화학식	CO_2	CO	NO_2	O_3	asbestos	Rn	PM-10	HCHO	TVOC

일본, 미국 등 환경선진국들은 황산화물(SOx)에 의한 대기오염문제는 거의 해결된 상태

이며, 최근에는 고정 배출원의 질소산화물(NOx)처리에 박차를 가하고 있는 실정이다. 그리고 이동배출원인 자동차공해는 촉매장치, 배기가스 재순환장치, 수소연료전지자동차, 전기자동차 등 저공해·무공해 자동차개발에 주력해 현재 실용화하려고 연구하고 있다.

2) 외국환경선진기술동향

미국은 주로 저비용 고효율의 대기오염방지기술에 우월하며, 일본은 촉매전환장치기술이 우월하다. 일본·독일·한국 등은 전기자동차 개발을 성공했다. 독일은 환경기술의 기본원칙을 적용가능한 최선의 기술인 BAT(Best Available Technology)원칙을 내세워 대기오염의 저감면에서 최고의 기술이며, 성능면·유지관리면에서도 경제성과 저비용입증을 받는 기술을 개발하고 있다.

주요 환경선진국의 환경기술개발기관은 다음과 같다.

(1) 미국

① 연방정부의 환경보호청(EPA : Environmental Protect Adminition)은 국가오염제거시스템(NPDES)에 의거한 배출허가권을 부여하며, 산하기관으로 PPO와 NRMRL이 설치되었다.

② 주정부는 이용가능한 최선의 기술(BAT)에 근거한 규제기술의 설정 및 규제하고 있다.

③ PPO는 공해방지청으로 신제도를 육성하며, 정보교환·자발적인 추진계획과 시상제도를 운영하고 있다.

④ NRMRL(National Risk Management Research Laboratory)는 청정기술개발을 주관하며, 지속가능한 기술개발과 청정기술·환경성 제품개발을 주관하고 있다.

(2) 독일

① 연방환경부는 연방환경청의 자연보호국, 핵안전국, 2대 실물산하기관으로 구성되었으며, 연방환경청은 환경기술전문가그룹이고 정부 내 환경기술에 관한 연구조언, 정보체계운영, 환경기술운영과 기술개발평가를 담당한다.

② 연방과학부는 환경기술자금의 80%를 환경의 교육과 기술개발지원·과학화에 투자하며, 이를 기초과학연구자인 대학의 독일연구협동체에 배분한다.

(3) 프랑스

① 환경부는 행정이나 연구개발국에서 기술정책 및 과제개발을 하며, 과학부에서는 기초과학을 지원한다.

② 산업부는 기술의 실증이나 pilot scale을 연구하고, ANVAR는 연구지원, 중소기업 환경업무를 지원한다.

③ ADEME는 환경부, 산업부, 과학부의 공동 산하기구로서 대기, 에너지, 폐기물의 재이용업무를 관장한다.

(4) 영국

① EPSRC(Engineering and Physical Science Research Council)로 환경오염방지체제 개발에 중점을 두며, 환경오염물질의 배출을 원칙적으로 봉쇄하거나 취소하는 기술개발추진을 수행하고 있다.

② 청정공정과 제품개발을 위해 ETIS(Environment Technology Innovation Scheme)과 EMOS(Environment Management Options Scheme)을 추진하고 있다.

(5) 네달란드

① NEPP(National Environment Policy Plan)으로 환경오염의 연구개발자원지원 및 가이드라인(guide line)을 설정한다.

② 풍력, 태양광, 바이오매스 등을 이용한 청정에너지개발을 하고 있다.

3) 환경과학기술개발

우리나라의 환경문제는 1960년대의 압축경제개발 우선정책으로 심화되었으며, 지속적인 경제성위주정책으로 말미암아 환경오염이 축적되면서 환경질의 개선과 환경중요성의 인식에 이르는 마찰 · 지연기간이 약 30년 정도가 경과했다. 환경질의 개선은 헌법에서 명시된 국민의 건강하고 쾌적한 생활환경에서 삶의 질을 높이기 위한 정부의 시책이며, 국민의 환경권 욕구에 부합되는 환경청정 · 친화기술이 체계적으로 1992년부터 개발 및 추진해오고 있다.

(1) G-7 환경공학기술개발사업(1992~2000)

1990년대에 들어 비로소 최초의 본격적인 환경기술개발사업이라고 할 수 있는 'G-7 환경공학기술개발사업(이하 G-7사업)' 이 시작되었다.

1992년 수립된 '선도기술개발계획' 에 따라 정부 각 부처별로 선진국 수준의 기술확보를 위해 10년간 국가경쟁력 확보에 필요한 기술을 중점 개발하는 사업을 추진하게 되었는데, 그 중 'G-7사업' 은 환경부가 총 1,809억원을 투자하여 추진한 최초의 환경분야 기술개발 사업이었다.

'G-7사업' 은 '한국형 배연 탈황기술', '고효율 다이옥신 처리기술' 등을 개발해 낙후된 국내 환경기술 수준을 높이고 환경연구 기반 구축에 크게 기여한 것으로 평가되는데, 동 사업을 통해 1992년 당시 선진국의 10~30%에 불과했던 국내 환경기술 수준이 2001년경에는 40~50%로 향상되면서 국내 환경기술이 본격적으로 발전하는 계기가 되었다.

(2) 차세대 핵심환경기술개발사업(2001~2010)

'G-7 사업' 을 통해 오염방지기술 등 사후처리 기술 분야 환경기술은 크게 발전했으나, 환경보전 · 복원, 사전오염예방 등의 분야는 여전히 선진국에 비해 많이 뒤처져 있었다.

또한, 미세먼지, 내분비계 장애물질 등 2000년대 들어 새롭게 대두된 환경 현안 문제를 해결하고 국제 환경여건 변화에 적극적으로 대처하기 위해 새로운 환경기술의 확보가 절실히 요구되었다. 이에 'G-7 사업' 의 성과를 바탕으로 2001년부터 10년간 국고 1조원 투자 목표로 후속사업인 '차세대 핵심환경기술개발사업(이하 '차세대 사업')' 에 착수하였다.

차세대사업의 체계적인 추진을 위해 '차세대사업 10개년 종합계획' 을 수립('02.7)하고 단계별 목표 · 전략 및 10년간의 개발대상 기술지도(Technology Road Map, TRM)를 작성하여 환경기술을 전략적으로 개발하였다.

표 1-16 차세대 사업 투자 실적

구 분			1단계('01-'03)	2단계('04-'07)	3단계('08-'10)
추진 목표	핵심 환경기술 수준 세계 5위권 진입		현안 환경오염 처리기술 확보	중장기 전략적 환경기술 개발	미래원천 환경기술 확보
투자 (억원)	계	12,367	2,800	5,231	4,336
	정부	8,791	1,950	3,777	3,064
	민간	3,576	850	1,454	1,272

또한, 선택과 집중의 원칙에 따라 시장성 · 성공가능성이 높은 전략기술을 발굴하여 대

형 사업단 과제로 추진하는 'Eco-STAR*) 사업단'을 구성·운영하였다c. Eco-STAR 사업단 과제는 공동 또는 다학제(multi-disciplinary)간 연구를 통한 기술 개발의 시너지 효과 극대화를 목표로, 사업단장에게 사업추진의 모든 권한과 책임을 주되 철저한 목표관리 실시로 성공가능성을 극대화하였다.

표 1-17 4개 Eco-STAR 사업단 개요

구 분	무·저공해 자동차 사업단 ('04.12-'11.5)	수처리 선진화 사업단 ('04.12-'11.5)
목 표	• 자동차 배출 오염물질을 70% 저감 - 경유차 및 천연가스 자동차 : EURO-5·6 수준 - LPG자동차 : SULEV 수준	• 고도처리기술의 국산화 및 국제경쟁력 제고 • 고효율·집적형 하·폐수처리 및 정수기술 상용화
기술개발 내용	• 대표기술 : 경유차 후처리기술 (EURO-5·6 수준의 DPF 기술) • 청정연료 저공해 자동차 기술 (SULEV 수준의 LPG 자동차, GDI, HCNG 엔진 개발) • 공통기반기술 : EURO-5, SULEV 이상의 엔진·부품, 극미세입자 관리	• 대표기술 : 막분리 고도정수기술 (중대형 고도정수용 막소재 및 시스템) • 상수관망 수질관리기술 (관망 세척/갱생, 보수/보강 기술) • 수영용수수준의 하·폐수 처리기술 (MBR, AOP 등 요소기술 및 공정기술)
목 표	• 수생태복원 기술강국 실현 - 우리하천에 맞는 수생태복원기술 개발 및 상용화	• 유기성 폐기물 등을 대상으로 경제성 있는 친환경 에너지 확보 • non-CO_2 온실가스의 효율적인 저감기술 개발 및 CDM사업화
기술개발 내용	• 생물서식처 및 생태하천 복원기술 • 생태용수확보 및 수질정화기술 • 수변녹지 및 생태벨트조성기술 • 하천 및 호수건강성 평가기술 • 수생태통로 조성기술 적용 시범사업 기획 등	• 유기성폐기물 에너지화 기술 • 바이오매스 활용기술 • 가연성 폐기물 연료화 기술 • CH_4 포집 및 활용기술 • N_2O 저감기술 등

동 사업에는 10년간 국고 8,791억원과 민간 부담금 3,576억원을 투자하여 '경유차 배기 가스 후처리 기술', '전자산업폐수 무해화 시스템', '중대형 막분리 고도정수처리기술', '매립지 폐기물 고효율 선별 재활용 기술' 등을 개발하여 개발 기술이 정책 현장에 본격 적용됨으로써 기술개발 성과가 정책 현안 해결과 기업의 사업화에 동시 기여하는 성과를 거두었다. 또한, 선진국대비 국내 환경기술 수준이 2001년 40~50%에서 2010년 58~68%로 향상되었고, 2015년말 기준으로 정부투자액 8,791억원 대비 4.5배인 3조 9,594억원의 사업화 성과를 거두었다.

*) 영문명 : Eco-Science Technology Advancement Research(Eco-STAR) Project

표 1-18 차세대사업 주요성과

('15.12월말 기준)

구 분	기술실시계약			지식재산권		학술지 게재		사업화실적	
	과제수 (개)	계약금 (억원)	징수금 (억원)	출원 (건)	등록 (건)	SCI (건)	일반 (건)	국내 (억원)	국외 (억원)
건수	954	929.5	864.5	2,558	1,593	2,109	2,602	39,594	2,073

(3) 글로벌탑 환경기술개발사업(2011~2020)

환경산업을 국가 신성장 동력으로 육성하고 수출산업화를 도모하고자 2011년 글로벌 탑 환경기술개발사업이 출범하였다. 동 사업은 2020년까지 국고 7,820억원을 지원하여 환경산업의 신성장동력화와 수출사업화를 목적으로 글로벌 수준의 기술개발을 통한 국내 환경산업의 경쟁력 확보를 목적으로 하고 있다.

동 사업은 사업단 중심의 체제로 해외 수요 맞춤형 패키지 제품화를 위해 중대형 과제를 지원하고 있다. 사업단과제는 시장성 또는 파급효과가 큰 유망 환경기술개발을 사업단장의 책임 하에 추진하는 과제를 말하며, 현재 6대 유망 환경기술을 대상으로 6개 사업단을 운영 중이다.

표 1-19 글로벌 탑 환경기술개발사업의 6대 기술 개요

구분	그림	내용
정수		• 에코스마트 상수도 기술 - 지능형 정수처리 플랜트 최적화 기술(운영관리 기술 포함) 개발 - 신종유해물질별 최적 정수처리 플랜트 기술개발 - 정수 막분리 기술 및 다목적 정수처리 패키지 개발 - 상수관망 통합 관리시스템 개발 ※ 목표 : 차세대 지능형 정수처리 시스템 개발 및 정수장 소재부품 100% 국산화
하폐수	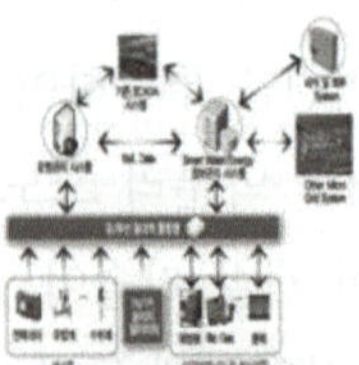	• 하 · 폐수 고도처리 기술 - 하수처리용 고효율 · 저에너지 분리막 모듈 및 공정기술 개발 - 이동식 컨테이너형 고집적 MBR 패캐지 시스템 개발 - 하수처리장 에너지 자립화 기술(바이오가스화, 하수열 이용) 개발 - 하수처리시설 통합 운영관리 시스템 구축 ※ 하수처리 재이용율 30% 및 에너지 자립률 30% 달성
자동차 배출 가스		• 친환경 그린카 기술 - EURO- 6 기준 만족 수소- 천연가스 혼합연료 엔진 기술 개발 - SULEV 기준 만족 LPGI 기술 및 GDI 기술 개발 - Tier- 4 기준 대응 비도로 차량 엔진 및 후처리 시스템 개발 - 저탄소 · 저마모 친환경 타이어 개발 ※ 목표 : EURO- 6, SULEV 대응 및 온실가스 배출량 30% 저감 기술 개발

표 1-19 글로벌 탑 환경기술개발사업의 6대 기술 개요(계속)

폐기물	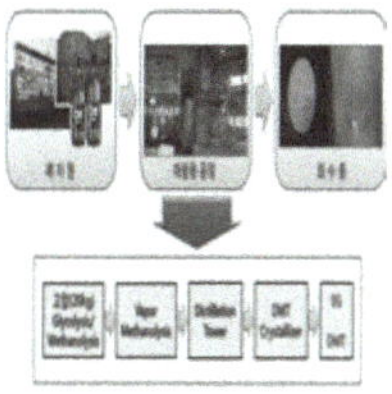	• 폐금속 · 유용자원 회수 · 재활용 기술 – 전기전자 산업 폐자원 회수 · 상용화 기술 개발 – 폐자동차 해체설비 및 재자원화 기술 개발 – PET 고부가 재활용 기술 및 제강 환원 슬래그의 고효율 급냉 재활용 기술 등 ※ 2020년 자원순환율 18% 달성 및 유용자원의 순환활용을 통한 국내산업 경쟁력 제고
온실 가스 감축	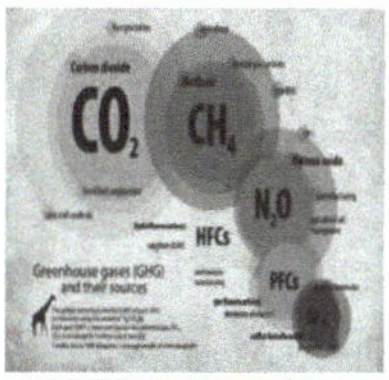	• Non- CO_2 온실가스 저감 기술 – 메탄 포집 및 활용 기술 개발 – N_2O 저감 기술 개발 – 불화가스류(HFCs, PFCs, SF_6, NF_3) 저감 기술 개발 ※ Non- CO_2 온실가스 감축(1천만tCO_2 추가 감축) 및 신산업 육성
측정 장치 및 기기		• U- 녹색환경 통합관리를 위한 그린패트롤 기술 – 오염물질별(대기, 수질 등) 측정 센서, 부품 및 온라인 모니터링 시스템 개발 – 환경 시설의 통합 관리용 저전력, 중거리 광역 센서망 및 복합 센서 모듈 개발 ※ 측정장치의 국산화율 제고 및 국내 측정기기 산업 경쟁력 제고

글로벌탑 환경기술개발사업은 성장기에 접어든 2015년까지 지식재산권 출원 · 등록 1,031건, 사업화 실적 1조 3,893억원 등 매우 우수한 성과를 도출하고 있다.

표 1-20 글로벌탑 환경기술개발사업 주요성과

('15.12월말 기준)

구 분	지식재산권		학술지 게재		사업화실적	
	출원(건)	등록(건)	SCI(건)	일반(비SCI)(건)	국내(억원)	국외(억원)
건 수	728	303	263	323	7,885	6,008

'15년 주요 우수성과		
미래부 우수 기술 100선		• 저탄소-저마모 친환경 타이어 개발 – LRR소재(Polymer, Silica)개발 및 연구를 통해 자동차 연비 향상에 의한 CO_2 배출량을 감소시켰으며, 내마모 성능을 개선하여 미세마모입자 발생을 40% 이상 감소함으로써 대기오염과 생태계 오염을 최소화 ※ 사업화 수출실적 2,724억원 달성('14년까지)
세계 최초		• 제강 환원슬래그의 고효율 급냉 재활용 기술 개발 – 적정기술이 없어 폐기되거나 저부가 노반재로 사용되던 환원슬래그 자원화 기술(세계 최초 환원슬래그의 고부가 속경성 시멘트 제조기술 개발) ※ 논문(SCI) 1건, 핵심 해외특허출원 4건

(4) 환경산업선진화기술개발사업(2011~2020)

환경산업선진화기술개발사업은 차세대핵심환경기술개발사업의 후속사업으로 기획된 차세대 에코이노베이션기술개발사업의 내역사업 중 하나로 국내 실용 · 실증화기술개발을 통해 환경 현안을 해결하고 국내 환경산업을 선진화하기 위해 2011년부터 추진되었다.

동 사업은 개발완료 시 수입대체효과 및 시장파급효과가 큰 '대기질개선 및 지구환경대응기술', '생활환경질 향상기술', '생태계복원 관리기술', '에코공정 기반기술', '위해성 평가관리 및 감축기술' 등 5대 분야에 2020년까지 10년간 3,910억원을 지원할 예정이며, 2015년까지 지식재산권 출원 · 등록 729건, 사업화 실적 2,226억원 등 우수한 성과를 도출하고 있으며 사업 후반부인 2017년 이후에는 본격적인 사업화 성과가 발생할 것으로 예상된다.

표 1-21 환경산업선진화기술개발사업 주요성과

('15.12월말 기준)

구 분	지식재산권		학술지 게재		사업화실적	
	출원(건)	등록(건)	SCI(건)	일반(비SCI)(건)	국내(억원)	국외(억원)
건 수	484	245	183	173	2,101	125

'15년 주요 우수성과		
국내 우수 사업화	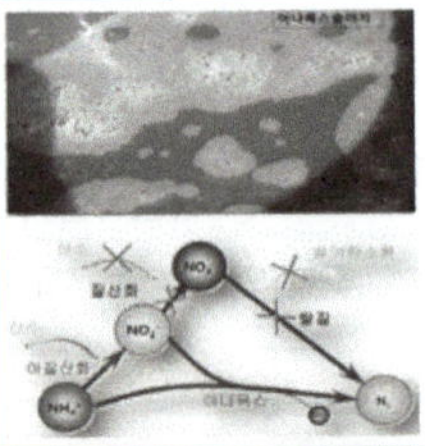	• 독립영양 미생물을 이용한 고효율 질소제거시스템 개발 - 외부 유기탄소원 투입이 불필요한 독립영양 아질산화-탈질반응공정 (ANNAMOX) 적용을 통해 고농도 질소제거 - 질산화-종속탈질 반응경로를 통해 기존 생물학적 질소제거 공정 대비 폭기 에너지 40% 및 슬러지 발생량 50% 절감 ※ '15년 매출액 116.1억원
해외 수출 기반 마련		• 옹벽블록 을 이용한 급류하천 연약지반 의 친환경 복원 - 급류하천의 훼손된 연약지방늬 복원 및 수서생물의 회피 · 서식공간을 조성하는 친환경 인터로킹 옹벽블록 시공기술 - 자립형 육각 기둥형 블록을 S자로 연결하여 상하좌우로 완전히 결합됨으로써 연약지반이나 급류에서도 구조적 안정성 확보 ※ '15년 녹색기술인증 1건 획득, 특허 출원 2건(국외 1건), 등록 4건(국외 3건), 3개국(사우디아라비아, 인도네시아, 브라질) 기술수출 MOU 체결

(5) 환경정책기반공공기술개발사업(2011~2020)

동 사업은 국민 삶의 질을 저해하는 오염물질 제어, 안전하고 깨끗한 물 관리 등 정부 정책과 관련한 공공환경기술의 수요 해결을 통하여 국가 환경정책을 실현하고, 환경보전 및 국민 삶의 질 향상을 목표로 한다. 크게 5개 분야(대기환경, 물환경, 상·하수도, 자원 순환, 자연보전)에 2015년까지 1,140억원을 지원하였으며, 2015년까지 지식재산권 출원·등록 363건, 사업화 실적 1,348억원 등 매우 우수한 성과를 도출하고 있다.

표 1-22 환경정책기반공공기술 주요성과

('15.12월말 기준)

구 분	지식재산권		학술지 게재		사업화실적	
	출원(건)	등록(건)	SCI(건)	일반(비SCI)(건)	국내(억원)	국외(억원)
건 수	250	113	263	265	1,326	22

'15년 주요 우수성과		
해외 논문 게재	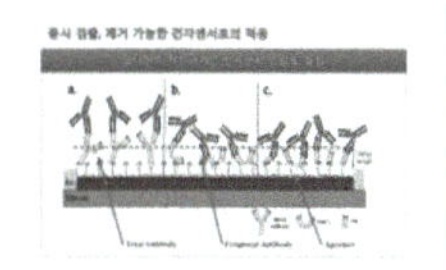	• 수계 미세 신오염원 프로브 원천기술 개발을 통한 동시 검출 및 제거 시스템 개발 – 거울상 압타머 기술을 세계 최초로 미세오염물질 검출에 적용하여, 필드에서의 안정도를 획기적으로 증가 ※ 「Nanoscale」誌 게재 ('15. 10월)
해외 논문 게재	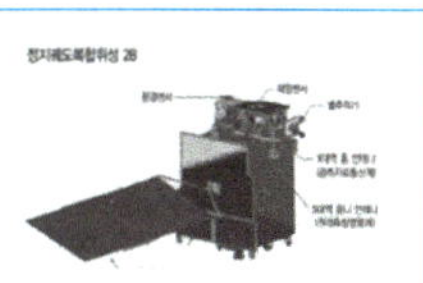	• 환경위성탑재체 알고리즘 개발 – 오존, 에어로솔, 포름알데히드 등을 산출하고 탑재체 특성을 파악하고 원시 자료의 검보정을 통해 자료처리를 통합적으로 수행 가능한 알고리즘 개발 ※ 「Atmospheric Chemistry and Physics」誌 게재('15. 1월)
언론 보도	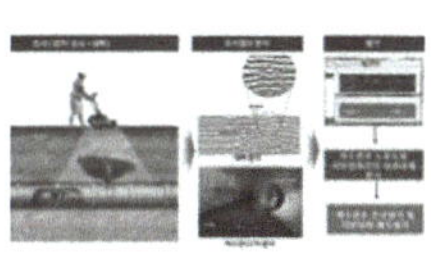	• 하수관로 누수에 기인한 지반침하(공동) 탐지 및 평가기법 개발 – 고화질 CCTV조사로 하수관로의 파손, 이음부 이탈, 토사퇴적 등 불량구간을 파악하고 해당구간에 대해 GPR(Ground Penetrating Rader)조사를 집중 시행함에 따라 정확성 및 경제성 확보 ※ KBS, 서울경제 등 주요 언론사에서 보도 및 취재

(6) 환경서비스기술개발사업(2011~2015)

국민생활기반, 경제활동 등의 사회경제적 가치를 고려한 환경문제 해결을 위해 추진된 환경기술개발사업으로 3년('13~ '15) 간 총 35억 원을 투자하였다. 동 사업은 기업의 사회적 책임을 바탕으로 환경생활 및 소비활동을 자발적으로 유도하는 사업모델 등을 개발하고, 수송·보관·하역 등 물류행태로 발생하는 환경영향을 최소화하는 기술, 지역 커뮤니티를 형성하고 있는 주체들이 연대·협동하여 지역의 환경문제 해결을 위한 기술 등을 개발하기 위해 추진되었다.

4) 경제적인 환경정책수단

대기오염물질을 배출하는 행위자체를 직접적으로 금지 및 제한하는 직접규제(command and control)와 대기오염자에게 환경개선분단금, 배출부과금 등의 경제적인 유인제도(economic incentive)를 제공해 자발적으로 대기오염을 저감하려는 간접규제 유도수단이 있다.

(1) 직접규제

정부가 대기오염을 발생할 수 있는 행위와 행위자에게 이를 규제하기 위한 배출허용기준을 제시하고, 대기오염자에게 그 기준을 준수하도록 의무를 부과한 대기오염규제방법이다. 따라서 오염자가 의무를 위반할 경우는 법적 · 행정적인 벌금이나 징역을 받게 된다. 직접규제방법은 부과수단이 비교적 단순하며, 효과가 신속하게 나타나는 특징이 있다.

(2) 간접규제

오염자가 대기오염행위당 일정한 비용을 부과함으로써 자발적으로 대기오염을 저감하게 하는 경제적 유인수단의 대기오염규제방법이다. 이 규제방식은 1972년 OCED에서 오염자부담원칙(PPP : Pollution Pay Principle)을 주요한 환경정책수단으로 선언한 후 배출부과금, 제품부담금(pigovian tax : 피구세)와 오염배출권거래제도, 예치금환불제 등이 간접규제수단이다.

(3) 배출부과금제도

배출부과금은 대기오염물질을 배출하는 오염유발자에게 환경오염에 따른 비용을 부과시킴으로써 자발적인 대기오염저감을 유도하는 경제적 유인수단이다. 대기분야의 배출허용기준의 초과배출부과금의 오염물질의 종류는 황산화물(SO_x), 암모니아(NH_3), 황화수소(H_2S), 이황화탄소(CS_2), 먼지(dust), 플루오르화합물(F^-), 염화수소(HF), 염소(Cl_2), 시안화수소(HCN) 등이다. 그리고 배출허용기준 이하로 배출하는 대기오염물질의 배출량과 배출농도 등에 따라 부과하는 기본부과금의 부과대상이 되는 대기오염물질의 종류는 황산화물(SO_x)과 먼지(dust)이다. 사업자의 업종별 부과금액은 1종사업장 400만 원, 2종사업장 300만 원, 3종사업장 200만 원, 4종사업장 100만 원과 5종사업장 50만 원이며, 반기별(1.1~6.30, 7.1~12.31)로 부과한다. 그리고 처리부과금의 산정기준은 (표 1-23)과 같다.

표 1-23 대기오염물질의 처리부과금 산정기준 (단위 : 원)

구분	1kg당 부과 금액	배출허용기준초과율별부과계수								지역별 부과계수		
		20% 미만	20% ~ 40%	40% ~ 80%	80% ~ 100%	100% ~ 200%	200% ~ 300%	300% ~ 400%	400% 이상	I 지역	II 지역	III 지역
황산화물	500	1.2	1.56	1.92	2.28	3.00	4.2	4.8	5.4	2	1	1.4
먼지	770	1.2	1.56	1.92	2.28	3.00	4.2	4.8	5.4	2	1	1.5
암모니아	1,400	1.2	1.56	1.92	2.28	3.00	4.2	4.8	5.4	2	1	1.5
황화수소	6,000	1.0	1.9	1.92	2.28	3.00	4.2	4.8	5.4	2	1	1.5
이황화탄소	1,600	1.2	1.56	1.92	2.28	3.00	4.2	4.8	5.4	2	1	1.5
플루오르화합물	2,300	1.2	1.56	1.92	2.28	3.00	4.2	4.8	5.4	2	1	1.5
염화수소	7,400	1.2	1.56	1.92	2.28	3.00	4.2	4.8	5.4	2	1	1.5
염소	7,400	1.2	1.5	1.92	2.28	3.00	4.2	4.8	5.4	2	1	1.5
시안화수소	7,300	1.2	1.56	1.92	2.28	3.00	4.2	4.8	5.4	2	1	1.5

(4) 대기오염배출권 거래제도

대기오염배출권 거래제도는 대기환경오염에 대한 인위적인 시장형성을 통해 대기오염을 제하는 정책수단이며, 대기환경적으로 수용가능한 대기오염량을 사전에 설정해 그 자정능력범위 내에서 배출허가권이나 오염권을 발행하므로 이를 거래할 수 있도록 하는 제도이다.

(5) 환경개선부담금제도

오염원인자부담원칙(3P : pollution pay principle)에 의해 대기오염원인자에게 대기오염물질의 처리비용을 부담시켜서 대기오염저감을 유도하고, 환경개선을 위하여 투자재원을 합리적으로 조달하려는 경제적 유인수단의 제도이다. 대기환경개선부담금은 자동차관리법에 의해서 등록된 전국의 경유사용 자동차를 부과대상으로 하고 있으나, 공장 등 생산 · 제조부문의 시설물과 삼원촉매장치를 부착한 휘발유사용자동차와 외국인 소유의 자동차 주거용 시설물을 제외시켰다.

(6) 과징금제도

과징금제도는 대기환경행정처분의 실효성을 확보하기 위한 제도이다. 그래서 조업정지가 곤란한 의료기관의 배출시설, 사회복지시설 및 공동주택의 냉난방시설, 발전소의 발전시설, 집단에너지시설, 학교의 배출시설과 조업정지시 배출시설 안에 투입된 원료 · 부원료 · 용수 · 제품 등이 화학반응 등으로 폭발 · 화재의 사고가 발생우려 있는 제조시설에 대해 그에 상응하는 비용 3억 원 이하를 부담하고 조업하게 할 수가 있는 제도이다.

3 대기오염물질 배출사업장 관리

1) 배출시설 관리체계

현재 대기관리의 기본법인 「대기환경보전법」은 1990년 8월 제정되었으며, 이에 따른 주된 배출시설 관리수단은 다음과 같다.

첫째, 대기오염물질배출시설의 설치 및 변경에 대한 허가 · 신고제도의 운영이다. 특정대기유해물질을 일정 기준농도 이상으로 배출하거나 대기보전특별대책지역에 설치하는 배출시설은 허가를, 그 밖에 시설은 신고를 득하도록 하고 있다.

표 1-24 대기오염물질 배출 사업장 현황

('14.12월말 기준)

구분	총계	1종	2종	3종	4종	5종
사업장수	50,721	1,171	1,280	1,858	16,207	30,205

둘째, 배출허용기준의 단계적 강화 및 예고제 시행이다. 현재 배출허용기준이 설정되어 있는 물질은 먼지 등 27개 물질이다. 배출허용기준 강화시 3~5년 단위로 배출허용기준을 미리 알려주는 예고제를 운영하고 있으며, 현재 2015년 1월 1일부터 배출허용기준이 강화되었다.

셋째, 사업장에 대한 지도 · 점검을 지속적으로 실시하여 사업자의 배출시설 및 방지시설 적정 운영을 유도하고 있다.

(1) 대기오염물질 배출시설 분류

2015년부터 개정 · 시행되고 있는 대기오염물질 배출시설 분류체계는 대기오염물질 배출 시설을 종전의 28개 에서 27개 로 합리적으로 조정하였고 LNG 등 청정연료 사용시설이 추가되었다.

표 1-25 대기오염물질 배출시설 분류체계 변화

종전 28개 시설('10~'14까지 적용)	현행 27개 시설('15년부터 적용)
1. 섬유제품 제조 시설	1. 섬유제품 제조 시설
2. 가죽, 모피가공 및 모피제품, 신발 제조시설	2. 가죽, 모피가공 및 모피제품, 신발 제조시설
3. 펄프, 종이 및 종이제품 제조시설과 인쇄 및 각종기록 매체 제조(복제)시설	3. 펄프, 종이 및 종이제품 제조시설과 인쇄 및 각종기록 매체 제조(복제)시설
4. 코크스 제조시설 및 관련제품 저장시설	4. 코크스 제조시설 및 관련제품 저장시설
5. 석유제품 제조 시설	5. 석유정제품 제조시설 및 관련 제품 저장시설
6. 기초유기화합물 제조시설	6. 기초유기화합물제조시설 및 가스제조시설
7. 기초무기화합물 제조시설	7. 기초무기화합물 제조시설
8. 무기안료 · 염료 · 유연제 · 기타 착색제 제조시설	8. 무기안료 · 염료 · 유연제 · 기타 착색제 제조시설
9. 화학비료 및 질소화합물 제조 시설	9. 화학비료 및 질소화합물 제조 시설
10. 의약품 제조 시설	10. 의료용 물질 및 의약품 제조 시설
11. 기타 화학제품 제조 시설 및 탄화시설	11. 기타 화학제품 제조 시설 및 탄화시설
12. 화학섬유 제조시설	12. 화학섬유 제조시설
13. 고무 및 고무제품 제조시설	13. 고무 및 고무제품 제조시설
14. 합성고무, 플라스틱물질 및 플라스틱제품 제조시설	14. 합성고무, 플라스틱물질 및 플라스틱제품 제조시설
15. 유리 · 유리제품 제조시설[재생(再生)용 원료가공 시설을 포함한다]	15. 비금속광물제품 제조시설
16. 도자기 · 요업(窯業) 제품 제조시설(재생용 원료가공 시설을 포함한다)	
17. 시멘트 · 석회 · 플라스터 및 그 제품 제조시설	
18. 기타 비금속광물제품 제조시설(아스팔트제품 제조시설은 제외한다)	
19. 아스팔트제품 제조시설	
20. 제1차 금속 제조시설	16. 제1차 금속 제조시설
21. 조립금속제품 · 기계 · 기기 · 장비 · 운송장비 · 가구 제조시설	17. 금속가공제품 · 기계 · 기기 · 장비 · 운송장비 · 가구 제조시설
	18. 전자부품 · 컴퓨터 · 영상 · 음향 · 통신장비 및 전기장비 제조시설
22. 발전시설(수력, 원자력 발전시설은 제외한다)	19. 발전시설(수력, 원자력 발전시설은 제외한다)
23. 폐수 · 폐기물 · 폐가스소각시설(소각 보일러를 포함한다)	20. 폐수 · 폐기물 · 폐가스소각시설(소각 보일러를 포함한다)
	21. 폐수 · 폐기물처리시설
24. 보일러	22. 보일러
25. 고형연료 · 기타연료 제품 제조 · 사용시설 및 관련시설	23. 고형연료 · 기타연료 제품 제조 · 사용시설 및 관련시설
26. 입자상물질 및 가스상물질 발생시설	26. 입자상물질 및 가스상물질 발생시설
27. 화장로 시설	24. 화장로 시설
28. 기타시설	27. 기타시설
〈신설〉	25. 도장시설(종래 제조업, 자동차 및 모터사이클 제조업에 대해 적용되었으나 업종 구분없이 적용)

(2) 대기오염물질 배출허용기준 강화

2015년 1월 1일부터 2019년 12월 31일까지 적용되는 현행 대기오염물질 배출허용 기준은 미세먼지(PM10) 및 초미세먼지(PM2.5) 관리강화를 위해 발전시설과 소각시설 등 대형배출시설의 먼지, 질소산화물 등에 대한 배출허용기준을 강화하고, 특정대기유해물질을 연간 10톤이상 배출하는 다량배출시설에 대해서는 보다 엄격한 기준(소량 배출사업장의 50% 수준)을 적용하고 있다.

2) 대형배출사업장 관리

굴뚝원격감시체계는 대형배출사업장에서 배출되는 대기오염물질을 상시 측정하여 오염사고 예방 및 신속한 대처, 공정개선을 통한 오염물질 배출량 감소 등 대기질 개선을 목적으로 한다.

굴뚝에 설치된 자동측정기기는 7종의 대기오염물질(먼지, SO_2, NOx, NH_3, HCl, HF, CO)을 5분 간격으로 연속 측정하여 30분마다 측정데이터를 생산한다. 1988년 7월에 경상남도지사가 울산 · 온산특별대책지역의 31개 업소에 설치명령을 함으로써 처음으로 부착하기 시작하였다. 자동측정기의 측정 자료를 수집 · 관리하기 위한 전산망인 관제 센터는 1998년 호남권을 시작으로 영남권(1999년) 수도권(2001년) 중부권(2002년)에 권역별로 1개소씩 총 4개소가 구축 완료되어 전국적인 관리가 가능하게 되었고, 그 전송 자료는 배출부과금, 행정처분 등의 행정자료로도 활용된다.

2015년말 현재 전국 578개 대형배출사업장(1~3종) 1,531개 굴뚝에 굴뚝자동측정기기를 부착하여 배출시설에서 나오는 오염물질을 상시 실시간으로 측정 · 관리하고 있다.

굴뚝원격감시체계는 그간의 안정적인 운영경험을 바탕으로 2007년부터 시행된 수도권 대기오염물질 총량관리제도에 적용하여 수도권 대기관리권역 153개 사업장, 374개 배출구에 부착(' 15.12월말 기준)되어, 배출허용총량 할당량 준수 확인 등에 활용하고 있다.

3) 비산먼지 발생사업장 관리

(1) 비산먼지 발생사업장 현황

비산먼지를 발생시키는 사업을 하려는 자는 「대기환경보전법」 제43조에 따라 지자체에 신고하여야 한다. 2015년말 현재 신고된 비산먼지 발생사업장은 50,169개소로 2014년말 39,377개소에 비해 다소 증가하였다.

표 1-26 비산먼지 발생사업장 신고현황

(단위 : 업소수)

연도	계	시멘트, 석회 관련 제품 제조 · 가공업	비금속 물질 제조 · 가공업	제1차 금속 제조업	비료 및 사료제품 제조업	건설업	운송 장비 제조업	금속제품 제조 · 가공업	기타
2015	50,169	2,292	3,781	516	545	41,450	370	927	288
2014	39,377	1,784	2,892	416	494	32,391	364	829	207
2013	37,667	1,725	2,808	307	477	31,194	386	563	186

(2) 비산먼지 발생사업장 지도 · 점검

비산먼지 발생사업장은 방진시설의 설치 등 필요한 조치를 해야한다. 이를 준수하지 않을 경우 위반사항에 따라 조치이행명령 등 행정처분과 함께 과태료 부과 또는 고발 조치를 받게 되며, 벌금형을 받은 건설업체는 관급건설공사의 입찰참가자격 사전심사(Pre Qualification)나 적격심사시 신인도 심사과정에서 감점을 받도록 하고 있다.

건설공사 등 산업활동이 활발해지고 날씨가 건조하여 비산먼지가 많이 발생하는 봄에는 매년 전국적으로 비산먼지 발생사업장에 대하여 특별점검을 실시하고 있으며, 2015년 비산먼지 발생사업장 지도 · 점검실적을 보면 총 33,259개 사업장을 점검하여 3,661건의 위반사항을 적발 · 조치하였다.

표 1-27 비산먼지 발생사업장 점검실적

(단위 : 개소)

연도	점 검 건 수	위 반 건 수	위 반 내 역			조 치 내 역				과태료	고발
			시설기준 부적정	신고 미이행	기타	개선 명령	경고	사용 중지	조치이행 명령		
2015	33,259	3,661	1,883	1352	74	1242	1297	110	630	103,072	520
2014	35,375	3,270	1,838	1,380	52	1,260	1,371	91	578	83,744	451

(3) 비산배출 저감제도

방지시설을 거치지 않고 대기 중으로 직접 비산배출되는 오염물질의 저감을 위해 2012년 5월 23일 「대기환경보전법」(제38조의2)을 개정하여 '비산배출 저감제도' 를 도입하였다.

비산배출 저감제도란 굴뚝 자동측정기기를 부착한 배출구를 제외한 시설 · 공정 등에서 배출되는 유해대기오염물질을 관리하기 위한 제도로서 유해대기오염물질의 배출량이 많은 업종을 대상으로 시설에 대한 관리기준을 법제화한 것이다.

2013년 5월 24일부터 비산배출 저감제도가 시행되어 2개 업종(원유정제처리업, 석유화학계 기초화학물질제조업)에 대해 기존에 시행되던 휘발성유기화합물 관련 기준을 적용하였으며, 2015년도 6개 업종(원유정제처리업, 제철 · 제강, 기초화학, 합성고무, 플라스틱 등), 2016년도에는 14개업종(접착제 및 젤라틴, 기타플라스틱 · 고무 제조업, 기타 운송장피 제조업, 파이프라인 운송업, 위험물품 보관업 등)으로 확대하여 비산배출 저감을 위한 시설관리기준(「대기환경보전법」 시행규칙 별표 10의2)이 적용되고 있다.

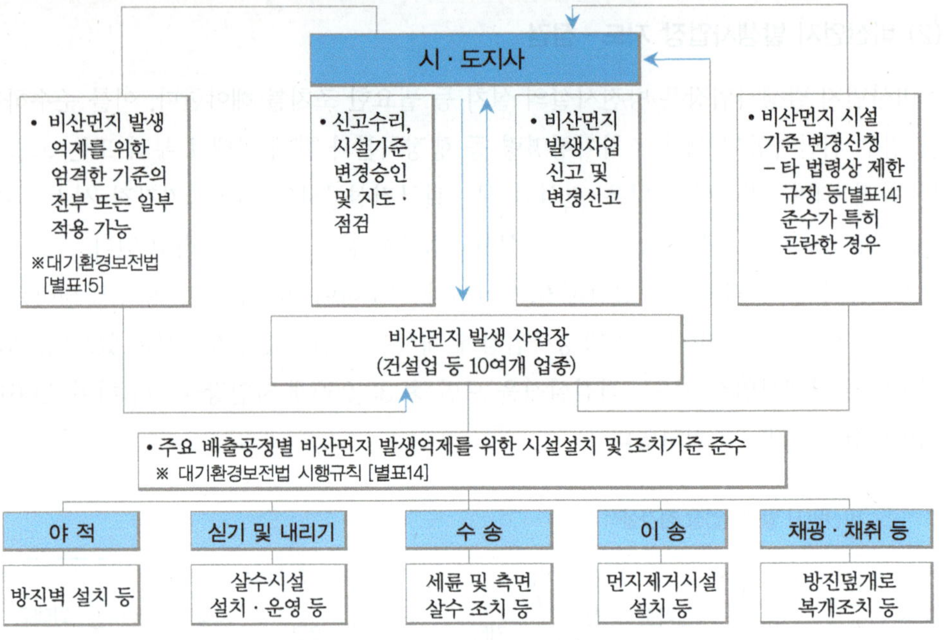

그림 1-4 비산먼지 발생사업장 관리체계

4) 악취배출원 관리

(1) 「악취방지법」의 제 · 개정

악취는 원인물질이 다양하고 복합적이며 국지적 · 순간적으로 발생 · 소멸하는 특성으로 관리에 어려움이 있다. 이에, 보다 효과적인 악취 관리를 위해 2004년 2월 9일 「악취방지법」을 제정('05.2.10일 시행)하였다.

이후, 효과적인 악취관리를 위해 관리대상을 종전의 '시설' 단위에서 '지역' 단위로 전환하고 악취측정방법 중 '직접관능법'의 객관성 부족과 계량화의 어려움을 개선하고자 '공기희석관능법', '기기분석법' 등 과학적 기법을 도입하여 측정결과의 신뢰도를 높였다. 또한, 악취 배출원의 효율적 관리를 위해 악취관리지역 지정 권고 및 지정해제 근거규정 마련, 악취관리지역 외 지역에서의 악취배출시설 관리 강화, 악취방지시설 공동설치 근거 마련, 공공환경시설에 대한 악취기술진단 의무화 등을 주요내용으로 「악취방지법」을 개정('11.2.5 시행)하였다.

아울러, 그 동안 관리 사각지대에 있던 생활악취를 적정 관리할 수 있도록 시도지사 또는 대도시의 장이 생활악취 방지대책을 수립 · 시행하고 조례를 정하여 규제할 수 있도록 법령을 개정('15.12.1)하였다.

(2) 지역단위의 악취관리

지역단위 악취관리 체계 시행에 따라, 시 · 도지사 또는 대도시의 장은 악취관리지역을 지정하고, 엄격한 배출허용기준을 설정하는 등 지역별 실정과 여건에 적합한 악취관리 대책을 추진할 수 있도록 지방자치단체장의 권한과 책임을 강화하였다. 이에 따라, 울산 미포 · 온산 국가산업단지 등 11개 시 · 도 33개 지역을 악취관리지역으로 지정 · 관리('15.12월 기준)하고 있다.

악취관리지역에 악취배출시설을 설치하는 경우 악취방지시설의 설치 등 악취 방지 계획을 첨부하여 해당 지자체장에게 악취배출시설 설치신고를 하여야 한다. 또한, 악취 관리지역 외의 지역에 설치된 악취배출시설의 경우 악취관련 민원이 1년 이상 지속되고 복합악취나 지정악취물질이 3회 이상 배출허용기준을 초과할 경우 시 · 도지사 또는 대도시의 장은 해당 악취배출시설을 신고대상 시설로 지정 · 고시할 수 있도록 하고 있다.

2003년부터는 산업단지 완충녹지 조성사업을 지속 추진하여 산업단지와 주거지역 사이에 완충녹지를 조성함으로써 주거지역으로 유입되는 악취를 줄여 인근 주민들의 악취 피해를 예방하고 있다.

5) 휘발성유기화합물 관리

휘발성유기화합물(Volatile Organic Compounds, VOCs)이란 상온 · 상압에서 대기중에 가스 상태로 배출되는 탄화수소류의 물질을 말한다. 「대기환경보전법」 제2조제10호에서는 '석유화학제품 · 유기용제 그 밖의 물질로서 환경부장관이 관계 중앙행정기관의 장과 협의하여 고시하는 것' 으로 정의하고 있으며, 휘발성 유기화합물 지정 고시(환경부고시 제2015-181호, '15.9.11)에 따라 아세트알데히드 · 벤젠 · 휘발유 등 37개 물질, 제품을 규제대상으로 하고 있다. 배출시설 외 관리대상(도료의 VOCs 함유기준 등)에는 '1기압 250℃ 이하에서 최소 비등점을 가지는 유기화합물'(다만, 탄산 및 그 염류 등 국립환경 과학원장이 정하여 공고하는 물질은 제외)을 규제대상으로 하고 있다.

이들 화합물의 배출원은 다양한데, 그 중 유기용제사용에 의한 것이 전체 배출량의 62.1%로 가장 비중이 크며, 생산공정 등에서 발생하는 것이 그 뒤를 이어 18.3%를 차지하고 있다.

표 1-28 주요 배출원별 연간 VOCs 배출량

('12년, 단위 : 천톤/년)

구 분	계	유기용제 사용	생산 공정	도로 이동 오염원	폐기물 처리	에너지 수송·저장	비도로 이동 오염원	에너지 산업 연소	제조업 연소	비산업 연소	기타 면오염원
배출량 (비중,%)	911 (100%)	565 (62.1%)	167 (18.3%)	68 (7.4%)	49 (5.4%)	27 (3.0%)	20 (2.2%)	8 (0.9%)	3 (0.4%)	3 (0.3%)	1 (0.1%)

특별대책지역과 대기환경규제지역에 대해서는 사업장에서 배출되는 VOCs를 규제하고 있으며 지역에 따라 관리대상 규제업종 등을 조금씩 달리한다.

대기환경규제지역은 1997년부터 일정 규모 이상의 휘발성유기화합물 배출시설에 대한 규제를 시작하여 2015년 현재 석유정제 및 석유화학 제조업 · 저유소 · 주유소 · 세탁시설 등 9개 업종을 규제하고 있으며, 특별대책지역은 이에 1차 금속산업, 보관 및 창고업을 더하여 11개 업종에 대해 규제를 실시하고 있다.

표 1-29 대기환경규제지역 및 특별대책지역의 규제대상 업종

구 분	지 역	규 제 업 종	근 거 법 령
대기환경 규제지역	서울, 인천, 경기 15개시, 부산, 대구, 광양만지역	석유정제 및 석유화학제조업, 저유소, 세탁시설, 주유소, 유기용제 및 페인트제조업, 자동차제조업, 선박 및 대형철구조물제조업, 기타제조업, 폐기물보관 · 처리시설	「대기환경보전법」 제44조 제1항 및 환경부고시 제2015-125호
특별대책 지역	울산 · 미포 · 온산 산단, 여수산단	상기 9개 업종+1차금속산업, 보관 및 창고업	「대기환경보전법」 제44조 및 환경부고시 제2015 -225호

휘발성유기화합물 배출원 중 배출 비중이 가장 높은 유기용제 사용과정에서의 배출 저감을 위해 도료의 VOCs 함유기준 설정 등 관리를 강화하고 있다. 제도 도입초기에는 수도권 지역에 대해서만 함유기준을 적용하였으나, 2013년 5월부터는 전국으로 확대하는 한편, 건축용, 자동차보수용, 도료표지용 도료에만 적용하던 것을 공업용 · 선박용 도료까지 확대 · 시행('14.2)하고 있으며, 2015년 1월부터는 도료의 VOCs 함유기준을 강화하여

적용중이다.

이와 별도로, 유증기 등 휘발성유기화합물을 배출하는 주유소의 경우, 관리의 필요성이 높아 대기보전특별대책지역 및 대기환경규제지역에 소재한 주유소를 대상으로 2012년까지 유증기 회수설비 설치를 의무화하였다. 최근 대도시 오존농도 악화 등에 대응하고자 대기환경규제지역 등 기존 설치지역이외에도 VOCs 배출규제가 필요하다고 판단되는 경우 환경부장관이 지정 · 고시하는 지역에 유증기 회수설비 설치를 의무화할 수 있도록 「대기환경보전법」을 개정('15.1)하여 2017년부터 시행될 예정이다.

4 대기오염물질의 배출시설 분류 및 특징

어떤 종류의 제품을 생산할 경우에 생산방식, 시설의 형식 및 입지조건 등에 따라서 다르지만 많은 오염물질 배출시설을 사용한다. 예를 들면 주철을 생산하는 데는 코크스, 소결로, 용광로, 열풍로, 전로, 전기로, 가열로, 보일러 등을 사용한다. 이들의 시설에서 배출되는 대기오염물질은 일부 특성에 따라서 재이용되는 것도 있지만 대부분 대기 중에 방출된다. 배출의 방식은 단일연소에 의한 경우와 집합연소에 의한 경우가 많다. 배출가스 속에 함유되는 대기오염물질의 성상과 양은 각각 다르고 확산에 의한 피해도 크다. 다음은 배출시설별에 대한 특징을 나타냈다.

(1) 보일러

보일러의 종류는 수관식, 강제순환식, 관류식, 원통형, 입형, 평형, 기관차형 등이 있고 전국에서 10만대 이상 설치되어 있다. 대형 보일러에 있어서 연료는 주로 중유, 석탄 또는 LNG로서 주로 실시되고 때로는 납사를 사용한다. 소형 보일러는 입지조건에 따라 경유, 등유, 도시가스 등을 사용한다. 대기오염방지대책이나 열회수의 입장에서 보일러를 집약하는 central heating, 배열회수용 보일러, 쓰레기 폐열보일러 등이 주목되고 있다.

(2) 발생로

수성가스($CO+H_2$) 제조법은 고온의 코크스(cokes), 무연탄에 수증기를 반응시켜서 수성가스(H_2+CO)을 발생시킨다. 발생로내 온도를 상승시키기 위해서 블로어(blower)의 작업이 있는데, 이때 매연을 함유한 배출구로 대기오염물질이 배출된다. 한편 온도가 내려가면 재차 송풍을 하여 발생로 내의 무연탄층의 온도를 상승시킨다.

(3) 용광로, 소결로, 가소로

① 용광로는 Fe, Zn, Pb 등 정련의 경우에 원광석(ingod)의 열분해를 하는 설비이다. 광석과 O_2, H_2O, C 등을 상호작용시키면서 정련조작에 처리하기 쉬운 화합물에 이용되는 로이고 작업시 광석 중에 함유한 유해물질이 방출된다. 용광로의 형식에는 다단식, 유동식 등이 있다.

② 소결로는 분광에 석회석, 코크스 등을 첨가하고 원료의 융점 이하의 온도에서 가열하여 굳히고 2차 원료를 만드는 설비인데, 가열할 때에 오염물질을 발생한다.

③ 가소로는 가열에 의해서 탄소, 타르 분해를 일으키어 휘발성 성분을 분리하는 설비이다. 예를 들면 석회석을 가열하여 CO_2를 발생할 경우, 카오린(kaolin)을 가열분해할 경우, 소석고를 만드는 경우 등이다. 시멘트 킬른에 있어서는 소성 전 원료의 용해하기 쉬운 가열반응의 단계를 가소라 부르고 있다.

(4) 열풍로, 평로, 전로

① 열풍로는 광석을 환원하여 금속(Fe, Cu, Pb, Sb, Ni)을 정련하는 로이다. 로의 상부에서 코크스, 광석, 석회석을 층상에 넣어 열풍로에서 공급된 공기의 송풍기로 유입한다. 열풍로는 밀폐식이고 철의 경우 CO를 20~25% 함유하고 있고 고로로서 연료에 제공되므로 현재는 대기 중에 방출되는 것은 적다. 열풍로에 일반적으로 축열식이 사용되고 이 열풍로에서 배출된 것이 대기오염원이 된다.

② 평로는 축열기를 갖는 일종의 반사로에서 철과 주철 또는 용철과 철을 원료로서 철을 제조하는 설비이다. 평로체는 내장의 종류에 따라서 산성평로, 염기성평로로 분리된다. 연료는 종래 코크스로사 대부분이였지만 최근은 중유전소, 코크스로와 중유의 혼소가 채용되고 있다.

③ 전로내에 산소, 특히 산소제강법에서는 산화주위에 붉은 연기를 발생한다. 전로는 평로와 같이 제강법의 하나이지만, 평로와 다른 것은 연료를 사용하지 않고 그 대신으로 산소를 많이 사용하는 것이다. 산소의 취급법시에는 온도가 높아 먼지의 발생량도 많고 인, 규소, 망간 및 탄소를 산화하여 강(철)을 정련하는 것이 특징이고 일반적으로 평로제강은 전로제조, 전기로제강으로 생산한다.

(5) 코크스로

코크스는 다수의 외열식 레토르트(retort)의 탄화실을 갖고 그 중에 점결이 강한 석탄이 장입된다. 이 석탄은 양측의 연소실에서 산화반응을 통하여 간접적으로 1000℃에서 20시간 가열 건류된다. 연료는 고로와 코크스로의 혼합해 사용되고 건류시 종료된 적열 코크스는 로외에 압출되어 소화(消火)된다.

소화에는 일반적으로 물을 사용하지만 그때 먼지를 수반한 대량의 수증기, 즉 자연적 발생으로 최근에는 불활성가스로 냉각하고 그 가열된 것을 보일러에 사용하는 공법도 있다.

(6) 금속용해로

금속용해로는 큐폴라(cupolar), 아크(arc)로, 유도전기로, 반사로가 있고 주철용으로는 루츠보(rootsbo)로, 반사로, 전기로, 회전로 등이 있다. 용해로에서 방출되는 대기오염물은 용해로의 용량, 사용하는 원료 종류, 생산공정, 원료의 투입, 용해속도, 용해온도 등에 따라 배출량 및 배출농도가 달라진다.

예를들면 반사로 구조를 알아보면, 연소실과 장방형의 용해실로 되어 있다. 연료로서 석탄, 중유가 사용되고 연소에 의해서 발생한 불길은 천정을 따라서 용해실로 들어가고 Grid에 놓여진 장입물이나 용탕은 천정에서의 불길의 방사와 직접 용탕과의 반응열로 가열된다. 루츠보로는 용해로내에 놓여진 루츠보 안에서 금속 또는 합금을 용해하는 것이고 사용연료에 따라서 형식이 분류된다. 또한 회전로는 중유의 염(salt)을 직접 용탕에 열을 전달하는 방식이다.

(7) 유리용해로

유리를 용해하는 용해로는 연료로 중유를 사용하는데, 중유사용 시 녹(rust)이 많이 발생된다. 오염물이 발생을 적게 하기 위해 최근은 전기용해가 검토되고 있다.

(8) 용철로

주철을 용해하는 용철로는 용광로를 작게 한 원통형상이고 아래에서 코크스와 지금류(地金類)를 서로 상층까지 넣고 밑바닥의 습구에서 공기를 보내어 코크스를 연소시킨다. 연소실에서 방출되는 가스는 고온이고 입도가 큰 먼지와 CO가 많아 대기오염의 원인이 된다. 특수한 용철로는 송풍을 예열하는 열풍식, 용철로벽을 물로 차갑게 하는 수냉식이 있다. 한편 보조연료로서 산소와 중유를 우구(羽口 : vane)에서 주입해 혼합 · 흡입한다.

(9) 소성로

요업용의 소성로에는 시멘트, 내화연와, 도자기, 전신주, 석회 등 종류가 많다. 시멘트용 소성로에는 건식, 습식, rapple식, suspension식 등이 있지만 대개 회전하는 기준에 중유, 미분탄을 흡입하고 특수한 예로서 폐타이어를 투입하는 경우가 있다. 불길 및 연소의 흐름과 석회석, 점토 등 원료의 이동에 의해서 열교환을 하며, 소성온도는 약 1450℃이다. 레플식은 킬른(kiln)에 들어가기 전에 배열을 이용하여 스토카(stoker) 위에서 건조와 단소(緞燒)의 예비열처리(preheating)을 하고, 서스펜션(suspension)식은 연료분말과 킬른(kiln)배출가스를 현탁(emulsion) 상태에서 접촉시켜 열교환하는 것이다.

배출가스에는 특히 먼지가 많고 석회석의 분해에 의한 CO_2를 많이 함유되었다.

(10) 전기로

철의 합금을 만드는 전기로에서 먼지를 발생된다. 개방식의 로에서는 발생하는 먼지를 후드, 덕트에서 굴뚝으로 유도하는 것이 전기로의 단점이다. 또한 일반용 전기로에는 아크로, 유도로, 저항로가 있다.

(11) 광물질용해로

광물질(slag, 주철, 유리 등)을 용해하여 유리섬유(wool)을 제조하는 광물질용해로이다. 주입원료 중에 함유하는 금속류가 증발하여 대기 중에서 응축되거나 산화물, 플루오르화물이 그대로 대기속으로 배출된다. woolflow실에서 미세한 섬유가 오염물질로서 배출되는 경우 등이 있으니 주의해야 한다.

(12) 건조로

고체물질에서 수분이나 휘발성 물질을 제거하는 장치이다. 피건조물의 종류, 구조와 사용하는 열원에 의해서 건조로의 형식은 다르고 회전식, 플래쉬식, 분무식 등이 있고 철형의 건조, 맥아의 건조 등은 연소를 직접 송입(送入)하는 방식이다.

건조에 있어서는 먼지나 악취가 발생되고, 특히 악취가 발생될 때에는 탈취로를 설치할 필요가 있다. 골재 건조로는 쇄석, 자갈, 모래 등의 수분을 제거하는 목적이지만 중유로 연소하면 먼지와 매연이 발생된다.

(13) 폐기물소각로

소각로는 연료를 연소하는 일반적 공업요로와 달라서 열량이 낮고 수분이 많으면서 성상이 다양한 사업장 일반폐기물 및 생활폐기물을 소각하는 설비이다. 보조연료로서 가스연료를 사용할 수가 있다.

설비의 크기는 도시쓰레기처리용인 대규모의 것에서 가정용의 소규모의 것까지 그 범위는 넓고 처리부하는 일정하지 않다. 최근에는 폐기물 자원화가 강조되고 대형도시쓰레기처리 플랜트에서는 쓰레기 연소가스의 폐열로 증기를 발생시켜 발전하거나, 온수를 만들어 냉난방용으로 사용하며, 재에서 금속, 유리 등을 회수하고 있다. 이때 먼지 발생과 동시에 CO, SO_2, HCI, NO_2, N_2O, 중금속(Hg, Cd 등), 다이옥신 등 유해가스가 배출된다.

(14) 플라스틱 소각로

플라스틱의 처리는 소각 이외에 가스화, 플로크화(floc) 등 자원화가 연구되고 있다. 연소에는 1차, 2차, 3차 공기를 사용하고 after burning의 공법도 있다. 특히 유해가스로서 CO, NO_x 외에 알데히드, 포스겐, Dioxin, HCN, NH_3, HCI, SO_x 등을 발생한다.

(15) 아연도금로

아연도금로는 직화부(直火釜)의 일종이고 연료로서 중유를 사용한다. 제조공정에서 pH 완화제로서 염화 암모니아(NH_4Cl)를 봉합해 사용하므로 자색 fume상의 배출 중에는 Zn, ZnO, $ZnCl_2$, NH_4Cl, NH_3 등 복잡한 대기오염물질을 함유하고 있다. 또한 아연 도금로는 CN, Cr 발생 및 도금시 초미세먼지를 배출한다.

(16) 비철금속회수로

금속 flux에서 Cu, Pb 등을 회수하는 설비이며, 전기로, 가스, 중유의 연소로(규포라)가 있다. 이들의 설비에서 문제가 되는 것은 금속부스크랩(scrap)의 부착된 Pb와 SOx이다. 자동차 기타 금속 폐기물을 가열 · 압착하여 스크랩화 처리하는 비철금속 회수 등에서 고농도 매연을 발생한다.

(17) 폐액연소로

폐액연소로는 펄프공업에 있어서 SCP, KP 등을 만들 때에 발생하는 발액(흑액)을 연소하는 설비이다. 발액을 농축하여 연소하고 탄산소다, 황화소다, 황산소다를 회수하는데, 농축 때에 황화수소 등의 악취가 배출된다.

흑액을 분사노즐로 분사시켜 중유 버너로 연소하면 무기약품은 용해되어 연소실의 저부에 고여 유출되며, 매연, 대기오염물질, 악취를 배출한다. 유기염소화합물 폐액을 소각처리시 버너에 의해서 배출가스의 매연발생을 막고 폐액 중에 다량으로 함유하는 염소분은 연소과정에서 스팀을 분사하고 고온분해시켜 염산(HCl)으로 회수하고 있다.

(18) 활성탄 제조로

활성탄에는 분말, 입상, 파쇄 3종류가 있다. 원료는 목탄, 목재, 과실껍질, 석탄, 석유, 코크스이고 이것에 약품을 주입하거나 수증기를 흡입하거나 하여 재생한다. 제조로의 형식에는 로터리, 유동화 등이 있고 제조로내 온도는 800~1,000℃ 정도이다. 특히 제조로에 수증기를 주입시킬 때에 먼지가 발생한다.

(19) 석유제품 제조 가열로

원유 및 납사(naphtha)를 분해하여 석유제품을 제조하는 공정에 있어서 분해로, 직화식 가열로 등이 있고 이것의 부속시설인 보일러가 있다. 일반적으로 연소로에는 저질유, 정제배출용매를 사용하고 있다. 분해시 촉매를 사용하는 경우는 촉매회수장치의 배출가스에는 탄소입자 외에 미립의 금속염류 등을 함유하는 흄(fume)도 있다.

(20) 황산제조장치(배소)

원료인 구리황화철 · 황화물 · 아연 · 구리 등 황을 함유하는 주석을 700~800℃에서 배소해 SO_2을 발생시켜 황산을 제조한다. 주석의 종류, 성상에 따라서 다단상자로, 유동로, 회전로, 플래쉬(flash)로가 사용된다. 플래쉬로는 분말가루의 주석을 배소로내에서 현탁상태로 유지하여 공기와 접촉시켜 배소하고 배소로에서의 가스는 7~15%의 SO_2를 함유한다.

(21) 인제조 전기로

인, 광석, 규석, 코크스 등 원료를 사용하여 체(mesh)에 걸러서 연속적으로 전기로에 투입하여 반응시킨다. 전기로 바닥의 광재는 남고 전기로의 배출가스는 200~400℃이고 CO와 P을 함유한다. 이 배출가스는 먼지를 제거한 후 콘덴서(condensor)로 냉각시켜 인

(P)을 응축시킨다. CO가 많은 배출구는 원료건조로에 보내져 여기에서 재연소시킨다.

(22) 인산비료 제조장치

① 과인산석회, 중과인산석회, 인광석을 분쇄하여, 이것이 황산 및 인산을 반응시켜 제조하며 원광 및 제품의 분쇄시 배출가스, 제품건조 배출가스 중에 오염물이 함유한다.

② 용성인비는 인광석과 자문암(MgO · SiO_2)을 분쇄 혼합하여 전기로에서 용해, 이것을 급냉 · 건조 · 분쇄하여 제조한다. 전기로의 배출가스에는 플루오르화수소(HF)를 함유하고 있다.

③ 소성인비는 인광석에 망초(Na_2SO_4) 또는 소다회(Na_2CO_3)와 인산액을 가하여 킬른에서 소성한다. 건조기, 분쇄기, 소성로의 배출 중에 오염물이 함유된다.

(23) 알루미늄 전해로

알루미늄의 제조는 원료로서 보크사이트(Al_2O_3 약 56%)을 배소하고 가성소다(NaOH)를 주입해 회전로에서 소성하고 먼저 알루미나(Al_2O_3)를 만든다. 이 알루미나에 플루오르를 함유하는 빙정석을 주입해 전해로에 넣는다. 여기에서 알루미늄과 산소를 분해하고, 이때 알루미늄의 침전을 완전히 분리하기 위해서 플루오르화알루미늄(AlF_3)은 혼합하여 침전한 알루미늄은 재용해해서 정제한다. 플루오르의 발생원으로서 특히 대책을 요한다. 광재는 적니(赤泥)로서 공해문제를 일으킨다.

(24) 질산제조장치

현재 질산(HNO_3)의 제조법은 NH_3를 산화하여 NO로 하고 다시 산화하여 NO_2으로 한 후 이 NO_2를 물에 흡수하여 만든다. 장치의 형식으로서는 프랑크 카로식, 파우자식, 웨자리식 등이 있고 반응장치의 배출가스는 누출(leach)에 주의를 해야한다.

(25) 기타장치

최근 소형연료장치도 NO_x에 관련하여 관심을 갖고 있다. 고체연료용으로는 연소실이 적은 데도 다량의 연료를 공급하여 열을 한 번에 다량으로 발생하려고 하는데, 무리가 있어 매연을 발생한다. 공업용의 유화제 등은 폐기물이나 폐유류의 특수가연성 물질을 사용해야 하기 때문에 매연이나 유해가스, 악취를 발생한다. 사업장폐기물의 처리 전 금속회수와 같이 실외에 적당한 작업공간을 확보하거나, 완전히 그대로 자연연소하여야 한다. 도로포장시 양생관계 설비에 의해 매연이나 먼지를 발생한다. 세탁 크리닝 장치는 테트와 클로로 에틸렌(PCE)의 유기성의 용제를 사용하여 이것이 대기 중에 휘발, 증발 또는 식품 가공장치에서 악취의 발생원으로 되는 경우가 있다.

제3절
실내공기오염(Indoor air pollution)

1 실내공기질 개요

1) 실내공기오염과 실외대기오염의 특징

(1) 실내공기오염일 경우

㉠ 실내공기오염 발생되면 한정된 공간속에서 지속적으로 순환되거나 환기되지 않으면 장기간 생활하면 호흡기질환 등이 발생된다.

㉡ 실내환경을 깨끗이 청소하고 환기시켜서 쾌적하게 유지해 건강성을 높여야 한다.

(2) 실외대기오염일 경우

㉠ 실외대기오염 발생되면 자연적인 대류나 바람에 의해 다른 곳으로 확산되어져서 저농도로 되어져서 피해가 적으나 무풍(풍속 1m/sec 이하) 상태에서는 피해가 크다.

㉡ 대기오염 배출업소가 배출시설이나 방지시설의 정상가 등으로 대기오염물질을 제거해서 배출허용기준 이하로 방출하고 있다.

2) 실내공기질관리의 특징

(1) 사무실일 경우

㉠ 신축 건물에 이사하면 자주 환기하고 새 가구는 실외에서 충분히 환기시킨 후 사용하고, 설치 이후에는 창문을 48시간 열어주면 지속적인 환기로 포름알데히드(HCHO) 방출을 억제시킨다.

㉡ 새 벽지나 새 바닥재는 환기가 잘되는 여름에 교체하고, 소재는 천연소재로 만든 것을 사용한다.

㉢ 드라이크리닝한 옷은 실내로 가지고 들어오기 전에 외부에서 비닐커버를 벗겨 바람이 잘 통하는 곳에 걸어두어 유해한 물질과 냄새를 충분히 날려 보낸다.

㉣ 개별 난방기구를 사용할 때 실내 환기는 필수이며, 추울 때는 온도를 높이기보다 내복을 따뜻하게 입는다.

㉤ 실내에서의 흡연은 금지하고, 부득이하게 화장실 사용시 환기시켜야 하며, 겨울에도 식사준비 시 하루에 1~2 차례 창문을 활짝 열어 환기시켜야 한다.

(2) 계절별 환기할 경우

㉠ 아무리 춥고 더워도 실내공기 환경의 최적조건을 알고, 계절별로 적절한 환기방법을 택해 최적조건을 유지해 준다.

표 1-30 실내공기 환경의 최적조건

항목		최적조건
온도(℃)	여름	24~27℃
	봄, 가을	19~23℃
	겨울	18~21℃
습도(%)	여름	60%
	봄, 가을	50%
	겨울	40%

㉡ 봄, 여름, 가을철에는 실내외 기온차가 크지 않으므로 에너지 소비나 냉기에 문제가 없으니, 난방을 하지 않는 봄, 가을에는 춥지 않을 정도로 창을 5~20cm 정도 열어 놓은 상태에서 생활한다.

㉢ 겨울철에는 창을 많이 오래 열어 놓으면 에너지 소비가 크고 찬바람이 많이 들어온다. 그리고 외부공간과 발코니 사이에 완충공간이 있을 때는 1cm 정도의 틈으로 조금 열어두고 생활하면서 직접 외부에 접한 2~3시간 주기로 1~2분 개방하면 좋다.

(3) 신규 실내장식할 경우

㉠ 리모델링과 리노베이션 과정에서 미세먼지, 냄새, 부유성세균과 VOCs가 발생할 수 있으며, 다음과 같은 방법을 통해 이를 방지하거나 저감시킬 수 있다.

ⓐ 리모델링이나 리노베이션 적업시작 전에 설계와 시공에 대한 실내공기질 관리자의 검토를 받고 친화적인 작업실시하도록 한다.

ⓑ 가능한 작업장에 잔류인원이 없을 때에 작업을 진행하도록 한다.

ⓒ 작업구간에서 발생하는 공기 오염원이 비작업구간으로 확산되지 않도록 작업구간 내의 환기구를 폐쇄하고 일시적으로 비닐케텐을 설치하여 공간적으로 분리시킨다.

ⓓ 작업구간에서 발생한 오염물질이 인접한 비작업구간으로의 이동을 방지하기 위해 인접 비작업구간을 고립화시킨다.

ⓛ HEPA 필터를 채용한 배기방법을 선정한다.

ⓐ HEPA 필터를 평소보다 자주 교체하며, 특히, 작업완료 후에 HEPA 필터 교체 주기를 단축하는 것이 중요하다.

ⓑ 실내공기 오염물질 발생을 최소화하여 건강관리상 안전한 친환경 건축자재를 사용한다.

2 실내오염원의 배출원

1) 다중이용시설의 실내공기오염 배출원

실내공기오염 배출시설은 다중이용시설이다. 다중이용시설은 지하역사, 철도역사, 지하도상가, 실내주차장, 어린이집, 박물관, 미술관, 도서관, 의료기관, 대합실, 노인요양원, 영화상영관, PC방, 목욕탕 등이다.

(1) 공기오염물질일 경우

실내공간의 공기의 공기오염원이 되는 가스상물과 공기속에 떠다니는 입자상 물질로서 PM-10(미세먼지), CO_2(이산화탄소), CO(일산화탄소), HCHO(포름알데히드), Bacteria(총 부유세균), NO_2(이산화질소), Rn(라돈), Asbestos(석면), O_3(오존), 휘발성유기화합물(VOCs)이다.

(2) 건축자재일 경우

실내공기오염물 다량 방출하는 건축자재(접착제, 페인트, 퍼티, 실란트, 일반자재)별 오염물질은 포름알데히드와 휘발성유기화합물, 톨루엔이다.

(3) 공동주택일 경우

새집증후군의 눈충혈, 피부염, 알러지 등을 일으키는 유발물질은 포름알데히드, 휘발성 유기화합물, 벤젠, 톨루엔, 자일렌, 스틸렌, 에틸벤젠이다.

(4) 대중교통차량일 경우

대중교통인 도시철도(지하철), 철도, 시외버스, 시내버스의 공기질 개선을 위해 CO_2(이산화탄소), PM-10(미세먼지)를 규정하고 있다.

가. 도시철도, 철도, 시외버스는 혼잡시간대 CO_2 농도는 2,500ppm이하와 비혼잡시간대 2,000ppm이하일 것

나. 미세먼지농도는 노선 1회 운행시 평균값으로 도시철도는 200㎍/m^3 이하이고, 철도와 시외버스는 150㎍/m^3 이하일 것

다. 운송사업자는 2년에 1회씩 차량의 공기질을 측정하고 측정결과 성적서를 3년동안 보관할 것

2) 실내오염의 특성과 영향

(1) 실내공기질관리의 현황

가. 정부부처별 관리

㉠ 실내공기질관리는 환경부, 교육부고용, 노동부, 보건복지부에서 분산 관리하고 있다.

㉡ 관리대상은 환경부일 경우 다중이용시설, 신축공동주택과 대중교통차량이며, 교육부는 학교, 고용노동부는 사무실과 보건복지부는 공연장, 실내체육시설 등이다.

나. 실내공기질의 관리기준

㉠ 환경부일 경우

ⓐ 미세먼지는 100~200㎍/m^3 이하

ⓑ 이산화탄소는 1,000ppm 이하

ⓒ 일산화탄소는 10~25ppm

ⓓ 이산화질소는 0.05~0.3ppm

ⓔ 오존은 0.06~0.08ppm

ⓕ 포름알데히드는 100㎍/m³ 이하
ⓖ 총 부유세균은 800 CFU/m³ 이하
ⓗ 석면 0.01개/cm³ 이하
ⓘ 휘발성유기화합물 400~1,000㎍/m³
ⓙ 라돈 148 Bq/m³ 이하

㉡ 교육부일 경우
ⓐ 미세먼지 100㎍/m³ 이하
ⓑ 이산화탄소는 1,000ppm 이하
ⓒ 일산화탄소는 10ppm 이하
ⓓ 이산화질소는 0.05ppm 이하
ⓔ 오존은 0.16ppm 이하
ⓕ 포름알데히드는 100㎍/m³ 이하
ⓖ 총 부유세균은 800 CFU/m³ 이하
ⓗ 라돈 148 Bq/m³ 이하
ⓘ 석면 0.1개/cm³ 이하
ⓙ 휘발성유기화합물 400㎍/m³ 이하
ⓚ 진드기는 100마리/m³ 이하
ⓛ낙하세균은 10 CFU/실 이하

㉢ 보건복지부일 경우
ⓐ 미세먼지 150㎍/m³ 이하
ⓑ 이산화탄소는 1,000ppm 이하
ⓒ 일산화탄소는 25ppm 이하
ⓓ 포름알데히드는 120㎍/m³ 이하

㉣ 고용노동부일 경우
ⓐ 미세먼지 150㎍/m³ 이하
ⓑ 이산화탄소는 1,000ppm 이하
ⓒ 일산화탄소는 10ppm 이하
ⓓ 이산화질소는 0.05ppm 이하
ⓔ 오존은 0.06ppm 이하
ⓕ 포름알데히드는 120㎍/m³ 이하
ⓖ 휘발성유기화합물 500㎍/m³ 이하

ⓗ 석면 0.1개/cm^3 이하

ⓘ 총 부유세균은 800 CFU/m^3 이하

다. 실내공기오염의 영향

㉠ 새집증후군(SBS : Sick Building Syndrome)일 경우

ⓐ 집이나 건물을 새로 건축하면서 신규 건축자재나 벽지, 가구 등에서 배출된 벤젠(C_6H_6), 포름알데히드(HCHO) 등 휘발성유기화합물의 유해성 공기오염물질에 의한 입주자들이 느껴지는 건강상의 불쾌감이나, 문제점을 새집증후군이라고 한다.

ⓑ 실내 건축자재는 휘발성유기화학물질, 포름알데히드, 톨루엔 등으로 두통, 심장병, 손발저림, 천식, 두통, 어지러움, 누병, 아토피 피부염, 폐질환을 일으킨다.

3 실내공기질 관리 주요 추진정책

1) 실내공기질 관리 주요 추진정책

(1) 다중이용시설의 실내공기질 관리

「다중이용시설 등의 실내공기질관리법」의 적용대상 다중이용시설은 지하역사, 의료기관, 찜질방, 영화상영관 등 21개 시설군이다. 다중이용시설에 대한 실내공기질의 엄격한 관리를 위해 미세먼지(PM10), 이산화탄소(CO_2), 폼알데하이드(HCHO), 총부유세균, 일산화탄소(CO) 등 5개 물질에 대한 유지기준을 설정하고 위반시 과태료부과, 개선명령 등 행정조치 하고 있다. 또한, 외부에 오염원이 있거나 위험도가 비교적 낮은 이산화 질소(NO_2), 라돈(Rn), 총휘발성유기화합물(TVOC), 석면, 오존(O_3) 등 5개 오염물질은 권고기준을 설정하여 자율적으로 준수하도록 하고 있으며, 다중이용시설의 관리책임자는 유지기준 항목은 연 1회, 권고기준 항목은 2년에 1회 측정하고 그 결과를 매년 1월 31일 까지 시 · 도지사에게 보고해야 한다.

(2) 신축 공동주택의 실내공기질 관리

'새집증후군' 이 특히 문제되는 100세대 이상의 신축 공동주택의 시공자에게 실내공기질 측정 · 공고의무를 부여하여 입주자에게 실내공기질의 오염현황을 알리고 오염물질이 적게 방출되는 건축자재를 사용하도록 하고 있다. 100세대 이상 신축 공동주택의 시공자에게 주민 입주 전에 폼알데하이드, 휘발성유기화합물(벤젠, 톨루엔, 에틸벤젠, 자일렌, 스티렌) 등 총 6종의 오염물질 농도를 측정하여, 그 결과를 지자체의 장에게 제출하고 주민 입주 7일전부터 출입문 게시판 등 주민들의 확인이 용이한 장소에 60일간 공고 하여야 한다.

(3) 사전예방적 실내공기질 관리

다중이용시설 실내공기 오염을 사전에 예방하기 위해 새로 설치되는 다중이용시설은 '건축물의 설비기준 등에 관한 규칙」(국토교통부령 제497호, ' 06.2.13 공포, ' 06.3.14 시행)' 제11조제4항 규정의 기준에 따른 환기설비 설치를 의무화하고, 기존 다중이용 시설에 대해서는 유지기준 위반시 개선명령 등을 통하여 개선하도록 유도하고 있다.

폼알데하이드, 총휘발성유기화합물(TVOC) 등의 오염물질을 기준 이상 방출하는 건축자재(' 15년말 기준 264종)를 관계부처와 협의하여 고시하고, 다중이용시설과 공동 주택(100세대 이상), 신축학교(학교보건법)에서의 실내 사용을 제한하고 있다.

(4) 대중교통차량의 실내공기질 관리

환경부는 대중교통차량에 대해 차량의 제작 · 설계 및 운행시 고려사항을 주요 골자로 하는 '대중교통수단 실내공기질 관리 가이드라인' 을 제정(' 06.12월)하여 시행하였다.

2013년에는「다중이용시설 등의 실내공기질관리법」개정(' 13.3)을 통해 도시철도, 철도, 시외버스(고속형 · 직행형) 등 대중교통차량을 관리대상으로 확대하고, '실내공기질 관리를 위한 대중교통차량 제작 · 운행 관리지침' 을 제정(' 13.12)하였다.

2) 2016년 주요 추진정책

(1)「실내공기질 관리법」 하위법령 개정

2015년 12월 22일 개정되어 2016년 12월 23일 시행예정인 「실내공기질 관리법」이 차질없이 시행될 수 있도록 시행령, 시행규칙 등 하위법령을 마련 중에 있다.

하위법령에는 건축자재 사전적합확인제도 절차 · 방법, 「공중위생관리법」에서 이관된 공중이용시설의 적용대상, 주택 라돈 권고기준 등 개정된 「실내공기질 관리법」에서 위임된 사항과 그 시행을 위해 필요한 사항 및 실내공기질 관리 오염물질 조정 등 실내 공기질 관리를 강화하고, 불필요한 규제는 완화하는 내용 등이 주요 골자로 포함된다.

(2) 실내공기질 관리 저감수칙 마련

국민들이 일상생활 중에 발생하는 실내공기 오염물질에 대해 알고 저감을 통해 건강한 실내환경을 유지할 수 있도록, 주방조리 시 오염물질 저감수칙, 실내 곰팡이 저감수칙 등 실내공기질 관리수칙을 마련 · 배포할 계획이다.

(3) 자율관리협약 등 시설 소유자 등의 실내공기질 자율관리 지원

환경부는 다중이용시설, 대중교통차량 소유자 등의 실내공기질 자율관리 강화를 위해 2012년과 2015년에 고속버스 및 학원, PC방, 의료기관 등과 자율관리협약을 체결하고 협회와 지속적인 협력체계를 유지 중이다.

(4) 실내공기질 자료공개 서비스 실시

환경부는 2016년 2월 29일부터 지하역사 등 공공성이 큰 다중이용시설의 실내공기질을 인터넷으로 실시간 제공하는 대국민 서비스를 실시 중이다. 이러한, 자료공개 서비스를 통해 환경부와 지방자치단체에서 운영중인 44개 시설 자동측정망의 미세먼지(PM10), 이산화탄소(CO_2) 등 실내공기 오염물질 농도를 제공한다.

향후 자동측정망을 설치 · 운영하는 시설은 년 1회 실시하는 자가측정, 교육 면제 혜택 등을 통해 자동측정망 설치확대와 정보공개 서비스를 강화해 나갈 계획이다.

제4절 자동차 공해

1 자동차공해의 개요

1) 자동차 공해

㉠ 대기 중의 대기오염물질 발생원을 이동오염원(mobile sources)과 고정오염원(stationary sources)이 있으며, 전자는 선오염원(line sources)과 면오염원(area sources)이, 후자는 점오염원(point sources)과 면오염원(area sources)이 있다.

㉡ 자동차는 이동오염원으로 선오염으로서 배출구가 낮아 대기확산이 잘 이루어지지 않아서 지표면에 사람의 건강뿐만 아니라 동 · 식물 등에 미치는 악영향이 크다.

2) 자동차 종류

㉠ 우리나라의 자동차종류는 연료에 따라 휘발유차, 경유차, 알콜차, LPG차, 전기차로 분류되며, 휘발유차는 주로 일반승용차, 경유차는 운수 · 산업용, LPG차는 영업용 택시에 이용된다.

㉡ 경유자동차는 경유, 가스 등의 다른 연료를 혼합 사용하는 자동차이며, 휘발유자동차는 휘발유 · 알콜 · 가스를 혼합 사용한 자동차를 말한다.

㉢ 자동차 대수는 1997년도에 1천만 대를 초과했으며, 2000년대에는 1400만 대로 증가해 자동차 배출가스에 의한 대기환경오염문제가 심각해졌다.

㉣ 사용연료별로 알아보면 전체 자동차의 휘발유차가 68.2%, 경유자동차 29.3%와 LPG Taxi 2.5%이다. 총연료사용량도 1996년 435만 ton이며, 수송부문에 48.8%인 212.2만 ton이고, 자동차대수의 증가로 인해 CO_2와 O_3 농도가 감소되지 않고 완만하게 증가해 있어 대기오염형태가 자동차 배출가스로서 선진국형 대기오염으로 전환되고 있는 양상을 보여주고 있다.

ⓜ 서울일 경우 SO_2 농도가 연평균 1995년 0.017ppm이었으나, 1996년 0.013ppm으로 좀 낮아졌으며(WHO : SO_2 권고기준치 0.015~0.023ppm), 먼지오염도는 연평균 85μg/m³으로 1995년과 1996년이 동일하며, 산성도는 연평균 pH가 1995년 5.8, 1996년 5.7로 비슷하다. NO_2는 1995년 0.032ppm에서 1996년 0.033ppm으로, CO는 1995년 1.3ppm에서 1996년 1.2ppm으로 비슷하나 O_3만은 1995년 0.013ppm에서 1996년 0.015ppm으로 높아졌다. 그리고 중금속 오염도는 Pb가 1995년 0.1844에서 1996년 0.1495μg/m³로, Cd은 1995년 0.004에서 1996년 0.0031μg/m³로 감소하였다.

3) 자동차 배출가스규제

㉠ 3ton 이상의 경유를 사용한 시내버스 등 중량자동차에서 배출된 대기오염물질서감과 저공해엔진개발을 촉진해야 한다.

㉡ 그래서 우리나라는 1998년부터 NO_x와 매연의 배출허용기준을 강화하다가 2002년에는 선진국수준으로 강화한다.

㉢ 15인 이하의 승합자동차 1ton 이하의 소형화물자동차와 경합차는 연료를 경유에서 휘발유나 LPG로 전환할 차종을 개발하며, 대형버스나 트럭을 CNG(compressed matural gas)혼소장치개발에 박차를 가해 광화학스모그를 크게 감소시킨다.

㉣ 시내버스의 엔진출력도 185마력에서 250마력으로 높여 매연저감효과를 올리며, 산화촉매장치를 부착하기로 했다.

㉤ 자동차의 효율적인 대기오염저감을 위해서 엔진개선으로 연비(AFR)기준을 국제적 수준을 채택하며, CO_2발생을 근본적으로 감소시키기 위해 전기 · 수소 · 태양열을 이용한 무공해 자동차 사용을 의무화할 필요가 있다.

㉥ 자동차에서 배출되는 대기오염물질은 CO, NO_x, SO_x, HC, PM(particulate material) 등이며, 주로 지구온난화, 산성비, 오존층파괴의 원인물질이 된다.

㉦ PM 중 입경 0.1~0.3μ의 미세 입자상물질은 호흡시 폐포에 침착해 폐암을 유발하기도 한다.

㉧ 최근 미국에서는 알콜 85% 이상 함유한 연료, CNG, 전기, 수소, 개질 휘발유(reformed gasoline)등 청정연료를 사용하는 자동차를 보급하고 있다.

㉨ 일본은 CO_2배출량을 줄이기 위해 연료에 탄소세(carbon tax)를 부과하며, 유럽 공동체(EU)는 1991년 3월부터 승차인원 6인 이하와 차량총중량 2.5ton 이하의 자동

차는 통합 배출가스기준치를 적용하고 있다.

ⓩ 자동차 저공해고도기술은 휘발유자동차일 경우 희박연소(lean burn), 전기화열식촉매(electrically heated catalysts) 등의 저배기량개발이며, 경유자동차는 고압연료분사시스템 등의 개발이다.

표 1-31 정속운행시 자동차 연료별 배출가스농도 (단위 : ppm)

자동차	HC	NO_x	CO	SO_x
경유	90~150	200~1000	10000~50000	20~100
휘발유	200~400	1000~3000	5000~40000	10~20
LPG	120~200	4500	4000~10000	5~10

2 자동차 공해물질 저감

1) CO, HC 저감

㉠ 자동차의 배출가스 중 CO와 HC를 촉매로 이용해 CO_2와 H_2O로 산화시켜서 대기오염물질의 발생량을 저감시키는 방식이다.

㉡ 촉매는 백금(Pt)과 파라듐(Pd)의 귀금속이 사용되며, 활성알루미나 또는 세라믹 등 내열성이 높은 다공성물질로 만들어진 담체(擔體) 1kg당 Pt이나 Pd 및 그 산화물은 가진 것을 1g 사용한다.

㉢ 담체는 펠레트(pellet)형과 모노리스(monolith)형이 있으며, 전자는 지름 2~4mm의 입상촉매이고, 후자는 벌집모양의 honeycomb 등이 있다.

㉣ CO는 Pt이나 Pd 촉매사용시 300℃에서 100% CO_2로 HC는 300~400℃에서 80~90%가 CO_2와 H_2O로 전환된다.

2) NOx 저감

㉠ 자동차의 배출가스 중 NO_x를 촉매로 용해해서 NH_3로 환원시켜서 대기오염물질 발생량을 저감시키는 방식이다.

㉡ 촉매는 Ru, Rd 등의 귀금속과 Fe, Mn, Cr 등의 중금속화합물을 사용하며, NO_x 환원율을 높이기 위해서 공연비(AFR : air/fuel)는 13.5~14이어야 하며, O_2 농도

0.5% 이하, CO 농도 1~2%와 CO/O_2비는 2~10 정도이어야 한다. 특히 NO_x가 NH_3로 환원될 때 생성되며, 온도가 낮을수록 NH_3가 많이 발생된다.

ⓒ 삼원촉매방식은 하나의 촉매 변화기(convertor)로 동시에 NOx를 환원시키고 CO, HC를 산화시키는 대기오염물질의 저감방법이다.

ⓓ 디젤엔진기관일 경우는 배출가스 중에 검댕, 황산화물 등의 입자상물질로 촉매가 피독(被毒)되어서 수명(life cycle)이 크게 단축된다.

3) PAHs 저감

ⓐ 자동차에서 배출되는 배출가스 중 HC는 60%가 크랭크게이스, 20%가 브로우바이가스, 10%가 연료탱크에서의 증발과 10%가 카브레터에서 증발 누출된다.

ⓑ 먼지는 90%와 10%가 각각 crank case와 blow by gas에서 배출된다.

ⓒ PAHs는 C와 H만으로 이루어진 다환성 방향족 HC의 유기화합물로서 경유자동차가 휘발유자동차보다 높다.

ⓓ HC는 휘발유자동차가 경유자동차보다 높으며, HC는 각종 유기물질의 불완전연소시나 석유정제, 용제사용시 발생되며 화학적인 성질에 따라 파라핀, 나프틴, 올레핀, 방향족으로 분류된다.

ⓔ PAHs는 방향족화합물로서, 2개나 그 이상의 벤젠고리를 가진 화합물로서 비교적 물에 낮은 용해도를 갖고 지용성이며, 대기 중에서 낮은 증기압이며 PAHs는 입자상물질에 흡착된다. 물에 불용해되거나 입자에 흡착된 PAHs는 태양광선 중의 자외선에 의해서 광분해가 일어난다.

표 1-32 자동차 배출가스의 발생기여도 (단위 : %)

구분	CO	HC	NO_x
crankcast	1~2	25	1~2
fuel system	0	10	0
exhaust	98~99	65	98 · 99

3 자동차 공해의 특징

1) 자동차 공해

㉠ 자동차 공해는 차량의 수요나 의존도가 매년 증가해서 연료소비량이 증대됨에 따라 국민이 자동차 배출물질에 노출됨으로써 건강상 피해가 크게 증가된다.

㉡ 오염물질은 SO_2, 부유먼지, 질소산화물, HC, O_3 등이며, 특히 HC나 NO_2가 자외선의 영향으로 광화학적 반응을 일으켜서 O_3과 PAN 등을 형성하며, O_3은 대기 중 미량의 유기물과 화학반응을 하여서 유기연무을 형성한다.

㉢ 자동차는 휘발유자동차와 경유자동차로 구분되며, 휘발유 엔진은 휘발유에 anti-knocking제로 첨가된 TEL(tetra ethyl lead : $(CH_3)_4Pb$)연소시 납의 미세먼지나 납화합물이 배출되며, SO_2는 적으나 HC, CO량은 디젤연소기관에 비해 많다.

㉣ 디젤자동차는 휘발유 자동차보다 동일 동력에서 먼지를 30~100배 많이 발생하며, 호기성먼지입자가 0.01~0.1μ 정도이고 이 먼지 외에 돌연변이성 물질이나 발암성 물질인 benzo(a) pyrene이 가솔린자동차보다 10정도 높게 배출된다.

㉤ 자동차로 인한 대기오염물질은 자동차의 종류, 연료, 주행상태, 노면상태 등에 크게 다르다.

㉥ 주행형태는 정차시 엔진작동상태인 아이들링, 정속, 가속, 감속으로 분류하며, 아이들링(idling)시는 CO, 감속시는 HC와 CO, 가속시는 NO_x, 정속시는 CO_2가 가장 높게 배출된다.

2) 자동차 공해물질

(1) NO_x의 피해

㉠ 자동차 배출가스 중 NOx는 NO, NO_2, N_2O이며, 그 중 NO가 95%이다.

㉡ NO는 대기 중에서 점차 산화되어 NO_2가 되고, 이 NO_2는 호흡에 의해 폐포에 도달하면 수시간 내에 호흡곤란을 동반한 폐수종, 폐염을 일으킨다.

(2) SO_2의 피해

㉠ 자동차 배출가스 중에 SO_2 배출은 디젤자동차일 경우, 0.01~0.1% 정도 배출된다.

㉡ SO_2는 대기 중에서 철분, 바나듐 등의 촉매작용으로 S_2O_3, H_2SO_3 등으로 산화되었다가 미세한 물방울에 흡수되어 H_2SO_4 mist로 된 후 호흡에 의해 인후, 호흡기의 기도점막을 자극하여 염증을 일으킨다.

㉢ 눈 · 비장에 염증을 일으키며, 위속에 들어오면 식욕부진, 트림, 팽만감 등을 일으킨다.

(3) CO의 피해

㉠ CO는 자동차배출가스 중 가장 많은 양이 배출되며, CO는 혈육 중 Hb과 결합하면, 혈액 중에서 산소를 배제하여 혈색소의 산소운반능력을 감소시켜서 조직의 저산소증을 일으켜 중독이나 사망케 한다.

㉡ COHb 포화도가 신체 내 혈중에서 10%이면 기억상실 자각증상이 나타내며, 20%가 되면 수족마비 등의 중독증상, 40%는 구토, 60%는 경련, 70%는 사망한다.

(4) 미세먼지(PM-10)의 피해

㉠ 대기속 10㎛ 이하의 입자상물질(PM)은 미세먼지이며, 발암물질이 대개 0.1~0.3㎛의 초미세먼지이다.

㉡ 미세먼지가 호흡시 폐포에 침착되면 돌연변이원인성이나 발암성을 나타내는데, 발암물질은 납화물과 다환방향성 HC류(PAHs인 Benzo(a) pyrene) 등이다.

(5) HCHO의 피해

㉠ 자동차 배출가스 중 aldehyde는 20~200ppm이며, 주로 form aldehyde(HCHO)이다.

㉡ HCHO는 피부에 직접적인 비면역학적인 자극을 유발하며, 어린이는 호흡기 감염률을 증가시키며, 피부 · 눈의 점막을 자극한다.

(6) 납(Pb)화합물의 피해

㉠ 휘발유자동차의 antiknocking제로 첨가 또는 tetra ethyl lead(TEL) 의해서 무기납으로 배출된바, 배출가스 중 20~50ppm 정도이다.

㉡ 미세납화합물이 폐포에 흡착되면 설사, 구토의 자각증상과 조혈기능마비를 초래해 빈혈을 일으킨다.

㉢ 심하면 신근마비, 관절통, 악력저하, 말초신경계흥분, 환각증상을 일으킨다.

3) 자동차 정책

㉠ 휘발유자동차 배출허용기준은 선진국 수준이나 경유자동차는 상당히 완화된바, 대기환경오염도 따른 위해성 평가(risk assessment)에 의해 자동차 배출오염물질기준의 재설정과 위해성을 평가해야 한다.

㉡ 소형화물자동차는 경유에서 휘발유나 LPG로 전환해야 하며, 정비불량, 과적운전, 난폭운행을 지양하고 노후부품이나 불량부품은 순정품으로 대체해야 한다.

㉢ 에탄올, 메탄올의 알콜자동차, 수소자동차, 전기 · 태양열자동차와 자동차신호체계 조정 등 합리적인 개선대책이 종합적으로 수립되어야 한다.

㉣ 입자상물질의 여과산화기술은 ceramic monolith filter, ceramic form, alumina coated catalytic wire meat trap, ceramic fiber mat와 silica fibre Wound candles 등이 있다.

그림 1-5 자동차에 의한 대기오염

제5절
대기질 개선

1 대기환경 보전정책

1) 대기오염물질 지정

환경부는 위해성 중심의 체계적인 대기오염물질 관리를 위해 「대기환경보전법」을 개정('12.5.23)하여 대기오염물질 분류체계를 기존 61종의 '대기오염물질'과 35종의 '특정대기유해물질'에서 '대기오염물질*)', '유해성대기감시물질**)' 및 '특정대기유해 물질***)'로 세분화하였다. 또한, 국립환경과학원에 대기오염물질 심사·평가위원회를 구성하여 매년 물질독성, 생태계에 미치는 영향, 대기중 배출량, 오염도 등 대기오염 물질의 위해성을 심사·평가하여 신규 물질 지정 및 재분류 하도록 하는 등 지정·관리를 체계화하였다.

2) 배출허용기준 설정

배출허용기준은 개별 배출시설에서 배출되는 오염물질의 최대허용치 혹은 최대허용 농도이며 현재의 오염물질 배출수준 또는 처리기술과 경제·사회적 여건을 고려하여 설정한다. 우리나라는 황산화물 등 27개 대기오염물질에 대해 배출허용기준을 설정하고 있다.

배출허용기준은 환경오염 현황, 산업계의 방지기술 및 대처능력을 감안하여 단계적으로 강화하고 있으며, 1991년 예고제를 도입한 이후, 5차례(1단계 : '95.1.1~'98.12.31, 2

---

*) 대기 중에 존재하는 물질 중 위해성 심사·평가 결과 대기오염의 원인으로 인정된 가스·입자상물질, 먼지 등 61개 물질

**) 대기오염물질 중 위해성 심사·평가 결과 사람의 건강이나 동식물의 생육에 위해를 끼칠 수 있어 지속적인 측정이나 감시·관찰 등이 필요하다고 인정된 물질, 미지정

***) 유해성대기감시물질 중 위해성 심사·평가 결과 저농도에서도 장기적인 섭취나 노출에 의하여 사람의 건강이나 동식 물의 생육에 직접 또는 간접으로 위해를 끼칠 수 있어 대기 배출에 대한 관리가 필요하다고 인정된 물질, 카드뮴 및 그 화합물 등 35개 물질

단계 : ' 99.1.1~' 04.12.31, 3단계 : ' 05.1.1~' 09.12.31, 4단계 : ' 10.1.1~' 14.12.31, 5단계 : ' 15.1.1. 이후)에 걸쳐 강화하였다.

대기오염이 심각하여 '대기보전특별대책지역' 이나 '대기환경규제지역' 으로 지정된 지역에 대해서는 강화된 배출허용기준을 적용할 수 있다. 특히, 대기보전특별대책지역으로 지정된 지역에 이미 설치된 배출시설에는 '엄격배출허용기준' 을, 새로이 설치되는 배출시설에는 '특별배출허용기준' 을 적용할 수 있다. 현재 울산 · 미포 및 온산 특별대책 지역과 여수특별대책지역에 대하여 엄격 및 특별배출허용기준이 적용되고 있다.

3) 저황유 사용의무제도

서울 등 수도권 및 주요 도시의 아황산가스 농도를 줄이기 위해 1981년도부터 연료유의 황함유 기준을 강화(경유 : 1.0 → 0.4% 이하, 중유 : 4.0 → 1.6% 이하)하기 시작했다.

2012년부터 경유는 전국 모두 황함유기준 0.1% 이하인 제품을 공급 · 사용하도록 하고 있다. 중유는 서울, 부산 등 7개 특 · 광역시, 제주도 전역 및 수원 등 50개 시 · 군을 포함한 총 58개 지자체에 황함유량 0.3% 이하, 안성 · 포천 등 103개 시 · 군에는 0.5% 이하를 공급 · 사용하도록 하고 있다.

표 1-33 저황유 공급지역 확대현황

<table>
<tr><th>구분</th><th>황 함량</th><th>1997</th><th>1999</th><th>2001</th><th>2002</th><th>2003~
2008</th><th>2009~
2010.6</th><th>2010.7~
2011</th><th>2012~
2013.4</th><th>2013.5~</th></tr>
<tr><td rowspan="3">중유</td><td>0.3% 이하</td><td>-</td><td>-</td><td>7개
시 · 군</td><td>20개
시 · 군</td><td>7개특 ·
광역시
13개 시 · 군</td><td>7개특광역시
제주도전역
34개 시 · 군</td><td>7개특광역시
제주도전역
56개 시 · 군</td><td>7개특광역시
제주도전역
52개 시 · 군</td><td>7개특광역시
제주도전역
마산시,진해
시 제외(창원
시로 통합)
50개 시 · 군</td></tr>
<tr><td>0.5% 이하</td><td>24개
시 · 군</td><td>56개
시 · 군</td><td>49개
시 · 군</td><td>43개
시 · 군</td><td>39개
시 · 군
제주도전역</td><td>20개
시 · 군</td><td>43개
시 · 군</td><td>세종시 전역
103개
시 · 군</td><td>세종시 전역
청원군 제외
(청주시로 통합)
102개 시 · 군</td></tr>
<tr><td>1.0% 이하</td><td>37개
시 · 군</td><td>0.5% 지역
제외한 전국</td><td colspan="5">0.3% 및 0.5% 지역을 제외한 전국</td><td colspan="2">해당없음</td></tr>
<tr><td>경유</td><td>0.1% 이하</td><td colspan="9">전 국</td></tr>
</table>

4) 고체연료 사용금지제도

1970년대 석유파동 이후 석탄사용이 권장되어 대도시 지역 대기오염이 심각해짐에 따라, 1985년부터 환경기준을 초과하거나 초과할 우려가 있는 지역에 대해 석탄류, 코크스, 땔나무와 숯 등의 고체연료 사용을 제한하고 있다.

2015년말 현재 서울 및 6대 광역시, 경기도 13개시 등 총 20개 지역을 고체연료 사용제한지역으로 정하고 있다.

표 1-34 고체연료 사용금지 지역 확대추이

년도	1985	1986	1990	1996	1999
대상 지역	서울, 부산, 대구, 대전, 광주, 인천, 수원, 부천, 시흥, 성남, 광명, 안양, 의정부시, 남양주군 14개 시 · 군	과천, 안산, 구리시 17개 시 · 군	의왕, 군포, 미금, 울산시, 울주군 22개 시 · 군	울주군 제외 21개 시 · 군	미금시 제외 (남양주시로 통합) 20개 시 · 군

5) 청정연료 사용의무제도

저황유 공급이나 고체연료 사용제한에도 불구하고 대도시의 대기오염이 개선되지 않자, 1988년에 서울시 지역내 업무용보일러 및 인천화력에 사용하는 연료를 LNG(또는 경유)로 대체 사용하도록 의무화하였다.

현재는 특별 · 광역시 및 전국 35개 지역의 일정규모 이상 업무용보일러, 공동주택, 지역냉난방시설 및 발전시설에 대하여 청정연료 사용의무를 부여하고 있다.

표 1-35 청정연료사용 의무화 지역 확대 추이

구 분	1988	1991	1993	1998	1999	2000	2010이후
대상지역 추가	서울 (1개 시)	인천, 경기 (15개 시)	부산 · 대구 (17개 시)	울산 · 광주 · 대전 등 13개시 (30개 시)	김해 · 구미 · 포항 등 6개시 (36개 시)	진해 (37개 시)	마산 · 진해 제외 (창원시로 통합) (35개 시)
대상시설	발전소, 보일러	업무용보일러, 공동주택, 지역냉난방시설, 발전시설					

2 도시 대기질 관리

1) 수도권지역 대기질 개선 대책

(1) 그 간의 추진경위

환경부는 '수도권대기질 개선 추진기획단'을 발족('02.4)하여 수도권 대기환경 개선의 기본방향을 설정한 '수도권 대기개선 특별대책'을 마련하고('02.12), 「수도권 대기환경 개선에 관한 특별법」('03.12) 및 동법 하위법령을 제정('04.12)하여 수도권 지역 대기질 개선 특별대책 추진의 법적근거를 마련하였다.

특별법 및 하위법령 제정 시 각종 위원회, 공청회, 세미나, 협의회 등 190여회에 걸친 토론과 논의가 이루어졌으며, 쟁점사항에 대하여는 관계부처 · 산업계 · 시민단체가 참여하는 합동 T/F를 구성하여 합의를 도출하였다.

「수도권 대기환경개선에 관한 특별법」은 2005년 1월부터 서울특별시, 인천시, 경기도 등 수도권지역을 대상으로 시행되었다. 이중 특히 대기오염의 심각성이 인정된 지역을 대기관리권역으로 정하고 대기환경개선을 위한 10년 단위의 범정부 종합계획인 '수도권 대기환경관리 기본계획'을 수립('05.11)하였다.

2010년도에는 동 기본계획의 대기오염물질 전망배출량과 삭감목표량을 재산정하고, 지역 배출허용총량 조정 및 오염원별 신규 저감대책 등을 추가 · 보완하여 기본계획을 변경('10.12)하였으며, 이에 따라 2014년까지 미세먼지(PM_{10}), 이산화질소(NO_2) 등 대기 질 개선을 목표로 사업장, 자동차 등 주요 오염원에 대한 관리대책을 추진하였다.

표 1-36 대기관리권역

구 분	지 역 범 위
서울특별시	전지역
인천광역시	옹진군(옹진군 영흥면은 제외)을 제외한 전지역
경 기 도	김포시, 고양시, 의정부시, 남양주시, 구리시, 하남시, 성남시, 의왕시, 군포시, 과천시, 안양시, 광명시, 시흥시, 부천시, 안산시, 수원시, 용인시, 화성시, 오산시, 평택시, 파주시, 동두천시, 양주시, 이천시, 광주시, 안성시, 여주시, 포천시

(2) 1차 수도권 대기환경관리 기본계획('05~'14)의 주요내용과 성과

1차 수도권 대기환경관리 기본계획은 자동차 배출가스 저감 등 자동차 관리대책, 대형

사업장 총량관리제 등 사업장 관리대책, 환경친화적 에너지 · 도시 관리 등 오염저감 대책을 통해 대기오염물질 배출량을 2014년까지 2001년 대비 절반 수준으로 줄여 미세 먼지 및 이산화질소 농도를 선진국 수준으로 개선하는 것을 목표로 하였으며, 이에 대한 그간의 주요 추진내용은 다음과 같다.

신차에 대한 배출허용기준을 지속적으로 강화하여 오염물질 저감 및 자동차 산업 경쟁력 제고에 기여하는 한편, 하이브리드 자동차 및 전기자동차 등 저공해 자동차를 보급하고 시장형성 기반을 마련하였다. 또한 운행중인 차량의 오염물질 저감을 위해 배출가스 저감장치 부착, 저공해엔진 개조, 노후차 조기폐차 등을 추진하고, 배출가스 황함량 기준 강화 등의 관리대책을 도입하였다.

2008년 1월부터 질소산화물 및 황산화물 배출량이 각각 30톤, 20톤을 초과하는 대형 사업장(대기 1종)에 연도별 배출허용총량을 할당하고 할당량 이내로 대기오염물질을 배출하도록 하는 '사업장 총량관리제'를 시행하였다. 2010년 1월부터는 1 · 2종 사업장 중 질소산화물 또는 황산화물 배출량이 4톤을 초과하는 사업장까지 총량관리 대상을 확대하여, 2015년 12월말 현재 270개소(배출구 1,523개)의 사업장을 대상으로 총량 관리제를 시행하고 있다.

휘발성유기화합물(VOCs) 저감을 위해 도료중 휘발성유기화합물(VOCs) 함유기준을 단계적으로 강화('05년, '07년, '10년, '15년)하고, 주유소 유증기 회수설비 설치 의무화 등을 추진하였으며, 도로 중 비산먼지 저감을 위해 진공제거차량 지원 등 다양한 대기오염저감 대책을 추진하였다. 또한, 중 · 소 사업장에 대해서는 일반 버너를 저녹스 버너로 교체시 설치비용 및 방지시설 운영 기술을 지원하는 등 질소산화물 저감대책을 추진하였다.

표 1-37 서울시 대기오염도 개선 현황

오염물질	2005	2007	2009	2011	2013	2015
미세먼지(㎍/㎥)	56	58	51	44	44	41
이산화질소(ppb)	34	38	35	33	33	32

※ 미세먼지 농도는 황사일을 제외한 미세먼지 농도임

이를 위해 2005년부터 2014년까지 약 3조원을 투자하여 서울시 미세먼지의 경우 2004년 59$\mu g/m^3$에서 2015년 41$\mu g/m^3$로 크게 개선되었고, 이산화질소도 2008년 38ppb에서 2015년 32ppb로 점차 개선되고 있다.

(3) 2차 수도권 대기환경관리 기본계획('15~'24) 수립 · 시행

2014년 1차 수도권 대기환경관리 기본계획이 종료됨에 따라 2024년까지 인체 위해성 관리 강화를 주요내용으로 하는 2차 기본계획('15~'24)을 수립('13.12)하였고, 2차 기본계획에 제시된 연차별 대기환경 개선목표를 달성하기 위해 배출원별 오염물질 배출량 현황과 장래 배출량을 예측하여 삭감목표량 달성을 위한 5년 단위의 구체적 시행계획('15~'19)을 수립('14.12월)하였다.

2차 계획은 인체위해성이 큰 초미세먼지($PM_{2.5}$), 오존(O_3)을 관리대상 오염물질로 추가 설정하였으며, 자동차 관리, 배출시설 관리, 생활주변 오염원 관리, 과학적 관리 기반 구축 등 4대 분야별 62개 관리대책을 추진한다.

표 1-38 관리대상 오염물질

1차 계획	2차 계획
PM_{10}, NOx, SOx, VOCs	PM_{10}, $PM_{2.5}$, SOx, NOx, VOCs, O_3

제2차 기본계획의 저감대책을 성공적으로 수행할 경우 2024년 서울시의 미세먼지(PM_{10}) 연평균 농도가 30$\mu g/m^3$으로 낮아져 2010년보다 약 38% 개선되는 등 주요 선진국 주요 도시 수준으로 개선될 것으로 전망되며, 이에 따라, 대기오염(미세먼지)으로 인한 조기 사망자 수는 1만 9,958명에서 1만 366명으로 약 48%가 감소하여, 약 5조 9,000억원의 사회적 피해비용 저감 효과가 나타날 것으로 예측된다.

2) 수도권 외 오염심화지역 대기질개선 대책

(1) 특별대책지역 지정 · 관리

「환경정책기본법」 제38조에 따라 환경부장관은 환경오염 · 환경훼손 또는 자연생태계의 변화가 현저하거나 현저하게 될 우려가 있는 지역을 특별대책지역으로 지정 · 고시하고, 특별대책지역 내의 환경개선을 위하여 필요한 경우에는 토지이용과 시설설치를 제한할 수 있다.

대기환경 보전을 위해 지정된 특별대책지역은 대규모 배출시설이 밀집되어 있는 울산 · 미포 및 온산국가산업단지와 여수 · 여천국가산업단지 및 확장단지의 2개 지역이다.

특별대책지역의 대기환경은 엄격 · 특별배출허용 기준 등을 규정하고 있는 「대기보전특별대책지역 지정 및 동 지역내 대기오염 저감을 위한 종합대책」(환경부고시 제2015-225

호, '15.12.15)에 따라 관리된다.

(2) 대기환경규제지역 지정 · 관리

1995년 12월 「대기환경보전법」을 개정하여 환경기준을 초과하거나 초과할 우려가 있는 지역으로서 대기질 개선이 시급하다고 인정되는 지역을 '대기환경규제지역' 으로 지정할 수 있도록 하였다. 동 규정에 근거하여 수도권('97.7), 부산권, 대구권, 광양만권을 대기환경규제지역으로 지정 · 고시('99.12) 하였으며, 이중 수도권 지역은 「수도권 대기 환경개선에 관한 특별법」제정에 따라 별도의 대기관리권역으로 지정 · 관리되고 있다.

표 1-39 대기환경규제지역 지정현황

<table>
<tr><th>규제지역 / 구 분</th><th>대 상 지 역</th><th>지정일시</th><th>대상물질</th></tr>
<tr><td>부 산 권</td><td>부산광역시(기장군 제외), 김해시(진영읍, 장유 · 주촌 · 진례 · 한림 · 생림 · 상동 · 대동면 제외)</td><td rowspan="3">'99. 12. 1
(환경부고시
제1999-191호)</td><td rowspan="2">오존(O_3)
이산화질소(NO_2)</td></tr>
<tr><td>대 구 권</td><td>대구(달성군 제외)</td></tr>
<tr><td>광양만권</td><td>– 경남 하동군 하동화력발전소 부지
– 전라남도
• 광양시(봉강 · 옥룡 · 진상 · 다압면 제외),
• 순천시(승주읍, 주암 · 송광 · 외서 · 낙양 · 별량 · 상사 · 황전 · 월등면 제외)
• 여수시(돌산읍, 화양 · 남 · 화정 · 삼산면 제외)</td><td>오존(O_3)</td></tr>
</table>

대기환경규제지역으로 지정된 지자체는 환경기준 달성을 위한 실천계획을 수립, 환경부 장관의 승인을 받아 시행하고, 매년 추진실적을 평가받아야 한다. 또한, 해당지역내 휘발성유기화합물(VOC) 배출시설에 대해서는 오염 억제 · 방지시설 설치를 의무화하고, 운행차 배출가스 관리를 위한 정밀검사 실시를 의무화하고 있다.

CHAPTER 02

2차 오염

제1절
광화학반응

1 황화합물의 영향인자와 반응기구

1) 황화합물의 발생

(1) 개요

가. 황화합물의 특성

㉠ 대기 중에 발생하는 황화합물은 기체분자상 · 에어로졸상의 입자상이며, 그 중에서 지구화학적으로 가장 많이 존재하는 대기오염물질은 H_2S(황화수소), SO_2(아황산가스), SO_4^{2-}(황산이온)이다. 이밖에도 SF_6, CH_3SH, $(CH_3)_2S$, CS_2, COS 등이 있으나 그 양은 아주 적다.

㉡ 황화합물은 대기 중에 배출되면 대기와 액상계면(液相界面)이나, 고상계면(固相界面)에서 동일한 물리 · 화학적인 변화를 받아서 질적(質的)인 변화를 하는데, 이때 황화합물은 감소된다.

㉢ 액상, 고상 그대로 대기 중에 부유하는 aerosol(에어로졸)상태이며, 그 물질은 대기권에 존재할 때에 대기물질로 취급된다.

㉣ 액상이 바다, 하천에 있고, 고상이 흙, 암석, 식물, 금속 등 지표물질이라면 그것은 황화합물이 대기권에 소멸과정에 있게 된다.

㉤ 이처럼 대기 중에서의 물리 · 화학적인 변화과정은 비교적 장기간 수명이 긴 안정한 물질도 있으나, 대개 짧은 불안정한 물질(RS, HS, SO, SO_3, SO_4, HSO_3, H_2SO_4 등)로 생성된다.

㉥ Aerosol 중에 함유된 황화합물과 $H_2S_2O_4$ 등 외에 $H_2S_2O_3$, $H_2S_2O_5$, $H_2S_2O_6$, 등과 염(salt)류도 있다.

(2) 대기 중에서의 H_2S 거동

가. H_2S가 SO_2 전환시 특성

㉠ H_2S(黃化水素)가 대기 중에 방출되면 빠른 속도로 SO_2로 전환되면서 기상반응시 O_3, O_2, O 등의 도움을 받는다.

㉡ H_2S는 지상 20km의 대류권에 있는 O(발생기 산소)와 반응해 아주 빠른 속도로 SO_3가 되고 이는 수증기와 반응해서 빠르게 H_2SO_4 mist가 된다.

㉢ H_2S자체는 물에 대한 용해도는 0.385g/100g −H_2O 정도로 낮지만 용존 O_2나 미량의 천이(遷移)금속이온이 있으면 아주 빠르게 H_2SO_4로 산화된다.

(3) 대기 중에서 SO_2 거동의 특징

가. 대기환경 중 SO_2의 주반응

㉠ SO_2가 대기 중에 방출되면 각종 반응을 거쳐서 복잡한 생성물을 만든다.

㉡ 특히 광화학 반응에 의해 H_2SO_4이나 SO_4^{2-}(황산이온), 황산염으로 전환되어 지표에 침강시 산성비 · 이상낙엽화 · 식물고사 · 토양성분용탈, 건축물부식 등의 피해 양상을 나타낸다.

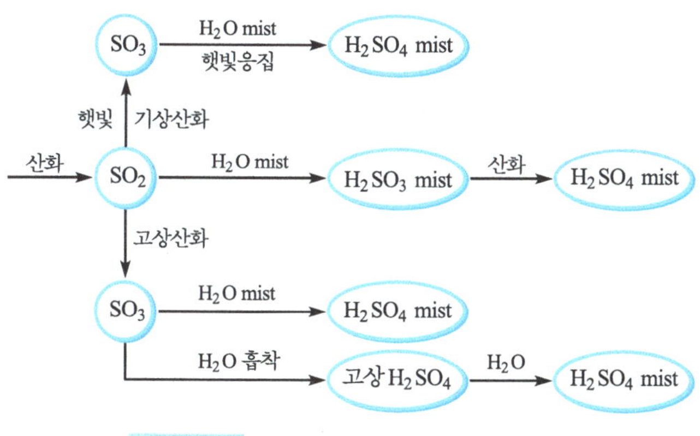

그림 2-1 SO_2가 H_2SO_4 mist로 전환시 반응기구

나. SO_2의 햇빛에 따른 여기(exciting) 초기과정일 경우

㉠ SO_2 햇빛흡수는 자외선(h · ν)의 단파장범위인 180~240nm, 240~330nm와 340~389nm의 3개 흡수범위인데, 최대 흡수는 각각 218nm, 294nm, 369nm이다. SO_2가 햇빛을 받으면 다음과 같이 해리한다.

㉡ 파장이 218nm 이하일 경우 : $SO_2 + h \cdot \upsilon \rightarrow O + SO$ (2.1)

㉢ 파장이 240nm에서 330nm일 경우 : $SO_2 + h \cdot \upsilon \rightarrow O + {}^3SO$ (2.2)

여기서 SO_2은 기저상태(基底狀態)의 햇빛을 받으면 여기(勵起)되어 1중항(重項) 상태나 ${}^1SO_2({}^1A_2,\ {}^1B_1)$ 3중항상태 ${}^3SO_2$, $SO_2({}^3B_1)$을 생성한다.

㉣ 파장이 340nm에서 400nm일 경우 : $SO_2 + h \cdot \upsilon \rightarrow {}^3SO_2$ (2.3)

2) 황화합물의 특징

(1) 여기 1중항상태인 ${}^1SO_2$ 반응일 경우

㉠ 여기(慮起) 1중항상태인 ${}^1SO_2$ 반응은 파장 240nm범위에서 햇빛이 쪼이면 다음 반응을 한다.

$$ {}^1SO_2 + SO_2 \rightarrow 2SO_2 \qquad (2.4)$$

$$ {}^1SO_2 + SO_2 \rightarrow {}^3SO_2 + SO_2 \qquad (2.5)$$

$$ {}^1SO_2 \rightarrow SO_2 + \mathrm{h} \cdot \upsilon \qquad (2.6)$$

$$ {}^1SO_2 \rightarrow SO_2 \qquad (2.7)$$

$$ {}^1SO_2 \rightarrow {}^3SO_2 \qquad (2.8)$$

㉡ 1중항상태인 SO_2는 햇빛을 쪼이면 충돌과정을 통해 자발적으로 붕괴해 기저상태의 92%가 SO_2로 되며, SO_2는 여기 ${}^1SO_2$(1중항상태)와 반응해 8%가 ${}^3SO_2$ 여기 3중항상태를 생성한다.

㉢ ${}^1SO_2$(여기 1중항상태)는 기저상태인 CO_2, O_2와 반응해 따른 여기 3중항상태인 ${}^3SO_2$가 된다.

(2) 여기 3중항상태 ${}^3SO_2$ 반응일 경우

㉠ 여기 3중항상태의 ${}^3SO_2$는 SO나 SO_3도 되며 SO_4, O_3 등을 생성하기도 한다.

$$ {}^1SO + O_2 \rightarrow (SO_2 - O_2) \rightarrow {}^3SO_2 + O_2 \rightarrow SO_4 \rightarrow SO_3 + O \qquad (2.9)$$

$$ {}^1SO_2 + CO_2 \rightarrow (SO_2 - CO_2) \rightarrow {}^3SO_2 + CO_2 \qquad (2.10)$$

㉡ 여기 3중항상태인 ${}^3SO_2$은 1중항 O_2, O_3, SO_2 등의 활성물질을 생성한다는 것은 1중항 O_2의 생성반응이 대기반응의 주반응(主反應)이기 때문이다. 그리고 여기 3중

항상태 $^3SO_2$가 SO_2나 O_2에 대한 산화작용을 하며, CO나 C_2H_2에도 산화제로 작용하는 성질이 있다. 한편 NO와 파라핀계 탄화수소(RH)와의 반응도 한다.

$$^3SO_2 + NO \rightarrow SO + NO_2 \tag{2.11}$$

$$^3SO_2 + RH \rightarrow HOSO + R\cdot \tag{2.12}$$

$$R\cdot + O_2 \rightarrow RO_2\cdot \tag{2.13}$$

$$RO_2\cdot + SO_2 \rightarrow RO\cdot + SO_3 \tag{2.14}$$

㉢ $^3SO_2$는 F, Cl보다 약하나 Br, H, CH_3 등 보다는 약간 높은 반응활성을 갖는다. 상기 반응에서처럼 SO_2는 산화를 촉진하여 HOSO(술핀산)을 거쳐서 최종 생성물은 SO_3나 H_2SO_4를 생성한다.

㉣ 대기 중에서 SO_2는 광화학반응을 하여 여기 3중항상태인 $^3SO_2$가 되어 이 물질에 의해 산화작용으로 HOSO을 거쳐 SO_3로 전환되고 최종적인 H_2SO_4로 전환된다.

㉤ 한편 구름 등의 액적 중에서 SO_2가 대기권의 O_3(오존), H_2O_2(과산화수소) 등 강력 산화제에 의해 산화되며 pH 4.65 정도로 된다. 그리고 알카리성인 NH_3(암모니아)이 6ppb가 존재하면 pH가 6.6 정도로 높아지며, H_2SO_4은 $(NH_4)_2SO_4$로 전환되기도 한다.

2 질소화합물의 영향인자와 반응기구

1) 질소화합물의 발생

(1) 개요

가. 질소산화물일 경우

㉠ 대기 중에서 발생하는 질소화합물은 분자상(分子狀), 입자상(粒子狀)으로 여러 가지가 있으나 지구환경상 중요한 물질은 NO, NO_2, N_2O와 NH_3이다.

㉡ 대기환경에서 NO, NO_2를 NO_x(질소산화물)이라고 한다.

㉢ NO_x는 토양, 해양에서 생물화학적으로 작용하는 자연현상의 연소 등 인간활동에서 발생한다.

㉣ 질소화합물의 대기 중에서 함유량은 NH_3가 제일 많고 그 다음이 N_2O, NO, NO_2이다.

㉤ NH_3와 N_2O에 비해 NO와 NO_2 발생량은 아주 적지만 대류권에서의 대기 중 광화학 반응성에 대해서는 좀더 관심을 가질 물질이다.

나. 대기 중에서 N_2O(아산화질소)의 거동일 경우

㉠ 지구환경보전측면에서 N_2O의 대부분은 토양에 흡수되어 분해되거나 해양이 흡수되어 소실(消失)된다.

㉡ 남아 있는 N_2O는 성층권에 들어가거나 대류권의 대기 중에 있으면 지구온난화 및 생태계파괴 유발물질로 작용한다.

다. 대기 중에서 NH_3(암모니아)의 거동일 경우

㉠ 지구환경보전측면에서 NH_3가 가스상물질로 지표성분, 식물, 물 등과 반응해서 거의 모두 소멸되며, 액적 · 먼지 등과도 반응해서 aerosol화 되기도 한다.

㉡ 기상(氣相)과도 반응하나 아주 적고, O, HO 등과도 다음과 같이 반응한다.

$$NH_3+O \rightarrow NH+HO \tag{2.15}$$

$$NH_3+HO \rightarrow H_2O+NH_2 \tag{2.16}$$

2) 질소화합물의 특징

(1) NO_2, NO의 햇빛여기상태에서 초기과정

㉠ NO는 연소, 소각, 반응공정 등 각종 산화반응으로 생성되어 배출시설로부터 대기속으로 방출된 NO의 햇빛 흡수성은 위치 에너지(potential energy) 때문에 일어난다.

㉡ NO에 비하면 NO_2는 대기광화학반응에서 아주 중요한 햇빛흡수개시제로 역할을 한다. NO_2는 실제로 N_2O_4와 평형관계이나, NO_2 농도는 10pphm 정도인데, N_2O_4 농도는 7×10^{-6}pphm 정도로 극소량이어서 대기환경화학에서 전혀 문제가 안 된다.

㉢ 압력이 높을 경우와 온도가 낮을 경우에 N_2O_4 농도는 반드시 무시할 수가 없기도 하지만 파장 400nm 이상에서는 광흡수가 없다.

㉣ NO_2는 압력과 관련이 있으나 CO_2, N_2, O_2, H_2 등이 존재하면 광흡수시 활동을 잃는다.

㉤ NO가 NO_2로 전환과정 : 대기 중에 배출된 NO는 대부분이 대기공간에서 산화되어 NO_2로 된는데 이러한 산화를 공기산화(空氣酸化)라고 한다.

$$2NO + O_2 \rightarrow 2NO_2 \quad (2.17)$$

ⓑ 상기 반응과정에서 반응속도는 온도가 상승되면 감소하는 특이(特異)한 반응을 하며, NO 농도의 제곱에 비례한다.(단, $K=7.5\times10^{-10}\ ppm^{-2}min^{-1}$)

$$-\frac{d[NO]}{dt} = K[NO]^2 \cdot [O_2] \quad (2.18)$$

ⓢ 대개 전환속도는 1분당 500ppm일 때는 8%, 1000ppm일 때 20~60%인데, 일반적으로 1분동안 5~10%의 전환율을 나타낸다. NO는 대기 중에 약 1ppm 정도이어서 산화속도는 아주 적지만 대기 중의 O_3과 반응하면 아주 빠르게 NO_2로 된다.

$$NO + O_3 \rightarrow NO_2 + O_2 \quad (2.19)$$

ⓞ NO산화반응시 HC(탄화수소)가 존재하면 대기 중에서 산화속도는 일사량(日射量)에 비례해 증가한다. 햇빛은 HC 존재시 NO의 산화를 촉진하는 작용을 하여서 산화속도가 높아진다.

$$-\frac{d[NO]}{dt} = K[I] \cdot [HC]^m\ [NO]^n \quad (2.20)$$

여기서 n은 반응차수(약, 1, 1/2, 1/3임)

I 농도는 햇빛(光)강도이며, K는 반응속도에 관계한 비례정수, m은 반응차수이다. m은 HC농도가 낮을 때 1이고, 높을 때 1/2에서 1/3 정도의 범위이다. K값 크기는 HC 중에 올레핀계가 파라핀계보다 큰 경향을 나타내고 있다.

ⓩ 이때 O(발생기산소)는 특히 대기 중의 O_2와 빠르게 반응하며 O_3(Ozone)을 생성하고, O_3는 광화학스모그(smog)의 원인물질인 옥시던트(Oxidant)의 주성분이다.

$$O + O_2 + M \rightarrow O_3 + M \quad (2.21)$$

ⓒ O는 대기 중의 다른 물질과도 반응할 가능성이 있으나, 대기 중의 O_2 농도는 다른 활성분자(活性分子)인 NO_x, SO_2, CO, HC 등보다 훨씬 높기 때문에 O와 반응하여 대부분 대기 중에 O_3 농도가 된다.

ⓚ O_3의 증대는 반응성 때문에 다른 분자라디칼류와 반응 분해되어 소멸될 가능성이 있다. 환경 중에서 가장 기여가 큰 NO와의 반응을 하여서 NO와 O_3의 반응은 반응속도정수(K)에 지배되며, NO 농도는 NO_2의 광분해에 의해 진행된다.

$$NO_2 + h \cdot \upsilon \rightarrow NO + O$$

$$O + O_2 + M \rightarrow O_3 + M$$

$$NO + O_3 \rightarrow NO_2 + O_2$$

$$\therefore NO_2 + h \cdot \upsilon \rightarrow NO + O \qquad (2.22)$$

ⓔ 실제로 HC 등이 공존하면 NO_x의 광화학 반응이 일어나 상기 반응식에 의한 O_3 농도보다 3~7배 이상 높은 농도가 존재한다. 광화학 스모그에 의한 NO_x와 HC계의 광화학 반응과는 다음과 같은 최대 오존농도($[O_3]_{max}$)가 된다.

ⓟ $[O_3]_{max}$는 건조공기 오존농도의 12.4배, 습한공기 오존농도의 9.2배가 된다. 탄화수소(RH)는 NO가 NO_2로 전환하는데 O_3과 NO가 반응하는 기회를 억제하는바, O_3분해가 그 만큼 감소되어 오존 농도가 증대된다.

$$RH \rightarrow ROO \cdot \qquad (2.23)$$

$$NO + ROO \cdot \rightarrow NO_2 + RO \cdot \qquad (2.24)$$

(2) NO_2^-, NO_3^-, RNO_3 등의 생성일 경우

㉠ 대기 중에서 HC, O_3 등의 작용에 의해 NO가 NO_2로 전환이 진행되며, NO_2는 광분해되어서 대기 중에서 질산(HNO_3), 질산염(NO_3^-), 질산에스테르(Ester), PAN(peroxy acetyl nitrate) 등의 무기 · 유기의 고차원 화합물로 변환된다. NO_2로 변환된 NO도 아질산(HNO_2), 아질산염(NO_2^-), 아질산에스테르(–$OONO_2$) 등으로 변환된다.

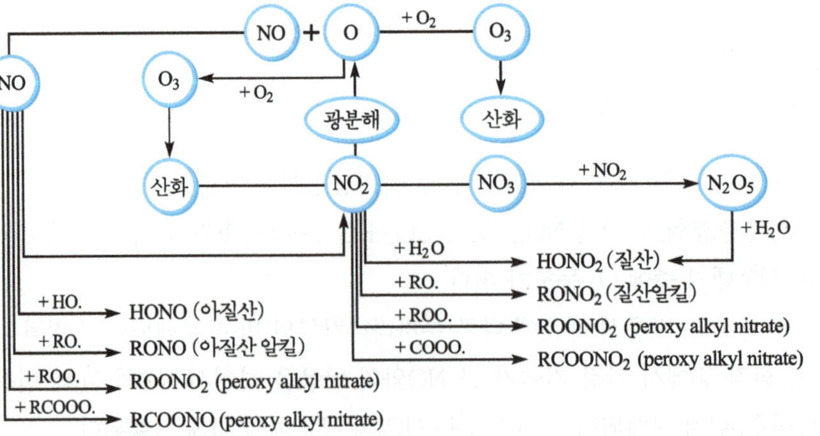

그림 2-2 대기 중에서 NO, NO_2에 의한 각종 질소화합물의 생성기구

㉡ 대기환경 중에는 NO, NO_2, N_2이 여러 형태의 질소화합물로 변화하고, 그 변화된 형태로서 대기 중에 존재한다.

㉢ 각 반응과정 전후에서 N의 물질수지(mass balance)는 다음과 같다. 이 반응과정은 NO가 NO_2로, NO_2는 NO_3^-로 되며 최종물질인 NO_3^-(질산염)는 지표에 aerosol로 낙하해서 사람의 건강과 동 · 식물, 재산상에 피해를 준다.

㉣ 무기염의 생성

ⓐ 제1반응기구

$$NO + O_3 \rightarrow NO_3 + O_2 \qquad K_1 = 0,078[ppm^{-1}, min^{-1}] \qquad (2.25)$$

$$NO_3 + NO_2 \rightarrow N_2O_5 \qquad K_2 = 6800[ppm^{-1}, min^{-1}] \qquad (2.26)$$

$$N_2O_5 + H_2O \rightarrow 2HONO_2 \qquad K_3 \leqq 0.0025[ppm^{-1}, min^{-1}] \qquad (2.27)$$

ⓑ 제2반응기구

$$NO_2 + HO\cdot + M \rightarrow HONO_2 + M \qquad K_4 = 0.015[ppm^{-1}, min^{-1}] \qquad (2.28)$$

ⓒ 제3반응기구

$$2NO_2 + H_2O \rightarrow HNO_3 + HNO_2 \qquad (2.29)$$

ⓓ 제4반응기구

$$NO + NO_2 + H_2O \rightarrow 2HONO \qquad (2.30)$$

ⓔ 제5반응기구

$$HNO_3 + NaCl \rightarrow HCl + NaNO_3 \qquad (2.31)$$

㉤ 유기물의 생성 : HC 등의 유기물이 존재하면 PAN(peroxy acetyl nitrate) 등의 유기질소 화합물이 생성된다. PAN 외에 PAN동족체(同族體), 질산에스테르, 아질산에스테르, 니트로(nitro)화합물, 1, 2-propane diol ainitrate (PGDA : propylene glycol 1, 2-dinitrate)등의 동족체가 생성한다.

㉥ 다음의 PAN류의 구조식이다.

ⓐ PAN(peroxy acetyl nitrate)

ⓑ PFN(peroxy formyl nitrate)

ⓓ PBzN(peroxy benzoil nitrate)

ⓔ PBN(peroxy butyl nitrate)

ⓕ PAcN(peroxy acroil nitrate)

ⓢ PAN분해 : PAN은 대기 중에서는 불안정한 물질이어서 NO가 존재하면 분해하여 최종적으로 NO_2로 된다.

$$CH_3COOONO_2 + NO \rightarrow CH_3COOONO + NO_2$$

$$CH_3COOONO \rightarrow CH_3CO_2 + NO$$

$$CH_3CO2 \rightarrow CH_3 + CO_2$$

$$\therefore CH_3COOONO_2 + NO \rightarrow CH_3\cdot + CO_2 + NO_2 \qquad (2.32)$$

ⓞ PAN은 사람의 눈을 자극하거나 식물에게 손상을 주며, PAN생성에 기여하는 NO_2와 HC의 초기농도에 의해 질산에스테르, 아질산에스테르 등이 대기 중에서 햇빛과의 반응으로 생성된 에스테르(ester)화합물은 다음과 같다. 그리고 PGDN (propylene glycol 1, 2 -dinitrate)은 0.2ppm 이하에서도 사람의 건강에 심한 피해증상을 나타내는 물질이다.

그림 2-3 광화학스모그 출현에 따른 도시전경

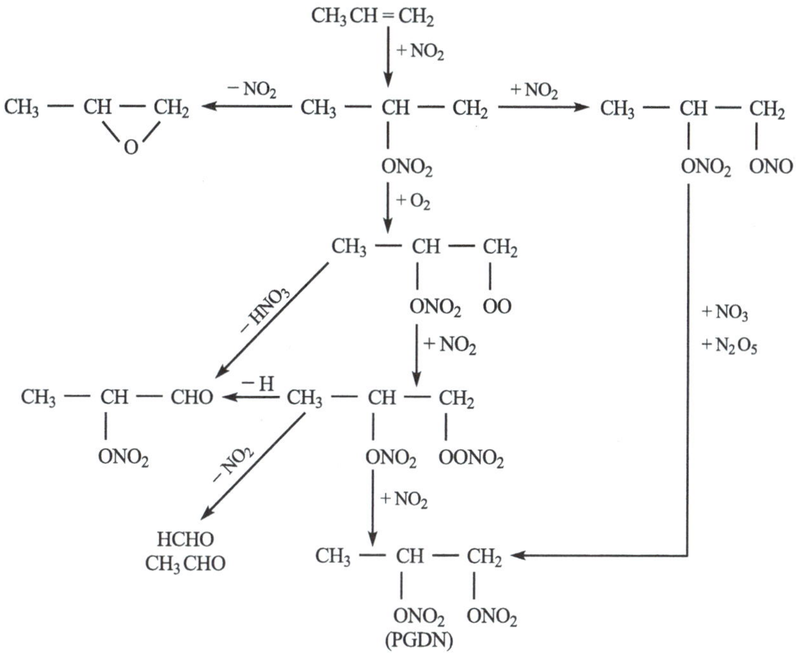

그림 2-4 C_3H_6와 N_2O_5 등의 PGDN 생성 반응기구

제2절
광화학스모그

1 광화학반응

1) 광화학스모그(photochemical smog)의 특징

(1) 개요

가. 광화학스모그일 경우

㉠ 광화학스모그는 최초로 로스엔젤레스(Los Angels)에서 일어났다.

㉡ 1943년경부터 로스엔젤레스에서 사람에게 피해를 일으킨 신형 스모그발생에 의한 악영향은 시정(視程) 악화, 눈자극, 식물피해, 악취, 고무균열, 옷탈색 등이다.

㉢ 이들의 영향은 1가지 대기오염물질에 의해서 일어난 것이 아니고 이미 알려지거나 알려지지 않은 대기 중에서의 화학반응생성물에 의해서 일어나고 있다.

㉣ 광화학스모그는 대기 중에 존재하는 질소화합물(NO_x), 탄화수소(HC) 등이 햇빛중 자외선의 쪼임을 받아 아주 복합한 반응공정을 거쳐서 새로운 2차 대기오염물질이 형성된다.

㉤ 이들 생성물 중 오존(O_3), peroxy acetyl nitrate(PAN), peroxy butyl nitrate(PBN), peroxy benzoil nitrate(PBzN) 등의 산화성 물질을 옥시던트(Oxidant)라고 하며 또는 총산화성 물질이라고 한다.

㉥ 이 옥시던트는 특수한 기상조건에서 스모그(smog)를 발생시키며, 이 스모그를 광화학스모그라고 한다.

(2) 광화학반응

가. 옥시던트일 경우

㉠ 옥시던트는 질소산화물(NO_x)과 탄화수소(HC)에 강력한 자외선이 쪼이면 광화학

반응이 일어나서 오존, PAN, PBN, acrolein 등의 산화력이 강한 물질이 2차적으로 생성된다.

㉡ 광화학 옥시던트의 90% 이상은 O_3이며, O_3의 생태학적 영향은 NO_2와 아주 비슷한 피해를 나타내며, PAN은 눈결막자극물질이다.

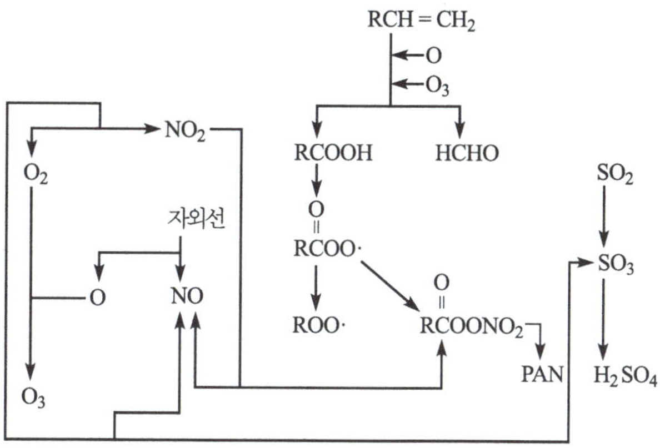

그림 2-5 대기 중에서의 광화학반응에 의한 PAN 생성

나. 광화학반응단계일 경우

㉠ 대기 중에 배출된 1차 대기오염물질은 물리 · 화학적으로 매우 불안정하기 때문에 여러 가지 요인에 의해 2차 대기오염물질을 생성한다.

㉡ 2차 대기오염물질은 광분해활성도, 반응물질농도, 반응지속시간, 습도, 일사량 등에 지배되며, 이들 환경인자에 의해 중간물질이 생성된다.

㉢ 이 중에서 가장 중요한 것이 광화학적 반응에 의해 형성되고 있는 광화학과산화물이며, 광화학반응은 분자 · 전자 · 이온 · 라디칼들이 햇빛을 흡수하면서 시작된다.

㉣ 햇빛의 흡수정도는 햇빛에너지($h \cdot \upsilon$)와 파장에 의해서 지배되며, 광화학반응이 일어나기 위해서는 가시광선과 자외선이 요구된다. 원자나 분자들이 자외선을 흡수하면 여기(exciting)하거나 해리 된다.

㉤ 이 반응에서 빛흡수의 최초효과를 1차 광화학반응이라 하며, 1차 반응으로 생성된 중간생성물에 의한 반응을 2차 광화학반응이라고 한다. 이 두 반응이 광화학스모그 형성에 결정적인 영향을 한다.

㉥ 1차 광화학반응 : 1차 대기오염물질인 NO_2, 유기물 들이 햇빛에너지($h \cdot \upsilon$)에 의해 1단계 반응은 O_3을 형성하는 과정이고, O_3의 발생기구는 다음과 같다.

$$NO_2 + h \cdot \upsilon \rightarrow NO + O \quad (2.33)$$

$$O + O_2 \rightarrow O_3 \quad (2.34)$$

$$NO + O_2 \rightarrow NO_3 \quad (2.35)$$

$$NO_3 + O_2 \rightarrow NO_2 + O_3 \quad (2.36)$$

ⓢ 상기 반응식 중 맨 마지막으로 생성된 NO_2는 다시 최초 반응으로 되돌아가서 계속 연속 반응이 지속된다.

ⓞ 2차 광화학반응 : 1단계 반응에서 생성된 중간 생성물인 O_3와 대기 중의 올레핀계 HC간의 광화학반응의 2단계 반응에 의해서 광화학스모그물질이 다음과 같이 생성된다.

$$O_3 \rightarrow O_2 + O \quad (2.37)$$

$$O + HC \rightarrow HCO \quad (2.38)$$

$$HCO \cdot + O_2 \rightarrow HCO_3 \quad (2.39)$$

$$HCO_3 \cdot + NO \rightarrow HCO_2 + NO_2 \quad (2.40)$$

$$HCO_3 \cdot + O_2 \rightarrow HCO_2 + O_3 \quad (2.41)$$

$$HCO_3 \cdot + NO_2 \rightarrow HCO_3NO_2(\mathrm{PAN}) \quad (2.42)$$

ⓙ PAN 등에 의한 광화학스모그 생성은 산화물 농도, 햇빛 강도와 지속시간, 대기 안정도, 반응물 농도 등에 지배된다. 그리고 상기 반응처럼 NO의 광산화율은 HC에 의해 NO가 NO_2로 산화되는 율을 말하며, $ppb^{-1}min^{-1}$ 단위로 나타낸다.

(3) Aerocol의 물리화학적 특성

가. 에어로졸일 경우

㉠ 가스나 증기는 크기가 10^{-10}m의 분자이며, 에어로졸 크기는 10^{-9}m에서 10^{-4}m(100 ㎛)의 입자이다.

㉡ 주로 거동(擧動)은 가스나 증기는 분자의 화학적 성질, 물리적인 성질에 지배받는다. 에어로졸의 크기와 개수의 관계를 입도분포(粒度分布)라고 하며, 입도는 발생원에 따라 다르나 기화한 물질이 응결해서 생긴 입경은 작고, 분쇄(粉碎)에 의해 생긴 먼지는 대개 크다.

㉢ 에어로졸의 작용은 입경(粒經)에 따르고 대기 중의 이온은 10^{-9}m 정도이며, 10^{-8}m 이상의 이온도 있다. 소이온은 가스분자가 방사선 등에 의해 이온화되고, 그 전기

력에 의해서 다른 가스 분자가 부착해 전하가 중화되면 소멸된다. 다른 큰 미소입자가 하전을 띠고 있다가 연소시나 분무로서 에어로졸의 분열시 강한 하전을 동반한 입자가 생성된다.

㉣ 에어로졸 입자는 빛을 산란 흡수하지만 그 모양은 입자의 입경, 모형, 굴절률, 흡수율 등이 아주 다르다. 대개 빛의 산란정도는 입자 반지름의 제곱에 비례하나, 특히 빛의 파장과 동일한 크기 입자의 상대적 산란강도는 크다. 따라서 에어로졸이 증가하면 빛의 산란 때문에 시정이 악화되어 햇빛이 산란되기 때문에 지표에 도달할 에너지가 감소하고, 지구가 한랭화된다.

㉤ 입자가 햇빛에너지를 흡수할 경우에는 반대로 지구온난화효과(global Warming effect)를 일으킨다.

㉥ 입자의 운동은 입경에 좌우되며, 입경이 0.1㎛ 이하 입자는 주위 가스와의 충돌에 의해서 불규칙적인 Brown운동을 하나, 3~7㎛ 이상의 입자는 관성력이나 중력에 의해 운동한다.

㉦ 작은 입자는 온도구배가 있는 곳에서는 높은 곳에서 낮은 곳으로 역확산하고, 증기농도 구배가 있는 곳에서는 증기 확산이나 입자에 강한 빛이 쪼이면 이에 따른 빛 확산을 하고, 이온이 전장내(電場內)에 있으면 전장의 방향쪽으로 이동한다.

나. Aerosol의 화학반응일 경우

㉠ 대기 중에서 각종 가스와 에어로졸의 성분은 화학반응에 의해 다른 물질로 변환된다. 특히 HC와 NO_2의 혼합가스에 자외선이 쪼여 생긴 광화학반응에 의해 HC는 propylen이 되고, HC가 이중 결합을 가진 올레핀(olefin)이 제일 반응성이 강해서 측쇄형 방향족 탄화수소에 활성(活性)이 있으나 파라핀(paraffin), 아세틸렌(C_2H_2), 벤젠(C_6H_6)은 반응성이 아주 약하다.

㉡ NO_2는 자외선 및 가시광선을 흡수하며, 특히 자외선 흡수시 NO_2는 해리되어 농도가 변화된다.

$$NO_2 + h \cdot \upsilon \rightarrow NO + O \qquad (2.43)$$

㉢ NO_2는 300~700nm(10^{-9}m)의 파장범위일 때 빛을 흡수하나 그 중에서 430nm 이하의 빛이 NO_2를 해리하며, Ka는 NO_2에 의한 빛의 흡수율, ø는 흡수된 빛 중 해리에 기여한 양자흡수율(%)이다.

㉣ Ka는 빛의 강도에 따라 관계된 양이지만 천장각(天장角)이 40° 일 경우 NO_2의 반

감기는 약 2분이다.

$$\frac{d[NO_2]}{dt} = -Ka \cdot ø \cdot [NO_2] \qquad (2.44)$$

상기 반응에서 발생된 O는 다음과 같은 반응을 한다.

$$O + O_2 + M \rightarrow O_3 + M \qquad K = 1.96 \times 10^{-5}[ppm^{-2}min^{-1}] \qquad (2.45)$$

$$O_3 + NO \rightarrow NO_2 + O_2 \qquad K = 29.3[ppm^{-1}min^{-1}] \qquad (2.46)$$

여기서 M은 공기분자이며, 발생기 산소(O)는 각종 HC와 반응해 안정한 생성물인 radical이 되고 반응생성물에서 O_3의 반응으로 NO는 NO_2로 된다. 대개 NO_2 농도가 0.1ppm일 때 O_3 농도는 0.027ppm이며, NO_2, 0.4ppm일 때 O_3농도는 0.095ppm이다.

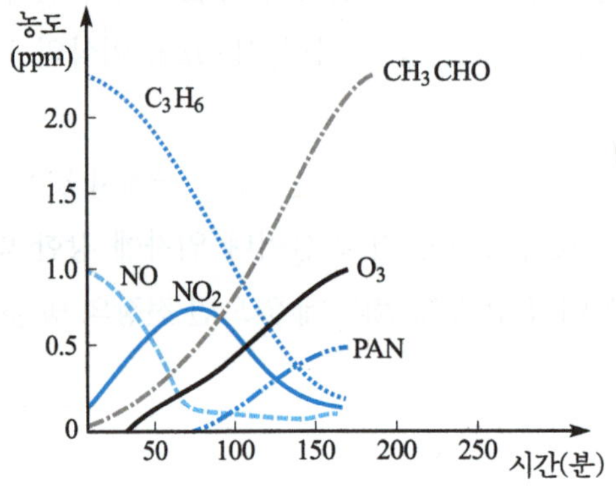

그림 2-6 NO_2와 O_3의 상관성

㉤ Los Angels의 광화학스모그 발생시 O_3 농도는 1ppm 정도이었으며, 우리나라의 O_3 환경기준치는 1시간 평균 0.1ppm 이하인데, 2014년에 년간 평균 오존농도가 서울특별시 0.023ppm, 부산광역시 0.020ppm, 광주 · 대전 광역시 0.026ppm이며, 울산 0.028ppm 정도이다. 그러나 O_3 농도가 0.12ppm 이상으로 1시간 이상 지속될 때 오존경보예보제를 지방자치단체장이 발령하도록 되어있는데, 1997년도에는 24회, 2014년 129회 오존주의보를 발령하였다.

㉥ NO_2와 프로필렌(C_3H_6)과의 혼합 가스를 햇빛에 쪼일 경우의 각 가스 성분 및 생성물의 농도의 시간적 변화는 NO 농도가 감소함과 동시에 NO_2가 증가하고, NO 농도가 아주 낮으면 O_3 농도가 증가하거나 PAN(peroxy acetyl nitrate)도 생긴다.

㉦ 아세트알데히드(CH_3CHO)가 프로필렌(C_3H_6)으로 감소됨에 따라 생성된다.

ⓞ NO가 NO_2로 변환되면, 퍼옥시라디칼(peroxy radical : O)에 의해 NO가 산화된다. 즉 발생기산소 O에 의한 프로필렌(CH_3CH=$CH)_2$의 반응은 다음과 같다.

$$\begin{aligned} &O + CH_3CH = CH_2 \rightarrow CH_3CH_2\cdot + \overset{\overset{O}{\|}}{H}C\cdot \\ &CH_3CH_2\cdot + O_2 \rightarrow CH_3CH_2OO\cdot \\ &CH_3CH_2OO\cdot + NO \rightarrow NO_2 \cdot CH_3CH_2O\cdot \end{aligned} \tag{2.47}$$

$$CH_3CHO\cdot + O_2 \rightarrow CH_3CH + HOO\cdot$$

$$\begin{aligned} HOO\cdot + CH_3CH = CH_2 &\rightarrow HC^+ + HOO^- + CH_3CHO \\ &\hookrightarrow CH_3C^+ + HOO^- + HCHO \end{aligned}$$

$$HC^+ + HOO^- + O_2 \rightarrow HO\cdot + H\overset{\overset{O}{\|}}{C}OO\cdot$$

$$CH_3C^+ + HOO^- + O_2 \rightarrow HO\cdot + \overset{\overset{O}{\|}}{CH_3}COO\cdot$$

$$H\overset{\overset{O}{\|}}{C}OO\cdot + NO \rightarrow NO_2 + H\overset{\overset{O}{\|}}{C}O\cdot$$

$$CH_3\overset{\overset{O}{\|}}{C}OO\cdot + NO \rightarrow NO_2 + \overset{\overset{O}{\|}}{CH_3}CO\cdot$$

$$\begin{aligned} &CH_3\overset{\overset{O}{\|}}{C}O\cdot \rightarrow CO_2 + CH_3\cdot \\ &CH_3\cdot + O_2 \rightarrow CH_3OO\cdot \\ &CH_3OO\cdot + NO \rightarrow NO_2 + CH_3O\cdot \\ &HO\cdot + CH_3CH = CH_2 \rightarrow CH_3CH - CH_2OH \end{aligned}$$

$$CH_3CH - CH_2OH + O_2 \rightarrow CH_3\overset{\overset{OO\cdot}{|}}{CH} - CH_2OH$$

$$CH_3\overset{\overset{OO\cdot}{|}}{C} - CH_2OH + NO \rightarrow NO_2 + CH_3\overset{\overset{O\cdot}{|}}{C}HCH_2OH$$

ⓞ 따라서 NO는 NO_2로 산화되며, NO 농도가 저하하면서 NO와 O_3 반응이 진행하며, 발생기산소(O)와 O_2가 공기분자로 존재하면 O_3 농도가 증대된다.

ⓩ PAN과 각종 NO_x는 다음과 같은 반응으로 과산화물인 옥시던트(Oxidant)를 생성시킨다.

$$CH_3\overset{\overset{O}{\|}}{C}OO\cdot + NO2 \rightarrow CH_3\overset{\overset{O}{\|}}{C}OONO_2\ (PAN) \quad (2.48)$$

$$CH_3O\cdot + NO \rightarrow CH_2ONO\ (\text{아질산메틸})$$

$$CH_3O\cdot + NO_2 \rightarrow CH_3NO_2\ (\text{질산메틸})$$

$$CH_3CH2O\cdot + NO_2 \rightarrow CH_3CH_2ONO_2\ (\text{질산에틸}) \quad (2.49)$$

$$HO\cdot + NO \rightarrow HNO_2(\text{아질산})$$

$$HO\cdot + NO_2 \rightarrow HNO_3(\text{질산}) \quad (2.50)$$

$$NO_2 + O_3 \rightarrow NO_3 + O_2 \quad (2.51)$$

$$NO + NO_2 \rightarrow 2NO_2 \quad (2.52)$$

$$NO2 + NO_3 \rightarrow N_2O_5 \quad (2.53)$$

$$N_2O_5 + H_2P \rightarrow 2HNO_2$$

$$NO + NO_2 + H_2O \rightarrow 2HNO_2$$

$$2HNO_2 \rightarrow NO + NO_2 + H_2O$$

HNO_2(아질산)의 광분해($h\cdot\upsilon$)반응은 다음과 같다.

$$HNO_2 + h\cdot\upsilon \rightarrow HO\cdot + NO \quad (2.54)$$

$$CH_3NO + h\cdot\upsilon \rightarrow CH_3O\cdot + NO \quad (2.55)$$

$$CH_3CH_2NO_2 + h\cdot\upsilon \rightarrow CH_3CH_2O\cdot + NO \quad (2.56)$$

ⓩ 상기 반응에서처럼 HC가 소비되면 오존(O_3), 알데히드(CHO), PAN, 질산알킬($R-NO_3$), 질산(HNO_3) 등이 생성된다.

ⓚ 그러나 대기 중에는 각종 HC가 존재하고, 그 성분비(成分比)도 일정하지가 않아서 대기 중에 존재한 HC를 다량으로 존재하거나 광화학활성이 거의 없는 CH_4을 뺀 HC(NMHC : 비메탄계탄화수소)와 오존(O_3) 등의 생성에 관심이 크다.

2) 광화학 반응기구

(1) 대기 중에서 생긴 화학반응의 특성

가. 소반응과정(素反應過程)일 경우

㉠ 광화학 대기오염이 문제로 되기 시작한 것은 1957년 Los Angels의 광화학스모그 사건 이후라고 보아야만 정확한 표현이 된다. 광화학 대기오염현상은 탄화수소(HC)와 질소산화물(NO_x)의 혼합물로 태양에서 내려쪼이는 방사광(放射光)에 의해서 일어났다.

㉡ 광화학 대기오염을 방지하려면 HC와 NO_x의 발생원을 엄격하게 규제해야 하며, SO_2처럼 직접 유해물질을 규제하는데는 많은 어려움이 있다.

㉢ HC, NO_x의 농도와 옥시던트(O_x) 농도가 선형적으로 비례한다.

㉣ 특히 기상조건이나 사회여건 등의 자연 · 사회적인 요소가 복잡하게 연관되어 있으며, HC, NO_x의 발생원이 각종 산업에 걸쳐서 발생원별 기여율 평가를 토대로 각 산업별로 기여율을 밝혀내 그 광화학 소반응과정을 규명하기 위해 광화학대기오염의 모델(model)화하여야 한다.

㉤ 그러므로 광화학 대기오염이라고 하는 복잡한 현상을 화학반응면에서 본질적으로 이해하여야만 한다.

㉥ 광화학 대기오염은 모든 과정의 개시(開始)가 되는 반응이며, 주요반응은 다음과 같다.

$$NO_2 + h \cdot \upsilon \rightarrow NO + O \qquad (2.57)$$

㉦ 상기 반응은 파장범위 250~430nm에서 일어나며, 430nm 이상의 긴 파장에서는 NO_2 분해가 안 되고, 주로 여기 NO_2분자인 [NO_2^*]가 생성된다.

㉧ 대기오염물질 중의 1차 오염물질이 300nm 이상의 파장인 빛을 흡수하면 NO_2 이외에서는 SO_2뿐이고, 2차 대기오염물질은 아질산(HONO : HNO_2), 아질산메틸(CH_3ONO), 아질산에틸(C_2H_5ONO), 비아세틸($CH_3COCOCH_3$) 등이 이 영역의 빛을 많이 흡수한다. 광흡수에 의해 HONO, CH_3ONO는 광분해하여 중간체인 HO · , CH_3O · 를 생성한다.

$$HONO + h \cdot \upsilon \rightarrow NO + HO \cdot \qquad (2.58)$$

$$CH_3ONO + h \cdot \upsilon \rightarrow NO + C_3O \cdot \qquad (2.59)$$

㉧ 광화학 대기오염물질을 알기 위해 올레핀과 프로필렌(C_3H_6)의 반응결과는 NO가 NO_2로의 광산화반응속도, O_3의 최고 도달농도, HC의 감소속도, 알데히드 등의 생성속도 등이 중요한 인자이다.

ⓐ 햇빛을 쪼이면 C_3H_6와 NO의 농도는 감소하고 NO_2 농도는 증가한다.

ⓑ 급격히 NO에서 NO_2로의 산화반응이 일어남과 동시에 C_3H_6 농도도 급격히 감소한다. 이때 NO가 NO_2로 산화가 거의 완료되어 NO_2가 최고농도에 도달하기 조금 전에 O_3이 생성되기 시작한다.

ⓒ CH_3CHO는 오존생성보다 앞서 반응초기에 생성되나 그 생성속도는 NO 산화속도가 빨라지면서 급속히 증가된다.

ⓓ O_3 농도가 급속히 증가하면 C_3H_6의 감소비율이 전 단계보다 커지면서 NO_2는 최고농도에 도달한 다음 감소되기 시작하여 PAN생성이 개시된다.

ⓔ 최종단계에서 CH_3CHO, O_3, PAN이 대부분 일정한 고농도에서 평형도달하여 NO, NO_2, C_3H_6가 저농도 평형에 도달한다.

ⓕ 최종 생성물은 HCHO(포름알데히드), CH_2=CHCHO(아클로레인), RONO(아질산에스테르), $RONO_2$(질산에스테르) 및 CO, CO_2 등이다.

나. 무기화학반응일 경우

㉠ 광분해로 생성한 산소원자(O)가 관여하는 3분자(C_2H_4−NO−NO_2−공기)혼합계 반응은 다음과 같다.

$$O+O_2+M \rightarrow O3+M \qquad K = 2.2\times10^{-5}[\mathrm{ppm}^{-2}\,\mathrm{min}^{-1}] \qquad (2.60)$$

$$O+NO+M \rightarrow NO_2+M \qquad K = 3.3\times10^{-3}[\mathrm{ppm}^{-2}\,\mathrm{min}^{-1}] \qquad (2.61)$$

$$O+NO_2+M \rightarrow NO_3+M \qquad K = 1.3\times10^{-3}[\mathrm{ppm}^{-2}\,\mathrm{min}^{-1}] \qquad (2.62)$$

여기서, M은 공기중 반응에서 1기압의 공기(N_2와 O_2)이며, 소반응 속도정수(K)는 M이 N_2, O_2에 따라 약간씩 다르다.

$$O_3+NO \rightarrow NO_2+O_2 \qquad K = 2.7\times10[\mathrm{ppm}^{-1}\,\mathrm{min}^{-1}]$$

$$H+O_2+M \rightarrow HO_2\cdot+M \qquad K = 6.9\times10^{-9}[\mathrm{ppm}^{-2}\,\mathrm{min}^{-1}]$$

$$HO_2\cdot+NO \rightarrow NO_2+HO\cdot \qquad K = 4.4\times10^{2}[\mathrm{ppm}^{-1}\,\mathrm{min}^{-1}]$$

$$H+NO+M \rightarrow \mathrm{HNO}+M \qquad K = 1.1[\mathrm{ppm}^{-2}\,\mathrm{min}^{-1}]$$

$$O+O_3 \rightarrow 2O_2 \qquad K = 9.1[\mathrm{ppm}^{-1}\,\mathrm{min}^{-1}]$$

$O+NO_2 \rightarrow NO+O_2$ $K = 8.3\times10^3[ppm^{-1}\,min^{-1}]$

$O_3+NO_2 \rightarrow NO_3+{}_2$ $K = 8.2\times10^{-2}[ppm^{-1}\,min^{-1}]$

$NO+NO_3 \rightarrow 2NO_2$ $K = 2.7\times10^4[ppm^{-1}\,min^{-1}]$

$NO_2+NO_3+M \rightarrow N_2O_5+M$ $K = 6.8\times10^3[ppm^{-1}\,min^{-1}]$

$N_2O_5 \rightarrow NO_2+NO_3$ $K = 1.5\times10[min^{-1}]$

$2NO+O_2 \rightarrow 2NO_2$ $K = 1.4\times10^{-9}[ppm^{-2}\,min^{-1}]$

$HO+NO+M \rightarrow HNO+M$ $K = 3\times10^3[ppm^{-1}\,min^{-1}]$

$HO+NO_2+M \rightarrow HONO_2+M$ $K = 1.4\times10^4[ppm^{-1}\,min^{-1}]$

$HO+CO \rightarrow CO_2+H$ $K = 2.1\times10^2[ppm^{-1}\,min^{-1}]$

$HO_2\cdot+HO_2\cdot \rightarrow H_2O_2+O_2$ $K = 7.8\times10^3[ppm^{-1}\,min^{-1}]$

㉡ 그리고 물이 관여하여서 기벽(器壁) 등의 heterogenous의 효과를 받아 다음 소반응이 일어난다.

$N_2O_5+H_2O \rightarrow 2HONO_2$(질산) (2.63)

$NO+NO_2+H_2O \rightarrow 2HONO$(아질산) (2.64)

다. 유기 반응일 경우

㉠ 산소원자(O)와 유기화합물의 반응 : NO_2의 광분해반응으로 생성된 산소원자가 반응해 O_3을 생성하며, NO가 고농도로 대기 중에 존재하면 O_3는 즉시 NO와 반응해서 NO_2와 O_2로 되돌아간다. 산소원자의 일부는 HC 중 올레핀계 HC와 반응해서 부가 화합물을 생성한 후 최종적으로 에틸렌옥사이드를 생성한다.

$O+C_2H_4 \rightarrow CH_3+HCO\cdot$ $K = 3\times10^3[ppm^{-1}\,min^{-1}]$

$O+C_2H_4 \rightarrow CH_2-CH_2$ $K = 5.1\times10^3[ppm^{-1}\,min^{-1}]$
　　　　$\diagdown O \diagup$

$O+HCHO \rightarrow HCO+OH\cdot$ $K = 2.3\times10^2[ppm^{-1}\,min^{-1}]$

$O+CH_3CHO \rightarrow CH_3CO\cdot+OH\cdot$ $K = 4.7\times10^2[ppm^{-1}\,min^{-1}]$

㉡ O_3과 유기화합물의 반응 : 오존과 파라핀계 탄화수소의 반응속도정수는 올레핀보다 대기오염시 파라핀계 탄화수소의 직접반응이 무시할 정도로 적다. 대기오염 중에 비교적 고농도로 존재한 CH_4이 oxidant 생성에 중요하지 않다는 것이며, 오존과 올레핀의 반응은 고리(cycle)상 구조를 오조나이드(ozonide) 중간체로 생성한 후 분해된다.

$$O_3+C_2H4 \rightarrow \underset{}{\overset{O-O-O}{CH_2-CH_2}} \rightarrow HCHO+CH_2OO \qquad K = 3.2\times10-3[ppm^{-1}\,min^{-1}]$$

$$O_3+C_3H6 \rightarrow \underset{O-O-O}{CH_3-CH-CH_2} \rightarrow CH_3CHO+CH_2OO \rightarrow HCHO+CH_3CHOO \qquad K = 1.2\times10^{-2}[ppm^{-1}\,min^{-1}]$$

$$CH_2OO+O_2 \rightarrow HO \cdot \overset{O}{\overset{\|}{H}}COO \cdot \qquad (2.65)$$

$$HO\cdot +CO \rightarrow CO_2+H\cdot \qquad K = 2.1\times10^{2}[ppm^{-1}\,min^{-1}]$$

$$H+O_3 \rightarrow HO\cdot +O_2 \qquad (2.66)$$

㉢ 상기 반응식처럼 생성한 HO · 이 다시 올레핀과 반응시 O_2 존재시 올레핀 소비량이 O_3에 비해 1.5~2배로 높으며, 최종생성물은 aldehyde, keton, dicarbonyl 화합물 등의 옥시던트 속의 주로 O_3이다.

㉣ HO · radical과 유기화합물의 반응 : HO · 와 대기오염물질로 대기 중에 유기화합물이 존재하면 다음 반응을 한다.

$$HO\cdot +C_2H_4 \rightarrow CH_2CH_2OH \qquad (2.67)$$

$$HO\cdot +C_2H_6 \rightarrow CH_3CHCH_2OH \qquad (2.68)$$

$$HO\cdot +CH_4 \rightarrow CH_3\cdot +H_2O \qquad K = 1.4\times10[ppm^{-1}\,min^{-1}]$$

$$HO\cdot +C_2H_6 \rightarrow C_2H_5\cdot +H_2O \qquad (2.69)$$

$$HO\cdot +HCHO \rightarrow HCO\cdot +H_2O \qquad (2.70)$$

$$HO\cdot +CH_3CHO \rightarrow HCO\cdot +H_2O \qquad (2.71)$$

㉤ HO · radical과 HC의 반응이 O, O_3와 HC의 반응보다 아주 빠르며, 연소반응이 일어나고 대기오염 중 알데히드나 케톤 등의 생성에 아주 중요한 역할을 한다. O_2와의 연쇄반응은 다음과 같다.

$$C_2H_5\cdot +O_2+M \rightarrow C_2H_5O_2\cdot \qquad K = 4.9\times10^{3}[ppm^{-1}\,min^{-1}]$$

$$C_2H_5O_2\cdot NO \rightarrow C_2H_5O\cdot +NO_2 \qquad (2.72)$$

$$C_2H_5O\cdot +O_2 \rightarrow CH_3CHO+HO_2 \qquad (2.73)$$

$$HO_2\cdot +NO \rightarrow HO\cdot +NO_2 \qquad (2.74)$$

$$HCO\cdot +O_2 \rightarrow HO_2+CO \qquad (2.75)$$

$$C_3H_6 + HO\cdot \rightarrow CH_3CHCH2OH \qquad K = 2.5\times10^4[ppm^{-1}min^{-1}]$$

$$CH_3CHCH_2OH + O_2 \rightarrow CH_3CH(O)CH_2OH \tag{2.76}$$

$$CH_3CH(O_2)CH_2OH + NO \rightarrow CH_3CH(O)CH_2OH + NO_2 \tag{2.77}$$

$$CH_3CH(O)CH_2OH \rightarrow CH_3CHO + CH_2OH \tag{2.78}$$

$$CH_2OH + O_2 \rightarrow HCHO + HO_2\cdot \qquad K = 1\times10^{-3}[ppm^{-1}min^{-1}]$$

ⓑ 파라핀계 탄화수소, OH, O_2와의 공기 중에서 반응은 다음과 같다.

$$HO\cdot + CH_4 \rightarrow CH_3\cdot + H_2O \qquad K = 1.4\times10[ppm^{-1}min^{-1}]$$

$$CH_3 + O_2 \rightarrow CH3O_2\cdot \qquad K = 7.6\times10^2[ppm^{-1}min^{-1}]$$

$$CH_3O_2 + NO \rightarrow CH_3O\cdot + NO_2 \qquad K = 3\times10^2[ppm^{-1}min^{-1}]$$

$$CH_3O\cdot + O_2 \rightarrow HCHO + HO_2 \qquad K = 1\times10^{-2}[ppm^{-1}min^{-1}]$$

$$HO\cdot + CO \rightarrow CO_2 + H\cdot \qquad K = 2.1\times10^2[ppm^{-1}min^{-1}]$$

$$H\cdot + O_2 + M \rightarrow HO\cdot + M \qquad K = 6.9\times10^{-4}[ppm^{-1}min^{-1}]$$

$$HCO\cdot + O_2 \rightarrow CO + H_2O\cdot \tag{2.79}$$

$$CH_2CO\cdot + O_2 \rightarrow CH_3COO_2\cdot \tag{2.80}$$

$$HCOO_2 + NO_2 \rightarrow NO_2 + CH_3CO_2 \tag{2.81}$$

$$HCO_2 \rightarrow H\cdot + CO_2 \tag{2.82}$$

$$CH_3CO_2 \rightarrow CH_3\cdot + CO_2 \tag{2.83}$$

라. Radical 소멸반응일 경우

㉠ 라디칼 소멸반응으로 중요한 것은 OH, CH_3O의 radical과 $NONO_2$의 재결합 반응이며, 생성물은 $HCOO_2$, CH_3COO_2와 NO_2의 재결합연쇄반응이다.

$$HO\cdot + NO + M \rightarrow HONO + M \qquad K = 3000[ppm^{-1}min^{-1}]$$

$$HO\cdot + NO_2 + M \rightarrow HONO_2 + M \qquad K = 1400[ppm^{-1}min^{-1}]$$

$$CHO\cdot + NO \rightarrow CH_3ONO \qquad K = 5000[ppm^{-1}min^{-1}]$$

$$CH_3O\cdot + NO_2 \rightarrow CH_3ONO_2 \qquad K = 3000[ppm^{-1}min^{-1}]$$

㉡ CH_3COO_2(PAN) 생성반응은 다음과 같다.

$$CH_3COO_2 + NO_2 \rightarrow CH_3COO_2NO_2(PAN) \tag{2.84}$$

$$HCOO_2\cdot + NO_2 \rightarrow HCOO_2NO_2 \rightarrow HCO_2 + NO_3 \tag{2.85}$$

$$HO_2\cdot + HO_2\cdot \rightarrow H_2O_2 + O_2 \qquad K = 7800[ppm^{-1}min^{-1}]$$
$$HO_2\cdot + CH_3O_2\cdot \rightarrow CH_3OOH + O_2 \qquad K = 7000[ppm^{-1}min^{-1}]$$
$$HO_2\cdot + HCOO_2\cdot \rightarrow HCOO_2H + O_2 \qquad K = 5000[ppm^{-1}min^{-1}]$$
$$HO_2\cdot + CH_2(O)_2CH_2OH \rightarrow CH_2(O_2H)CH_2OH + O_2 \qquad K = 5\times10^3[ppm^{-1}min^{-1}]$$
$$2CH_3O_2\cdot + CH_3OH + HCHO + O_2 \qquad K = 200[ppm^{-1}min^{-1}]$$
$$CH_3O_2\cdot + CH_2(O_2)CH_2OH \rightarrow HCHO + CH_2(O_2)CH_2OH + O_2 \qquad K = 100[ppm^{-1}min^{-1}]$$
$$2HCOO_2\cdot \rightarrow HCOOH + CO_2 + O_2 \qquad K = 100[ppm^{-1}min^{-1}]$$
$$2CH_2(O_2)CH_2OH \rightarrow CH_2(OH)CH_2OH + CH_2(OH)CHO + O_2 \qquad K = 100[ppm^{-1}min^{-1}]$$

2 광화학오염

1) 광화학반응에서 자외선의 역할

(1) 2차 오염 물질일 경우

㉠ 여러 가지 대기오염물질 발생원으로부터 방출된 1차 오염물질은 대기 중에서 화학반응에 의해 2차 · 3차의 각종 대기오염물질을 생성한다.

㉡ 대기 중의 화학반응에는 인간이나 생물의 생활환경에 커다란 악영향을 미치게 하는 광화학반응과 그 후속반응들이 있다.

㉢ 광화학반응은 대기 중에서 대기오염물질이 햇빛을 흡수해서 일어난다.

㉣ 대기오염물질의 광화학반응은 반응물질의 종류나 그 농도, 햇빛의 종류와 그 강도, 광화학반응의 원동력인 지표부근에서 일어나는 자외선의 특성, 즉 파장 spectrum에 따른 대기오염물질의 광양자(光量子) 흡수속도나 양자(量子) 흡수의 결정 등이 고려되어야만 한다.

㉤ 광양자 흡수속도는 감광성물질에 의해 단위시간에 흡수되는 광자수(光子數), 즉 광화학당량법칙에 의한 감광성물질이 단위 시간당 빛을 흡수하는 분자의 전분자수에 대한 비율을 의미한다.

㉥ 따라서 광양자 흡수속도는 어떤 감광성 물질의 광화학 반응에 있어 반응시 유효한 빛의 강도를 나타낸 인자(因子)이다.

(2) 지표면에서의 자외선강도일 경우

㉠ 대기속의 오염물질의 광화학반응은 햇빛중 파장의 강도(强度)가 반응속도를 결정하는 가장 중요한 인자이다.

㉡ 대기권 상층에 도달한 햇빛은 대기를 통과할 때 대기 중에 떠 있는 원소(元素)나 화합물의 분자인 각종 혼합물입자에 의해 흡수나 산란되어 그 강도는 감소된다.

㉢ 대기권 외에서 햇빛의 파장스펙트럼(spectrum) $I_{o\lambda}$와는 아래층 대기 중 수평단위 면적당 받는 파장별 햇빛강도 $I_{d\lambda}$의 관계식은 다음과 같다.

$$I_{d\lambda} = I_{o\lambda} \cdot T_{a\lambda} \cdot T_{s\lambda} \cdot \cos z \qquad (2.86)$$

$$I_{s\lambda} = I_{o\lambda} \cdot T_{a\lambda}(1 - T_{s\lambda})g \cdot \cos z \qquad (2.87)$$

여기서 $I_{s\lambda}$ 는 파장별 산란빛의 강도이고, λ는 파랑, z는 천정각(天頂角), g는 산란빛의 방향분포와 다중(多重) 산란량에 따라 정해진 계수이다(분자 산란빛일 경우 0.5). 그리고 $T_{a\lambda}$와 $T_{s\lambda}$는 각각 대기 중에서의 흡수와 산란시 투과율이다.

(3) 입자상물질의 직사 · 산란광의 흡수일 경우

㉠ 대기 중에 존재한 오존의 등가(等價) 두께(E), 수증기의 등가두께를 W, 입자상물질의 등가두께 인자를 D(빛의 대기 중 통과거리), 세로 윗방향의 대기층 두께에 따른 air mass(m)의 관계는 다음식으로 나타낼 수가 있다.

$$\log T_{a\lambda} = d_{\lambda'} \cdot \varepsilon \cdot m \qquad (2.88)$$

$$\log T_{a\lambda} = \frac{-4.5\times10^{20}(\eta_{o\lambda} - 1)^2 \cdot m}{\lambda^4} = -\left(\frac{3.75\times10^5 W}{\lambda^2} + \frac{35D}{\lambda^{0.75}}\right)m \qquad (2.89)$$

여기서, $\eta_{o\lambda}$는 파장(λ : A)별 빛의 공기에 대한 골절률이고, $a_{\lambda'}$는 오존의 흡수계수이다. Z는 0°(m=1.0)에서 85° (m=10.4), ε는 2~3.4mm(위도 함께 증가하며, 봄에 최대, 가을에 최소임), W는 1~4.5cm (1월에 1.0, 8월 4.5 이하, 연평균 2.1), D는 10 이하(입경 800개/cm³ 이하의 청정대기=0, 오염된 도시지역 대기 = 1 이상)

㉡ 지표면에서의 수평단위면적당 받는 직사광과 산란광 강도의 파장스펙트럼은 다음과 같은 특성을 갖고 있다.

ⓐ 천정각(Z)이 크게 되면 지표면에서의 전강도(全强度)는 감소한다.이때 산란광강도

의 전강도에 대한 비율은 Z와 함께 증대하며, Z가 85° 정도일 때 지표에 도달하는 빛은 거의 단산란광이다.

ⓑ 대기 중의 입자나 수증기광이 증대하면 직사광 강도가 급속히 감소하고 반대로 산란광강도가 증가하며, 이들 합계인 전태양광강도는 약간 감소한다.

ⓒ 빛의 대기 중에서 통과거리가 길수록, 대기 중의 입자나 수증기량이 증대할수록, 대기 중에서 빛의 흡수나 산란이 커진다. 그래서 이 빛의 흡수, 산란현상은 특히 짧은 파장에서 현저해 짧은 파장의 빛이 지표에 도달하기가 어렵게 된다.

ⓓ 대기 중의 입자나 수증기량은 지표면에 도달하는 직사 자외선량을 감소시키나, 산란 자외선량을 증가시킨다. 오존이 존재하면 빛을 흡수해 직사 · 산란 자외선량을 증가시키며, 오존이 존재하면 빛을 흡수해 직사 · 산란 자외선량을 감소시킨다. 특히 대기 중 입자상물질에 의한 영향이 가장 크며, 오존영향은 비교적 미미한다.

2) 대기 중에서 ion · radical의 역할

(1) 여기분자의 역할

가. 여름철에 이온라디칼일 경우

㉠ 대기 중의 오염물질과 그 변화는 비교적 그 성상이나 역할이 중요하며 그 중에서 대기오염은 광화학스모그발생이 여름철에 국민의 건강을 크게 해친다.

㉡ 대기와 오염물질에 의해 생성하는 여기활성(勵起活性)물질은 이온(ion), 라디칼(radical)과 여기분자이다. 이온은 정전하(正電荷)가 띄며, 대개 안정된 분자는 그 이온화 전압 이상의 에너지를 흡수해서 전리한 cation(양) radical이나 이들이 분해한 anion(음)전하를 띤 방출되는 전자, 분자, 라디칼이 된다. 라디칼은 안정분자 중에서 결합시 대전자(對電子)가 과잉에너지 흡수로 결합해 여기분자(R ·)가 된다.

㉢ 여기분자는 기저(基低) 상태에서 전자여기상태인 활성분자(活性分子)로 이온화하거나 라디칼이 될 뿐만 아니라 그대로 여기상태가 된다. 여기상태의 분자는 화학반응식에서 분자식으로 나타낸다.

㉣ 여기활성물질은 열이나 빛에너지를 흡수해서 화학변화의 중간에 생성하며, 여기분자는 과잉 전자에너지에 의해서나 라디칼 및 이온은 주로 전자존재시 화학 반응성에 대전자(對電子)가 기여한다.

㉤ 대기오염에 크게 기여하는 공장의 매연과 자동차 · 항공기의 배출가스 중에는 연소

의 중간생성물인 여기활성물질이 많다.

ⓑ 석유나 석탄에 다량 함유된 HC, NO_x, SO_x와 그들의 산화물이 대기 중에 배출되어서 오염물질이 되어, 햇빛과 자연방사능력을 가진 에너지를 흡수해서 여기되며, 각종 이온, 라디칼, 여기분자 등을 생성한다. 이들 활성물질이 대기오염피해를 일으킨다.

(2) 대기 중에서 여기활성물질의 생성

가. 오존발생의 경우

㉠ 대기 중에서의 대기화학반응은 반응물질이 햇빛 에너지를 흡수해서 진행되며, 지표에서 햇빛 등에 의한 흡수는 오존(O_3)이 290~350nm, NO_2(이산화질소)는 자외선 부근에서 근적외선 부근까지 폭넓게 햇빛을 흡수한다.

㉡ O_3와 NO_2의 분자가 대기 중에서 햇빛 여기가 되기 때문에 후속반응을 한다. NO_2는 빛에너지를 흡수해 NO와 원자상 산소 O로 해리된다.

$$NO_2 + h \cdot \upsilon \rightarrow NO + O \qquad (2.90)$$

$$O + O_2 \rightarrow O_3 \qquad (2.91)$$

㉢ 상기 반응에서 생성된 원자상 산소는 산소분자와 반응해서 O_3를 생성함으로써 계속해서 대기 중의 수많은 탄화수소(HC)와 산화반응을 한다. 그리고 HC는 반응시 중간 유기화합물인 라디칼(RH : radical)을 생성하거나, 유기과산화물(RO_2)을 생성한다.

㉣ RH는 다시 R과 H로 분해하고, R은 대기 중의 산소와 반응해서 RO_2(유기과산화라디칼), $HO_2\cdot$(퍼히드록시 라디칼)로 되었다가 다시 RO(유기옥시라디칼)과 HO(히드록시라디칼)를 생성한다.

$$RO_2\cdot + NO \rightarrow RO\cdot + NO_2 \qquad (2.92)$$

$$HO_2\cdot + NO \rightarrow HO\cdot + NO_2 \qquad (2.93)$$

㉤ RO · 나 HO · 라디칼은 HC에서 수소(H)원자를 빼내 불포화 결합으로 되었다가 2차, 3차적인 반응을 일으킨다. 이러한 연속반응을 연쇄반응이라고 한다. 그래서 유기과산화라디칼이 연쇄반응을 한다.

$$RH + HO\cdot \rightarrow R\cdot + H_2O \quad (2.94)$$

$$RH + HO_2\cdot \rightarrow R\cdot + H_2O_2 \quad (2.95)$$

$$RC = CR' + HO\cdot \rightarrow R\text{-}\underset{\displaystyle O_2\cdot}{\overset{|}{C}}\text{-}CHR' \quad (2.96)$$

$$RC = CR' + HO_2\cdot \rightarrow R\text{-}\underset{\displaystyle O_2\cdot}{\overset{|}{C}}\text{-}CHR' \quad (2.97)$$

$$R'H + RO_2\cdot \rightarrow R\cdot' + RO_2H \quad (2.98)$$

$$R'H + RO\cdot \rightarrow R\cdot' + ROH \quad (2.99)$$

ⓑ 오염된 대기 중의 여기활성물질이 광화학스모그 발생초기에 관측되고 있다. 그래서 굴뚝에서의 매연, 자동차의 배출가스 등 대기오염물질 발생원을 규제해서 대기 속에 여기활성물질이 없도록 관리해야만 한다.

3) 가스상물질의 입자상물질로의 변환

(1) 입자상물질의 생성

㉠ 대기속에 방출된 가스상물질 중 대부분은 지표나 해수면에서 직접적으로나 빗물에 세정(洗淨)되어 지표면이나 공공수역에 침강된다. 한편 가스상물질로서 대기 중에 머물러있거나 입자상물질 입자와의 흡수 · 흡착 · 화학반응에 의해 입자화된다.

㉡ 가스나 고체나 액체로 상(相)변화가 된 새로운 입자를 형성하며, 대기 중 입자상물질의 30~40%는 실제 가스상물질이 대기 중에서 소위 말하는 2차 입자(粒子)생성물질이다.

㉢ 지표부근의 입자 중에서나 성층권의 에어로졸층에는 많은 양의 황산염입자가 2차 생성입자로 되어 존재한다. 대기 중에 장기간 체류한 미세입자나 광화학스모그 발생시 생성한 유해입자가 2차 생성입자이다.

㉣ 가스상물질의 에어로졸 생성은 균질와 비균질상태에서 응축 · 결정화되며, 그리고 중합반응이다.

㉤ 대기 중의 가스상물질이 여러 과정을 거쳐서 입자로 될 가능성은 적고 대개 입자생성을 위한 산화 · 가수반응 등에 의한 화학반응으로 입자가 되기 쉽다.

ⓑ 가스분자나 다른 분자와의 결합에 의해서 핵, 즉 가스에서 입자로 비가역적인 응축이 일어나기 때문에 필요한 최소 단위의 분자 집합체(embryo)가 되거나 아주 미세

한 입자를 형성한다. 똑같은 성질의 가스분자가 응축하거나 다른 가스분자 및 미세 입자와의 결합체로서 입자화된다.

ⓢ 대기 중에서 자외선이 쪼이면 오존(O_3)이 생성되고, 여러 단계를 거치면서 가스분자가 액체화하는 데서 필요하다. 이 증기압은 직·간접적으로 입자생성에 큰 영향을 주게 된다.

ⓞ 균질계(homogeneous system) 자기응축은 동일 화학·물질 특성 갖는 가스분자로부터 핵형성이 이루어지며, 이 핵이 성장해서 입자로 되며 가스분자가 충돌결합해 안정한 핵 형성(nucleation)이 되는 확률(I)는 충돌빈도(C : 개/cm^3 · sec)에 비례한다.

$$I = C \cdot \exp(-\frac{\Delta G}{K \cdot T}) \qquad (2.100)$$

여기서, ΔG는 핵형성에 필요한 자유에너지이고, K는 Boltzmann 정수이며, T는 절대온도(°K)이다. 수증기의 자기응축에 의한 핵형성확률(I)는 표준상태(0℃, 1atm)에서 10^{-7}, 0.01개/cm^3 · sec정도로 너무 적어 대기 중에서 수증기에 의한 가스성분이 단일 성분의 균질 자기응축은 일어나기가 아주 어렵다.

ⓩ 균질계나 비균질계 결정화에 의한 입자생성도 지표부근의 대기 중에서는 아주 일어나기 어려운 현상이며, 메탄과 같은 HC 가스 및 테르펜류와 같은 식물성 탄화수소가스는 광화학반응에 의해서 중합으로 입자가 된다. 안개나 빗방울의 생성은 대기 중 미세입자를 핵으로 하여 이것에 수증기가 응축해 성장함으로써 비균질응축이 일어난다.

ⓒ 이러한 현상은 핵의 용해, 핵과 응축물질의 화학반응에 의해서 일어날 경우가 많다.

ⓚ 대기 중에서 핵형성과정은 여러 성분가스분자(hetero molecular)핵 형성이며, 각 단일 성분의 핵(nuclear)은 형성되지 않으나, 이들이 결합하면 안정한 핵을 형성해 다성분혼합체(多成分混合體)가 되어서 핵형성기구는 균질자기응축이 된다.

ⓣ 핵 중에는 H_2SO_4, H_2O 분자수에 의해 핵이 형성되며, $(H_2SO_4)_n \cdot (H_2O)_m$로 되며, m=10~30, n=5~8로 되고 핵 크기는 12~16Å정도이다.

ⓟ 대기 중에서 전리방사선이나 방전(放電) 등에 의해 갖가지 이온이 생성되나 이들 이온은 비균질응축핵으로 활동할 뿐만 아니라 그 전기에너지가 증기압을 저하시키는 작용을 하기 때문에 응축이 촉진된다.

ⓗ 특히 HSO_4^-, $(H_3O')\cdot(H_2O)_n$ 등의 이온은 이들 상호간이나 NH_3분자 등과의 사이에 화학반응을 하여 쉽게 안정한 핵을 형성한다. 성층권(成層圈)에서 핵형성시 이러한 이온들이 중요한 역할을 하고 있다.

(2) SO_2의 광화학적인 산화로 H_2SO_4 mist 생성

가. H_2SO_4 미스트 생성일 경우

㉠ 대기 중의 SO_2가 산화되어져 SO_3로 되는 과정은 햇빛의 자외선에너지흡수, 즉 광화학적인 산화만이 각종 여기활성물질과의 반응이나 어떤 종(種)의 입자표면에서 접촉산화 등 여러 가지 반응이 일어나고 있으며, 지표부근에서의 반응 중 가장 일반적인 것이 다음과 같은 광화학반응이다.

$$SO_2+h\cdot\upsilon \rightarrow SO_2^* \quad (2.101)$$

$$SO_2^*+O_2+M \rightarrow SO_4+M \quad (2.102)$$

$$SO_4+O_2 \rightarrow SO_3+O_3 \quad (2.103)$$

$$SO_4+SO_2 \rightarrow 2SO_3 \quad (2.104)$$

$$SO_3+H_2O \rightarrow H_2SO_4 \quad (2.105)$$

㉡ 이처럼 SO_4는 자외선을 받으면 연쇄반응을 거쳐 최종수화(水和)반응에 의해 황산(H_2SO_4) mist가 된다.

㉢ H_2SO_4 분자는 H_2SO_4 자신의 자기응축에 의해 미스트(mist)를 생성하는 것이 아니고, H_2O분자와 결합되어 2성분계 hetero molecular nucleation(: $(H_2SO_4)n\cdot(H_2O)m$)의 핵을 형성한다.

㉣ 이 핵은 SO_3, H_2SO_4, H_2O, SO_2 분자를 흡수해가면서 성장되나 그 성장속도와 평형상태에서의 입자성상은 각각 가스성분의 증기압에 따라 달라진다. 다시 말하면 SO_2는 산화수화과정, 핵형성과정과 입자성장과정의 3단계로 이루어진다.

나. 산화수화과정(酸化水和過程)일 경우

$$SO_2+h\cdot\upsilon+O_2 \rightarrow SO_3+H_2O \rightarrow H_2SO_4 \quad (2.106)$$

다. 핵형성과정

$$H_2SO_4+H_2O \rightarrow (H_2SO_4)n\cdot(H_2O)m \quad (2.107)$$

라. 입자성장과정

$$(H_2SO_4)n \cdot (H_2O)m + SO_2 + SO_3 + H_2O + \text{입자} \rightarrow \text{입자} \tag{2.108}$$

㉠ 상기 반응처럼 대기 중에서 0.1ppm SO_2가 H_2SO_4분자로의 생성속도는 여름철 낮에 10만~100만개/cm^3 · sec 정도이다.

㉡ 입자의 성장과정은 매우 복잡하나 SO_2가스분자가 H_2SO_4와 H_2O의 분자입자로 전환되는 확률(cm^3/sec)은 입자 중 물의 증기압과 공기중의 수증기압에 의해 지배된다.

㉢ 이때 입자의 크기는 질량평균지름이고, 입자수농도(Np : 개/cm^3), H_2SO_4분자 중 핵변환율(d), 핵에 함유된 H_2SO_4 분자수(n)에 의해서 핵형성률(I : 개/cm^3 · sec)는 결정된다.

$$I = \frac{a \cdot NG}{n} \tag{2.109}$$

㉣ 일반적으로 여름철 낮에 SO_2가 대기 중에서 광화학반응에 의한 광화학 반응속도 정수는 0.001~0.01hr^{-1}이며, 양자수율(量子收率)은 0.001~0.01 정도로 낮다.

(3) Aerosol 입자의 특징

가. 에어로졸 입자일 경우

㉠ 에어로졸(Aerosol) 입자의 중요한 특성은 화학조성과 입도분포나 입자수농도(Np)에 지배된다. 에어로졸 입자의 화학적 · 물리적 · 위생학적인 특성은 입자의 생성기구(mechanism)에 따라 유독성의 차이가 있다.

㉡ 따라서 광화학 반응으로 생성된 에어로졸 입자는 입도분포와 입자수농도 등 에어로졸의 물리적인 특성에 따른 각종 환경조건에 따라서 상관성이 있다.

㉢ 최종 생성된 에어로졸 입자는 가스를 색층분석하는(gas chromatograph) 등에 의해 동정(同定)되며, 주로 광화학 반응에 의해 H_2SO_4 mist임이 확인되었다.

㉣ 에어로졸 입자가 H_2SO_4 mist인바, H_2SO_4 mist 농도는 습도나 입자입경에 따라 다르다. 똑같은 습도일 때 H_2SO_4 mist 입자입경이 작을수록 H_2SO_4 mist 농도가 높다.

㉤ 이처럼 H_2SO_4 mist인 에어로졸 입자의 물리적인 특성은 입자수농도, 입도분포, 입자농도(vol.%) 등에 지배되며, 흡수 및 흡착은 입자의 표면적 농도가 중요한 인자이다.

나. 환경인자일 경우

㉠ SO_2의 광화학반응에 의한 H_2SO_4 mist 생성과정 중 생성속도와 생성 aerosol 입자 특성에 영향을 주는 환경인자는 자외선 조사기간, 자외선 조사강도, SO_2 농도, 습

도, 온도, 기타 물질이다.

㉡ SO_2의 광화학반응에 미치는 환경인자와 반응기구는 산화 · 수화반응에 의해 H_2SO_4 가스분자가 생성된다.

㉢ 분자의 충돌효율에 따른 반응속도는 온도나 H_2O분자량, 즉 습도에 영향을 받지만 이 반응에서는 주로 자외선강도와 SO_2 농도에 강한 영향을 받는다.

다. 대기오염물질의 광화학반응일 경우

㉠ SO_2와 함께 HC, NO_x, 입자상물질 등이 혼재하면 광화학반응은 아주 복잡하게 되고, 반응기구 외에도 반응생성물도 달라진다.

㉡ SO_2에 HC, NO_2가 존재할 때 가스상 균질계 혼합물의 광화학 반응에 따라 생성된 aerosol 입자의 주성분은 H_2SO_4 mist이며, NO_2와 불포화탄화수소가 광화학반응을 하면 PAN, PBN, PBzN 등이 생성된다.

㉢ 입자상물질 중 NaCl, $CaCO_3$처럼 불활성 고체를 제외한 입자상물질은 SO_2, H_2SO_4 mist로의 광화학반응에 의해 변환하는 데 촉진역할을 한다.

(4) 광화학스모그대책

가. 2차 오염물질일 경우

㉠ 대기 중에 배출된 1차 대기오염물질은 햇빛 중 자외선이 조사되면 광화학 반응을 일응켜서 2차 대기오염물질을 생성한다.

㉡ 1차 대기오염물의 광흡수속도는 햇빛을 흡수하는 대기오염물질(A)의 농도(C)와 고유흡수속도(Ka)의 곱으로 산출한다.

$$\frac{d[A]}{dt} = Ka \cdot [C] \tag{2.110}$$

㉢ 광화학스모그 발생은 여러 가지 대기오염물질이 햇빛과 반응할 때 생성되는바, 태양복사량이 큰 지역에서 많이 생성된다.

㉣ 태양의 복사량은 통제가 불가능한바, 광화학반응에 의해 관여하는 대기오염물질을 통제할 수밖에 다른 방법은 없다.

㉤ 광화학반응물질인 자동차와 사업장의 올레핀계 HC(olefins, diolefins, cyclo-alkanken 등)와 NO_2의 배출가스통제를 강화해야 광화학스모그 피해를 줄일 수가 있게 된다.

ⓑ 광화학스모그의 발생을 방지하려면 반응률이 높은 이중결합을 가진 olefin계 탄화수소의 배출규제를 강화해야만 한다. 그러므로 자동차, 화력발전소, 산업장, 주유소 등에서 VOCs 배출규제단속강화와 태양 복사량이 많은 대도시와 공업단지를 중점 관리해야 한다.

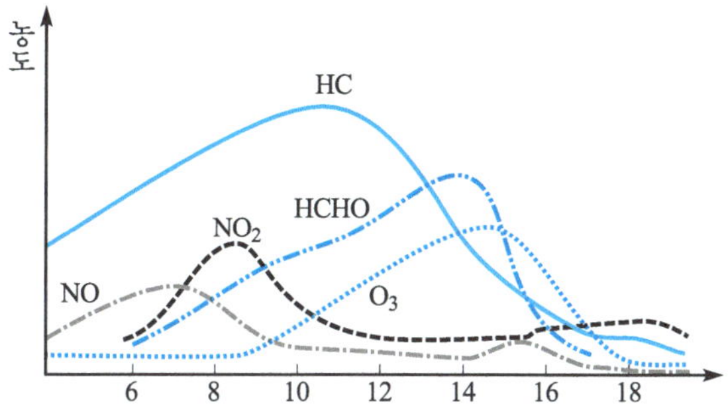

그림 2-7 광화학스모그물질의 생성

4) 광화학반응 · 생성물질

(1) 2차 오염물의 개요

가. 광화학반응일 경우

㉠ 대기 중에 배출된 대기오염물질들은 반응물질의 농도, 광화학적 세기, 기상학적인 대기확산, 지역지세의 영향 등에 따라서 대기오염물질들이 변환된다.

㉡ 사업장, 자동차, 비행기 등의 발생원에서 배출된 1차 오염물과는 다른 물질을 광화학반응에 의해 생성되므로 오염시킨다. 이들을 2차 대기오염물이라고 하며, NO_2, O_3, SO_3, HNO_3, H_2SO_3, H_2SO_4, peroxy acetyl nitrate, acrolein, aldehyde 등이다.

㉢ 1차 오염물은 기상학적인 역전현상에 의해 아침, 저녁, 밤과 다음날 아침에 대기 중 오염물질의 농도는 증가되나, 낮에는 상승기류와 바람 등에 의해서 대기권으로 확산되어 대기오염 농도가 크게 감소된다.

㉣ 2차 오염물은 낮에 태양에너지($h \cdot \upsilon$)에 의해 생성되어서 옥시탄트(oxidant) 농도가 증가한다.

㉤ 광화학 반응은 태양으로부터 대기권을 통과해 온 햇빛이 지표면에 도달할 때까지 성층권 상부에서 파장 300nm 이하의 단파장은 거의 다 오존층에서 흡수되며, 장파장 자외선(280~700nm)을 흡수해 대류권에서 올레핀계 HC와 NO_x를 여기 분리해서 분해함으로써 광화학반응으로 2차 대기오염물질을 생성한다.

나. 광화학 smog일 경우

㉠ Smog(스모그)는 1905년 영국 London시에서 개최된 공중위생회의에서 도시의 참사(參死)를 일으킨 smoke와 natural fog의 합성어로 회백색연기라는 뜻으로 엘리자베스 1세가 최초로 사용했다.

㉡ 일반적으로 스모그는 자동차, 발전소, 산업장 등에서 배출된 대기오염물질이 무풍시 대낮에 대도시의 대기공간에 마치 안개처럼 떠있는 현상으로 시정장해의 악화와 호흡기계통질환을 일으킨다.

㉢ 광화학 스모그물질은 자동차, 비행기, 산업장 등에서 배출된 올레핀계 HC와 NO_x가 태양의 자외선조사로 광화학반응을 하여 생성된 2차 오염물인 O_3, PAN, NO_2, SO_2 등의 산화성 물질(Oxidants)와 HCHO, 아크롤레인($CH_2 = CHCH_3$) 등의 환원성 물질이다.

다. PAN(peroxy acetyl nitrate)일 경우

㉠ 공기 중의 NO_2는 햇빛 중의 자외선을 조사(照射)받으면 NO와 O로 맨먼저 분리되며, 원자상태의 산소인 O는 O_2와 결합해서 O_3을 생성한다.

㉡ O_3는 다시 NO와 결합해서 NO_2와 O_2로 되며, 이때 공기 중에 HC가 존재하면 산소원자(O)가 HC와 결합해서 탄화수소산화물(RO·)이 되면서 NO_2 농도는 증가하나, NO는 점차 감소된다. 과산화물(peroxy HC)은 유기물이 분해시 생긴 유기성 산화물로서 산소와 반응해서 다음과 같이 PAN 등이 생성된다.

$$O + HC \rightarrow HCO\cdot \tag{2.111}$$

$$HCO\cdot + O_2 \rightarrow HCO_3\cdot \tag{2.112}$$

$$HCO_3\cdot + HC \rightarrow 2HCHO(\text{또는 } 2HCO) + O \tag{2.113}$$

$$HCO_3\cdot + NO \rightarrow HCO_2NO_2 \tag{2.114}$$

$$HCO_3\cdot + O_2 \rightarrow O_3 + HCO_2\cdot \tag{2.115}$$

$$HCO_3\cdot + NO_2 \rightarrow H\overset{\displaystyle O}{\underset{}{C}}OONO_2(\text{PAN}) \tag{2.116}$$

㉢ 광화학 스모그는 대기 중에 NO_2와 O_3가 축적되는 현상이며, Los Angeles smog는 1954년 이후 Los Angeles 해안분지에서 자동차수 증가, 석유계 연료사용량 증대 등으로 1년 동안 연속으로 해안성 안개와 기온역전이 매일같이 발생함으로써 백색연무가 발생되었다.

㉣ 자동차 배출가스와 석유계 연료에 의한 CO, SO_2, SO_3, NO_2, O_3, aldehyde, keton, acrolein, formaldehyde, nitrolein 등이 함유되었다. 이로 인하여 폐 · 눈 · 코 · 기도의 점막을 자극시켜서 전 시민들에게 불쾌감을 일으켰다. 그리고 가축 · 식물 · 과수원의 피해와 고무제품의 균열, 건축물을 손상시켰다.

마. 2차 오염물질

㉠ 자동차와 산업장 등에서 배출된 1차 대기오염물질은 물리 · 화학적으로 아주 불안정하므로 대기 중에서 각종 요인에 의해 다른 대기오염으로 변환된다.

㉡ 대기 중에서 광화학반응에 영향을 주는 요인은 반응물질농도, 광화학 반응속도, 습도 등이며, 이들에 의한 중간생성물이 생성된다.

㉢ 1차 대기오염물질 중 올레핀계 탄화수소에 이산화질소는 광화학 반응에 의해 2차 오염물질인 광화학 스모그를 생성한다. 광화학반응을 원자, 분자, 자유라디칼(free radical)과 이온 등에 의한 햇빛을 흡수함으로써 개시(開始)되며, 햇빛의 흡수정도는 햇빛전자에너지(h · υ)와 파장으로 결정된다.

㉣ 광화학반응은 가시광선과 자외선이 요구되며, 대기 중에 부유된 원자나 분자들이 햇빛을 흡수하면 여기(exiting) 상태이거나 해리된다.

㉤ 이때 광화학반응은 햇빛을 흡수하고 해리를 하는 1차 광화학반응과 1차 생성된 중간생성물에 의한 반응을 2차 광화학반응으로 나누어지며, 이 두반응이 smog 형성에 결정적인 역할을 한다.

㉥ 1954년 미국의 Los Angeles의 광화학 smog 사건은 제1단계로 NO_2와 유기물의 1차 오염물질이 햇빛의 에너지를 흡수해 O_3을 생성하고, 제2단계로 O_3이 대기 중의 유기물과 화학반응을 하여 유기연무질인 aerosol생성의 2차 오염물질에 의한 피해이다.

$$NO_2 + \text{유기물} + HC \xrightarrow[366\sim377nm]{\text{햇빛}} O_3 + HC \xrightarrow{O_3} Aerosol$$

㉦ 광화학반응에 의한 Oxidants 생성

ⓐ NO_2의 광화학 cycle

$$NO_2 + h \cdot \upsilon \xrightarrow{\text{자외선}} NO + O \qquad (2.117)$$

$$O + O_2 + O_3 \qquad (2.118)$$

$$O_3 + NO \rightarrow NO_2 + O_2 \qquad (2.119)$$

ⓑ Oxidants 생성 cycle

$$O_3+C_xH_y \rightarrow RCHO\text{(aldehyde)} \quad (2.120)$$

$$RCHO+NO+NO_2 \rightarrow PAN\text{(peroxy acetyl nnitrate)} \quad (2.121)$$

$$PAN+O_3+RCHO \rightarrow \text{oxidants} \quad (2.122)$$

(2) 서울의 광화학스모그 원인물질의 특징

가. 서울스모그일 경우

㉠ 서울 등 대도시의 광화학스모그 원인물질은 탄소(C)입자가 53.8%인데, 이 탄소입자 발생원은 경유(light oil)가 연소시 발생된 탄소원소와 유기탄소가 30~59%이다.

㉡ 산업장과 가정 등에서 연소시 발생된 2차 대기오염물질은 SO_4^{2-}(황산화염)과 H_2SO_4 mist, NO_3^-(질산화염)과 HNO_3 mist가 각각 15.2%와 9.5%이고, 하수 등에서 발생된 NH_4^+(암모늄염)이 3% 정도이다.

㉢ 서울의 광화학스모그원인물질은 유기탄소 39.2%, 원소탄소 14.6%, H_2SO_4 mist 9.5%, 기체산란 3.6%, 기체흡수 3.5% 광화학스모그원인물질은 olefin계 탄화수소(olefins, diolefins, cycloalkenes 등)이며 주로 주유소 · 저유소 · 석유정제 · 저장시설 · 자동차에서 VOCs(volatile organic compounds)로 배출되기도 한다. 광화학스모그의 지표물질은 O_3이다.

㉣ 광화학스모그는 NO_x와 olefin계 HC가 낮에 자외선을 포함한 강렬한 햇빛이 조사(助射)되면 빛에너지를 흡수해 화학반응에 의해 O_3을 1차적으로 생성한 후에 Oxidant를 생성한다.

나. 질산염 생성일 경우

㉠ NO_2는 햇빛파장 420nm 이상인 가시광선에서 NO와 O로 광분해되고, NO는 다시 O_3를 파장 200~320nm를 흡수해 질산염을 생성한다.

$$NO_2+\text{h}\cdot\upsilon \xrightarrow{\text{자외선}} NO+O \quad (2.123)$$

$$O+O_2+O_3 \quad (2.124)$$

$$O_3+NO \rightarrow NO_2+O_2 \quad (2.125)$$

$$NO_2+O_3 \rightarrow NO_3+O_2 \quad (2.126)$$

$$NO_3+NO_2 \rightarrow N_2O_5 \quad (2.127)$$

$$N_2O_5 + H_2O \rightarrow 2HNO_3 \quad (2.128)$$

$$2NO_2 + H_2O \rightarrow HNO_3 + HNO_2 \quad (2.129)$$

$$2HNO_2 + H_2O \rightarrow HNO_3 + H_2O_2 + NO \quad (2.130)$$

$$NO + NO_2 + H_2O \rightarrow 2HNO_2 \quad (2.131)$$

$$HNO_2 + h \cdot \upsilon \rightarrow NO + HO \cdot \quad (2.132)$$

다. 황산염생성일 경우

㉠ SO_2는 햇빛 파장 220~280nm와 220nm 이하를 흡수해 대류권 내에서 광분해 반응을 하지 않고 여기상태의 SO_2가 된다.

㉡ H_2SO_4생성일 경우

$$SO_2 + \frac{1}{2} O2 \rightarrow SO_3$$

$$SO_3 + H_20 \rightarrow H_2SO_4$$

$$SO_2 + H_2O \rightarrow H_2SO_3$$

$$SO_2 \rightarrow h \cdot \upsilon \xrightarrow{\text{자외선}} SO_2 \quad (2.133)$$

$$SO_2^* + O_2 + m \rightarrow SO_4 + M$$

$$SO_4 + O_2 \rightarrow SO_3 + O_3$$

$$SO_4 + SO_2 \rightarrow 2SO_3$$

$$SO_3 + H_2O \rightarrow H_2SO_4$$

$$SO_2 + RO_2 \cdot \rightarrow SO_3 + RO \cdot \quad (2.134)$$

라. 오존생성에 의한 PAN 생성의 특성

㉠ O_3은 유기과산화물($RO_2 \cdot$)과 NO의 반응에 의해 생성되며, 케톤류(RCOR′)는 파장 300~700nm를 흡수해 생성되고 알데히드류(RCHO)는 파장 310nm 이하에서 햇빛을 흡수해서 다음과 같이 광분해한다.

㉡ PAN 생성반응일 경우

$$RO_2 \cdot + NO \rightarrow RO \cdot + NO_2 \quad (2.135)$$

$$NO_2 + h \cdot \upsilon \rightarrow NO + O \quad (2.136)$$

$$O + O_2 + M \rightarrow O_3 + M \quad (2.137)$$

$$O_3 + H_2O + h \cdot \upsilon \rightarrow O_2 + 2HO \cdot$$

$$O_3 + HC \rightarrow RO_2 + RCHO$$

$$RCHO+HO\cdot \rightarrow RCO+H_2O$$

$$RCO+O_3+M \rightarrow \overset{\overset{O}{\|}}{RCO_2}\cdot +M$$

$$\overset{\overset{O}{\|}}{RCO_2}\cdot +NO_2 \rightarrow \overset{\overset{O}{\|}}{RCOONO_2}$$

(3) 오존영향의 특성

가. 휘발성 유기화합물(VOCs)일 경우

㉠ VOCs는 그 자체의 독성뿐만 아니라 오존(O_3)발생의 원인물질로 작용해서 O_3의 농도증가는 물론이고 광화학스모그를 유발하여 식물의 고사(枯死), 고무 · 섬유의 제품을 조기 노화(oldification)시킨다.

㉡ 발암 · 위해성이 있어 국민의 건강과 생활환경에 악영향을 준다.

나. 오존(O_3) 피해일 경우

㉠ ozone은 NO_2와 HC류 등이 태양광선과 광화학반응해서 생성되며, 농도가 높을수록 시정장애(가시도악화), 인체와 동 · 식물, 재산상의 피해가 발생된다.

㉡ 오존오염은 태양광선의 강도, 기온역전 등 기상현상이 크게 기여하며, 특히 대도시의 오존오염도가 단기환경기준 1시간 평균 0.12ppm을 초과한 때 오존예보제를 실시하고 있다.

㉢ 오존을 기류에 따라 이동해서, 고농도 오존이 나타났을 때 지속시간을 예측하기가 어려워서 오존경보제의 실효성 있는 고농도 오존이 나타났을 때 지속시간을 예측하기가 어려워서 오존경보제의 실효성 있는 저감방안을 마련하기가 곤란한 점이 있다.

㉣ O_3이 인체에 미치는 악영향을 0.12~0.3ppm에서 기침과 호흡가쁨 등의 고통호소, 0.3~0.5ppm일 때는 가벼운 운동중 호흡곤란호소와 0.5ppm 이상에서는 참기 어려운 호흡곤란을 일으킨다.

다. 가시도(visibility)일 경우

㉠ 대기속에 대기오염물질인 PM-2.5의 입자상물질(먼지, H_2SO_4 mist, HNO_3 mist 등)이 햇빛을 산란, 흡수와 분산시키는 작용에 의해 상대적으로 나타낸 대기오염물질의 시정거리를 말한다.

ⓛ 시정거리가 짧으면 조망과 관망이 나쁘고, 일사량의 부족, 호흡기의 질환, 안전사고 유발, 건물부식 등 경제적인 손실이 크다. 특히 가시도는 박무(haze), 먼지(dust)와 황사(yellow sand), 상대습도에 의해 지배된다.

ⓒ COH(Coefficient of haze)일 경우

COH는 빛의 전달률을 말하며, 광화학적인 밀도가 0.01이 되도록 하여서 여과지 상자에 빛을 분산시켜 고형물량을 이동거리로 나누어서 구한 연무(haze)효율이다. 총이동거리 1m당 COH는 다음식에 의해 구한다.

$$COH = \frac{\text{먼지의 광화학적 밀도}/0.01}{\text{여과지 상자에서의 먼지 총이동거리}}$$

ⓔ 상대습도 70%일 때 먼지농도로 가시거리 측정할 경우

먼지농도(G : $\mu g/m^3$)를 측정하여 가시거리(V : km)를 구한다. 먼지농도측정용여지(filter)는 decicator에 보관한 후 꺼내 풍속 0.5m/sec로 유지해 3시간 동안 high volume air sampler를 작동시켜서 가시거리를 구한다.

$$V = \frac{A}{G} \times 100[\text{km}] \tag{2.138}$$

여기서, A는 실험계수로 0.6~2.4값이며, 대개 1.2를 이용한다.

ⓜ 햇빛의 분산먼지비로 가시거리 측정할 경우

햇빛파장 5240nm에서 기름 aerosol의 분산면적비(K : 실험값으로 2~7과 먼지농도(C : g/m^3)를 측정해 가시거리를 구한다.

$$V = \frac{5.2 \cdot \rho_p \cdot r_p}{K \cdot C}[\text{km}] \tag{2.139}$$

여기서, ρ_p는 먼지밀도, r_p는 먼지의 반지름이다.

memo

CHAPTER 03

대기오염의 영향과 그 대책

제1절

대기오염이 식물에 미치는 피해

1 식물과 대기오염물질

1) 식물

(1) 식물세포일 경우

㉠ 식물체는 형태학적으로 기초단위가 되는 수많은 세포(cell)로 구성되어 있다. 각 세포는 세포벽으로 둘러싸여 있고, 세포상호간은 세포간 물질(intercellular substance)로 결합되어져서 구조상으로나 기능상으로 다른 세포들과 구별되는 것은 조직(組織)이라고 한다.

㉡ 식물체의 세포와 조직은 표피(表皮), 주피(周皮), 유(維)조직, 후막(厚膜)조직, 목부(木部), 사부(篩部), 분비구조(分泌構造)로 이루어졌다.

㉢ 식물체의 표면은 표피세포층으로 둘러싸여 있고, 표피세포는 외기(外氣)와 접촉하는 부분의 막(膜)에 큐틴(cutin)화가 되어 있다.

㉣ 표피는 식물체의 기계적인 보호와 증산(transpiration) 및 통기(通氣)를 조절하는 작용도 하고, 생장하는 줄기나 뿌리의 표피는 대개 주피로 구성되었는데, 주로 코르코(cork)조직이다.

㉤ 유조직은 식물의 생장과 분열능력이 있는 생명을 가진 세포(細胞)이며, 줄기와 뿌리의 피층과 잎의 엽육(葉肉)은 유세포로 이루어진 조직으로 식물체 내에 널리 분포되어 있다.

(2) 표피(epidermis)세포일 경우

㉠ 표피의 외부세포층은 외기(外氣)와 직접 접촉하는바, 식물체 주변의 대기가 오염되어 있으면 그 피해가 아주 크다.

ⓛ 식물체의 표피는 구조 · 기능상의 변화가 자연히 많게 되기 때문에 세포의 구조와 기능이 다양한 조직체제를 갖는다.

ⓒ 표피세포는 외부측이 각피(cuticle)와 기공(stomata)이 있는데, 각피(角皮)는 증발을 제한하며, 기공(氣孔)은 가스대사(代謝)를 한다.

ⓔ 표피조직은 세포가 모여서 형성되었으며, 형상은 평판상(平板狀)이고 줄기, 엽병(葉柄), 엽맥(葉脈)과 잎(leaf)으로 구성되었다.

ⓜ 표피세포는 신장(身長)하다가 일정한 기간이 지나면 고사(枯死)하거나 다른 보호조직인 주피로 대치되기도 한다.

ⓑ 기공(stoma)은 서로 접한 두 개의 표피세포가 특수하며 그 사이에 간격을 이룬 것을 말하며, 개폐작용(開閉作用)에 의해 조절된다. 기공은 식물체가 외기와 접촉하는 모든 부분에 존재하며, 뿌리에만 없다.

2) 대기오염물질의 식물 침입경로

(1) 식물피해일 경우

ⓐ 식물잎의 표피세포(表皮細胞)는 잎을 보호하기 위한 고형물질(固形物質)로 피복된 각피(cuticular) 때문에 가스의 교환이나 흡수가 전혀 일어날 수가 없다.

ⓛ 표피조직(表皮組織)은 표피세포가 변형되어서 생성된 기공들(stomata : stoma의 복수형)인 기관(器官)이 빽빽이 잎표면에 분포되어 있어 이 기공을 통해 가스교환이 일어난다.

ⓒ 기공은 두 개의 공변(空辺)세포에 의해서 아주 작은 간격이며, 공변세포의 팽압으로 개폐(開閉)정도에 따라 달라진다.

ⓔ 이 기공의 개폐는 햇빛에 의해 지배되며, 밤이나 비 · 눈이 오면 닫히고 낮에는 열려서 식물체 내 수분의 다소(多少)와 외부의 습도에 따라서 증산(蒸散)이 조절된다.

ⓜ 대개 기공수는 잎 표면적 $1mm^2$ 당 50~300개 정도로 잎 표면이나 뒷면, 양면에 있는 식물도 있다.

ⓑ 고등식물은 잎의 기공으로부터 CO_2(이산화탄소)를 흡수하고, 뿌리로부터 흡수한 물, 영양분과 햇빛을 이용해 광합성(光合成)작용을 하여서 당(糖)과 전분(澱粉) 등의 탄수화물을 생성하면서 생장(生長)한다.

ⓢ 이때 대기 중에 오염물질이 존재하면 CO_2와 함께 SO_2, dust 등이 식물체 내로 기공을 통해 흡수되는데, 특히 낮에 기공이 열려있을 때 대기오염물질들은 쉽게 식물체

내로 들어가 수 3㎛의 입자상물질인 fume, mist 등이 세포벽에 부착 · 투과 · 침투되어서 피해를 일으킨다.

$$CO_2 + H_2O \rightarrow CH_2O + O_2 \quad (3.1)$$

(2) 대기오염물질의 식물체 내 침입경로

㉠ 식물체 내에 필요한 영양소는 뿌리를 통해 흙 속에서 주로 흡수된다.

㉡ 이러한 흙 속에 Cd, Hg, Pb 등의 중금속이 오염되어 있으면 이들 유해성분들은 영양소와 함께 식물체 내로 침입된다.

㉢ 대기 속에 존재한 mist, fume, gas 등의 유해성 대기오염물질은 엽면(葉面)에 부착이나 기공을 통해서 흡수되어져서 SO_2, HF, Cl_2 등 대기오염물질의 독성에 따른 각종 피해가 나타난다.

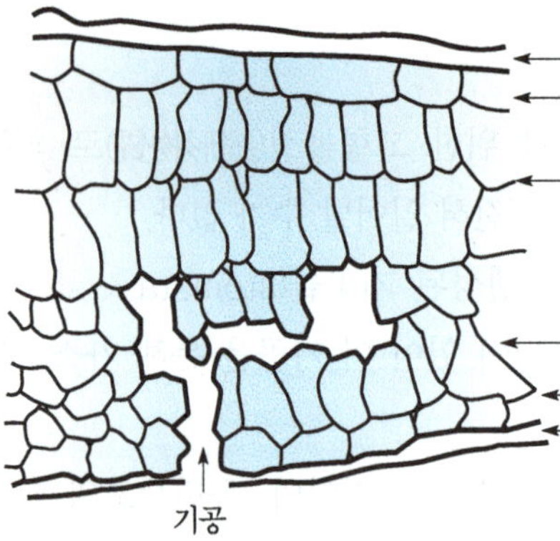

(a) 잎 단면도

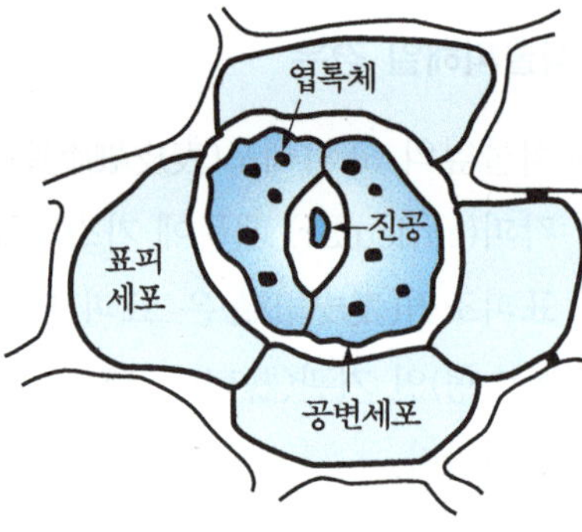

(b) 기공 단면도

그림 3-1 식물잎의 구조

(3) 식물에게 피해를 주는 대기오염물질일 경우

식물체에 영향을 주는 대기오염물질은 다음과 같다.

㉠ 산화성 장해를 주는 물질 : O_3 , PAN, PAN동족체, NO_2, Cl^- 등이다.

㉡ 환원성 장해를 주는 물질 : SO_2, −CO(케톤류), 메르캅탄류(−SH), 알데히드류,(−CHO : HCHO, CH_2 = CHCHO) 등이다.

㉢ 산성 장해를 주는 물질 : HF, HCI, H_2SO_4 mist, SO_3, HSO_3, SO_2, HNO_3 mist,

HCN 등이다.

㉣ 알칼리성 장해를 주는 물질 : NH_4^+

㉤ 유기계 가스물질 : C_2H_4(Ethylene), C_3H_6(Propylene), C_4H_8(Buthylene), C_2H_2(Acetylene) 등이다.

㉥ 고체계 입자상물질 : dust, 검댕(soot), 비산먼지(PM-10), fume(Cd, Pb 등), Pb산화물 미세입자 등이다.

(4) 식물독성물질일 경우

식물체에 독성을 주는 대기오염물질은 다음과 같다.

㉠ 맹독성 물질(대기오염물질이 수십 ppb에서 식물체에 피해를 나타냄) : HF, SiF_4, Cl−, O_3, PAN, C_2H_4, PAN 동족체 등이다.

㉡ 독성이 중간 정도인 물질(대기오염물질이 300ppb에서 3ppm까지 식물체에 피해를 나타냄) : SO_2, SO_3, H_2SO_4 mist, NO_2, NO, HNO_3 mist 등이다.

㉢ 독성이 약한 물질(대기오염물질이 20ppm에서 2,000ppm까지 식물체에 피해를 나타냄) : HCHO(formaldehyde), HCI, NH_3, HCN, H_2S, CO 등이다.

(5) 식물체의 장해일 경우

대기오염물질에 의한 식물체의 장해형태는 다음과 같다.

㉠ 가시장해(visible injury) : 급성형(acute type), 만성형(chronic type)과 혼합형(mixed type)이 있다.

㉡ 비가시장해(invisible injury) : 아주 낮은 ppb 농도를 흡수한 식물의 잎 등에 피해증상을 나타내지는 않으나, 생리 · 생화학적인 장해를 받아서 생육부진으로 수확량에 악영향을 준다.

(6) 식물체의 피해증상일 경우

㉠ 대기오염상태에 식물이 폭로되면 대기오염물질의 접촉으로 각종 장해가 나타나는 한계농도나 폭로시간을 임계값(threshold value)이라고 한다. 임계값은 접촉량(dose)인 대기오염농도와 폭로시간을 곱해서 나타내며, 대기오염피해발생의 한계를 나타낸다.

㉡ 대기오염물질에 의한 식물피해는 주로 폭로시간 · 시각 · 회수, 식물의 생육기 · 종류 · 품종, 기상 등에 지배된다.

㉢ 대기오염물질이 식물에 접촉되는 시간에서 일사량이 많은 낮에는 기공(氣孔)이 열려 야간보다 흡수량이 많아 피해가 크다. 낮에도 아침, 오전, 오후 등 시각에 따라 차이가 있으며 주로 광합성(光合成)이 많은 시간대에 피해가 크다. 광합성은 햇빛존재시 다음과 같이 H_2O와 CO_2를 사용해서 O_2를 방출하며, 각종 탄수화물(CH_2O)을 형성한다.

$$nCO_2 + nH_2O \xrightarrow[\text{엽록소}]{\text{빛}} (CH_2O)n + nO_2 \tag{3.2}$$

㉣ 식물의 생육시(生育期)가 달라지면 대기오염의 피해양상도 달라지는데, 특히 개화기(開花期)에 치명적인 장해로 수확량이 크게 감소된다. 동일한 오염물질과 농도에서도 식물의 품종과 수령(life cycle), 토양(soil)의 비옥도(肥沃度)에 따라 장해(障害) 정도에 영향을 준다.

㉤ 대기조건인 기상, 즉 습도, 기온, 풍향, 풍속, 일사량 등에 따라 영향을 받으며, 주로 세포발육이 왕성한 봄과 여름철에 피해가 크고 발육 정지된 가을과 겨울에 작으며, 탄소동화작용이 활발한 낮, 즉 SO_2는 오전 11시, HF는 오후 2시에 피해가 극심하다.

㉥ 습도가 높은 바람 없는 기온역전시 기공이 잘 열려서 피해가 높고, 대기오염물질이 정체된 빌딩군이나 분지 등에 대기오염피해가 심하다.

(7) 대기오염의 피해발생

㉠ 대기오염물질 중 식물에 영향을 주는 유해가스로서는 황산화물, 플루오르화합물, 광화학 옥시던트(오존, PAN 등), 질소산화물, 염소가스, 암모니아, 황화수소, 아질산 등이 있다.

㉡ 그들 중에서 황산화물은 대부분의 공장에서 배출되어 지금까지 식물피해의 대부분을 차지하고 있다.

㉢ 플루오르화합물은 독성이 강한 오염물질로서 문제가 되고 있으며, 오존이나 PAN에 의한 식물의 피해는 처음 로스엔젤레스에서 커다란 문제로 되었지만 자동차의 보급이 진행된 우리나라에서도 최근 광화학 스모그에 의한 피해발생과 함께 주목을 끌게 되었다.

㉣ 대기 중에 방출된 이산화황은 식물의 기공에 흡수되면 그곳에는 식물의 동화작용 및 유기산의 분해에 의해서 생성된 알데히드가 공기(Air)하고 양자 화합에 의해서 히드

록시 슬폰산이 형성되고 또 일부는 황산으로 되어 세포의 피해작용이 증가되고 있다.

ⓜ 미환(米丸)박사는 기공의 작용을 확인하기 위해 식물잎 표면에 기공을 갖고 있는 벚나무, 오동나무, 복숭아, 은행나무, 물푸레나무, 개나리, 등나무, 북가시나무, 상수리나무, 딸기, 메밀, 아카시아, 콩의 잎사귀 표면에 이산화황(SO_2)을 접촉시키면 피해가 발생하지만 기공이 없는 잎사귀의 표면에 접촉시켰는데 피해가 일어나지 않는 것을 확인했다. 또 잎표면 또는 표면에 존재하는 기공을 바셀린으로 봉하여 이산화황을 접촉시키면 피해가 발생하지 않는 것을 확인하고 이산화황의 흡수는 기공에 의한 것이라고 발표했다.

ⓑ 플루오르화수소(HF)에 의한 피해발생의 메커니즘에 대해서 山씨는 많은 실험을 한 결과 식물에 접한 플루오르화수소는 일부 수공(水孔)에서 흡수되나 대부분이 기공에서 식물체내에 흡수되며 유세포 간격을 없애고 도관에 달한다. 또 관 내에서 플루오르화수소산으로 되어 졸(sol)상의 염소산($HClO_3$)과 반응하여 잎의 선단 또는 주변에 달하여 그 부분에 피해를 나타난 것이라고 했다.

(8) 피해자의 발생과 식물의 환경

㉠ 식물의 피해가 배출가스에 함유되는 유해성분의 '농도×폭로시간'에 좌우되는 것은 물론이지만 같은 농도나 양으로 폭로실험해도 식물의 놓여진 환경에 따라서 다른 결과가 나타나게 된다.

㉡ 광선의 강약, 온도의 고저, 습도, 토양수분, 식물의 생육상태에 따라 다르기 때문이고, 기공의 팽축, 즉 개폐는 피해발생과 가장 밀접한 관계가 있고 먼저 기공의 팽축은 세포 내 수분의 다소(多少)에 의해서 변한다.

㉢ 기공 주변세포의 수분 양이 주위 세포 내의 수분보다 적을 때나 같을 때는 닫히고 많을 때에는 열리는 경향이 있어서 이들 조건에 따라서 피해발생 조건이 관련되어 있다. 즉 강우, 습도, 토양수분이 많을 때 기공은 크게 열리고 가뭄이 계속될 때는 비교적 적게 열린다.

㉣ 특히 이슬, 비에 의해 습도가 높을 때 급성피해가 많이 발생하는 원인 중의 하나는 여기에 있다.

㉤ 기공에 빛이 닿으면 기공은 열리는 성질이 있는데, 이 현상은 야간보다도 주간에 많아 피해발생의 주요 원인으로 되고 있다.

ⓑ 주간에는 대부분의 알데히드가 체내에 생성되어 있을 뿐만 아니라 이산화황을 흡입하는 기공도 탄소동화로 크게 열려 있기 때문이다.

ⓢ 유해성에 대한 식물의 접촉시험을 할 때 오전 중의 접촉에 가장 현저한 피해가 나타나게 되고 저녁이나 야간의 접촉은 거의 피해를 나타나지 않았다.

ⓞ 이와 같은 보고 내용에 따라서 공장의 정기수리, 점화 및 버너정비 등 매연이 예측되는 작업은 야간에 하면 피해를 경감시킬 수 있다. 그렇지만 식물 중에는 감자, 고구마와 같이 야간이 되어도 기공을 닫지 않은 식물도 있으므로 주의해야 한다.

2 대기오염물질별 피해

1) 식물피해의 특징

(1) SO_2의 식물피해

㉠ 식물의 어떤 부분에 피해가 나타나기 쉬운가는 상당히 흥미있는 일이다. 이산화황에 대한 피해는 가장 생활력이 왕성한 잎에 나타나고, 약엽(弱葉) · 노엽(老葉)에 발생하는 것은 거의 피해가 없는 것으로 알려지고 있다.

㉡ 그것은 역엽(力葉)이 가장 활발하게 생리작용을 하고 있으면, 알데히드의 생성도 많고 또 기공의 작용도 충분히 열려져 있기 때문이다.

㉢ 한 개 잎의 표리(表裏)에 대해서는 저농도 가스일 경우는 기공이 발달하고 있을 때에만 피해 정도가 나타나게 되며, 가스농도가 짙을 때는 이면(裏面)에서 침입해도 표피까지 연반(燃斑)이 나타난다.

㉣ 뽕나무의 잎사귀는 이면만 기공이 있어 만약 저농도 가스의 오염물질이 침입해도 이면에 갈색의 반문(斑紋)이 생기고 더구나 뽕나무의 잎은 표면의 외측에 반점이 있어서 피해의 발생조사시 세심한 관찰이 요구된다.

㉤ 이산화황(SO_2)의 접촉시 나타낸 연반의 형상은 환형(丸形), 각형(角形), 그들의 2~3개 계속된 부정형(不正形) 등 여러 가지 양상을 띤다. 기공에 침입한 이산화황에 의한 식물피해의 색상은 (표 3-1)과 같다.

표 3-1 연반의 색상

색	식 물
백 색	무, 아욱, 배추, 상치, 순무변종채, 시금치, 가다랭이, 부추, 양배추, 참깨, 토마토, 완두, 양파, 메밀, 밀 등
백색 또는 갈색	적솔, 곰솔, 리기다소나무, 옥향나무, 선향나무, 잣나무, 낙엽송, 히말라야시다, 회양목, 느릅나무, 느티나무, 벽오동나무, 은행나무, 무궁화 등
흑갈색	쥐똥나무, 벽오동나무, 가중나무, 황금편백나무 등

(2) 플루오르화합물의 식물피해

㉠ 플루오르화합물이 식물에 주는 독성은 이산화황의 수배, 때로는 수십배의 피해를 나타내는 일이 많다.

㉡ 피해의 정도는 이산화황과 다르고 충분히 전개하고 있지 않은 아주 어린 낙엽에 피해를 준다.

㉢ 1매의 잎에서는 잎의 선단이나 주변이 피해를 먼저 받는다.

㉣ 글라디올러스는 플루오르화수소(HF)의 영향을 받기 쉬운 지표식물로서 알려졌지만 미국에서 행해진 실험의 예로서 평균 0.1ppb의 농도에서 6주간 접촉시켰을 때 잎의 선단 7.5cm에서 네크로시스(necrosis : 괴사) 증상이 발생하고 또 7.5cm까지의 부분에 플루오르 148ppm이 함유되어 있었다.

㉤ 플루오르는 식물에 있어서 생리적으로 유용한 원소가 되지만 과잉의 플루오르는 식물체 내에서도 효소의 작용이나 대사작용을 저해한다.

(3) 광화학 옥시던트의 식물피해

㉠ 광화학 옥시던트는 주로 오존이나 PBN, PAN으로 불려지는 산화력이 강한 유기화합물에 속한다.

㉡ 오존(O_3)의 피해가 적을 때는 잎사귀에 백색의 작은 반점이 산재하고 무늬를 띤다. 피해가 커지면 잎의 책상부가 붕괴하고 황백색의 반점으로 된다.

ⓐ 식물체의 어떤 부분이 피해를 받는가에 대해서는 플루오르화합물의 새싹, 이산화황이 자란 잎에 비하여 오존은 더욱 성숙된 잎에 피해가 나타나게 된다.

ⓑ 농작물 중에서는 담배잎 이면에 가장 민감하게 작용하므로 피해의 지표식물로 활용되고 있다.

㉢ PAN의 피해가 적을 때는 오존과 다르게 잎사귀의 표면에 피해가 나타나게 되고, 외관상은 은백색 또는 청동색을 띤다.

ⓐ 오존이나 PAN는 이와 같은 급성피해를 나타내는 외에 만성적인 피해가 된다.

ⓑ 안토시아(식물의 홍색의 색소)의 형성을 촉진하여 독특한 홍엽이 나타나게 되거나 녹색잎의 표면만이 적자색으로 변색하는 일이 있다.

ⓒ 대기오염물질별 피해의 특색은 (표 3-2)에 오염 물질별 각종 연반 등에 출연빈도의 특색은 (표 3-3)에 나타낸다.

표 3-2 오염물질별 피해의 특색

오염물	한계농도 · 시간	피해부	증 상	발 생 원
O_3	0.03ppm, 4시간	책상조직	소반점, 표백반점, 색소형성, 생육억제, 조기낙엽	연소 과정에서 배출되는 질소 산화물과 석유 · 유기용매에서 휘산되는 탄화수소에 의한 광화학 반응물
PAN	0.01pp, 6시간	해면상조직	엽의 금속색 광택현상	
NO_2	2.5ppm, 4시간	엽육부	엽맥간의 백색 · 갈색, 부정형반점	고온연소하는 연소시설 및 내연가관
SO_2	0.3ppm, 8시간	엽육부	엽맥간 부정형반점, 생육억제, 크로로시스, 조기낙엽	중 · 원유류의 연소, 광석의 정련
HF	0.01ppb, 5주간	표피 및 엽육부	엽의 주연고사, 크로로시스, 낙엽	인광석공업, 제철, 금속정련, 요업
Cl_2	0.1ppb, 2시간	표피 및 엽육부	엽맥간표백반점, 낙엽	화학공업에서의 누설, 폐염화 비닐연소

표 3-3 오염별 각종 연반형 등의 출현빈도의 경향

구분	엽 선 엽연연반	백간연반	전면점상반	엽 선 엽연정상반	전면황화	엽 선 엽연황화
SO_4	?		+	?	+	+
H_2SO_4미스트	+	+	+	+	+	?
Cl_2						
HCl			?	?	+	+
HF		?				
O_3						?
PAN						
NO_2	+					

(4) 질소산화물(NO_x)의 식물피해

㉠ 대기오염물질로서 문제로 되는 것은 이산화질소, 일산화질소, 또 질산 mist가 있다.
㉡ 이산화질소는 일산화질소에 비하여 5~7배의 독성이 있다고 알려지고 있지만 식물에 주는 영향은 다른 유해물질에 비하여 경미하고 실험적 데이터에서도 밝혀졌듯이 수 ppm에서 피해를 나타내고 있는 것이 많다.
㉢ 식물에 주는 피해의 정도는 이산화황이나 오존과 비슷하다.
㉣ 식물피해에 대해서 이산화질소의 영향은 경미한 상태이나 이산화황이나 오존과 공존시는 복합오염에 의해서 상승작용이 있는 것으로 알려지고 있다.

(5) 염소(Cl_2)의 식물피해

㉠ 염소의 피해는 주로 공장의 사고에 의한 누설이 많고 피해도 급진적인 장해로 되어 나타나게 된다.
㉡ 피해 정도는 이산화황 또는 오존과 유사하고 피해 색깔은 염소가 강한 산화작용에 의해서 엽록소의 분해를 일으켜 네크로시스(necrosis) 증상으로서 백색을 띠는 경우가 많다.
㉢ 식물에 대한 독성은 이산화황보다 강하지만 플루오르보다 가벼워 위와 같은 두 가지의 중간에 있다고 생각해도 좋을 것이다.

2) 피해의 영향

㉠ 식물이 유해가스의 피해를 받으면 식물의 종류, 가스의 종류와 농도, 접촉시간 등 환경의 변화에 따라서 큰 차이를 나타내며 피해의 정도는 급성피해와 만성피해로 나눌 수 있다.
㉡ 급성피해일 경우
　ⓐ 유해가스의 농도가 높아 세포의 파괴와 엽록소 탈색이 급격히 증가되는 것이다.
　ⓑ 이산화황은 금속제련소, 황산공장, 비료공장 외에 화력발전소나 화학공장의 주변에서 많이 나타난 현상이다.
㉢ 만성피해일 경우
　ⓐ 대기오염물질의 농도가 낮거나 간헐적인 오염에 의해서 오랫동안 경미한 피해가 나타낸 경우이고 외관적으로는 황화현상이나 붉은 잎의 촉진 또는 피해가 나타난다.

ⓑ 급성피해와 같은 유해가스 특유의 정도는 나타내지 않으며, 피해의 판정에는 육안 감정 · 실황판단, 화학분석, 현미경 감정 등 여러 가지 방법이 채용되고 각각 장점도 있는 반면에 결점도 있고, 둘 중 한 가지 방법만으로 확정적인 결론을 내리는 것은 곤란하고 대부분의 경우 두 가지 또는 세 가지를 병용하는 일이 많다.

ⓒ 특히 피해를 받은 식물의 잎 1매로 피해를 판단하는 것은 절대 불가능한 것이고 적어도 피해 잎에 붙은 작은 가지를 가지고는 피해발생 당시의 모양을 듣지 않고서 육안에 의한 정확한 판정을 내리기는 곤란하다.

ⓓ 피해가 비교적 새로운 양상일 때는 육안감정 및 실황판단으로 해결할 수가 있지만 피해가 오래되면 이것에 화학분석을 실시해야 한다. 또 식물 병해와 구별하기 위해서는 현미경으로 병원균을 검출하는 것도 필요하다.

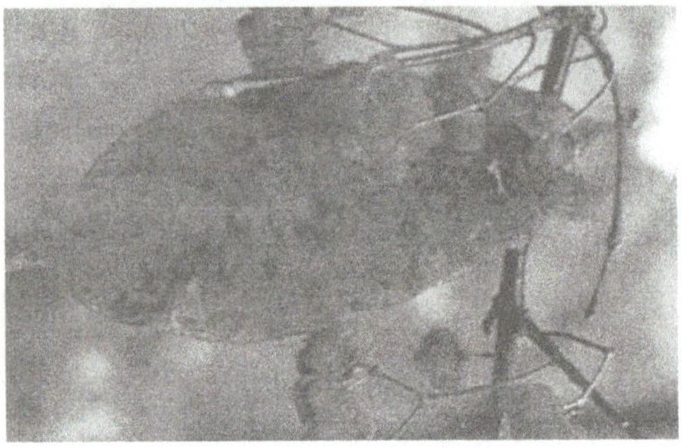

그림 3-2 식물잎 피해

표 3-4 이산화황의 접촉을 받은 식물잎의 황분석치(건조물당 %)

시료		SO_2 처리	황	수용성황	SO_2로서 흡수		
					황(A)	수용성황(B)	(B)/(A)×100
벼	분기	대 조	0.177	0.122	–	–	–
		0.25ppm × 54시간	0.480	0.355	0.303	0.233	76.9
	출수기	대 조	0.140	0.112	–	–	–
		0.5ppm × 54시간	0.332	0.308	0.192	0.196	102.1
어린소나무잎		대 조	0.784	0.647	–	–	–
		0.5ppm × 10시간	1.453	1.241	0.669	0.594	88.8
겨자		대 조	0.668	0.585	–	–	–
		0.3ppm × 46시간	1.721	1.602	1.053	1.017	96.6
콩		대 조	0.118	0.038	–	–	–
		0.75ppm × 36시간	0.482	0.411	0.364	0.373	102.5

[山, (1972)]

표 3-5 피해수도엽(벼) 중의 플루오르

엽신부위	F함유율(ppm)	분포비(%)
선단부	700	56.4
중앙부	266	35.3
기저부	80	8.3
전엽신	314	100.0

* 분포비는 건물 중에서 환산한 중량 비율
주) 시료엽은 선단부에, 네크로시스의 중앙부에 크로로시스의 피해사 명료하게 인징된 것 [山, (1972)]

3) 대기오염물질의 지표식물

(1) SO_2의 대기오염지표식물

㉠ 상시 피해가 발생하는 지역에 대해서는 정기적으로 순회하여 피해를 빨리 발견하도록 노력해야 하며, 연반(煙斑)이 발생되어도 식물은 생육을 계속하고 있으므로 장기적 피해 정도는 차츰 눈에 띠지 않게 되어 정확한 피해율을 파악하는 것은 아주 어렵다.

㉡ 경험과 숙련에 의해서 연반발생의 위치로 몇 일 전에 피해를 받은 것인가만 판단될 수 있게 된다.

㉢ 이처럼 이산화황에 대한 피해는 그 당시의 성장잎에 크며, 플루오르가스에 의한 피해는 새싹에 크게 나타나게 되므로 식물의 성장속도를 알고 있으면 피해 발생 후, 몇 일 경과했는가를 알 수 있다.

㉣ (그림 3-3)에 이 피해의 현지 조사를 했을 때 피해 판정법의 개요를 나타냈다. 산림의 피해조사에 대해서는 봄 식물은 발아, 가을은 홍엽(紅葉), 낙엽을 조사하는 것도 흥미있는 일이다. (표 3-6)은 이산화황의 농도와 이에 의한 수목의 영향에 대한 조사 결과를 나타낸 것이다. 피해시의 수목은 봄의 발아가 느리고 가을의 홍엽 · 낙엽이 촉진되며, 더구나 그 폭로일수는 피해가 심할수록 커지고 있다.

㉤ 봄의 출아기에 피해 정도가 심한데, 수목의 쇠약으로 피해가 심할 때는 출아가 10일 이상도 늦어지게 하는 일도 있다.

㉥ 여름에 심한 피해를 받으면 낙엽은 재차 새싹이 나오는 일도 있다.

㉦ 여름의 이상낙엽에서 가장 현저한 피해는 느티나무인데, 산림의 조사시 가장 피해가 확실하게 나타난 것은 홍엽으로서 피해가 심할 곳일수록 홍엽이 빨리 나타났으며, 높은 산의 산정에서 홍엽이 시작되는 것이 정상이지만 피해지에서는 SO_2가 잘 닿는 곳에

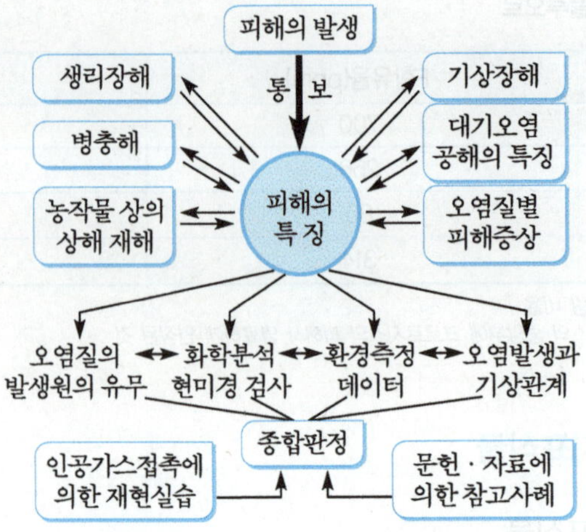

그림 3-3 이산화황의 피해 판정법의 개요

표 3-6 이산화황농도와 수목의 변화

가스농도	수목의 변화						
	발아의 지 연	홍엽의 촉 진	낙엽의 촉 진	급성연반의 발 생	고지	고목	임상
0.50 이하	없음	없음	없음	발견되지 않는다	없음	없음	이상없음
0.51~1.00	없음	약 1주가 빠르다	없음	발견됨	없음	없음	이상없음
1.01~2.00	2, 3일지	약 1개월 빠르다	수일간 빠르다	자주 발견됨	자주 발견됨	없음	이상을 느낌
2.01~4.00	4,5 일지	약2개월 빠르다	약 10일 빠르다	매연과 기상의 조건이 불량할 때는 항상 발견됨	거의 수목에 발견할 수 있다	자주 발견할 수 있다	얼마안가서 조림이 악화됨
4.01~6.77	10일 이상 느리다	약 3개월 빠르다	여름에 낙엽되는 일이 있다	상시 연반을 발견할 수 있다.	큰 고지에서 다수 보여 진다	다수	조림 고사됨

주) 가스농도는 $mg\text{-}SO_3/100cm^2/d[PbO_2$시험법]으로 나타낸다. ( )

서 홍엽이 먼저 나타내어 빠른 잎은 8월경부터 홍엽을 나타내는 곳도 있다.

(2) 내연성 식물(耐煙性 植物)

㉠ 서울의 내연성(표 3-7)은 식물의 종류에 따라서 다를 뿐만이 아니라, 동일 종류에서도 품종에 따라 약간 차이가 있다.

표 3-7 SO_2와 O_3에 의한 초기피해 발현(發現) 시간 (단위 : hr)

종 류	저항도	종 류	저항도	종 류	저항도
알팔파	1.00	파세리	1.64	포플라	2.46
보리	1.00	겨자	1.65	칸나	2.60
분꽃	1.06	토마토	1.71	글라디올라스	2.60
대국화	1.06	사과	1.79	감자	3.00
코스모스	1.07	크로바	1.81	피마자	3.25
스위트피	1.10	양배추	2.03	단풍나무	3.28
무 우	1.22	금잔화	2.14	등나무	3.33
수연	1.24	수국	2.19	무궁화	3.68
근대	1.26	복숭아	2.29	담장이덩쿨	3.81
귀리	1.30	보리수	2.29	옥수수	3.96
도우넛	1.44	느릅나무	2.41	호리병박	5.22
콩	1.50	자작나무	2.41	참외	7.67
당근	1.52	붓꽃	2.41	아카시아	11.88
밀	1.52	자두나무	2.45	귀똥나무	15.48
민들레	1.59				

㉡ 더구나 동일 종류 · 동일 품종의 식물에서도 세대의 각 생장기에 따라 가스에 강할 때와 약할 때가 있다.

㉢ 식물의 내연성을 판단하는 것은 이런 면에서 고려되어야 한다. 그 하나는 연반의 발생이 쉽고, 다른 하나는 수확의 절대량이 변화된다.

㉣ 이때 연반의 발생은 많아도 수확량이 많았다면, 내연성은 크다고 보아야 한다. 또 반대로 연반은 그다지 나타나지 않지만 수확이 현저하게 감소하는 품종도 있고 내연성의 크기 (표 3-8)를 나타낸 것은 절대적인 것이 아니다.

㉤ 특히 벼, 보리, 과실류와 같이 농산물은 개화기에 있어서 약간의 피해일지라도 큰 감소를 가져오게 되고, 따라서 내연성의 강약을 판단하는 것은 어렵다.

㉥ '공장지대에서 어떤 수목이 대기오염에 견디어 생존을 계속할 수 있는가' 에 대해 연구되는 것이 실제적인 의의가 있다. 발생원으로서 황산공장이 있는데, 그 배출가스량은 500m^3/min이고, 그 중에 2000ppm의 SO_2을 함유하고 있었다.

㉦ 이와 같은 매연이 연중(年中) 약 30%가 같은 방향으로 불고 그 방향에 있던 수목이나 살아 있는 담장넝쿨을 말라죽였다. 매연이 배출된 지 10년 후에 살아남은 수목을 조사하여 보면 (표 3-9)와 같다.

표 3-8 SO_2에 대한 식물의 상대적 저항(알팔파를 1.0로 한 식물의 저항 농도)

종류	SO_2 1.5ppm	SO_2 3.0ppm	O_3 150ppb
은행	8~72	8~48	
겹철쭉	8	8	
산철쭉	8	8	
개나리	8	8	48
쥐똥나무	8~24	8	56~72
리기다소나무	8~56	8	
젓나무	32~96	24~32	
독일가문비	48~56	32~48	
회양목	72~80	56~96	
옥향	32	32	
눈향	56~	32~56	
선향	48~56	32~48	
서양측백	32~56	32	
황금편백	32	32	

표 3-9 공장지대의 잔존수종

공장으로부터 거리	잔존수종
100m	협죽도
200m	협죽도, 사철나무, 용설란
300m	협죽도, 사철나무, 용설란
400m	협죽도, 사철나무, 용설란, 치자나무, 팔손이나무
500m	상기 이외에 감탕나무, 호랑가시나무, 젖꼭지나무, 통나무

(3) 지표식물

㉠ 특수한 환경조건에 대해서 민감한 생물을 지표생물이라 하고 육상의 경우 주로 식물이 이용되고 있다. 이 방법은 넓게 분포되거나 장기적 또는 연속적으로 환경오염을 파악할 수 있다.

㉡ 따라서 이산화황의 대기오염지대로서 피해조사를 위해 마을당 5개소를 선정하여 지표식물로 참깨를 선정하고 십수년간에 걸쳐서 현지조사에 이용한 일이 있다.

㉢ 수목에서는 밤이 현저하고 이산화황에 내성이 적기 때문에 수목을 지표식물로 사용한 일이 있다. 지표식물을 선정할 경우, 오염물질에 대해서 감수성이 크고 내성이 작은 것을 선정해야 하는데, 대부분은 다음과 같이 선정되고 있다.

ⓐ 플루오르화합물 : 글라디올라스, 메밀, 포도 등

ⓑ 오존 : 담배, 박하, 무, 강낭콩, 알팔파, 시금치, 나팔꽃 등

ⓒ PAN : 사루비아

ⓓ 에틸렌 : 카나리야(양란의 일종), 참깨 등

ⓔ 황산화물 : 알팔파, 메밀, 참깨 소나무 등

ⓕ 이산화황을 포함한 복합오염 : 지의류(이끼, 버섯 등)

그림 3-4 식물과 대기오염피해

제2절

대기오염이 인체에 미치는 피해

1 인체와 대기오염물질

1) 대기오염과 건강피해의 특징

(1) 대기오염에 따른 건강피해일 경우

㉠ 대기오염에 의한 건강영향의 기본사항은 뮤즈, 도노라 및 런던 사건에서 나타냈듯이 공통사항은 다음과 같다.

ⓐ 과잉사망발생

ⓑ 심폐질환에 걸리고 있는 노인에 대한 영향의 증대

ⓒ 만성호흡기질환 환자의 증상 악화

ⓓ 급성호흡기질환 환자의 증가

ⓔ 눈이나 호흡기 자극증상의 이환율 증가

㉡ 이들 사건의 원인으로 생각되는 주요 대기오염물질은 석탄의 연소에 수반하여 발생하는 황산화물과 먼지이고 뮤즈 및 도노라 사건에서는 이들의 각종 공장에서 배출물이 혼합된 것으로 생각되고 있다.

㉢ 그 후 에너지는 석탄에서 석유로 전환되는 중에 적극적인 대기오염대책(집진, 탈황, 저황화대책 등)에서 황산화물이나 강하 먼지량은 청정연료의 사용에 따라 현저히 개선되어 왔다.

㉣ 한편 지금도 상기의 건강영향에 관하여 대기오염물질과의 사이에 작지만 통계적으로 유사한 내용이 보고되고 있는데, 대기오염물질이 어느 정도 기여하고 있는가에 대해서는 의견의 일치가 보여지지 않는 경우가 있다.

㉤ 일반적으로 대기오염의 영향은 급성영향과 만성영향으로 나누어지는데 각각의 주영향 종류나 그 평가방법을 (표 3-10)에 나타냈다.

표 3-10 대기오염의 영향

급성영향(단기간 폭로)	만성영향(장기간 폭로)
• 천식발작 회수 증가 • 만성호흡기질환 환자의 호흡기상의 악화 • 심장병환자의 증상의 악화(CO-Hb의 증가 등에 의한다) • 눈과 기도의 급성자극증상(광화학 스모그에 관련한 눈자극) • 매일 사망률이 통상시보다 증가(런던 사건 등에서 나타남) • 급성호흡기질환 이환율과 환자 수의 증가(뮤즈, 도노라 사건에서 보여진 것 같은 증상) • 운동선수의 운동능력의 장해(광화학 대기오염에 관련한 증상) • 일시적으로 폐기능의 변화	• 폐기능장해(주폐쇄성장해) • 만성기관지염 등의 만성폐쇄성 질환의 이환율 및 사망률의 증가 • 연 등 오염물질의 생체부하량 증가 • 폐암

ⓑ 급성영향은 일반적으로 기온역전과 같은 기상조건하에서 오염물질의 농도가 통상 보여지는 농도보다도 높아졌을 때에 나타났고 폭로시간에서 보면 단기간으로 통상 수일 이내 폭로시에 보여지고 전형적인 예가 앞 장의 뮤즈, 도노라 및 런던 사건이다.

ⓢ 급성영향은 폭로기간에서 보면 약 1년 이상이 지난 후에 나타났고 만성폐쇄성 폐질환이 성인일 경우 대기오염과 어느 정도 관계있는지가 최대의 관심사이다.

(2) 대기오염물질의 인체영향

㉠ 대기오염물질은 여러 가지의 경로를 경유하여 인체에 침입해 영향을 미치지만, 특히 흡입에 의한 호흡기계통에서의 영향은 중요하다. 그것은 사람이 매일 2만 수천 회 공기를 호흡시 폐 속에 나갔다 들어오게 하여 1일에 약 10,000L의 공기를 호흡하고 있기 때문이다.

㉡ 흡입된 공기는 코, 인두, 후두, 기관, 기관지를 통과하여 폐 후두로 순물리학적 확산에 의해서 교환이 행해진다. 혈액이 폐포의 모세혈관을 통과할 때 탄산가스를 폐포 내에 나오고, 그곳에 있는 산소를 취입하게 된 혈액은 심장으로 되돌아 오고 대동맥을 통하여 전신에 순환하여 각 부위 조직에 산소를 준다.

㉢ 그를 위해서 폐포에 필요한 산소가 도달시키기 위해 코에서 폐포에 이르는 기도의 내부 및 가스교환이 행해지는 폐포 및 이들에 둘러싸여 주위의 폐조직이나 흉막 및 흉곽이 정상으로 움직여야 한다. 그러나 흡입되는 공기 중에 기도나 폐포에 악영향을 미칠 수 있는 대기오염물질이 혼입되면 기관지나 폐포가 영향을 받아 기관지염이

나 폐기종이 발생될 가능성이 높다(그림 3-5 · 6).

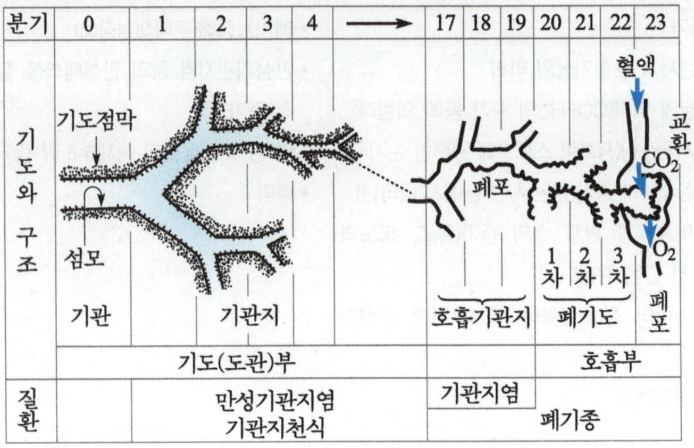

그림 3-5 기도의 구조와 호흡기질환의 관계(Weibel)

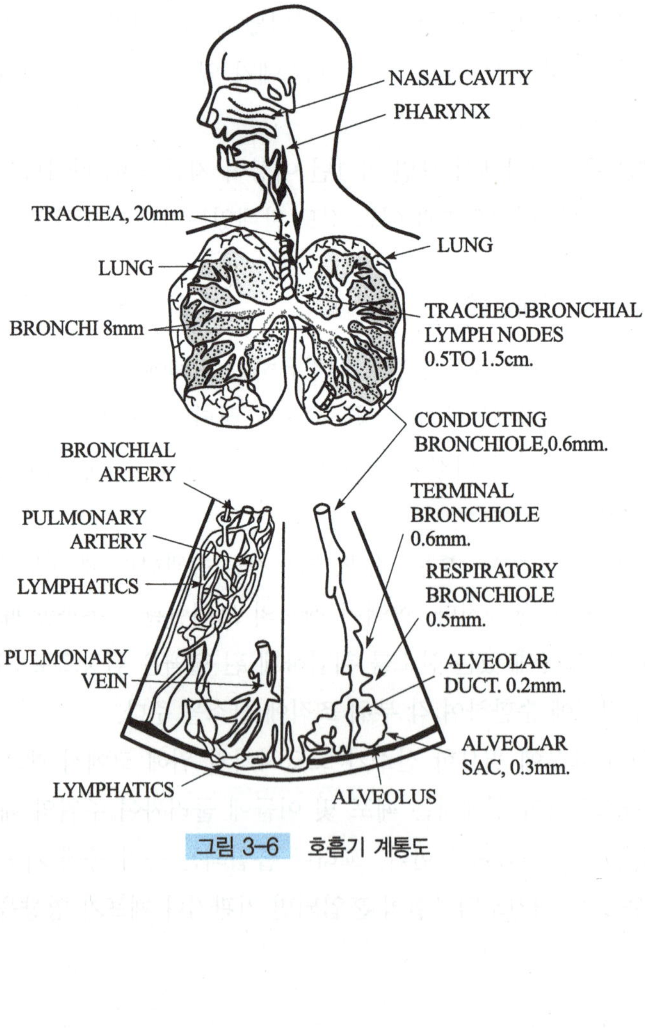

그림 3-6 호흡기 계통도

ⓔ 대기오염물질에는 오염원에서 배출되는 1차 오염물질(이산화황, 일산화질소, 일산화탄소, 탄화수소 등)과 그들이 대기 중에서 여러 가지의 반응을 받아 생성되는 2차 오염물질이 있다.

ⓜ 그 중에서도 탄화수소와 질소산화물은 강한 자외선이 작용하여 광화학 반응에 의해서 생성되는 오존을 주로 생성하고, 오존 외에 PAN 등을 함유한 광화학 옥시던트가 대표적이다.

ⓑ 사람의 건강에 영향을 미치는 대기오염물질 중에서 중요한 것은 이산화황(SO_2) 등의 황산화물(SO_x), 이산화질소(NO_2) 등의 질소산화물(NO_x), 광화학 옥시던트의 주성분인 오존(O_3)과 일산화탄소(CO) 및 황산염(sulfate)이나 질산염(nitrate) 등을 함유하는 부유 입자상물질이다.

ⓢ 이들은 CO을 제외하고 일반적으로 점막자극작용이 있다. 기도 내는 통상 100% 가습되어 있으므로 NO_2 등은 물에 대한 가용성이 크기 때문에 코, 인두, 후두, 기관 등 주로 상기도 벽에 의한 섭취율이 높고 상기도에 자극이 강하게 나타나게 된다.

ⓞ 특히 대기오염에 의한 사람의 호흡기 계통도는 다음과 같다. NO_2나 O_3은 물에 대해서 완만한 수용성을 나타내기 때문에 기도의 심부에 도달하기 쉽고 말초기관지나 폐포 등 하기도에 영향이 나타난다. 가스상물질과 입자상물질의 상호작용도 중요하고 동물실험에서는 SO_2와 NaCl 등 에어로졸을 흡입시킬 때 각각 단독보다도 양자혼합을 흡입하는 편이 보다 악영향을 크게 나타내며 상승작용이 있다. 이것은 하기도에 침입할 수 있는 1㎛ 전후의 입자에 SO_2이 흡착되고 SO_2를 하기도에 갖고 들어갈 때 증대효과가 있다는 학설과 SO_2입자보다 자극성이 높은 H_2SO_4 등으로 변화하기 때문이라고는 학설이 있다.

ⓙ 입자상물질의 생리적 영향은 농도 이외에 입경 및 입자의 화학적 성질에 지배된다. 입경이 5㎛ 이상으로 되면 상기도에서 침착률이 높지만 3㎛ 이하로 되면 하기도에 침착률이 높아지고 특히 1㎛ 전후가 가장 높으며, 1㎛보다 작게 되면 호흡수가 침착률에 영향을 미치는데, 호흡수가 증가하면 침착률은 저하된다[(그림 3-7) 참조].

ⓒ 침착한 입자는 통상 기도벽에 있는 섬모운동에 의해서 기도분비물과 함께 인두 양편에 운반되어 가래로 되어 밖으로 토하게 되거나 삼키게 된다. 섬모운동은 O_3, NO_2, SO_2에 폭로되어도 억제되며, 섬모가 없는 폐포영역에 침착한 입자는 폐포 내의 조식세포를 부식시킨다. 그리고 부유입자로서 폐조직 내에 침입하여 폐 등에 질병을 일으키게 하고, NO_2나 O_3는 점막자극작용 이외에 생화학적 변화도 일으킨다. O_3는 생체 내에서 free radical과 산화지방질을 생성하는 것이 방사선과 유사작용을 갖는

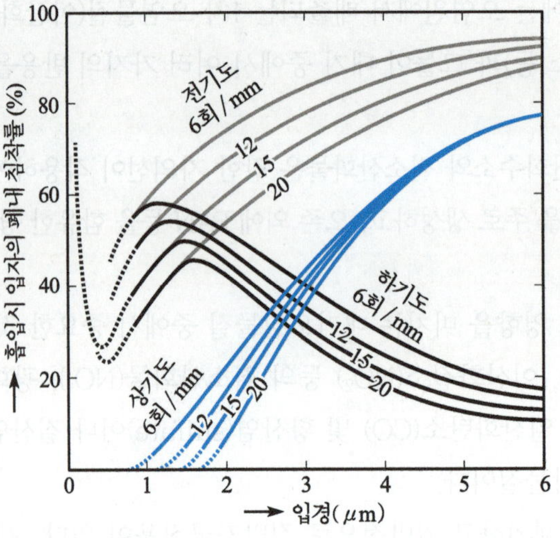

그림 3-7 흡입입자의 입경과 호흡수의 기도부위별 침착률의 영향[T.F. Hatch(1959)]

것이 주목되고 있고 염색체 이상이나 적혈구들의 노화 등이 일어난다.

㉪ 일반적으로 동일 농도의 O_3, NO_2, SO_2의 생체영향을 비교하면 O_3의 독성이 훨씬 강하다. CO는 비자극성이고 무취의 가스이며, 생체순환 혈액 중에서 산소(O_2)를 운반하고 있는 헤모글로빈(Hb)혈색소와의 친화성이 강하고 그 결합력은 O_2의 210~270배라고 알려지고 있다.

㉫ 그 때문에 CO-Hb량이 증가하면 체조직으로의 O_2를 운반하는 기능이 저해되고 산소부족에 가장 민감한 중추신경이나 심근(心筋)이 영향을 받는다. CO는 생체 내에서도 형성되어 CO-Hb(carboxy hemoglobin) 농도는 0.1~1.0% 정도이다.

㉬ 특히 흡연자는 고농도의 CO-Hb 농도를 나타내는데, 1일 20개를 피우는 끽연자는 약 3~6%, 40개 이상 피우면 6~10%이고 peak 농도는 20%가 될 때도 있다.

㉭ 이상 주된 대기오염물질의 생리적 영향에 대한 특징을 서술했는데, 각각의 오염물질에 대해서 농도와 폭로시간에 대한 생체영향, 즉 농도 · 영향 관계 중에서 중요한 사항을 SO_2(그림 3-8), NO_2(그림 3-9), O_3(그림 3-10), CO(그림 3-11)과 (표 3-11 · 12)에 나타냈다.

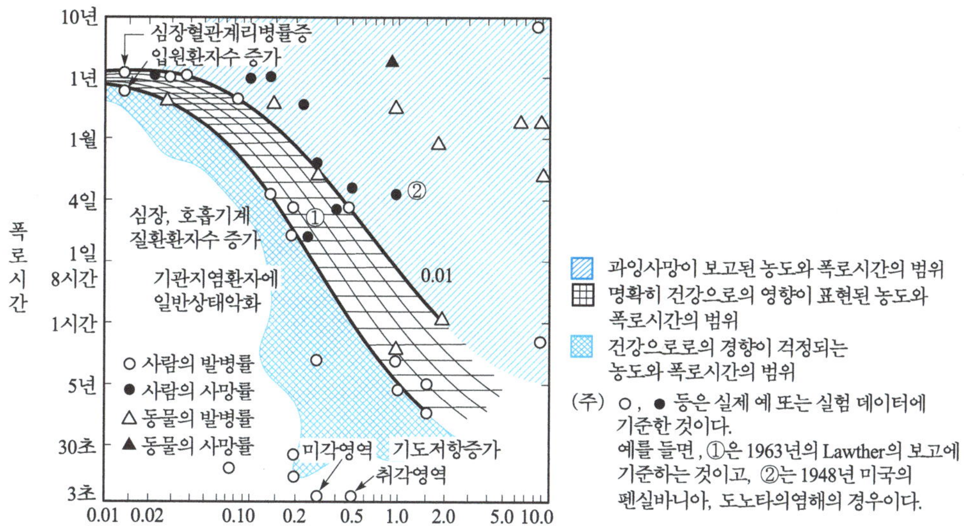

그림 3-8 이산화황과 그의 영향

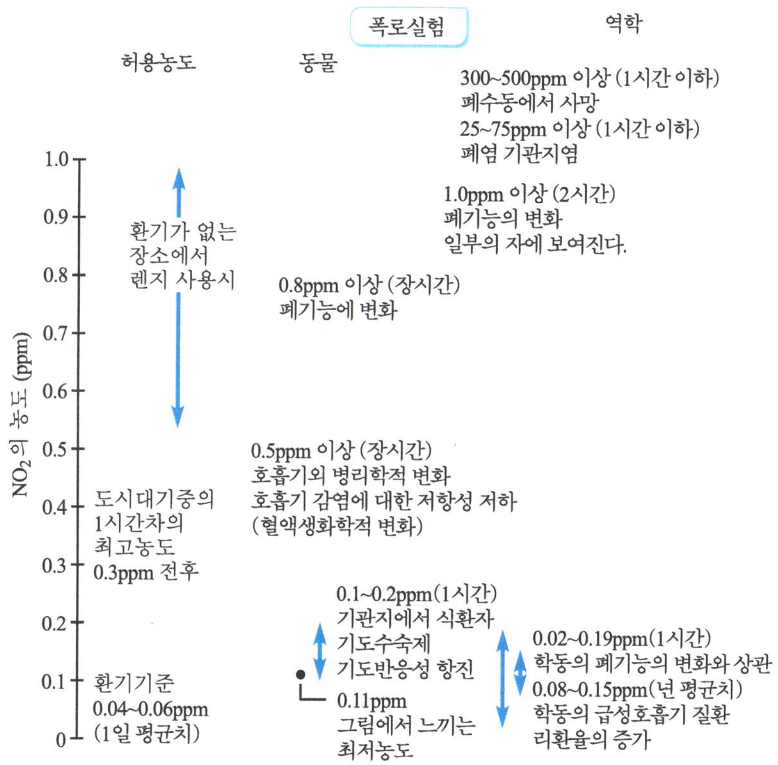

어린이의 역학데이터는 NO_2 농도와의 관련이 나타내지고 있는 것이고, NO_2가 어느 정도 관여하고 있는가는 불명하다.

그림 3-9 이산화질소 농도와 그의 영향

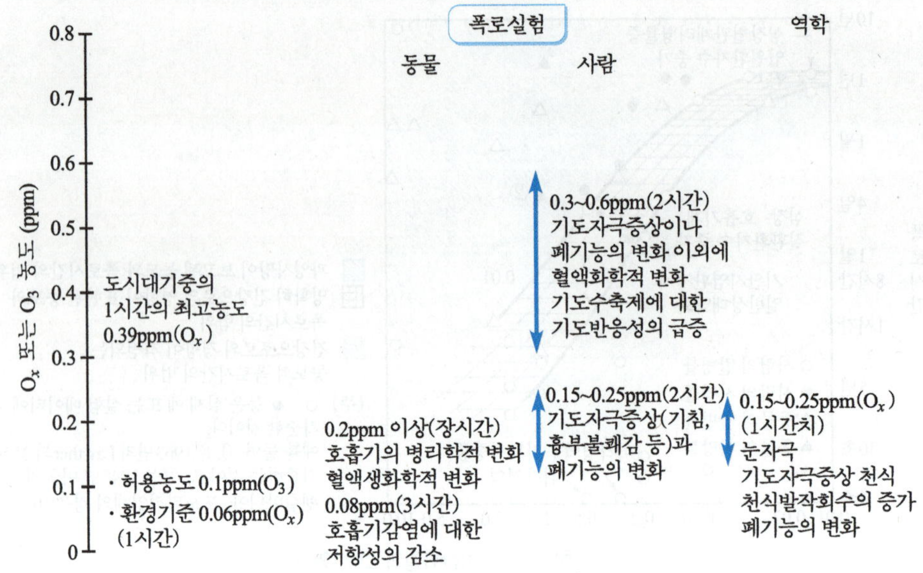

그림 3-10 오존 또는 옥시던트 농도와 그 영향

표 3-11 일산화탄소농도, 폭로시간 및 CO-Hb 농도의 관계

CO농도(ppm)	CO-Hb(%)		
	1시간 후	8시간 후	평형시
100	3.6	12.9	16.0
60	2.5	8.7	10.0
30	1.3	4.0	5.0
20	0.8	2.8	3.3
10	0.4	1.4	1.7

주) 초기 CO 포화도는 실질적으로 제로(0)이나 기초상태에 있고, 또한 개인은 경작업에 종사하고 있다고 가정[WHO Technical Report Series 506, (1972)]

표 3-12 일산화탄소농도와 그 영향

혈중 CO-Hb농도	증 상
0~10%	무증상 또는 격심한 운동에서는 숨이 찬다.
10~20%	가벼운 두통(전두부가 세게 조여지는 느낌), 중등 정도 운동으로 숨이 찬다.
20~30%	욱신욱신한 두통, 흥분하기 쉽고 감정 불안정, 판단능력이 손실되고, 기억상실, 피로하기 쉽다.
30~40%	격심한 두통, 쇠약, 오심와 구토, 현기증, 시력이 불명료, 착란
40~50%	착란의 발현, 때로는 환상 고도의 실조, 호흡촉박, 몸을 움직이려고 하면 허탈
50~60%	실신~혼수, 간헐적 경련, 호흡촉박, 약하고 빠른 맥박, CO-Hb 때문에 피부가 핑크~적색(그러나 이것은 CO중독에 항상 보여지는 신뢰될 수 있는 증상이 아니다. 대부분의 중독자는 창백하게 된다.)
60~70%	혼수의 깊이가 증가, 뇨의 실금(失禁)
70~80%	깊은 혼수, 반사의 감약 또는 결여, 약하고 가는 맥박, 얕고 불규칙한 호흡, 전혀 몸움직임이 없다.
80% 이상	호흡정지에 의해서 급속히 사망

2) 대기오염과 호흡기질환의 특징

(1) 호흡기계통의 피해

㉠ 대기오염의 호흡기질환 기여는 단일인자에서 일어난다고 생각되지 않으므로 대부분의 인자로 이루어진 복잡한 원인으로 될 수 있는 어떤 계를 이룬다고 평가되고 있다.

㉡ 대기오염 관련 호흡기질환으로서는 만성기관지염, 기관지천식, 폐기종이 있으며 또한 이들은 임상적으로 감별이 곤란한 것이 많기 때문에 만성폐쇄성 폐질환으로서 일괄되는 경우도 있다.

㉢ 대기오염의 역학적 연구를 하기 위해서는 같은 방법으로 오염도가 다른 지역의 주민을 다각적으로 조사해야 한다. 이를 위해서는 먼저 진단기준의 통일이 필요하다.

㉣ 그래서 1958년에 Ciba Guest Symposium에서 만성기관지염의 증상에 대한 정의가 있었고 1960년에 BMR(britisch medical research council)의 호흡기상태에 관한 설문지가 만들어지고 표준화된 방법으로 만성기관지염의 기준 증상을 취하게 되고 먼지만으로 만성기관지염의 역학적 진단이 될 수 있게 되었다.

㉤ 이 질문서는 기침, 암, 숨이 참 등의 상태와 기침과 가래의 증상의 유무를 듣고 만성기관지염 증상 등의 유증률을 역학적으로 조사하려 했던 것이다. 그러나 미국에서는 일반적으로 숨가쁨을 수반한 기침과 가래는 폐기종의 존재를 나타내고 있다고 생각하는 것에 대해서 영국에서는 지속성의 기침과 가래가 있고 기침과 가래의 증상이 3주간 이상 계속해서 상태가 3년간에 1회 이상 있는 증상을 만성기관지염이라 규정했다.

㉥ Gaensler은 자신이 폐기종으로 진단한 100가지 사례에 대해서 영국식 정의로 재분류했더니 68%가 만성기관지염이었다고 보고한 바 있다.

㉦ 이와 같이 만성기관지염과 폐기종의 감별이 곤란하기 때문에 앞에서 말했던 것처럼 만성기관지염, 기관지천식, 폐기종의 3가지 공통증상이었으며, 그리고 이들은 모두 기도폐쇄를 일으키는바, 만성폐쇄성 폐질환으로 부르는 경우도 있다.

㉧ 대기오염 역학적 연구에서는 일반적으로 어떤 집단에 대해서 BMRC의 설문지에서 각종 호흡기 증상의 유무와 정도를 조사하여 만성기관지염의 유증률(일반적으로는 만성기관지염의 기본증상이 '거의 매일같이 계속 3개월 이상 나오는 기침과 가래', 즉 지속성 기침과 가래의 유증률이 사용된다)을 조사하고 또한 폐기능검사에서 기도협착, 즉 폐쇄상태의 정도를 조사하여 대기오염도가 다른 지역의 집단과 비교하는 대조군법이 널리 행해지고 있다.

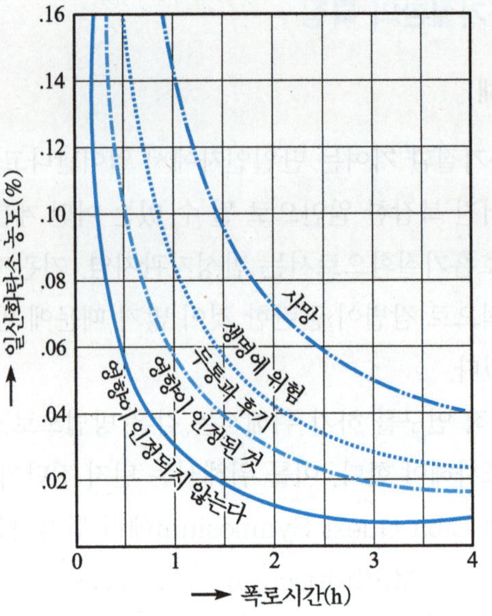

그림 3-11 일산화탄소 농도 영향
(National Bureau of Standards Tech. Paper No. 212)

ⓩ CO의 영향은 CO-Hb 농도로 정해지고, CO-Hb의 포화도는 CO농도와 폭로시간과의 상관관계로 정하고 있다.

ⓒ HendeRSon박사는 안정시 농도와 폭로시간의 영향을 다음 식으로 나타냈다.

ⓐ 폭로시간(h)×농도(ppm)

(i) 300이면 영향인정할 수 없음

(ii) 600이면 영향인정

(iii) 900이면 두통, 구토발생

(iv) 1500이면 생명위험

ⓚ 만성기관지염의 유증률에 영향을 미치는 인자는 연령, 성별, 사회경제적 인자, 끽연(본인 및 주위인으로의 영향), 대기오염 거주 내의 난방기구 등에 의한 오염, 직업적으로 호흡기 자극물질에 폭로시 영향을 주는 직업성 인자 등이다. 지금까지 발표된 연구결과를 종합하면 상기의 인자 중 가장 강한 영향을 주는 것은 흡연이다.

(2) 기관지 천식의 피해

㉠ 기관지 천식의 발작 회수가 옥시던트 농도, 이산화황과 부유황산염 등과의 상관관계를 나타낸 것으로는 도노라 사건이다.

㉡ 기관지 천식환자가 심한 영향을 받은 것 등 대기오염이 기관지 천식환자의 병상에 영향을 주는 것으로 알려졌다.

㉢ 세계적인 대기오염사고에서처럼 Tokyo – Yokohama Asthma, New Orleans Asthma 천식에서 서술했듯이 대기오염물질이 건강한 사람에게 기관지 천식을 발생시킬 수 있다는 것에 대해서는 잘 알려지고 있지 않다.

(3) 간염(Liver)의 피해

㉠ 만성호흡기 질환의 발생에 세균감염이 어느 정도 관계하고 있는가는 잘 알려 있지 않지만 건강인의 하기도(下氣道)는 일반적으로 무균상태로 있는 것에 비해서 만성호흡기 질환에서는 유균상태로 되고 점액성 또는 고름성 가래로 생성한다.

㉡ 동물실험에서 O_3나 NO_2는 기도벽에 있는 섬모운동을 약화시키고 흡입입자의 배출기구를 정해 주며, 세균감염에 대한 저항성이 저하하고 기도감염이 일어나기 쉬워지는 것으로 알려지고 있다.

㉢ 예를 들면 작은 동물에 도시 대기 중에 존재될 수 있는 물질은 O_3나 NO_2를 흡입시킨 후 폐염감균 등을 함유하는 에어졸을 흡입시키거나 또는 폐염간균으로 초기에 감염을 일으킨 후 이들의 대기오염물질에 폭로시키면 사망률의 증가나 생존기간의 단축이 관찰되었다.

㉣ 사람에서는 임상적으로 증명되고 있지 않지만 역학적으로는 만성기관지염의 급성증상이 대기오염도와 관련되며 증상은 임플루엔자균을 함유하는 고름성 가래 양의 증가로 나타냈다고 알려졌고, 급성 호흡기질환인 이환율이 대기오염지역의 주거자로서 끽연자 외에도 간접흡연자가 높게 나타났다.

(4) 허파(Lung)의 피해

㉠ 오래 전부터 대기오염과 폐암의 연구는 석탄가루와 먼지에서 발암성 물질을 분리하려고 하는 노력과 병행하여 왔다. 특히 대기오염이 폐암의 원인으로 될 수 있는 가능성에서 폐암 사망률이 도시지역에서 높게 나타냈으며, 발암성 물질인 벤조피렌과 같은 물질이 도시 대기 중에 검출되기도 했다. 한편 대기오염은 끽연의 영향력에 비하면 그저 약간 관련되고 있다고 생각하여도 좋을 것 같다.

㉡ 대기오염과 끽연이 조합되면 상가적(相加的) 이상 증상이 나타난다고 하는 보고도 있다. 대기오염이 폐암의 발생에 관련 되지만 대기오염만이 독립인자로서 작용한다

고는 생각되지 않는다.

㉢ 한편 직업적으로 발암물질에 폭로되어 있는 사람에게 나타난 직업성 폐암에서도 끽연과의 상호작용은 많이 보고되고 있다.

㉣ 현재 호흡기 계통의 암을 일으키는 물질로서 석면, 6가크롬, 클로로메틸, 에테르, 비소, 니켈 등이 있지만 이들이 있는 것은 산업공정만이 아니고 제품이 공장에서 생산되면서 바람이동으로 도시 대기 중에 존재하여 검출됨에 따라서 대기오염에 의한 영향을 복잡하게 하고 있다.

3) 대기오염에 대한 인체영향평가

(1) 건강영향평가일 경우

㉠ 대기오염에 의한 건강영향을 과학적으로 평가하기 위해서는 다음의 내용을 명확히 해야 한다.

ⓐ 대기오염물질 농도나 기상조건의 환경인자를 측정한다.

ⓑ 건강영향에 관한 각종 지표에 대한 정보를 모은다.

ⓒ ⓐ와 ⓑ의 상관관계를 평가한다.

㉡ 인과 관계가 있다고 하기 위해서는 다음의 조건이 만족되어야 한다.

ⓐ 문제가 되고 있는 건강장해의 발생을 위해서는 문제가 있는 대기오염물질이 반드시 작용될 것

ⓑ 대기오염물질에 폭로되면 건강장해가 발생하지만 폭로하지 않으면 발생하지 않는다.

ⓒ 농도, 영향 또는 반응관계가 있을 것, 즉 그 대기오염물질로의 폭로량이 커질수록 각 개인 영향(어떤 물질의 건강영향)의 정도 또는 집단 중 그 영향이 나타난 비율(반응)도 커진다.

ⓓ 각 대기오염물질이 그 건강장해의 원인으로서 작용하는 기구가 의학적으로 검증 및 설명할 수 있어야 한다.

㉢ 이 중에서도 농도, 영향 또는 반응관계가 특히 중요하다. 어떤 오염물질이 유해한가 무해한가를 결정하는 주요인자는 그 농도이지만 다음에 폭로되는 생체측의 조건(성별, 연령, 질병의 이환 특정기관의 기능장해 등)도 충분히 고려해야 한다.

㉣ 폭로량은 외계에서의 농도 및 생체에 작용하는 점에서의 유효량 등으로 나타나게 되지만 일반적으로는 생체를 둘러싸는 환경 중 오염물질의 농도로 나타내고 있다. 영향에는 불쾌한가, 자극감 등의 감상적 문제에서 생화학적 변화, 생리학적 기능장해,

질병 및 죽음에 이를 때까지 여러 가지의 원인이 있는데, 반응이란 어떤 영향이 집단 중에서 어느 정도 보여지는가 하는 비율을 의미하고 있다.

㉤ 유해인자의 영향에서 Hatch는 (그림 3-12)에 나타냈듯이 손상의 정도와 무능력 정도의 관계로써 평가하고 있다. 유해인자가 생체에 작용하면 그 직접적 영향의 결과가 기능의 손상으로서 표현되고 그 결과로 능력의 손실이 나타나게 된다.

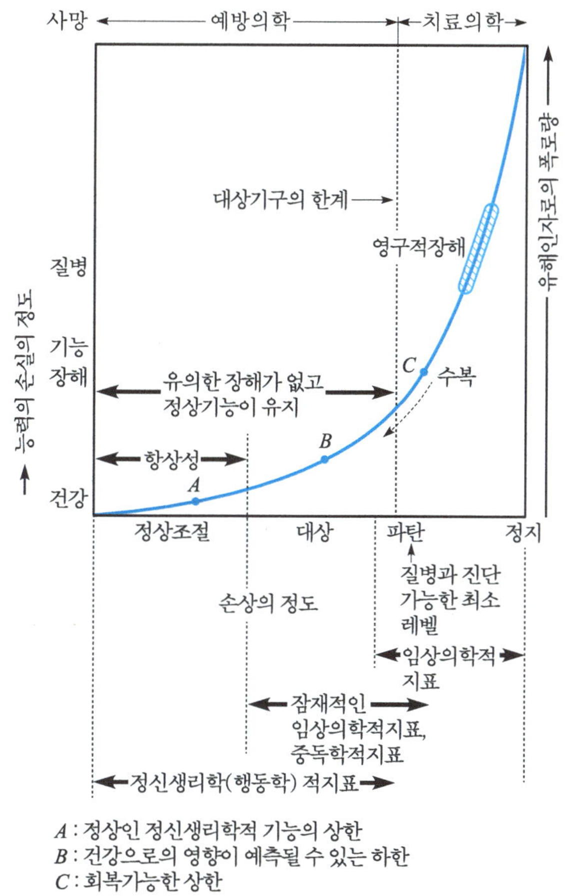

그림 3-12 기능적 손상과 그 의학적 장애의 관계 및 그 평가를 위한 지표

㉥ 유해인자로의 폭로량이 적거나 정상의 조절 기능이 작용하여 지속성이 유지되어 건강하지만 유해인자의 폭로량이 증가함에 따라 대상기구가 작용하고 유사성 장해가 일어나지 않도록 하여 정상 기능이 유지되는 단계(이 상태를 Ⅲ health, 반 건강 또는 질병 준비상태)에서 더욱 진행되면 대상기구가 한계에 가까워져 파괴됨으로써 기능장해나 질병상태가 나타나게 된다.

㉦ 이 단계에서 유해인자를 제거하면 회복되지만 더욱 진행하면 능력의 영구적 손실을 남기고 더욱 폭로량이 증가하면 대상기구나 회복이 진행되지 않다가 사망한다.

㉧ 대기오염의 대책은 건강에 대한 악영향을 미치지 않도록 하면서 대기오염물질의 양이 결정되지만 건강과의 악영향 관계는 무엇인가가 확실하지 않고 있다. (그림 3-13)은 대기오염과의 관련지어서 건강영향을 여러 가지 기관에 따라 평가되어 분류한 것을 나타내고 있지만 기본적으로는 Hatch 박사의 개념에 준하고 있다.

㉨ WHO의 level Ⅲ, 미국의회의 단계 3, 일본의 이산화질소의 운전요원회의 단계 4 이상을 건강의 악영향으로 생각하는 것은 의견의 일치가 되지만 그것 이하의 level 또는 단계의 어떤 정도까지를 악영향으로 고려되어야 하는지는 의견 일치가 보여지지 않게 되는 때가 많다.

㉩ 건강에 대한 악영향의 level 또는 단계가 평가되면 이 악영향을 야기시키지 않는 폭로량을 그 폭로량에 부적정 요인을 고려한 안전폭 또는 범위를 정해 해당 대기오염물질의 허용농도나 환경기준설정의 기초가 되는 폭로량이 권고된다. 배출구 허용농도나 환경기준 설정시 일반적으로 모든 화학물질은 어떤 양 이상으로 되면 영향이 나타나기 시작한다.

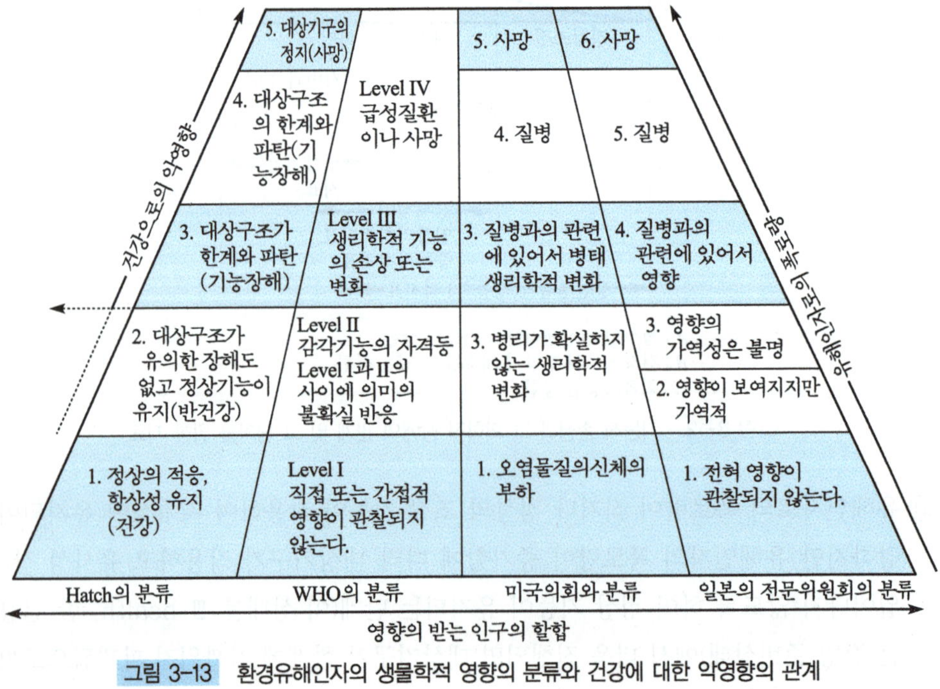

그림 3-13 환경유해인자의 생물학적 영향의 분류와 건강에 대한 악영향의 관계

주) 유해인자의 폭로량 증대에 따라 건강 → 반건강 → 기능장해 → 질병 → 사망의 영향을 나타내는 사람들의 비율(반응)이 증대한다.

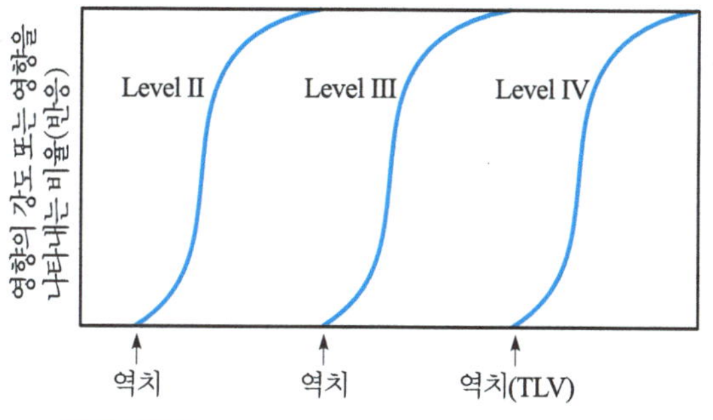

그림 3-14 각 level의 농도 · 영향 또는 반응관계

㉪ 역치(TVL)가 존재한다는 전제조건이 필요하다. 따라서 일반적으로 역치가 없는 식물에 대해서는 대기오염의 허용농도나 환경기준을 설정하기가 곤란하다.

㉫ (그림 3-13)의 WHO 각 level의 농도, 영향 또는 반응관계를 도시하면 (그림 3-14)와 같이 되고 대부분 화학물질의 농도, 영향 또는 반응관계는 어떤 농도 이상으로 되면 영향 또는 반응이 나타나기 시작한다. 즉 TLV(Threshold Limit Value)이라고 하는 개념이 생기고 그래서 허용이라고 하는 방식이 성립하는 것이다.

4) 대기오염질 폭로시 허용치

(1) 대기오염물질의 폭로값

㉠ 이상적으로 유해물질은 환경대기 중에 방출되지 않는 방법이 바람직하지만 실제적으로 대단히 어렵다. 그러나 사회경제적 및 기술적 문제를 고려할 때 유해물질이 발생되는 작업 환경에 있어서 어느 정도의 방지대책 수립을 위한 관리기준이 필요하다.

㉡ (표 3-13)의 허용농도는 일본산업위생학회의 권고치(1976)에 의하면 "허용농도란 노동자가 유해물질에 연일 폭로되는 경우에 당해 유해물질이 공기 중에서 허용기준치 이하로 있으면 거의 모든 근로자에게 악영향이 나타나지 않는 농도이다"라고 하고 있다.

㉢ 단지 각각 유해물질의 감수성은 개인마다 다르므로 이 TLV 이하에서도 어떤 특별한 근로자에 있어서는 불쾌, 잠재적 건강상태의 악화 및 직업병 발생에 도움이 되지 않을 수도 있으나 제시된 허용농도는 통상의 노동 시간동안 육체적으로 심하지 않는 노동에 종사하는 경우 1일의 실시노동시간에 대한 평균농도로 나타내고 있는 것과 이 값을 초과해 농도가 상승하는 것은 허용되지 않는 값을 환경농도로 나타내고 있

다.

㉣ ACGIH(American Conference of Governmental Industrial Hygienists)는 허용농도를 다음 세 가지의 개념으로 분류되고 있다.

ⓐ 시간가중 평균농도(TLV-TWA : threshold limit values-time weighthed average concentrarion)일 경우

(ⅰ) 1일 8시간, 1주 40시간의 정규 노동시간 중 시간가중 평균농도로서 나타나게 되고, 대다수의 노동자는 반복하여 폭로되어도 건강장해를 일으키지 않는다.

ⓑ 단시간 폭로한도(TLV-STEL : short term exposure limit)

(ⅰ) 15분 이하의 단시간, 계속적으로 폭로되어도 견딜 수 없을 정도의 자극을 느끼거나 생체조직에 만성적 또는 비가역적인 질병을 일으키거나, 마취작용에 의해서 사고를 일으키기 쉬워졌거나, 자제심을 잃게 되어서 작업능률이 현저하게 저하하거나 하는 일이 없는 고농도 폭로가 1일 4회 이내이고 고농도 폭로와 다음의 고농도 폭로의 사이에는 적어도 60분의 간격이 있을 것이다.

ⓒ (TLV-C : ceiling)일 경우

(ⅰ) 설령 순간적일지라도 넘어서는 안 되는 농도, 어떤 조건일지라도 이 허용농도는 직장에서 노동자의 건강장해를 예방하기 위한 수단으로서 사용된 권고치이지만 이 농도는 안전과 위험과의 명확한 구분을 나타낸 것은 아니다.

(ⅱ) 둘 이상인 오염물질 허용농도의 수치이고 그들 오염물질의 유해성 정도를 비교하거나 현재 앓고 있는 질병이나 건강상태를 나타낸 증거나 반증으로 사용해서는 안 된다. 주로 특정 물질의 허용농도는 근로자의 작업장 공기오염에 대한 자료이다.

(ⅲ) 한편 환경기준은 환경정책기본법에 "쾌적한 환경을 보전하고 환경오염(대기의 오염, 수질의 오염)으로부터 사람의 건강을 보호함에 필요한 기준"을 설정했다. 이와 같이 대기환경기준은 행정상의 목표로 되어야 할 것이고 개념상 다른 것이다.

(ⅳ) 허용농도도 대기환경기준도 작업의 장소 또는 지역사회 사람의 건강을 보호하는 것을 주목적으로 한다고 하는 점에서는 같지만 (표 3-13)에 나타냈듯이 폭로되는 것의 폭로 농도나 기간 등에서 달라지고 있기 때문에 내용적으로는 다른 의미를 갖는 것이다. 따라서 동일 대기오염물질의 허용농도와 환경기준은 다르고 통상 전자의 편이 높다.

(ⅴ) 대기환경기준을 정하기 위해서는 생체영향에 관한 농도, 영향 또는 반응관계를

표 3-13 주된 대기오염물질의 중독증상 등과 허용농도

물질명	화학식	중독증상 등	허용농도
플루오르화수소	HF	피부, 눈 및 점막의 자극, 기관지염~폐염~폐수종	3ppm
황화수소	H_2S	눈 및 비인후점막자극, 두통, 현기증, 폐염~폐수종, 호흡중추마비	10ppm
셀렌화합물 (셀렌화수소 이외의 무기화합물)	Se로서	피부 및 점막자극, 피부염~화상, 상기도자극, 현기증, 오심, 구토	0.1mg/m^3
염화수소	HCl	눈, 피부, 점막자극, 치의 변색, 치통, 기관지염	5ppm
이산화질소	NO_2	눈, 점막자극, 기관지염~폐염~폐수종	5ppm
이산화황	SO_2	눈, 상기도자극, 기관짖염~폐염~폐수종	5ppm
염소	Cl_2	피부, 눈, 점막자격, 치아의 부식, 기관지염~폐염~폐수종	1ppm
포스겐	$COCl_2$	피부, 눈, 상부기도자극, 기관지염~폐염~폐수종	0.1ppm
이황화탄소	CS_2	피부, 눈, 상부기도자극, 마취작용, 신경염(시신경), 정신이상, 신장해	10ppm
시안화수소	HCN	세포산화과정의 저해에 의한 화학적 질식, 두통, 권태, 호흡곤란, 경련, 호흡마비	10ppm
암모니아	NH_3	피부, 눈, 상부기도자극, 기관지염~폐염~폐수종	25ppm
오염화인	PCl_5	점막자극	1mg/m^3
황인	P	상기도자극~폐염~폐수종, 골의 화농 · 양양 · 양사	0.1mg/m^3
포름알데히드	HCHO	눈, 상부기도자극	2ppm
아크롤레인	CH_2CH	눈, 피부, 상부기도자극	0.1ppm
벤젠	C_6H_6	피부, 눈, 상부기도자극, 중추신경계 억제증상, 빈혈 등의 조혈기능장해나 백혈병의 가능성	10ppm
메탄올	CH_3OH	피부, 눈, 상부기도자극, 시신경장해, 마취작용, 두통, 오심, 현기증	200ppm
니켈카르보닐	$Ni(CO)_4$	기도자극과 중추신경계의 작용(두통, 현기증, 오심, 구토), 호흡기발생	0.001ppm
황산	H_2SO_4	눈, 피부, 상부기도자극, 치아산침식	1mg/m^3
브롬	Br_2	눈, 피부, 상부기도자극, 중추신경계로의 작용(두통, 시력 장해, 경련)	0.1ppm
일산화탄소	CO	CO-Hb을 형성하고, 혈액산소운반을 방해하여 저산소증 (두통, 현기증, 오심 등)	50ppm

평가 · 검증하여 대기오염물질 영향의 성질과 정도를 판정하기 위한 판정조건(criterion)을 정해야 한다. 이것은 아주 과학적인 방법이어야 하며 판정조건에 따라서 지역사회 환경의 질을 위한 기준을 정하는 단계에 대해서는 정책적인 문제가 뒤따른다.

(vi) 대기환경기준을 달성하기 위한 기술적 문제 외에 그 기준을 달성하기 위한 비용과 그 결과가 얻어질 것이라는 이익이 고려되기 때문이며, 어느 정도까지 사람의 건강을 보호하는가에 따라서도 다르나, 환경정책기본법상 대기환경기준

은 대기환경행정의 척도가 되는 환경정책목표이다.

(vii) 따라서 한 번에 공중의 건강을 보호하기 위한 대기환경기준이라고 해도 각국 또는 각 지역사회에서 다른 방식으로 정해지므로 같은 물질이라도 대기환경기준치가 다른 경우가 있는 것은 당연하다.

(viii) (표 3-14)에 일본 각국에서 대기환경기준을 달성 · 유지하기 위한 오염물질의 배출 규제시 세부 항목을 나타냈다.

(ix) 대기환경기준이 강화되면 될수록 대기오염방지를 위한 비용은 급격히 증대하여 사회에 주는 영향도 그만큼 커진다.

표 3-14 직업성 지역사회폭로 영향비교

구분	직업성	지역사회
폭로되는 사람	주로 건강한 성인남자	여러 가지 단계의 건강과 질병의 상태에 있는 신생아부터 노인의 모든 사람들
폭로기간	주로 1일 8시간, 주 5일 및 40시간, 계속 50주로 한정되고 작업중 또는 자주 간헐적으로 폭로되므로 유해물질의 배설과 회복시간이 있다.	계속적이므로 유해물질의 배설과 회복시간은 약간 저 농도에서 제로(0) 농도의 기간과 오염지역이 감소되는 기간의 정도에 의해서 변한다.
폭로레벨	TLV를 측정가능하도록 배분한다.	일반적으로 측정기 분석감도의 한계에 대해서 상당히 낮다.
오염물질	주로 관리자나 작업자가 이미 알고 있는 단일오염물질이고, 보통 건강장해가 그 오염물질에 의한 것을 알 수 있고 그것에 대한 보호도 어느 정도 알고 있다.	다양한 오염원에서의 1차 오염물과 그것에서 물리적 및 화학적 반응에 의해 대기 중에서 형성되는 2차 오염물의 혼합이고, 오염물과 건강장해의 관계는 용이하게 알지 못하고 폭로를 받는 사람에게도 종종 알지 못하는 일이 많다.
영향	특이적인 직업병이 자기업자에게 나타낸 사고의 위험률 증가, 생산력의 감소, 생산력의 감소, 보상보험비의 증가가 된다.	비특이적 호흡기장해 코 · 인두 · 눈의 자극이 증가 시정감소의 사고위험률 증가 식물이 동물로의 장해 심미적 불쾌 기후의 변화를 포함하는 장기간의 생태학적 영향

(2) 공해건강피해보상법(일본)

㉠ 일본에서는 경제의 급속한 발전과 도시화의 진전에 따라, 대기오염이나 수질오염에 의한 건강장해의 발생이 큰 사회문제로 되어 왔다. 1967년에 공해대책기본법이 성립하고 1969년에 「공해에 관계되는 건강피해의 구제에 관한 특별조치법」이 제정되고 더욱이 1973년에는 「공해건강피해보상법」이 공포되었다.

㉡ 공해와 관련되는 건강피해에 대한 손해를 보상하는 것으로 도시나 공업지역에 나타낸 대기오염에 의한 폐쇄성 호흡기질환과 같은 복합오염에 의한 비특이적 질환에서 개개인과의 인과관계를 증명하여 민사상의 해결을 하는 것은 대단히 어려운 일이다. 그래서 공해건강피해의 구제를 신속 또는 원활히 하기 위해 공해에 의한 건강피해에 대해서 일정한 부담을 시켜 손해를 보상하고 그 비용은 오염원인자에게 부담시키는 제도가 제정되었다.

㉢ 본 제도의 대상은 대기오염 및 수질오염에 의한 건강피해에 따른 질병을 대상으로 했다. 본 제도가 개개의 피해자에게 소정의 부담을 할 경우에 질병과 대기환경오염과의 상관관계를 명확히 하는 것이 문제가 되지만 대기오염계통 질병은 각각 엄밀한 상관관계의 증명을 하는 것은 먼저 불가능하므로 지정지역에 있어서 폭로조건을 만족시킨 자가 지정질환에 걸려 있다고 판단되면 개개의 환자에 대해서 인과관계가 있는 것으로 인정한다고 하는 제도적조치를 하고 있다. 이때 손해배상의 비용은 오염원인자가 그 기여도에 따라서 부담하는 연대책임배상법이 원칙으로 적용되었다.

(3) 대기오염에 의한 공해건강피해자의 인정

㉠ 대기오염에 의한 비특이적 질환인 만성기관지염이나 폐기종 등을 의학적으로 진단하는 것은 가능하지만 개개의 환자에 대해서 대기오염에 의한 것인지를 의학적으로 진단 · 결정 · 제정하는 것은 아주 어렵다.

㉡ 그래서 공해병은 대기오염의 정도나 만성기관지염의 유증률 등과 역학조사 등의 데이터를 종합하여 지정지역을 설정하고 지정지역 내에 일정기간 이상 거주했는가, 상시 통근할 경우인가 또는 그 지정지역의 대기오염에 폭로되어 있다고 하는 조건 등을 정하여 지정지역, 폭로조건, 지정질병인 이들 세 가지 조건이 갖춰지면 공해에 의한 건강피해로서의 질병으로 간주한다고 하는 상관관계의 제도적 약속을 하고 있다.

㉢ 지정지역으로서 지정되는 것은 '현저한 대기의 오염' 에 의해서 '질병이 많이 발생' 하고 있는 지역으로 지역지정요건의 구체적 내용으로서 '현저한 대기오염' 은 오염도 3도 이상(이산화황 농도 연평균치 0.02ppm 이상)으로 되고 '질병의 자주발생' 은 BMR의 질문서에 의한 조사에서 얻어진 지속성 기침, 가래의 유증률이 자연유증률(오염이 없는 지역의 유증률(有症率)로 2~3%의 대체로 2~3%배 이상 될 경우이다.

㉣ 지정질병은 대기오염계 비특이적 질환으로서 만성기관지염, 기관지천식, 천식성 기관지염, 폐기종 등이 지정되고 있다. 폭로조건은 지정지역의 주거 및 통근 등의 기간

과 연령 등 여러 가지의 조건이 정해져 있다. 성인일 경우는 만성기관지염 및 그 지속성에서는 2~5년 6개월, 기관지천식 및 그 지속성에서는 1년~3년 3개월, 천식성 기관지염 및 그 지속성에서는 1년~3년 3개월, 폐기종 및 그 지속성에서는 3년 9개월에 미치고 있다.

ⓜ 인정이란 지정지역으로 지정질병에 걸려 있다고 인정되는 자이고 폭로조건의 하나를 만족시키고 있는지는 신청에 관하여 그 지역을 관할하는 시장 · 도지사가 결정한다. 이 지역이 결정되면 장해의 정도에 따라 장해 보상비가 지급된다.

ⓑ 장해의 정도는 폐기종(호흡곤란), 심폐증(천식발작), 기침 및 가래의 상태 정도가 폐기능 소견의견서 내역을 종합해 등급 단계에 따라서 나누어져서 이에 따라 보상금이 지급된다.

인체의 각 기관에 영향을 줄 것으로 알려진 유독물질은 다음 (그림 3-15)와 같다.

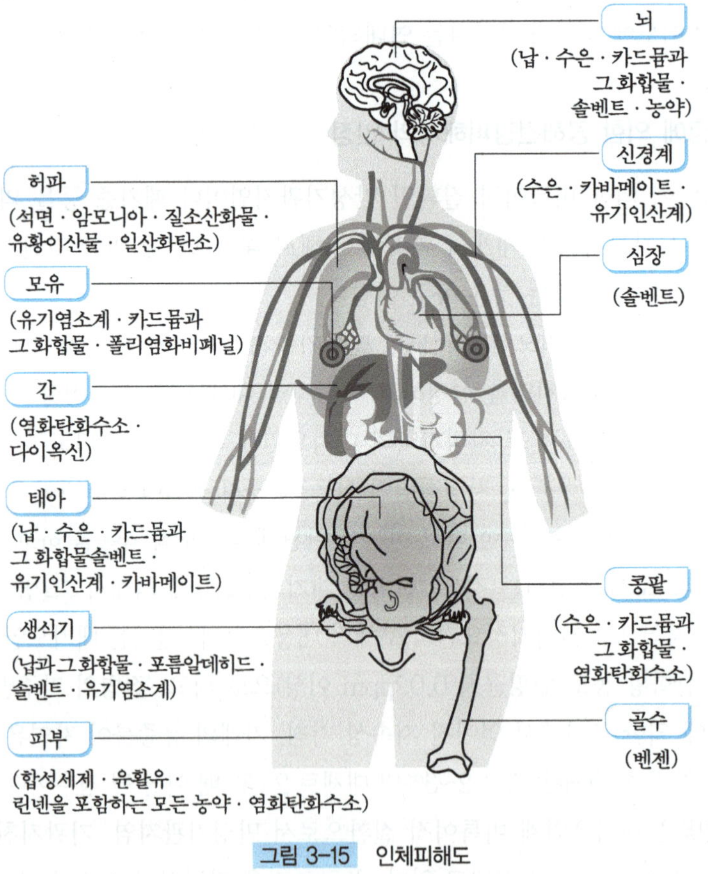

그림 3-15 인체피해도

2 기타의 영향

1) HF에 의한 양잠피해

㉠ 대기오염에 의한 양잠업의 피해는 뽕나무 잎에 오염물질이 부착하고 그것을 먹은 누에의 피해를 나타내는 경우와 누에의 몸에 직접 유해물질이 접촉되어 피해를 주는 경우가 있다.

㉡ 피해 사례로는 전자가 많고 후자는 적은데, 전자의 경우 오염물질로서 이산화황, 플루오르화합물, 염소화합물이 있다. 또 시멘트, 모래 등의 먼지에서도 그들이 부착한 뽕나무의 잎을 먹은 누에는 소화불량 현상을 일으키어 발육이 저해된다.

㉢ 이산화황에 의한 뽕나무 잎의 피해는 뽕나무 잎의 조직에 함유된 황 농도가 0.3% 정도 이상으로 되면 유해로 알려졌고 식욕감퇴, 거동장해, 발육부진 등 증상을 나타낸다. 플루오르화합물에 의한 피해는 그 독성이 높고 피해 사례도 많은데 뽕나무의 잎 안에 함유된 플루오르가 30mg/kg(건조물 상태) 이상 함유되면 유해하다고 되어 있다. 피해의 정도는 식욕감퇴, 위액의 구토 등을 일으킨다.

2) 건물의 피해

㉠ 대기오염에 의한 건물의 파괴는 검댕, 먼지와 같은 고형물이 부착하여 피해를 주는 비화학적인 더러움이 있고 세척물의 더러움 등 불평도 많이 호소했지만 청정연료사용 및 집진장치설치로 최근 들어 피해가 적어졌다.

㉡ 오존과 고무균열

고무균열의 원인은 오존에 의한 것이 증명되고 나서 이 방면의 연구는 급속히 진행하고 오존 농도와 접촉시간에 의한 균열의 깊이 또는 균열의 수, 잔금균열에 준하는 물성의 변화 등 각종 연구가 발표되고 있다.

㉢ 문화재와 대기오염

우리나라는 서울에 중요 문화재가 많은 것이 특징인데, 기후가 고온다습으로 되고 공업이 발달함과 함께 자동차의 비약적 증가에 따라서 학술적 · 예술성이 높은 문화재가 많이 손상되었다. 그러므로 문화재가 있는 지역에서는 대기오염의 피해가 우려되고 있다.

그림 3-16 성화의 대기오염피해

제3절 대기오염 사건

1 대기오염에 의한 피해사건

1) 대기오염에 의한 건강영향문제는 사람이 불을 사용했을 때부터 시작되고 있다. 환기의 불충분한 주생활 등에서는 난방이나 조리를 위해 여러 가지 것을 태워 피해를 받고 있던 것으로 생각된다. 석탄이 발견될 때까지의 주요 연료는 목재였지만 목재보다도 강력한 에너지를 가진 석탄은 산업혁명을 가능하게 했지만 석탄의 연소생성물은 목재의 연소생성물보다 훨씬 유해하였다.
2) 14세기 초부터 산업의 발전과 인구의 증가에 따라 석탄소비량은 급증하고 석탄연소에 따른 매연, 먼지가 생활환경에 미치는 영향이 대단히 컸다.
3) 석탄문명이 산업에 크게 미친 영국에서는 매연과 먼지의 고통이 심해 1661년 찰스 2세의 명령으로 석탄의 연소시 수반된 오염문제를 정리한 John Evelyn의 「Fumifugium」이 출판되었다. 이 보고서는 런던의 불쾌한 연기를 어떻게 해야 하느냐 하는 논제이고 생활환경이 매연, 먼지로 불쾌해 런던의 주민에게는 폐결핵이나 감기에 걸리는 사람이 많고 폐의 장해가 많은 것이 지적되고 있다. 그러나 아래에 서술하듯이 대기오염에 의한 몇 가지 피해적 사건이 일어날 때까지는 대기오염은 건강영향문제보다도 건물이나 세탁물이 오염되면 일단 생활환경으로의 영향문제로서 취급되어 왔다.
4) 1859년에 펜실베이니아주에서 석유의 유전개발이 성공된 이래 수년 중에 제2의 산업혁명이 일어났다. 석유개발은 산업 및 가정의 연료방식을 변화시키는 것뿐만이 아니라 운송기관에도 커다란 혁명을 가져 왔다.
5) 석탄에서 석유로 에너지 전환이 행해짐에 따라 석탄에 의한 매연, 먼지문제는 서서히 쇠퇴하고 석유연료 연소생성물에 의한 대기오염문제가 부상되었다.
6) 특히 제2차 세계대전 이래 산업이나 운송기관 등의 내연기관이 석유계 연료를 사용

하게 되고 그 소비량은 급증하여 금일에 이르고 있다. 그 중에서도 로스엔젤레스는 석탄의 연소 생성물에 의한 오염으로 대표되는 런던형에 비하여, 석유계 연료의 연소에 의한 오염으로 대표된 로스엔젤레스형 오염으로 스모그(smog) 피해는 유명하게 되었다.

7) 이 로스엔젤레스형 대기오염은 주로 자동차의 배출가스에 함유되는 탄화수소와 질소산화물의 혼합물에 태양광선 중 자외선이 작용하고 광화학 반응에 의해서 오존을 주성분으로 한 광화학 옥시던트가 2차적으로 형성되는 대기오염이다.

8) 이와 같이 대기오염문제는 에너지원으로서 사용되는 물질의 종류와 그 사용량과 사용방법 및 연소산물의 처리방법에 의존한다. (그림 3-17)에 대기오염의 역사적 사건의 관계를 나타냈다.

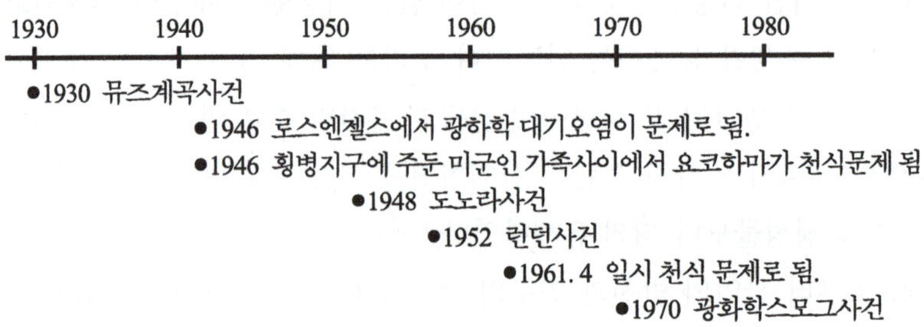

그림 3-17 대기오염의 역사적 사건

2 대기오염에 의한 역사적 사건

1) 지금까지 알려진 대기오염사건은 이러한 episode을 통해 대기오염사고 및 배출원이 있으면 어떤 지역 대기의 질이 오염되어 변화하면 그 지역주민의 건강에 악영향을 미치어 사망도 일으킬 수 있는 것을 알 수가 있다. 이들의 사건에 공통하고 있는 것은 대기 중에 배출된 오염물질의 확산을 방해한 무풍 및 기온역전과 같은 기상조건이 수일간 계속되었기 때문에 대기오염물질의 농도가 지표면에 상승하여 피해가 급증된 대기오염의 사건이 발생한 것이다.

2) 뮤즈계곡 사건(벨기에)

㉠ 1930년 도노라 사건(미국, 펜실바니아주)과 1948년 이 사건은 양측이 산에 둘러싸여진 연안에 공장단지가 있고 이들의 공장에서 배출되는 오염물질이 무풍상태의 기온 역전시 확산이 막혀졌기 때문에 점점 축적되어, 오염물질의 농도가 대단히 상승되었기 때문에 다수의 사람들이 호흡기질환에 걸리고 뮤즈계곡 사건에서는 60명, 도노라 사건에서는 18명이 사망했다고 한다.

㉡ 양자 모두 당시에는 대기환경오염물질의 측정이 되어 있지 않았기 때문에 오염물질의 농도는 불명하며, 원인조차도 명확히 되어 있지 않지만 황산화물, 플루오르화물이나 각종 납, 아연, 카드뮴, 먼지의 호흡기자극성 물질인 Zn, ammonium sulfate의 복합 오염에 의한 영향으로 추측된다.

3) 런던 사건

㉠ 1952년 12월 5일부터 9일에 걸쳐서 거의 영국 전역에 기온역전이 일어나고 런던에서는 일산화탄소, 타르(tar), 플루오르화합물, 이산화황이나 카드뮴, 먼지 농도가 통상의 수 배에서 최고로는 7에서 9배로 되고 이 기간 중 사망자수를 보면, 1947년부터 1951년과 같은 기간 중의 평균사망자수에 비하여 3,500~4,000명 이상의 생명을 앗아가는 결과를 초래했다.

㉡ 사망은 모든 연령에 걸쳐서 증가영향을 나타냈지만 45세 이상이 많고 특히 70세 이상의 고령자의 사망증가가 많았으며, 사망의 원인은 만성기관지염, 기관지폐렴 및 심장병이 많았다. 사고발생시 측정된 매진(煤塵)량의 최고치는 $4.46mg/m^3$이고 SO_2는 1.34ppm이었다.

㉢ 1952년 이후에도 1956년, 1957년, 1962년에도 사건이 발생했다. 뮤즈나 도노라 사건의 주원인은 공장에서의 배출물질에 의한 오염이었던 것에 비해서, 런던 사건에서는 대기오염의 약 60%가 가정난방을 위한 석탄 연소에 의한 것이고, 더구나 도시에서 발생한 것으로 볼 때 우리들의 생활과 밀접한 사건이었다.

4) 포자리카 사건(멕시코)

㉠ 본 사건은 1950년에 일어났으며 부주의로 특정의 장소에서 오염물이 누설됐기 때문에 일어난 것이다.

㉡ 천연에서 황화수소를 뽑아 내어 황을 만드는 공장이고 황화수소(H_2S)가 부주의로 누설되어 공장 주위의 주민이 호흡기 및 중추신경계의 영향을 받아 320명이 입원, 22명이 사망했다.

5) Los Angeles 사건

㉠ 자동차 광화학 스모그사건은 1954년 7월 이후 미국의 캘리포니아주 LA에서 자동차 등의 화석(석유계) 연료연소시 배출되는 올레핀(olefin)계 탄화수소, 질소산화물, 황산화물 등과 태양광선 중 자외선에 의해 발생한 신종 광화학 스모그(smog) 사건이다.

㉡ LA 해안분지로서 1년 동안 내내 해안성 안개와 침강성 기온 역전이 매일 발생되었고 휴양지와 유전개발 등으로 인구증가와 자동차 증가로 석유계 연료소비증가에 의해 회백색 연무가 발생되었다. 피해는 회백색 광화학 스모그현상으로 눈, 코, 기도, 폐 등의 점막에 지속적 · 반복적 자극으로 전 시민의 일상생활에 불쾌감을 주고, 시정악화, 식물과 과일의 손상, 가죽제품의 피해, 고무제품의 균열과 노화, 건축물의 손상 등 영향을 나타냈다.

㉢ LA smog 발생 이후 미국연방정부의 대기환경기준항목은 SO_2, Pb, O_3, NO_2, HC, CO, PM-10이며, 광화학스모그 오염원별 배출비율은 고정발생원 30%, 이동발생원 70% 정도이고 오존오염원인은 차량 50%, 페인트류 14%, 고정발생원에서 연료 및 가연성물질 8%, 유류처리과정 · 저장 · 이송 4%, 산업공정 2%와 기타 3%이다.

㉣ 오존(O_3)에 대한 연방의 건강기준은 1년 100일 정도, Stage 1은 1년 40일 정도, Stage 2는 1988 이후 발생되지 않았고 Stage 3은 1974년 이후 발생되지 않았다. 미국은 오존예보제를 실시함으로써 차량은 4배 증가했을지라도 LA Smog 발생 이후 O_3 농도는 절반 이하로 감소하게 되었다.

6) 보팔(Bhopal) 사건

㉠ 매탈 이소시아네이트(MIC) 유독가스 누출사고로 1984년 12월 3일 인도 중부지방 마드야프라데시주의 수도 보팔시에서 미국의 다국적 기업인 유니온카바이트 회사의 살충제 공장에서 메틸 이소시아네이트(CH_3CNO) 유독가스가 약 1시간 동안 누출되어 인근지역 40km^{2}를 덮어 국민 70만명 중 20만 명이 가스를 흡입해 2만 명 이상이 응급치료를 받았으며 가축들이 떼죽음을 당했던 최근의 사건이다.

㉡ 이 CH_3CNO(MIC) 가스는 심한 기침과 호흡곤란을 일으켰고, 최루성 가스와 비슷해 구토, 기침, 눈의 충혈을 일으키며 폐를 팽창시켜 숨을 쉴 수 없게 했다.

3 대기오염과 관련된 피해사건

1) Tokyo-Yokohama Asthma 사건

㉠ 전후 얼마되지 않은 1946년에 미국의 군의는 요코하마 지구에 사는 미국 군수 및 그 가족들 사이에서 가을에서 겨울 사이의 아침에 심한 기침이나 호흡을 수반하는 증상이 자주 나타나는 것을 알았다. 그 후 이 문제가 조사되고, 1954년에 Huber가 「New Environmental Respiratory Disease(Yokohama Asthma)」로 제목을 쓴 논문이 발표되고 나서 내외의 관심을 모았다.

㉡ 이들 환자 대부분은 요코하마에 오기 전에는 기관지천식이 걸렸던 일이 있었으나, 요코하마에 근무하면서 대기오염과 관련된 질병을 앓았던 환자가 관동평야에서 멀어지면 상기의 병상이 극적으로 좋아졌다.

㉢ 이 지역에서 장기간 떠나 다른 지역에 있으면 임상증상이 좋아진 환자가 어떤 기회로 재차 이 지역에 오면 재발하는 것이다. 이들의 원인을 알아내기 위하여 대기 중의 화분이나 실내 등 오염물질이 계통적으로 조사되었지만 유의한 소견을 얻었지만 정확지 않았으며 대기오염물질의 농도가 상승했을 때에 심한 증상을 나타내는 환자가 많이 발생했다.

㉣ 대기오염에 의한 심한 호흡기 질환으로 밝혀졌다. 그 이후 1960년 Harvey Phelps가 Yokohama Asthama을 재검사한 결과, 관동지구에 주둔하는 외국인에게도 나타난 것으로 Yokohama Asthma는 Tokoy-Yokohama Asthma라 불려지게 되었다.

㉤ 이 문제는 그 후도 조사되고, Spotnitz은 1964년에 이 문제에 관한 조사 후 최종 결론을 발표했다. 이 발표에 의하면 Tokyo-Yokohama Asthma은 특정의 질환이 아니고 하나의 증후이다. 이들의 환자는 기관지 천식을 포함한 알레르기성 질환의 증상을 갖고 이 지역에 오래 거주할 경우에는 증상이 증가하는 경향이 있다고 밝혀졌고 기관지천식군, 감기 같은 증상이 지속하여 심하면 결국 기침을 수반하게 된다.

㉥ 급성기관지염군, 장기해소자로 만성의 기침을 갖는 환자가 이 지역에 오래 주거함에 의해서 만성호흡기 질환이 심화된다고 생각되는 만성폐쇄성 폐질환군의 3군으로 나눠지고 감염이 지속될 때에 증상이 심각하다고 결론했다.

㉦ 큰 섬인 일본에 대해서 조사했을 때, Tokyo-Yokohama Asthma의 증상과 유사

한 것은 있지만 문헌에 기재된 증상의 특징사에 일치하는 것은 없었다고 서술하고 있다. 이상과 같이 호흡기증상의 증후 내지 심각한 호흡기질환을 전부 포함하고 있다고 생각된다.

2) 사일천시(四日天市) 천식 사건

㉠ 사일천시는 1956년부터 석유 콤비나이트의 유전지대가 되어 일본의 석유관련산업의 중요한 임해공업지대로 되었다. 공해병이라고 하는 말은 사일천시의 천식 같은 증상과 관련되어 비슷하다는 것이다. 그리고 ' 65년에는 대기오염에 의한 호흡기질환은 역사에 포함시키지 않았다. 사일천시의 경우에는 대기오염물질의 거대한 배출원과 그 대기오염의 주풍이 주거리로 불었기 때문에 피해가 컸다.

㉡ 사일천시의 각 지역 이산화황 농도와 기관지천식 증상의 이환율 사이에는 비례관계가 보여지고 또 기관지 천식의 발작회수와 이산화황 농도의 사이에도 상관성이 있는 것으로 보고되고 있다.

3) New Orleans Asthama (뉴올리언스 천식) 사건

㉠ 미국의 뉴올리언스의 자선병원 구급의료실의 기록에 의하면 1953년경부터 천식으로 치료를 받은 환자수가 이상하게 증가하는 것이 반복되는 것을 알았다. 그 원인으로서 이 지방 특유의 습지지대에 번성하는 관목이나 잡초류의 소각에 의한 오염, 시에서 옛날에 폐쇄된 소각장의 자연적 연소에 의한 등 명백하 결론은 믿어지지 않았다.

㉡ 천식 발작의 발생빈도는 1953년경은 '자연' 의 원인에 의한 것보다도 인위적인 원인이 많았다고 생각되나, 현재에는 자연적 발생에 따른 무엇인가 특이한 물질에 의해서 일어났다고 생각했으며 대기오염과 같은 연소산화물에 의한다고 하는 생각은 부정적으로 되고 있었다.

4) 광화학 스모그 사건

㉠ 학생들에게 나타난 여름에 일어나는 급성장해가 광화학 스모그인 대기오염과 관련이 있다고 알려지고 있는데, 그것은 전형적인 광화학 스모그인 대기오염이 오래 전에 역사를 갖는 로스엔젤레스 등에서는 나타나지 않는 임상증상을 띠고 있기 때문이다.

㉡ 광화학 스모그의 피해로 생각된 최초의 예는 일본에 1970년 6월 천엽현목갱진(千葉縣木更津)의 해안에서 낚시를 하며 놀고 있던 국민학생이 돌연 목구멍이 아프고 기침이 정지되지 않으며, "가슴이 아파서 깊게 호흡을 할 수 없다"라고 호소하고 있었다.

㉢ 7월에는 동경도 삼병구(杉炳區)의 입정(立正)고교에도 소프트볼이나 수영 중의 여학생 중에서 눈이나 목구멍의 점막자극증상, 기침, 현휘, 두통, 경련을 하소연하는 것이 나타나고 43명이 응급병원에 수용되는 사건이 일어났다. 그 중 5명은 심한 호흡곤란, 경련발작, 의식 장해가 일어났고 심한상태가 되었다고 한다. 그 후 '71년, '72년에도 동경, 대판 등에서 여름에 정도의 차이는 있지만 상기와 같은 증상을 호소하는 급성장해의 예가 발생했다.

㉣ 이들에 공통된 임상증상으로서 안구통, 안질 등의 눈증상이나 인두통 등의 인후증상의 빈도가 많고, 기타 기침, 발열, 호흡곤란 등의 호흡기증상과 두통, 현기증, 구심, 구토, 오심, 발열, 권태감 등의 전신증상, 사지저린감, 경련, 의식장해 등의 신경증상, 안점막충혈, 인두발적, 안면홍조 등의 말초혈관확장 증상이 나타났다. 로스엔젤레스의 광화학 스모그에 의한 인체영향은 주로 눈의 자극증상이 주피해이고 일본지역에 나타난 것처럼 전신증상이나 신경증상이 일어난다. 증상상태는 아직도 불명확상태로 금일에 이르고 있지만 대기오염을 포함하는 환경인자가 상기의 증상을 일으키는 요인으로 된 것은 부정할 수 없을 것이다.

제4절 대기오염 대책

1 대기오염 대책

1) 환경 행정기구의 대기환경정책

(1) 환경부

㉠ 현재 국가나 지방공공단체에서 행해지고 있는 환경오염방지대책의 기본적 법안은 1977년 12월 31일에 만들어진 것이다. 그 후 1989년도에는 환경보전법을 다시 1990년 8월 1일 대기 · 수질 · 소음 · 진동 · 폐기물 등으로 분법 개정되어 국민건강과 쾌적한 생활환경보전체계의 기본적 개정 · 정비가 행해지고 있다. 한편 1980년 1월 15일 환경청이 발족되고 1990년 환경처, 1994년 환경부로 승격해 지금까지 관계 각 부처에서 행해지고 있던 환경행정이 환경부를 중심으로 일원적으로 실시되게 되었다.

㉡ 이와 같은 체제하에서 대기오염을 방지하기 위해 국가나 공공단체는 각각 역할분담을 하면서 대기오염방지법을 중심으로 하는 법규제, 대기오염 상황의 감시측정, 입지의 적정화, 조사지도, 기술개발, 방지시설 융자금 조성 등을 하고 있다. 더욱 정부는 UNEP(국제연합환경계획), OECD(경제협력개발기구) 등의 국제기관의 활동에 적극적으로 참가하고 있어 한 · 미 등의 양국간 협력이 추진하고 있다.

(2) 환경중앙행정기관

중앙행정기관의 환경업무담당현황은 다음과 같다.

㉠ 행정자치부 : 국립공원의 지정과 관리감독, 도립공원의 지정승인과 감독이다.

㉡ 농림축산식품부 : 농산분야의 공해대책과 농업용수의 개발사업계획과 기술지도이다.

㉢ 산업통상자원부 : 독극물의 수출 · 입과 지정폐기물의 수입규제, 공업배치와 공업단지관리업무, 저황유의 공급과 공해방지, 신에너지와 대체에너지 연구 · 개발, 원자력발전소의 안전관리와 핵폐기물 처리 · 처분의 기능이다.

㉣ 국토교통부 : 국토건설종합계획의 입안 · 조정, 국토이용관리법에 의한 규제지역의 지정, 개발제한구역의 지정, 수자원종합개발계획의 수립 · 조정, 하천관리와 호소 · 하천의 매립과 점용, 자동차의 형식승인과 성능시험, 관광지의 지정 · 개발이다.

㉤ 고용노동부 : 직업병의 예방대책과 작업환경의 개선이다.

㉥ 문화체육관광부 : 희귀 동 · 식물 등 천연기념물의 지정과 보호 · 관리이다.

㉦ 해양수산부 : 수산자원의 보호와 공해대책, 공유수면의 매립 · 관리, 한만오염방지대책, 해양오염방지를 위한 감시, 단속과 방제이다.

㉧ 미래창조과학부 : 원자력 안전규제업무의 종합 · 조정, 방사능 방호대책의 수립 · 시행, 핵물질과 방사선 · 산업폐기물의 운반, 처리와 처분에 대한 규제이다.

㉨ 산림청 : 산림기본계획수립, 야생동물의 보호와 수렵의 규제, 산림의 보호와 산지훼손행위의 단속이다.

㉩ 농촌진흥청 : 토양검정의 개량지도이다.

(3) 대기환경보전법 규제

㉠ 환경관계법규의 체계를 정하고 있는 것은 1977년 12월 31일에 제정된 환경보전법이다. 환경보전법은 공해의 개념, 사업자, 국가 · 지방 공공단체의 주된 환경오염방지대책의 대부분을 그 중에 포함하고 있다. 환경보전법에 준하여 공장, 사업소나 자동차에서의 매연의 배출을 규제하고 농도를 규정했다. 한편 대기환경보전법이 1990년 8월 1일에 제정되었다가 현재 대기환경보전법령은 법률 95개 조문, 시행령 67개 조문과 시행규칙 137개 조문으로 구성되었다.

㉡ 대기환경보전법의 개정은 전국적인 배출규제의 실시, 규제대상물질의 확대, 연료 사용기준의 설정 등 규제 · 강화되었다. 먼저 2015년 1월에 초미세먼지의 환경기준이 도입되고 종래의 배출시설별 분류체계가 적용되었다.

㉢ 동시에 종래 규제되어 있지 않던 유해물질에 대해서도 카드뮴 및 그 화합물, 염소 및 염화수소, 플루오르, 플루오르화수소 및 플루오르규소, 다이옥신, 염화비닐, 납 및 그 화합물에 대해서 시설별로 규제가 행해지게 되었다.

㉣ 지구온난화 등으로 생태계변화를 가져올 수 있는 온실가스(이산화탄소, 메탄, 아산

화질소, 수소불화탄소, 과불화탄소, 육불화황, 염화불화탄소와 수소염화불화탄소)를 기후·생태계변화 유발물질로 규제하게 되었다.

ⓜ 질소산화물에 대해서도 총량 규제물질이 지정되면 대상지역에 총량규제가 실시될 수 있다. 대기환경기준에 대해서는 1979년 2월 아황산가스(SO_2)에 대한 기준을 최초로 설정한 이래 1980년에는 일산화탄소, 이산화질소, 옥시던트, 먼지, 탄화수소가 설정되었고 1991년 2월에 납이 환경기준에 새로 설정되었다(1993년 SO_2와 CO는 기준달성으로 낮게 기준을 강화하고 탄화수소(HC)는 항목에서 제외시키고 벤젠이 추가되었다. 그리고 자동차의 매연과 같은 미세먼지(PM-10)와 초미세먼지(PM-2.5)를 2015년 1월에 정했다).

ⓑ 이산화질소의 환경기준은 1983년 8월에 제정되었다. 자동차의 배출가스규제에 대해서는 제작차를 중심으로 일산화탄소, 탄화수소, 입자상물질, 매연, 질소화합물의 규제가 실시되고 있고, 특히 질소산화물에 대해서는 착실히 규제가 강화되어지고 있다. 즉 승용차(가솔린, LPG차)에 대해서는 2000년도부터 규제 적용되고 있다. 또 트럭 및 버스에 대해서도 제1단계 규제는 1954년 규제로서 실시되고, 제2단계 규제도 2000년 1월부터는 모든 중량자동차로 적용되었다.

ⓢ 1996년 9월 14일부터 현재까지 자동차의 종류별 정의와 규모, 자동차원료 첨가제의 종류, O_3 경보단계도입, 제작자동차(휘발유·가스·경유 사용자동차, 이륜차, 자동차), 자동차의 배출가스 보증기간, 운행차 배출허용기준, 운행차 정기검사의 방법 및 기준, 자동차 정기검사 대행자의 장비·기술능력 등을 규정했다.

ⓞ 헌법에 명시된 환경권의 보장과 실현을 위해 국가환경시책에 대한 기본이념과 방향을 제시하며, 지구환경보전을 위한 국가의 기본정책을 환경정책기본법에 명시하고 있다. 그리고 개별 환경관련법의 근거규정기능을 갖고 있으며, 성격상 선언적인 규정을 하고 있으나, 직접 대기환경오염을 규제하는 것은 아니다.

ⓙ 환경정책기본법에는 대기환경기준, 대기환경 특별대책지역지정, 대기오염원인자의 비용부담원칙선언, 대기환경보전시책의 국회보고, 대기환경보전장기종합계획의 수립, 대기환경과학기술의 진흥, 대기환경보전을 위한 국제협력 및 대기환경오염피해에 대한 무과실 책임원칙의 선언, 환경보전위원회 등이 규정되어 있다.

ⓒ 헌법 제 35조에는 "모든 국민은 건강하고, 쾌적한 환경에서 생활할 권리가 있으며 국민과 국가는 환경보전을 위해 노력하여야 한다"라고 명시되어 있다.

ⓚ 대기환경을 보전하기 위해서 대기오염물질의 배출규제, 연료사용규제, 자동차 배출가스규제 등이 대기환경보전법의 주요 내용이다.

ⓔ 사업장의 배출규제는 사업자가 대기오염배출시설을 설치할 때 사전 자진 신고하고 배출시설설치 후 운영과정에서는 배출시설과 방지시설을 정상 운영함으로써 대기오염 배출허용기준을 준수하지 못할 경우에는 배출부과금의 부과 등 행정적, 사법적인 제재를 가한다.

ⓟ 대도시의 대기오염을 저감시키기 위해 화석연료의 사용금지, 저황유와 청정연료사용을 의무화했으며, 자동차의 배출가스규제를 위해서 제작자동차의 인증과 결합시정제도, 운행자동차의 점검 · 개선명령, 자동차연료 첨가제규제 등이 규정되어 있다.

2) 황산화물 대책

(1) 청정연료사용할 경우

㉠ 황산화물의 배출규제에 대응하는 발생원 대책으로서는 수입원료의 저황유연료화, 중유의 탈황, 배연탈황 등의 대책이 강구되어 오고 있다.

㉡ 수입연료의 저황유사용할 경우

ⓐ 수입연료의 저황유에 대해서는 LNG, LPG 등의 황이 거의 함유하지 않은 연료의 수입 확대를 포함하고, 우리나라의 에너지 공급원을 차지하는 석유계 연료의 저황유연료유가 진행되고 있다.

ⓑ 산업체, 열공급시설과 자동차에 저황연료유나 청정연료를 사용하도록 하고 그 대상지역과 시설도 점점 확대시켜서 SO_2 농도를 줄여 나간다. 또한 석탄(유연탄과 무연탄)과 중류(B-C 유)를 사용하는 발전소 등에는 배연탈황시설을 설치하도록 한다.

ⓒ 1981년에 수입연료의 저황유기준을 강화해 벙커씨(bunker-C : B-C)유를 4%에서 1.6%이하, 경유를 1%에서 0.4% 이하로 강화해 공급하므로 서울시 등 수도권과 주요도시의 SO_2 농도를 줄여가다가 1997년부터 한 단계 강화한 B-C유 1% 이하, 경유 0.2% 이하로 사용을 의무화하다가 2012년부터 더 강화된 B-C유 0.5% 이하, 경유 0.1% 이하로 의무화했다.

ⓓ 1993년은 선경(주), LG, CALTEX(주), 경인에너지(주), 극동석유(주)의 정유사(精油社)가 탈황(脫黃)과 분해시설을 설치 · 완료함으로써 1997년 7월부터 B-C유는 10.5% 공급하다가 2001년에는 0.3% 공급했으나, 경유는 2012년부터 0.1% 이하로 전국적으로 공급하고 있다. 그리고 중유는 특광역시와 제주도, 수원시 등의 58

개 지방자치단체는 황함유량 0.3% 이하를 공급하고, 안성, 포천 등의 총 105개 시 · 군은 0.5%와 그밖은 1.0% 이하로 공급하고 있다.

ⓔ 고체연료(석탄류, 코크스, 땔나무와 숯 등) 사용 제한은 1985년 서울, 부산 등의 특광역시와 경기도 수원시, 부천시 등의 14개 시에서 사용금지했다 .그리고 1999년부터 울주군 등의 20개 시 · 군과 서울 · 부산 등의 특광역시에서 고체연료 사용제한하고 있다.

표 3-15 저황유 공급지역 확대현황

<table>
<tr><th>구분</th><th>황 함량</th><th>1997</th><th>1999</th><th>2001</th><th>2002</th><th>2003~
2008</th><th>2009~
2010.6</th><th>2010.7~
2011</th><th>2012~
2013.4</th><th>2013.5~</th></tr>
<tr><td rowspan="3">중유</td><td>0.3% 이하</td><td>–</td><td>–</td><td>7개
시 · 군</td><td>20개
시 · 군</td><td>7개특 ·
광역시
13개 시 · 군</td><td>7개특광역시
제주도전역
34개 시 · 군</td><td>7개특광역시
제주도전역
56개 시 · 군</td><td>7개특광역시
제주도전역
52개 시 · 군</td><td>7개특광역시
제주도전역
마산시,진해
시 제외(창원
시로 통합)
50개 시 · 군</td></tr>
<tr><td>0.5% 이하</td><td>24개
시 · 군</td><td>56개
시 · 군</td><td>49개
시 · 군</td><td>43개
시 · 군</td><td>39개
시 · 군
제주도전역</td><td>20개
시 · 군</td><td>43개
시 · 군</td><td>세종시 전역
103개
시 · 군</td><td>세종시 전역
청원군 제외
(청주시로 통합)
102개 시 · 군</td></tr>
<tr><td>1.0% 이하</td><td>37개
시 · 군</td><td>0.5% 지역
제외한 전국</td><td colspan="5">0.3% 및 0.5% 지역을 제외한 전국</td><td colspan="2">해당없음</td></tr>
<tr><td>경유</td><td>0.1% 이하</td><td colspan="9">전 국</td></tr>
</table>

(2) 청정연료(LNG)사용 의무화

㉠ 청정연료사용 의무제도는 저황유공급이나 고체연료 사용제한에도 불구하고 대도시의 대기오염개선이 안되어 1988년부터 서울시 전지역에서 업무용 보일러와 인천화력에 사용하는 연료를 모두 액화천연가스(LNG)와 대중교통버스에 사용하는 연료를 모두 압축천연가스(CNG)로 대체사용하도록 의무화했다.

㉡ 1991년에는 0.5톤 이상 보일러와 35평 이상의 중앙난방식아파트에 청정연료로 대체했고 1993년 9월부터는 수도권지역의 평균 전용면적 25평 이상의 중앙집중난방식 아파트와 부산 · 대구 지역의 보일러용량 0.5톤 이상의 빌딩에 청정연료를 대체했다.

㉢ 0.2톤 이상의 보일러에 서울시내는 1994년 9월부터 부산 · 대구 광역시내는 1996년

표 3-16 중유(함유기준 0.3% 이하) 공급 · 사용지역

시행시기	2001. 7. 1.부터	2002. 7. 1. 부터	2003. 7. 1. 부터
특별(광역)시	서울, 부산, 대구, 인천, 울산	광주, 대전	–
경기도	수원, 광명, 안양, 의왕시, 의정부, 안산시	군포, 오산시	–
강원도	동해시	강릉시	–
충청북도	–	청주시	제천시
충청남도	–	–	서산시
전라북도	–	전주 · 군산시	–
전라남도	여천시	광양시	여수시
경상북도	포항시	구미시	–
경상남도	–	창원, 마산시	김해시

9월부터 청정연료사용을 의무화했으며, 1995년에 LNG 공급량은 697.1만 톤을 공급했다.

㉣ 현재는 특별 · 광역시 및 전국 35개 지역의 일정규모 이상 업무용보일러, 공동주택, 지역냉난방시설 및 발전시설에 대하여 청정연료 사용의무를 부여하고 있다.

표 3-17 청정연료사용 의무화 지역 확대 추이

구 분	1988	1991	1993	1998	1999	2000	2010이후
대상지역 추가	서울 (1개 시)	인천, 경기 (15개 시)	부산 · 대구 (17개 시)	울산 · 광주 · 대전 등 13개시 (30개 시)	김해 · 구미 · 포항 등 6개시 (36개 시)	진해 (37개 시)	마산 · 진해 제외 (창원시로 통합) (35개 시)
대상시설	발전소, 보일러	업무용보일러, 공동주택, 지역냉난방시설, 발전시설					

(3) 기술적 과제

㉠ 배연탈황(排煙脫黃)장치에 대해서는 일반적으로 산업별 기술 · 연구 개발로서 진행되고 있으며, 실용화 단계에 있어 그 설치 대수와 처리능력에 따라서 매년 탈황장치가 급진적으로 발전되고 있다.

㉡ 이렇게 함으로써 SO_2에 의한 대기오염 상태는 현저하게 개선되고 있으며, 원유를 수입할 때나 연료공급정책을 수립할 때에 연료소요대책을 강구하면서 대도시 등에 있어서는 SO_2에 의한 환경기준달성을 위해 최선을 다해야 하고, 디젤자동차에서의 배출가스 영향이 고려되어야 하며, 큰 항구 부근에서는 입 · 출항 또는 체류 중의 선박에 대해서도 그 영향을 무시할 수도 없다. 이처럼 SO_2 대책으로서는 공장, 사업장,

경우자동차 이외의 발생원에 대해서도 세밀한 대책을 강구해야 한다.

3) 질소산화물 대책

(1) NOx 저감대책

㉠ 대기 중의 질소산화물은 황산화물과 비슷하며, 가연성 물질의 연소에 의해서 배출되는 것이 대부분이다. 그러나 발생과정은 질소산화물이 황산화물과 달리 연료 등에 함유된 질소뿐만이 아니라 연소공기 중에 함유되는 질소분이 산화되어 발생한다.

㉡ NOx의 발생원은 다양하며 주범은 자동차와 공장, 사업장이지만 가정의 난 · 주방, 선박, 비행기도 지역에 따라서는 무시할 수 없다. 또한 그 배출규제와 발생원대책의 계획도 황산화물과 다르다고 볼 수 없다.

(2) 배출허용기준

㉠ 대기오염배출시설에 대한 질소산화물의 배출허용기준은 시설마다 연소조건 등이 다르고 질소산화물의 발생 특성이 다르기 때문에 시설 종류마다 정해져 있고 배출허용기준농도는 NO_2로서 일반보일러의 열공급시설은 액체연료 사용시설은 50(4)ppm 이하이며, 발전용 내연기관 액체연료사용 디젤기관은 90(15)ppm 이하이다. 고체연료 사용시설도 일반보일러의 NO_2 배출허용치가 70(6)ppm 이하인데 발전시설은 50(6)ppm 이하이다. 발전시설의 기체연료사용시설 중 발전용 내연기관 20(15)ppm 이하, 기타 발전시설 25(4)ppm 이하와 기타시설 50ppm 이하이다.

㉡ 특별 대책지연인 울산 · 온산 · 여천 공단이 총량 규제지역으로 1986년 3월에 지정되어 이 지역에 대해서는 상기처럼 지역배출허용기준을 별도로 설정하고 환경오염 저감을 위해 특별종합대책을 수립 · 시행을 위해 대기환경보전법에 의한 배출구 허용기준 설정방식으로 단계별 배출구 허용농도 규제방식과 총량규제 방식 또는 전국 단일 규제기준 설정방식과 지역별 · 시설별 특수성의 복수 규제기준 설정방식 등으로 규정하고 있다.

(3) 총량규제

총량 저감계획과 총량 규제기준은 환경기준 달성을 위해 실시되며, 총량규제 기준식은 다음과 같다.

㉠ 기초 배출량 산정방식

$Q = K(\sum C \cdot V)L$ [Sm^3/hr] 단, 저감정수 K는 0.51, 정수 L은 0.95이다. (3.3)

㉡ 연료 사용량 방식

$Q = a \cdot \omega^b$ 단, b는 정수로 0.95이다. (3.4)

㉢ 기초 배출량 산정방식

$Q = K(C \cdot V)L$ 단, 저감정수 K는 0.6, 정수 L은 0.95이다. (3.5)

(4) 총량규제기준 및 특별대책지역에 있어서 연료 사용기준

㉠ 총량규제는 대기오염상태가 환경기준을 초과해 주민의 건강 · 재산이나 동 · 식물의 생육에 중대한 위해를 가져 올 우려가 있다고 인정하는 구역이나, 특별대책지역 중 사업장이 밀집되어 있는 경우에 당해 구역 안의 사업장에게 대기오염물질을 총량으로 규제할 수가 있다.

㉡ 공장 또는 사업장이 밀집되어 있는 공업지역으로서 시설단위의 배출허용기준에 의해서 대기환경기준을 유지하기 곤란한 지역에 대해서는 국가가 총량규제 지정지역으로 지정을 하고 시 · 도시자사 총량 규제대책을 작성하여 일정규모 이상의 특정 공장 등에 대해서는 총량 규제기준을 위해 조업정지, 특정공장 등 이외의 공장 등에 대해서는 연료사용기준을 정하는 것으로 되어 있다.

㉢ 특별대책지역으로서 울산, 온산은 1986년 3월에 지정하고 성분 2.5% B-C유에서 1.6%로 변경 사용하도록 했고, 2012년도 이후에는 이들의 규제기준이 전면 적용될 계획으로 B-C유는 S 성분이 1.0%를 0.3% 이하, 경유는 0.2%를 0.1% 이하로 공급하기 위해 계획을 수립 추진하기로 했다.

㉣ 특히 서울특별시 4대문 안의 종로구와 중구는 액체연료 사용, 수도권과 대도시권 외에 21개 시 · 군, 즉 서울, 광역시(부산, 대구, 인천, 광주, 대전, 울산), 수원, 부천, 울산, 과천, 안산, 성남, 광명, 안양, 의정부, 구리, 의왕, 군포, 시흥, 미금시, 남양주군에서는 고체연료 사용을 전면금지했으며, LNG 등의 청정연료사용이 점차 증가 · 공급된다. 그러므로 SO_2, 먼지, CO 등 농도는 크게 감소되었으나 NO_x저감은 아직은 기대치 이하인 상태이다.

(5) 자동차 배출가스 대책

㉠ 자동차에서 배출되는 질소산화물에 대해서는 가솔린 또는 LPG를 연료로 하는 자동차에 대해서는 1977년도부터, 디젤에 대해서는 1981년도부터 각각 규제가 개시되었다.

㉡ 일본에서는 가솔린 또는 LPG를 연료로 하는 승용차에 대해서는 '75년도 규제, '78년도 규제가 실시되었고 세계에서 가장 강화된 기준으로 했다. 우리나라도 자동차에 대한 배출가스 규제는 1977년 12월 31일 제정 · 공포된 후 신규제작 및 운행 중인 자동차의 배출가스 규제조항이 1980년 1월에 시행되었고 1984년 7월 1일부터는 강화, 자동차 배출가스 농도기준은 유럽 국가들의 수준으로 강화되었고, 1987년 7월 1일부터 자동차 수출에 따라 더욱 강화했다.

㉢ 가솔린, LPG승용차 이외의 차량(트럭 · 버스)에 대한 배출가스 규제가 1977년도에 적용된 후 경량 · 중량 가솔린차 및 경화물차에 대해서는 1980년도 규제에 의해서 중량 가솔린차 및 디젤차에 대해서는 1984년도 규제에 의해서 각각 질소산화물의 배출규제가 강화되었다. 1984년 7월 환경청은 1단계의 목표치에 준하는 규제에 대해서도 차종에 따라 점차 실시하고 있다. 경유차, 가스차와 가솔린차로 구분해 1999년 12월 31일부터 제작차에도 실시하고 있다.

㉣ 유럽국가들의 수준으로 1차 강화 후 다시 자동차의 증가추세와 이에 따른 연료사용 및 교통량의 증가로 미국, 캐나다 등의 국제시장의 한국 자동차 진출 등에 힘입어 자동차 배출가스를 가장 엄격히 규제하고 있는 미국, 일본의 수준으로 강화하기 위해 2차로 자동차 배출가스 농도기준을 강화해 1985년 10월 28일 환경보전법 시행규칙을 개정 · 공포했으며 1987년 7월 1일부터 시행했다. 다만 구형모델 자동차와 경유자동차는 1988년 1월 1일부터 시행하였고 새로 제작이나 수입되는 휘발유 및 LPG를 사용하는 자동차의 배출가스를 대폭 줄이기 위해 자동차 배출가스의 배출통로에 Pt · Ra 등 촉매를 사용한 촉매 전환장치(catalytic convertor)를 부착해 CO, HC, NO_x 등을 줄일 수 있게 했다.

㉤ 환경부는 날로 증가해서 대도시의 광화학 스모그 원인이 되고 있는 자동차의 배출가스 허용기준을 제작차와 운행차로 구분해서 연료사용별로 휘발유 · 가스사용자동차, 경유사용자동차와 이륜자동차 차종은 경 · 승용 · 소용화물 · 중량 자동차로 구분해 이미 예고제를 도입함으로써 점차 강화해 가기 위해서 규정하고 있다.

ⓗ 제작자동차의 배출허용기준

ⓐ 휘발유나 가스사용자동차는 휘발유, 알콜, 천연가스를 포함한 가스를 혼합 사용하는 자동차와 전기자동차 중 보조동력원으로 휘발유 등 다른 연료를 사용하는 자동차이다.

ⓑ 2013년부터 적용 가스제작차와 휘발유제작차의 배출허용기준(단위: g/km)

차종			CO	NOx	HCHO	HC가스			측정 방법
						배기기관가스	블로바이	증발	
경자동차 소형자동차 소형화물차 중형승용차 중형화물차	기준 1	가	2.11	0.031	0.009	0.017	0g/1주행	1.2g/테스트	테스트 CVS-75 mode
		나	2.61	0.044	0.011	0.056	0g/1주행	1.2g/테스트	
	기준 2	가	1.06	0.031	0.005	0.025	0g/1주행	1.2g/테스트	
		나	1.31	0.044	0.007	0.034	0g/1주행	1.2g/테스트	
	기준 3		0.625	0.0125	0.0025	0.00625	0g/1주행	1.2g/테스트	
	기준 4		0	0	0	0	0g/1주행	0g/테스트	
대형 승용차와 화물차 초대형 승용차와 화물차			4g/kwh	0.4g/kwh	–	0.14g/kwh	0g/1주행	–	WHTC mode

ⓒ 2014년부터 적용 경유제작자동차의 배출허용기준(단위: g/km)

차종	구분	CO	NOx	NMHC	PM	입자계수 (#/kwh)	측정 방법
경자동차, 소형자동차, 중형승용차		0.5	0.08	0.17	0.0045	6×10^{11}	ECE-15 및 EUDC mode
소형화물차 중형화물차	RW 1305kg 이하	0.5	0.08	0.17	0.0045	6×10^{11}	
	RW 1305~1760kg	0.63	0.105	0.195	0.0045	6×10^{11}	
	RW 1760kg 초과	0.74	0.125	0.215	0.0045	6×10^{11}	
대형승용차, 화물차		1.5	0.4	0.13	0.0045	6×10^{11}	WHTC mode
초대형승용차, 화물차		4	0.46	0.16	0.0045	6×10^{11}	

비고) RW(Reference Weight: kg) = 시험자동차중량 – 공차중량 – 운전자 몸무게(75kg)+100kg

ⓓ 2008년부터 적용 2륜제작 자동차의 배출허용기준(단위: g/km)

원동기	최고속도 (45km/hr 이하)	최고속도 45km/hr 초과		3륜 이상 자동차
		150cc 미만	150cc 이상	
CO	1	2	2	7
NOx	–	0.15	0.15	4
NMHC	–	0.8	0.3	5
HC + NOx	1.2	–	–	1.5
측정방법	CVS – 47	UDC – cold	ECE40+EUCD	CVS – 40

비고) 50cc 미만은 CO 3.5g/km, NMHC 1.5g/km와 NOx 0.1g/km이다.

(6) 자동차의 연료, 첨가제와 촉매제의 제조기준

㉠ 자동차연료의 제조기준

ⓐ 휘발유일 경우

항목	납	인	황	벤젠	방향족 화합물	올레핀 화합물	90% 유출온도
기준	0.013	0.0013	10	0.7	22	69	170
단위	g/L	g/L	ppm	v/v%	v/v%	v/v%	℃

ⓑ 경유일 경우

항목	황(S)	방향족 화합물 (파라핀)	10% 잔류탄소량	세탄지수	윤활성
기준	10	30	0.15	52	400
단위	ppm	v/v%	%	–	㎛

ⓒ 바이오가스일 경우

항목	황(S)	메탄(CH_4)	수분	불활성가스(CO_2, N_2)
기준	10	95.0	32	5
단위	ppm	v/v%	mg/sm³	v/v%

㉡ 촉매제 제조일 경우

항목	요소	밀도	알데히드	Cu, Zn, Ni, Cr	K, Ca, Na, Al, ㎍, Fe, PO_4
기준	32.5	1089.5	5	각각 0.2	각각 0.5
단위	w/w %	kg/cm³	mg/kg	mg/kg	mg/kg

㉢ 첨가제 제조기준일 경우

ⓐ Cd, Cv₂, Cl, Ni, Zn, Fe, Mn, Al이 각각 1.0mg/L 이하일 것.

ⓑ 용기는 휘발유 0.55L와 경유 2L 이하일 것

(7) 발생원 대책

㉠ 질소산화물은 연소 과정에서 수반하여 발생하는 것이기 때문에 그 대책은 연소방법을 개선하여 질소화물의 발생을 규제하거나, 배출가스속의 질소산화물을 제거하기 위해서는 두 가지 방법밖에 없다. 후자의 연소장치에 대해서는 암모니아 접촉환원법 등이 실용화되고 있으나 너무 시설이 대형이고 넓은 공간이 필요한 이유 때문에 배기연소장치에는 널리 보급되고 있지 않다.

㉡ 이것에 비해서 전자일 경우는 저 NO_x 연소기술로서 2단계 연소법, 저NO_x 버너, 배가스 재순환 등이 대부분의 연소시설로 채용되고 있다. 그렇지만 그 산화질소의 환경기준 달성률은 전국적으로 약간 낮은 추세이다. 특히 대도시 지역에서는 자동차의 배출가스가 점점 심각한 문제로 대두되고 있다.

㉢ 대도시 대기오염의 원인에는 자동차의 기여도가 크다고 생각되며, 이 때문에 자동차의 개별 발생원 대책뿐만이 아니라 도시 종합교통규제, 연료세, 탄소환경세, 도로구조의 개선, 물자운송시스템의 합리화 등 각종 시책을 종합적으로 강구할 필요가 있다.

4) 먼지 등 대책

(1) 먼지 대책

가. PM-10

㉠ 대기속의 미세물질은 '강하먼지와 부유먼지' 로 대별되고 또한 부유먼지는 대기환경기준이 설정되어 있는 입경 10㎛ 이하(PM-10)와 초미세먼지 입경 2.5㎛이하(PM-2.5), 그리고 그 밖의 비산먼지관리 대책을 수립하고 있다.

㉡ 이들 입자상물질의 발생원은 공장, 사업장 등 산업활동에 관계하는 것만이 아니고 자동차의 운행에 따라 발생하는 것, 바람에 의한 토양입자가 날아올라감이나 황사 등의 자연환경에 의한 것도 포함되어 다종다양하다. 이들의 각종 발생원 중 공장 및 사업활동에 따라서 발생하는 것에 대해서는 대기환경보전법에 준하여 연료, 기

타 물질의 연소 또는 열원으로서 전기의 사용에 따라 발생하는 물질을 '먼지' 라고 하고, 물질의 파쇄, 선별, 기타의 기계적 처리 또는 목적에 따라 발생하고 비산하는 물질을 '총부유먼지' 로서 규제하고 있고, 자동차의 운행에 따라 발생하는 것에 대해서는 동법 등에 준하여 '입자상물질' 로서 정의하고 있다.

㉢ 대기 중에서 사람이나 동 · 식물에 주로 영향을 미치는 먼지는 입경이 0.1㎛에서 10㎛ 정도의 미세먼지이다. 대기 중에 부유하는 10㎛ 이하의 입자(PM-10)는 침강속도가 작아서 대기 중에 오랜 시간 체류해 있다가 호흡시 몸안으로 들어와 폐포에 침착 및 흡입하여 영향을 준다.

나. 미세먼지대책

㉠ 미세먼지에 대해서는 시설의 종류 및 규모마다 배출허용기준이 정해져 있고 더욱 시설이 밀집하여 오염이 현저한 지역에 있어서는 신규 · 증설의 시설에 대해서 보다 엄격한 특별배출허용기준이 정해져 있다.

㉡ 먼지의 배출허용기준은 1983년 8월 1일 환경보전법시행규칙에서 먼지 배출제어기술을 대폭적으로 확대했으며, 1986년 4월에는 저탄장 · 골재야적장 · 콤베어 등의 먼지발생시설에 대한 비산먼지관리기준을 정했다. 참고로 일본의 신규제작 자동차는 1972년부터 운행 사용자동차는 1975년부터 디젤자동차의 매연을 먼지항목으로 규제하고 있다.

다. 비산먼지 대책

㉠ 황분량이 많은 석탄이나 B-C유 등을 LNG와 도시가스처럼 청정연료로 대처해야 하며, 또는 연소시설이나 연소방법을 개선시켜서 연소효율을 높여 연료사용량을 저감시켜야 한다. 비산먼지의 발생시설은 방진시설을 하고, 먼지배출시설은 집진기설치를 의무화하여 대기공간의 먼지발생을 억제시켜 나가야 한다. 참고로 WHO(세계보건기구)의 2000년까지 먼지 권고값은 연간 평균 600㎍/m^3에서 90㎍/m^3이다.

㉡ 특별관리 공사장 : 비산먼지 발생 사업신고대상은 대규모 건설공사장, 토목공사장 등이며, 최소 규모 10배 이상 규모의 공사장을 특별관리공사장으로 지정해서 엄격한 비산먼지 발생을 억제하기 위한 시설설치와 필요한 조치의 기준을 다음과 같이 정했다.

ⓐ 공사장은 출입구에 흙먼지관리 전담요원을 배치해 세륜 · 세차를 확인하도록 하고, 흙먼지공사에 대한 안내판을 설치하도록 했다.

ⓑ 공사장은 월 1회 이상 지도 · 점검을 실시하고, 흙먼지가 많이 발생하는 2~4월에는 월 2회 이상 실시하도록 한다.

ⓒ 도로에서 발생한 비산먼지발생사업자의 관리 강화를 위해 공사장 내 차량통행도로의 우선포장을 적극 유도하도록 한다.

ⓓ 도로별 먼지저감을 위해 진공청소차량을 운행하고, 도시가스 · 상수도 · 하수도 공사시 도로를 굴착할 경우 흙먼지가 방치되지 않도록 한다.

ⓔ 폐기물적환장은 가연성물질의 소각을 금지하고, 1일 2회 이상 물을 살포 및 청소하며, 적환장(transportation)을 밀폐화 한 후 집진시설을 설치하도록 한다.

ⓕ 도로변의 나대지(裸帶地)는 꽃 · 나무 등으로 식재하여 흙먼지의 발생이 없도록 한다.

ㄷ 비산먼지억제를 위한 엄격한 기준

ⓐ 야적할 경우에는 야적물질을 최대한 밀폐된 시설에 저장하거나 보관하고, 수송과 작업차량 출입문은 자동이나 반자동으로 설치하며 보관과 저장시설의 국소배기 부위에 집진시설을 설치한다.

ⓑ 싣기와 내리기일 경우에는 최대한 밀폐된 저장이나 보관시설 내에서만 분체상물질을 싣거나 내리고, 싣거나 내리는 장소 주위에 고정식과 이동식 살수시설을 살수반지름 7m 이상, 수압 5kg/cm² 이상을 설치한다.

ⓒ 수송할 경우에는 적재물이 흘러내리거나 흩날리지 아니하도록 덮개가 장치된 차량으로 수송하거나, 금속지지대에 설치된 롤러(roller)에 차바퀴를 달게한 후 전력이나 차량의 동력을 이용해서 회전시키는 방법이나 이와 동등한 시설이나 그 이상의 효과를 지닌 자동살수시설을 이용해 차바퀴에 묻은 흙 등을 제거할 수 있는 시설을 한다.

ⓓ 공사장 출입구에 환경전담요원을 고정배치해서 출입차량의 세륜 · 세차이행을 통제하고 공사장 밖으로 토사가 유출되지 않도록 관리하며, 공사장 차량통행도로는 다른 공사에 우선해 포장하도록 한다.

(2) 탄화수소류 대책

㉠ 광화학 대기오염의 주요한 원인물질은 질소화합물과 탄화수소이며, 환경부를 중심으로 하여 여러 가지 면에서 광화학 대기오염의 발생기작해명을 노력한바, O_3는 주로 NO_2와 HC류가 햇빛과 광화학반응에 의해 발생되고 태양강도, 기온 역전 등의 기상현상이 오존발생에 기여한다.

㉡ 광역에 걸쳐서 광화학 대기오염을 방지하는 데에 도움이 되기 위해서는 질소산화물 외에 메탄, 올레핀계 탄화수소를 저감하는 것도 유용하다. 질소산화물에 대해서는 휘발성 유기화합물과 앞 장에서 언급했듯이 대책이 진행되어 왔으며, 탄화수소류에 대해서 고정발생원에서의 배출규제에 따라 환경부의 광화학 스모그 대책추진회의에서 결정된 「금후의 광화학 스모그 대책의 방향」에서 밝힌 O_3 농도가 높은 경우에 시정장애, 인체나 동 · 식물, 재산상에 피해를 일으킨다.

㉢ 탄화수소류는 종류 · 용도와 함께 다종다양하기 때문에 그 배출원은 석유관계 · 석유화학관계, 도료, 인쇄잉크, 접착제, 금속 등의 탈지 · 크리닝, 고무용의 유기용제 등의 제조시설, 사용시설, 저장 · 운송시설 등 다양하다. 배출형태도 여러 가지이고 배출규제를 할 경우에는 상세한 대책이 필요하다. 1996년 7월 국립환경연구원에서 조사 · 연구된 「대기 중 휘발성 유기화합물 배출량 산정에 관한 연구(Ⅱ)」에서 국내 VOCs 총배출량은 연간 505,315톤으로 밝혀졌다.

㉣ 자동차에서 배출되는 탄화수소량은 연간 13.3만톤으로 총 HC량 15만톤의 88.9%이며, 먼지량은 8.3만톤으로 20.5%, SO_2는 3.9만톤으로 2.5%, CO는 93.5만톤으로 84.3%이고, NO_x는 51.9만톤으로 45.0%이다. 1990년대 자동차 급증으로 오존오염도가 단기 환경기준이 1시간당 평균 0.12ppm 이상의 경우에 1995년 7월 서울, 1996년 인천지역, 1997년 7월부터 부산 · 광주 등 4대광역시 및 경기도(수원 등 7개시)에 대기오염 경보제를 실시했다.

㉤ 우리나라에서는 먼지감소 대책을 산업공정에서 배출되는 먼지는 연료의 대체, 연소시설 및 연소방법의 개선, 공정의 시설개량, 방지시설의 설치 및 노후시설 대체, 배출허용기준의 강화로써 지방환경관리관서 등과 시 · 도를 통해 정기 및 수시로 지도 단속을 강화해 먼지배출시설에 대한 점검을 철저히 하며, 비산먼지의 감소대책으로는 비산먼지발생원(저장작업, 상적 · 하화작업, 수송작업, 이송작업, 선별 · 혼합 · 분쇄 · 탈사 작업, 제조장, 작업장, 공사장)에서 비산먼지 발생을 최대한 억제할 수 있는 모든 조치를 강구하도록 했다.

(3) 다환(多環)방향족 탄화수소(PAHs)

㉠ 대기속에 방출된 대기오염물질 중에 함유된 수많은 발암성 · 돌연병이성 물질이 지표면에 낙하해서 토양을 오염시키며, 빗물 등에 의해서 하천에 흘러들어오면 물오염도 일으킨다. 특히 오염된 토사(土砂)는 바람 등에 의해 공기중에 비산하고 그 일부는 호흡에 의해서 폐포에 침착되거나 식물에 흡수하여 수중 생물에 생농축(bio-accumulation)이 된다. 생물환경 중에 존재한 대기오염물질 중에 발암성, 돌연변이성 물질인 Benzo(a)Pyrene인 Bap를 대표로 하는 PAHs(poly aromatic hydrocorbons)이다.

㉡ PAHs는 화석(化石)연료 등의 불완전연소에 의해 생기며, 그 발생원을 다양하며, 생활환경 중에 널리 분포되고 있는 환경오염지표 중 하나이다.

㉢ VOCs(volatile organic compounds) 는 광화학스모그와 온실가스의 원인물질이 되는 휘발성 유기화합물로서 분자량 20 이상 100 이하의 탄화수소이다.

(4) 다이옥신(Dioxin)

㉠ PVC, PCB, 플라스틱류, 가정쓰레기 등 탄소(C), 염소(Cl)의 가연성 물질의 연소시 발생되는 독성물질이 다이옥신이다. dioxin은 두 개의 벤젠고리에 1~2개의 O원자가 1~8개의 염소원자가 결합된 화합물이다.

㉡ 다이옥신은 PCDD(polychlorinated dibenzo-p-dioxinds)와 PCDF (polychlorinated dibenzo-Furans)가 있으며, 8개의 염소원자가 결합해서 PCDDS의 경우에는 75개, PCDFS의 경우에는 135개의 이성질체가 있다. 다이옥신 중 2, 3, 7, 8-TCDD가 제일 독성이 강하다.

㉢ 도시형 소각로의 배출가스 중에 dioxin은 연소배출가스온도가 250~350℃일 때에 재생성되며 인체에 미치는 영향과 암과 기형아, 당뇨병, 유산을 유발한다.

㉣ 현재 소각로의 배출허용기준치는 0.1ng-TEQ/Nm^3 이하이다. dioxin의 저감대책은 활성탄분무, 백필터 이후에 선택적 촉매환원장치(SCR) 등이 연계 적용되고 있다.

(5) 1.1.1-TCE와 CFC-113

㉠ 1.1.1-TCE는 1.1.1.-Trichloro Ethane과 CFC-113은 Trichloro Trifluoro Ethane으로 산업전반에서 세정제로 폭넓게 사용되어 왔다. 그러나 이들은 오존층

파괴물질로 1992년 몬트리올 개정 의정서에 따라 1996년 1월 1일부터 생산 및 사용을 전면 금지하도록 규정했다. 다만, 우리나라를 포함한 개발도상국은 2005년까지 사용이 가능하나 2006년에는 의무적으로 사용을 금지하여야 한다.

㉡ 미국은 1993년 5월 15일부터 오존층파괴물질인 1.1.1-TCE와 CFC-113의 사용을 억제하기 위해 Clean Air Acts의 제정하였다.

㉢ 이들은 세정력과 건조력이 뛰어나서 자동차, 프레스가공, 열처리가공, 도금가공, 도장 · 전처리, 전기 · 전자, 정밀기계 · 금속, 유리광학분야에서 이용되어 왔으나 이들이 오존층파괴외에도 지구온난화물질이다. 최근 대체 청정세정제는 수계(순수 등) · 준수계(물+글리콜에테르+계면활성제 등) · 비수제(용제계 : 에탄올 등) 세정제가 있다.

2 산업공해방지활동에 관한 체제

1) 경제체제

대기오염의 방지를 위해 국가 등에 의해서 금융상, 세제(tax)의 각종 조성제도가 취해지고 있는데, 융자제도, 세제감면, 보조금 등의 제도가 있다.

(1) 중소기업 융자금, 국민융자금

㉠ 중소기업을 대상으로 하여 대기오염방지시설을 취득하기 위해서 필요한 자금의 융자, 공해방지기술의 기업화를 위해 중소기업의 신기술기업화를 위한 자금의 융자를 하고 있고 이들은 융자금리(7.5%), 융자한도(3년 거치 8년 상환), 융자금액 최고 2억 원 이하 등에 특례를 설치한 특별대부제도이다.

㉡ 한편 중소기업 금융 융자금은 자본금 1억 원 이하 및 종업원 300인 이하 등, 국민금융 융자금은 자본금 1천만 원 이하 또는 종업원 100인 이하의 중소기업을 각각 대상으로 하고 있다.

(2) 중소기업설비 근대화 자금

㉠ 중소기업 근대화 자금 등 조성법에 준하여 중소기업자의 근대화의 촉진에 기여하는 것을 목적으로 하고 있고 공해방지시설의 설치에 요하는 자금에 대해서도 융자를 하

고 있다.

(3) 친환경 자동차 혜택

㉠ 미국은 전기차, 하이브리드차의 구매시 최대 7,500 달러의 세금공제하고 있다. 수소연료전지자동차에 4,000 달러를 자원하면서 최대 5,000 달러를 보조금으로 지원하고 있다.

㉡ 중국은 최대 전기차 1,200만원, 하이브리드차 1,000만원이다. 그리고 수소연료전지승용차에 최대 25만위안과 60만위안을 보조금으로 지급하고 있다.

㉢ 일본은 전기자동차일 경우 자동차가격의 50%를 보조하며, 하이브리드차는 250만원이다.

㉣ 한국은 전기자동차일 경우 1,680만원를 지원금과 보조금 받으며, 하이브리드자동차는 국고지원금 2,800만원이다.

2) 경제유인 환경제도

대기환경오염을 유발하는 사업자 등의 비용과 편익함수를 고려해 대기오염시 야기되는 각종 사회적인 비용을 내부화시켜서 경제주체들의 의사결정에 영향을 미치게 하는 제도이다. 이 제도는 배출부과금(emission charge), 보조금(subsidy), 예치금(deposit-refund), 시장형성(market creation), 이행 인센티브(emforcement incentives), 배출권거래제도(tradable permit system), 제품부담금(product charge)이 있다.

(1) 부과금(charge)

㉠ 부과금은 배출부과금과 제품부담금으로 분류되며, 부과금은 대기오염물질을 배출할 행위로 지불하는 가격으로서 환경자원의 남용을 억제하는 데 있다. 우리나라의 대기배출부과금제도는 대기오염물질의 배출허용기준 초과정도에 따라 부과금을 부과해 대기오염물질의 배출시 외부비용을 배출업자가 원인자부담원칙에 따라 부담하도록 하는 제도이다.

㉡ 배출부과금은 대기오염행위에 대한 대가로 직접 부과해서 대기오염행위를 억제하도록 유인하며, 제품부담금은 소비과정에서 환경오염을 유발하는 제품이나 생산과정에서 투입되어 대기오염물질을 배출하는 생산목록에 부과되는 피구세(pigovian tax) 원리를 이용하고 있다. 배출부과금제도가 성공한 국가는 일본의 SO_2 감소, 스웨덴의 NO_x 감소 정책유도이다. 그리고 오스트리아, 덴마크는 자동차에 삼원촉매장치를 장착하면 자동차세를 무게등급에 따라 차등한다. 부과금을 납부기한 내에 미납시는 국세징수법에 따른다.

(2) 대기오염 배출권거래제도

㉠ 특정 대기오염물질에 대해서 일정량의 배출권을 설정하고, 정해진 방식에 따라서 배출권 거래를 위한 시장을 형성해 배출권을 초기 분배하는 허용제도이다. 시장에서 형성된 배출권 가격은 대기오염물질의 총배출량이 효율적으로 배분되는 것을 유도하는 것이며 미국에서는 대기분야 중 산성비에 적용하고 있다.

㉡ offset policy는 대기환경기준에 미달한 지역에 신규 대기오염원이나 기존 대기오염원의 시설확장이 허가되면, 대기환경오염이 증가될 가능성이 커져서 그 지역의 대기환경보전을 위해 증가될 대기오염을 상쇄(offset)할 수 있는 시장경제원리에 가장 적합한 환경규제수단이다.

표 3-18 액체 환산 연료사용에 따른 환경개선부담금의 기준부과금액

액체연료사용량(ℓ /반기)	기준단위당 부과금액(원/ℓ)
1천 이하	13
1천~2천	15
2천~4천	16
4천~6천	18
6천~1만	20
1만~2만	22
2만~10만	24
10만~60만	27
60만 초과	29

(3) 대기배출 부과금 대상 대기오염물질

㉠ 황산화물, 먼지, 암모니아, 황화수소, 이황화탄소, 특정유해물질(염화수소, 염소, 플루오르화합물, 시안화수소)이 대기오염물질 초과부과금의 부과대상이 된다. 그러나 기본부과금의 부과대상 대기오염물질은 황산화물과 먼지만이다.

㉠ 대기분야의 배출부과금은 초기부과금과 기본부과금이 있고, 초과부과금을 배출시설을 이용해 조업시 배출허용기준을 초과할 경우에 대기오염물질의 종류에 관계없이

사업장규모별당 부과하는 종별(種別) 부과금과 배출허용기준을 초과해 배출된 대기 오염물질의 처리비용에 부과하는 처리부과금이 있다.

(4) 생활환경에서의 대기오염물질규제

㉠ 비산먼지

ⓐ 비산먼지는 일정한 배출구 없이 대기 속으로 직접 배출되는 먼지를 말한다.

ⓑ 비산먼지의 발생원

(i) 제1차 금속제조업, 비금속물질의 채취, 제조와 가공업
(ii) 시멘트, 석회, 플라스터와 시멘트관련 제품, 가공업
(iii) 지반조성공사, 건축물축조와 토목공사, 조경공사의 건설업
(iv) 비료와 사료제품의 제조업, 금속제품의 제조와 가공업
(v) 시멘트, 석탄, 토사, 사료, 곡물과 고철의 운송업, 운송장비제조업
(vi) 저탄시설의 설치가 필요한 사업
(vii) 고철, 곡물, 사료, 목재와 광물의 하역업이나 보관업
(viii) 폐기물 매립시설의 설치와 운영사업

ⓒ 규제사업

(i) 비산먼지 발생 사업을 하려는 사업자는 시·도지사에게 신고할 것
(ii) 사업자는 비산먼지발생을 억제하는 시설설치와 필요한 조치를 할 것
(iii) 토목공사자, 건축물 축조공사자, 시멘트 제조업자, 콘크리트 제조·제품업자와 석탄제품 제조업자는 비산먼지에 의한 주민의 건강과 재산이나 동·식물의 생육에 피해 발생시는 엄격한 기준을 적용할 수 있다.

㉡ 휘발성유기화합물(VOCs)

ⓐ VOCs는 탄화수소(HC : Hydrocarbon)류 중 석유화학제품, 유기용제(Solvent) 등의 휘발성유기화합물로서 아세트알데히드, 벤젠, 메틸에틸케톤(MEK), 톨루엔, 자일렌(Xylene : C_6H_{10}), 스틸렌(C_8H_8), 휘발유, 원유, 납사(Naphtha), 노멀헥산(C_6H_{14}) 등이다.

ⓑ VOCs는 인체유해하며, 대기 속에서 질소산화물(NOx)과 함께 광화학반응을 일으켜서 O_3, PAN 등의 2차 오염물질을 생성한다.

ⓒ O_3(오존)는 기온상승되면서 매년 증가하여 대도시 지역의 1시간 단기환경기준 0.1ppm 초과해 0.12ppm 되면 8월과 9월에 오존주의보를 2014년 129회 발령하였다.

(i) 년도별 서울시 평균 O_3 농도는 2005년 0.017ppm, 2006년 0.018ppm, 2008년 0.019ppm, 2009년 0.021ppm 오존주의보를 2014년 129회 발 0.021ppm, 2014년 0.023ppm으로 조금씩 증가했다.

(ii) 2014년 최고 일별 O_3 농도는 1월 0.043ppm, 2월 0.027ppm, 3월 0.096ppm, 4월 0.114ppm, 5월 0.171ppm, 6월 0.135ppm, 7월 0.132ppm, 8월 0.108ppm, 9월 0.103ppm, 10월 0.079ppm, 11월 0.071ppm과 12월 0.059ppm이다.

표 3-19 대도시별 년간 최고 O_3 농도변화 (단위 : ppm)

구분	2005	2006	2008	2010	2012	2014
서울	0.199	0.148	0.165	0.163	0.133	0.166
부산	0.124	0.192	0.146	0.173	0.144	0.137
광주	0.113	0.121	0.094	0.102	0.114	0.115
대구	0.124	0.132	0.136	0.135	0.139	0.153
인천	0.149	0.121	0.161	0.146	0.157	0.162
울산	0.131	0.156	0.148	0.164	0.154	0.148
제주	0.189	0.088	0.096	0.099	0.097	0.138

표 3-20 2014년도 월별 O_3 최고농도 (단위 : ppm)

구분	1	2	3	4	5	6	7	8	9	10	11	12
서울시	0.043	0.077	0.096	0.114	0.171	0.135	0.132	0.109	0.103	0.079	0.071	0.059
부산	0.065	0.097	0.115	0.106	0.137	0.123	0.136	0.117	0.101	0.088	0.069	0.061
대전	0.045	0.067	0.085	0.101	0.137	0.115	0.096	0.091	0.115	0.074	0.049	0.046
제주	0.060	0.088	0.096	0.082	0.138	0.091	0.078	0.125	0.101	0.076	0.069	0.055

표 3-21 전국 오존주의보 발령 현황

구분	서울	부산	광주	대구	인천	울산	대전	경기	강원	충청	전라	경상	제주
횟수	23	6	0	3	10	10	3	32	7	2	10	23	0

㉢ 대기배출부과금은 대기오염물질에 따른 대기환경피해방지와 대기오염 배출량을 저감시키기 위하여 사업자에게 부과해 징수하고 있다.

㉣ 초과부과금은 대기오염물질 1kg당 SOx(황산화물) 500원, 먼지 770원, 이황화탄소(CS_2) 1,600원, 황화수소 6,000원 이며, 특정 대기유해물질은 플루오르화합물(HF) 2,300원, 시안화수소(HCN) 7,300원과 염화수소(HCl), 염소(Cl_2)는 각 7,400원이다.

(5) 굴뚝 TMS(Tele-Monitoring System)의한 대형배출사업장 관리

㉠ 굴뚝원격감시체계는 3종 이상의 대형배출사업장으로부터 배출되는 대기오염물질을 상시 측정해 대기질 개선, 대기오염사고의 예방과 신속한 대처를 위해 환경부가 도입했다.

㉡ 굴뚝에 설치된 자동측정기기는 1988년 7월부터 대기오염물질 7항목(SO_2, NO_2, HCL, HF, CO, NH_3와 PM-10)을 5분 간격으로 연속 측정해 30분마다 측정자료를 생산해 왔다.

㉢ 굴뚝원격감시체계는 2007년부터 현재까지 수도권 대기관련영역 156개, 사업장 456개 배출구에 부착해 대기오염물질의 총량관리 제도에 적용되는 배출허용용량 할당량 준수확인 등에 활용되고 있다.

표 3-22 시 · 도별 대기측정망 설치현황(2015 환경부 환경통계연감)

구분	전국	서울	부산	광주	인천	대구	대전	울산	경기	강원	충청	전라	경상	제주
개소	349	45	26	13	23	17	14	19	82	12	22	32	41	3

표 3-23 환경청별 대기측정망 설치현황

구분	전국	수도권	낙동강	연산강	금강	원주	대구	새만금
개소	148	37	6	18	20	14	18	9
도시	48	10	26	6	7	7	8	4

표 3-24 사업장분류기준(대기환경부보전법 제25조)

종별	대기오염물질의 연간 합계 발생량기준	관제센터 전송 않는 측정횟수
1종사업장	80톤 이상의 사업장	주 1회 이상
2종사업장	20~80톤의 사업장	월 2회 이상
3종사업장	10~20톤의 사업장	매 2월에 1회 이상
4종사업장	2~10톤의 사업장	매 반기 1회 이상
5종사업장	2톤 미만의 사업장	매 반기 1회 이상

㉣ 굴뚝자동측정 관제센터의 관할 사업장

ⓐ 수도권 관제센터는 서울특별시, 인천광역시, 경기도와 강원도이다.

ⓑ 중부권 관제센터는 대전광역시, 세종특별자치시, 충청남도, 충청북도이다.

ⓒ 호남권 관제센터는 광주광역시, 전라북도, 전라남도, 제주특별자치시이다.

ⓓ 영남권 관제센터는 부산광역시, 대구광역시, 울산광역시, 경상북도, 경상남도이다.

(6) 대기오염개선

㉠ 우리나라의 대기오염물질 2014년 배출량을 발생오염물질별로 CO 71.8만톤, NOx 104.0만톤, SOx 43.4만톤, PM-10 13.1만톤, VOCs 87.3만톤과 NH_3 27.7만톤(환경부 자료 : 2012년)의 대기오염물질을 배출하고 있는데 자동차의 비율이 높으므로 대기오염의 주범이다. 자동차의 대기오염발생원별 대기오염물질 분포비율은 연간 총배출량은 CO 46.4만톤으로 전체의 64.5% 차지한다. NOx는 31%의 32.2만톤, SOx는 0.1%의 0.41만톤으로 낮다. 그리고 PM-10은 9.9%의 1.3만톤, VOCs는 7.9%의 6.9만톤과 NH_3는 3.2%의 0.9만톤이다.

㉡ 우리나라는 대기오염개선을 위해 에너지의 효율적인 사용과 유류(휘발유, 등유, 경유, 중유)소비를 감소시켜야 하며, 대도시의 대중교통이용으로 자동차배출가스를 억제하고 수송부문에서 경유사용과 산업난방부문에서 B-C유 사용을 최대한 억제하는 에너지 합리화가 필요하다.

㉢ 최근에는 환경소비세도입으로 유류 소비를 감소시키고 대기오염을 줄이기 위해서 배출부과금과 환경개선부과금제도가 직접환경세(直接環境稅)성격으로 현행 제도가 적용되고 있다. 적정 대기오염원별 소비억제는 자동차와 휘발유, 등유, 경유, 석유가스(LPG), 천연가스(CNG) 등의 소비비율을 10% 이내에서 억제하는 자동차 소유주가 차계부(車界簿)를 쓰고 아이들링시간을 추운 겨울동안 휘발유자동차는 2~3분, 경유자동차는 3~5분 정도 등 소비억제 감축실천이 필요하다.

㉣ 앞으로 경유자동차는 CNG(압축천연가스)차량으로 대체하고, 교통혼잡문제 등 전반적으로 열효율재고를 위한 기술개발이 이루어져야 하며, 휘발유자동차의 삼원촉매환원장치 부착시 대기오염물질이 90% 정도인바, 경유자동차의 매연 후 처리장치 부착 의무화 등으로서 강력한 행정조치가 있다면 저감효율이 클 것이며, 아울러 지속적인 방지효율이 높은 제어기술개선이 필요하다.

(7) 제품부담권제도

㉠ 외국은 화석연료의 사용억제를 위해 노르웨이는 에너지사용을 목적으로 하는 석탄과 코크스(cokes)에만 탄소세(炭素稅)을 부과하고 시멘트 생산과 연안어업에 사용하는 연료에는 면제하며, 제지산업의 연료에는 1/2탄소세를 적용하고 있다. 이외에도 황(黃)함유량 따라 차등부과(差等賦課)라는 황세(sulfur tax : 荒稅)를 적용했다.

㉡ 네덜란드는 제품의 제조과정에서 사용되는 연료에는 탄소세를 면제하고 있으면서

현존 물품세제의 묵시적 비율을 적용하고 있다. 스웨덴을 산업과 원예부분에만 탄소세를 부과하고 있으며, 오스트리아, 핀란드, 노르웨이, 스웨덴은 인 · 질소 · 칼슘이 함유된 농업부문제품에 5~13% 제품부담금을 부과하고 있다.

㉢ OECD 국가들도 어떤 형태로든 주로 제품부담금처럼 대기오염행위와 관련된 행위에 간접적으로 부과하는 경제적 유인수단인 간접환경세를 적용하고 있는데, 제품부담금제도가 적용된다.

ⓐ 미국

재원조달효과로서 타이어, 윤활유, 원유와 기초화학원료, 동기부여효과로 CFCs이다.

ⓑ 캐나다

음료용기, 자동차 에어콘, 일회용 기저귀이다.

ⓒ 프랑스

재원조달효과로서 윤활유이다.

ⓓ 이탈리아

윤활유, 비닐쇼핑백이다.

ⓔ 덴마크

탄소(carbon) 함유량에 따라 연료, CFCs, 음료용기, 금속캔이며, 재원조달 효과로써 배터리이다.

ⓕ 노르웨이

탄소함유량에 따라 연료, 황함유량에 따라 석유, 비료, 살충제, 윤활유, CFCs이다.

ⓖ 네덜란드

탄소함유량에 따라 연료, 재원조달 효과로서 자동차 연료이다.

ⓗ 스웨덴

탄소함유량에 따라 연료, 황함유량에 따라 석유, 석탄, 비료, 살충제이고 재원조달효과로 배터리(battery)와 음료용기이다.

ⓘ 그밖의 국가

포르투칼은 배터리와 CFCs, 오스트리아는 비료, 호주는 CFCs이다.

(8) 지방세일 경우

매연, 먼지 처리 시설에 대한 고정자산세의 비과세, 배기확산용 연돌(높이 70m 이상)에 대한 고정자산세의 경감(일본에서는 과세 표준을 당해 설비가격의 1/3, 1983년도 분까지) 등의 조치가 강구되고 있다.

표 3-25 세계각국의 배출부과금 시행중 환경분야

OECD 국가	대기	수질	폐기물	유해폐기물	소음
미국	0	0	–	0	0
캐나다	0		–	–	–
일본	0	–	–	–	0
독일	–	0	0	–	0
프랑스	0	0	0	–	–
이태리	–	–	0	–	–
덴마크	–	–	0	–	–
벨기에	–	0	0	0	0
네덜란드	–	0	–	–	0
스페인	–	0	–	–	–
노르웨이	0	–	–	–	0
포르투칼	0	0	–	0	0
스웨덴	0	–	–	0	–
핀란드	–	–	0		–
오스트리아	–	–		–	–
스위스	–	–		–	0
호주	–	0	0		–

3) 대기오염방지 기술개발의 특징

(1) 대기환경연구기관

㉠ 국립환경과학원에 있어서는 공해방지기술의 개발에 대한 최초로 환경오염의 생물에 미치는 영향에 대한 환경오염 매커니즘의 해명 등 환경과학기술의 폭넓은 영역에 걸쳐서 시험연구가 행해지고 있다.

㉡ 환경문제 자체가 지닌 복합성 · 전문성을 상식적인 판단으로 그 해결방안을 모색해 적극적인 의지로 설립된 국립전문연구기관인 국립환경과학원 1979년 이래 대기 · 물질 · 소음 · 폐기물 · 토양 · 화학물질 · 자동차 분야 등 4부 2과 1연구소, 4개 수질검

사소의 각종 환경분야에 대한 조사 연구와 기술개발업무를 수행하고 있다.

㉢ 조사사업은 1년을 단위로 세 단계를 추진하고 있는데, 1단계는 연구대상별로 문헌·자료조사·예비조사를 실시하게 되며, 2단계는 동 기초조사가 종료되는 데로 현지 조사, 시료채취 등 전반적인 실험분석을 실시하게 되고 3단계는 연구·종합검토를 정리하고 보고하는 순서이다.

(2) 민간에서의 연구개발

㉠ 환경오염방지기술에 대해서는 국립시험연구기관에서 연구개발이 실시되고 있는 외에 민간에서도 개개의 기업뿐만이 아니라 주요업계, 단체에서 업계 특유의 대책에 따라서 연구개발이 진행되고 있다.

㉡ 민간기업 등이 하는 연구개발에 대해서는 공업 기술원에 중요기술연구·개발비 보조금제도나 중소기업은행의 기술개선비, 보조금제도에 의한 조성이 실시되어야 한다.

(3) 감시측정체제의 개발

㉠ 대기오염문제에 대처하기 위해서는 대기오염의 상황을 상시 파악할 수 있는 체제를 확립할 필요가 있다. 이 때문에 감시측정체제의 정비를 적극적으로 진행하고 있다.

㉡ 지방에 있어서 대기오염과 관련 있는 감시측정은 대기환경보전법 제3조의 규정에 의해서 대기오염의 상시감시의무를 갖는 지방환경관리관서 및 측정관리소에 의해 임무를 받은 시·도에 의해 행해지고 있다. 또 대기오염물질 중 현재 규제대상으로 되어 있는 물질만이 아니라 다른 물질을 포함하여 대기오염의 실태를 전국적인 관점에서 파악함과 함께 환경기준의 설정, 공해방지계획의 책정 등에 필요한 기초자료를 얻는 목적이고 대기오염측정소 및 환경대기측정소도 설치되어 운영하고 있다.

㉢ 대기오염물질을 배출하는 발생원에 있어서 이산화황농도 측정으로 연료사용량 등의 상시 감시를 행하고 그 측정결과를 현재시각(real time)으로 송·수신해 on-line으로 연결하여 중앙감시센터에 운송하는 테레메터(telemetor) 장치의 장비가 지방환경관리서와 환경부의 전산실을 연결해 구축하고 있다.

㉣ 환경부 장관은 전국적인 대기환경오염 실태를 파악하기 위하여 측정망을 설치하고 대기환경오염도를 상시 측정하도록 규정되어서 한강, 낙동강, 영산강, 금강 등의 환경관리청과 대구·전주·인천·원주 등 지방환경관리청에 설치해 대기·수질·산

성도의 오염상태를 측정해왔고 1986년 12월부터는 6개 지청에서 그 업무를 수행해 왔다. 대기오염 측정망 중 환경청 측정망은 2015년 서울 · 부산 · 대구 · 광주 · 인천 · 안양 · 울산 · 여천 · 대전 · 성남 등의 48개 도시에 148개소에 지정 설치해 국가배경, 교외대기, 광화학, 산성강하물, 지구대기, 초미세먼지(PM-2.5) 집중 측정망을 측정하고, 대기오염 시 · 도별 측정망은 전국 79개 주요도시에 349개소에 설치되어 도시대기, 도로변 대기와 대기 중금속을 측정하고 있으며, 전국 주요도시에 high volume air sampler(HVAS)를 설치해 대기 중의 TSP를 측정하고 강우 중의 산성비, 풍향 · 풍속 · 혼합고 · 대기안정도 등에 따른 확산조건을 연구하고 있다.

ⓜ 대기측정망은 2014년 말까지 6개시(서울, 인천, 광주, 대전, 울산, 제주)에 국립환경과학원 지방측정망 사무소를 두고 대기오염이동측정망일 경우 차량에 설치해서 대기오염 측정소가 설치가 안된 지역이나 피해분쟁지역, 지역주민요청지역, 대기오염 우심지역, 교통량이 많은 도로변 등 임의지점의 대기오염도를 측정한다.

ⓑ 88올림픽시는 대기오염 이동측정차량(ambient air quality monitaring laboratory) 두 대를 구입한 후 임의 지역의 대기오염도를 수시로 연속 측정할 수 있도록 해왔다. 대기자동측정소에 풍향 · 풍속계를 설치해 측정하는 한편 미기상측정기(radio sonde)를 병행하여 대기오염 예비예보 체제를 위한 자료로도 활용하게 된다.

ⓢ 장차 측정망의 운영은 환경기준 설정항목의 다양화와 시간연속측정 필요성 등으로 장기적인 대기오염 자동감시체제(telemetry monitoring system)를 구성해 정확한 오염도 파악과 상시감시 · 홍보 · 신속 대책수립 · 측정자료처리 분석 등 효율적인 시스템에 의해 점진적으로 추진되어 가고 있다.

ⓞ 현재 설치 · 운영 중인 대기오염 자동측정소는 대형 배출업소의 굴뚝에 설치된 굴뚝감시 측정기(stack monitor)를 각각 지역센터(control center)의 computer와 on line으로 연결해 현재시각(real time)에 따라 대기오염측정소 및 대형 배출업소의 오염도나 배출현황을 파악해 현 대기오염 상태에 따른 경보발령, 공장조업단축, 조업중지 등의 적절한 조치를 취할 수 있도록 자동감시망체제를 1986년 서울, 인천, 수원 등의 수도권 지역과 중화학공업 밀집지역인 울산, 온산 여천공단의 대형 배출업소 굴뚝에 설치된 굴뚝자동측정기(stack monitor)의 대기오염도 자료가 해당 시 · 도별 전산실에서 수집된 후 통신망을 통해 환경부 전산실에 송신되어 이 자료를 바탕으로 경고발생령 · 공장조업단축과 조업중지 등의 유효적절한 조치를 취할 수 있어서 국민의 건강과 생활환경을 쾌적하게 유지할 수 있다.

(4) 환경친화기업의 특징

가. 환경친화기업으로 지정할 경우

㉠ 대기오염물질의 현저한 저감, 자원과 에너지의 절감, 제품의 환경성 개선, 기타 환경보호활동 등을 통해서 환경개선에 크게 기여하는 사업장에 대해서 환경친화기업으로 지정할 수가 있다.

㉡ 환경친화기업지정신청서를 해당 기업의 환경관리청장이나 지방환경관리청장에게 제출해야 한다.

나. 지정시 우선 고려해야 할 경우

사업자는 지정신청 당일부터 2년간 행정처분을 당한 일이 없어야 하며, 중소기업청장이 인정한 환경경영체제(ISO 14001)인 EMS(environmental management system)의 인증기업이 환경친화기업으로 지정신청시 우선 고려하도록 했다.

다. 지정받은 사업장의 특혜일 경우

사업자는 배출시설의 허가를 신고로 대신하며, 배출부과금의 감면과 환경관계공무원으로 하여금 당해 시설이나 사업장 등에 출입해 배출허용기준 준수여부를 확인하기 위한 보고나 검사의 면세 등 조치를 받을 수가 있다.

라. 환경친화기업 지정제도를 도입할 경우

㉠ 사업장의 생산 전과정에서 환경관리가 최종배출구에서의 사후관리인 end of pipe treatment이었으나, 보다 효율적인 사후관리와 청정생산기술(cleaner production technology)을 도입함으로써 자발적인 생산비용을 경제성을 비교해 저렴한 투자를 유도하면서 환경개선을 지속적으로 대처하자는 데 있다.

㉡ 국제적인 움직임이 환경과 무역을 연계시키려는 분위기에 능동적으로 대처하기 위한 환경친화적인 환경경영체의 확립이 필요하기 때문이다.

(5) 국제환경경영표준화의 특징

가. ISO-14000 siries일 경우

㉠ 환경피해를 최소화하기 위한 국제적 노력의 하나로서 각 국가별 환경관련 규격인 BS-7750, EMAS 등을 통일해 생산활동, 제품과 서비스 모든 분야에서 지구환경오염감소, 에너지 및 물자절약, 폐기물재활용을 생각하면서 하나뿐인 지구오염을

막아 번영된 환경복지국가들을 재창조하자는 것이다.

㉡ ISO-14000 환경경영은 ISO(International Organization for Standard) 내에 1993년 설치 된 환경기술위원회 TC-207(30개국이 정회원임)에서 논의하고 있으며, TC-207산하에 6개 소위원회(subcommittee : SC)와 작업반(working group : WG)에서 세부적인 작업을 담당한다.

㉢ ISO-14000 시리즈는 SC1 환경경영체제(EMS), SC2 환경감사(EA), SC3 환경라벨링(EL), SC4 환경성과평가(EPE), SC5 환경전과정평가(LCA)와 SC6 용어와 정의(T&D), WG, 제품 규격의 환경적 관점(EAPS)을 말한다.

나. 환경경영체제(Environmental Management System)일 경우

㉠ 기업경영시 최고경영자는 환경을 경영받침에서 최우선으로 선정해 조직의 지구환경보전을 원료구입에서 폐기단계까지 생각하며, 환경에 악영향을 가능한 한 줄이는 방향으로 조직 전체를 경영실시하고 있다는 것을 인증해 주는 규격이다.

㉡ ISO-14001은 조직체의 환경관리체제와 제품의 환경성과를 인증해 주는 국제규격이다.

다. 환경감사(Environmental Audit)일 경우

ISO-14001 환경경영체제규격의 요건에 조직의 실제 환경경영체제가 부합되는 지 여부를 판정하기 위해 조직체의 EMS 감사를 기획하고 지구환경오염을 지속적으로 개선하는 노력을 이행하는 여부에 주안점을 둔 장기적인 안목과 법규 등의 준수 등 단기적인 안목을 갖고서 이들의 EMS감사, 환경성명서감사와 준수감사를 수행하는 방법과 절차에 관한 국제규격이다.

라. 환경라벨링(Environmental Labelling)일 경우

㉠ 제품 표준화에 관한 규격으로 동일 품종의 상품보다 생산, 사용, 폐기과정에서 지구환경 오염을 덜 시키거나 에너지 · 자원절약한 상품을 심사하는 기준과 공인기관의 인증절차를 다룬 규격이다. 특히 환경라벨링은 무역장벽으로 사용된다.

㉡ 종류는 Type Ⅰ(환경에 악영향을 덜 주고 에너지 · 자원의 절약형 환경친화적상품에 환경마크를 제3자 인증기관에서 부여한 공신력 있는 제도), Type Ⅱ(제품생산자가 자기제품이 환경친화적이라고 스스로 알리고 광고하는 환경성 자기주장의 제도)와 Type Ⅲ(제품의 전과정에서 배출된 오염물질의 부하량과 에너지의 사용량

등을 선정된 지표로 계량화해 식품영양소라벨처럼 제품을 카드화하는 제도)가 있다.

마. 환경성과평가(Environmental Performance Evaluation)일 경우

조직의 활동과 그에 따른 환경상의 위해 및 효과적의 관리를 조직이 달성한 환경개선 효과를 평가하는 지침이며, 기업의 일정한 기간에 환경관련법규 및 그 밖의 요건에 대한 적합 및 부적합 여부를 주기적으로 평가하는 데 환경성과지표를 측정하는 국제규격이다.

바. 전과정평가(Life Cycle Assessment)일 경우

제품, 공정, 활동과 관련된 환경적인 부담을 사용된 원부재료, 에너지와 환경에 배출된 폐기물을 규명하고 정량화하기 위해 분석하여 환경부하에 따른 악영향을 종합적으로 평가하는 국제규격이다.

memo

CHAPTER 04

대기 확산 및 대기오염 예측

제1절

대기 성질 및 대기 확산 개요

1 대기의 성질

1) 기온구배와 역전층

(1) 기온구배(氣溫句配)의 특징

가. 기온과 역전일 경우

㉠ 대기온도를 기온이라고 하며, 기온의 수직분포는 대기덩어리의 상하운동, 지표면(地表面)에서의 열수송, 복사(輻射), 대기흐름의 이동 등에 의해서 복잡하게 변화한다.

㉡ 이 중에서 기온분포의 평균적인 상태로 되는 중립(中立)분포를 단열분포(斷熱分布)라고 하고, 이 경우에 고도(高度)가 100m 높아질 때마다 기온이 0.98℃씩 떨어진다. 일반적으로 산에 오르면 지상보다 기온이 낮은 것은 이러한 이유 때문이다.

㉢ 중위기온분포보다 온도구배가 급격히 불안정 조건하에서 매연은 상하로 크게 변동하고, 그 반대로 안정한 대기조건하에서의 변동은 적다. 안정한 대기일 경우를 역전층(逆戰層)이라고 하며, 고도 100mm 상승할 때마다 온도강하가 0.98℃보다 낮거나 지표면의 상층이 하층보다 기온이 높을 경우도 있기 때문에 이러한 기온분포를 기온역전이라고 한다.

나. 역전층일 경우

㉠ 역전층의 내부에서는 확산(diffusion)이 적고, 부분적으로 역전층이 있을 때 연기(smoke)는 역전층을 통과해 확산되기가 어렵다. 역전층은 광역의 대도시오염에 중요하며, 역전층 생성은 주로 방사성 역전, 침강성 역전, 지형성 역전, 난류성 역전과 전선성(이류성) 역전이 있다.

ⓐ 방사성 역전

지표면이 야간에 적외선의 방사로 냉각되어서 바람이 약한 야간에 발생된다.

ⓑ 침강성 역전

고기압권에 들어가면 대기가 침강할 때 침강비율은 지표면 부근에서 적고, 고도 1km 부근에서 강해져서 그 고도에서 대기의 단열압축에 의해 온도가 상승하기 때문에 발생한다.

ⓒ 지형성 역전

계곡이나 분지(盆地)에서 찬 대기가 침체하기 때문에 발생된다. 산을 넘은 Fohn 기류에 의해서 계곡 사이의 대기덩어리가 상공을 향해 불어가기 때문에 생긴다.

ⓓ 난류성 역전

전체적인 역전의 기온감율(氣溫減率)일 때 지표면 부근에서의 바람이 강할 경우에 하부층에서는 급격한 상하운동에 의해 중립(中立)상태가 되어 역전층이 상부에 남는 경우가 된다.

ⓔ 전선(이류)성 역전

전선(前線)부근에서 냉각된 대기가 하부층으로 흘러들어가서 온란한 대기가 상부층으로 들어가기 때문에 발생한다.

(2) 대기오염물질의 확산

가. 확산일 경우

㉠ 대기오염방지에는 대기오염물질을 배출하지 않는 것이 가장 좋지만 여러 가지 오염물질의 배출을 완전하게 제거하는 것은 불가능하다. 따라서 대기 중에서 오염물질 농도가 환경기준치 등으로 정해진 레벨로 유지되도록 배출조건을 정하는 것이 실제적인 대기오염방지대책이 된다. 환경 중에서 대기오염농도는 배출조건과 대기 중에서의 확산조건에 의해서 변화하므로 배출조건에 적정한 처리결정을 하기 위해서는 대기 중에서 오염물질의 확산과정을 정량적(定量的)으로 파악하는 것이 필요하다.

㉡ 대기 중에서의 매연의 확산상태는 풍향, 풍속, 바람(風)의 혼합, 기온의 연직경도, 대기의 열 역학적 안정도 등의 기상조건과 지형조건에 의해서 변화한다. 평탄지나 비교적 요철(凹凸)이 적은 장소에 있어서 확산상태는 가장 단순하여, 간단한 확산계산식을 적용하고, 매연농도를 추정하는 것이 가능하다. 대기오염방지법의 황산

화물의 배출허용기준이나 총량규제의 근거로 되는 것은 이와 같은 평탄지형에서 잘 성립되는 확산계산법이다. 한편 복잡지형이나 구조물의 주변 등에서의 확산 상태는 풍동(風洞)등을 사용한 유체모델실험, 현지에서의 트레이서(tracer) 실험 및 확산의 미분방정식을 수치적으로 해석하는 방법에 의해 조사할 수 있다.

㉢ 입자상물질이나 가스상물질인 오염물질에 대해서는 확산과정에 더불어 지형물 침작, 비에 의한 wash out 및 rain out, 광화학 반응 등에 의한 2차 오염물질의 생성 등 제반과정이 대기환경오염을 변화시킨다. 이와 같은 대기오염물질의 농도 예측에는 이들 제반과정도 고려해야 한다.

㉣ 대기오염에 의한 환경에서의 영향을 평가하여, 대기오염발생을 미연에 방지하거나 기존오염의 합리적인 개선을 하기 위해 대기 중에서 오염물질의 확산에 관한 지식이 필요하다.

나. 확산과 연기흐름

㉠ 사업장배출가스에 의한 대기오염에 가장 문제로 되는 것은 고정발생원인 굴뚝에서 배출되는 황산화물, 질소산화물, 먼지 등이다. 굴뚝배출가스의 확산은 정성적(定性的)인 특성에 따른 연기흐름을 조사하여야 한다.

㉡ 굴뚝출구 주변에서의 확산과 down wash

굴뚝에서 배출된 연기는 먼저 토출속도의 효과에 따라 대기 중으로 상승하고 한편 고온 가스의 경우에는 밀도차에 의해서 생긴 부력효과로 상승하면서 차츰 바람에 따라 흐르게 되면서 확산된다.

그러나 토출속도가 풍속보다 작을 경우 매연은 굴뚝의 주변에 발생하는 소용돌이나 부근의 건조물에 의해서 발생하는 소용돌이에 말려들게 되어, 아주 빨리 지상으로 강하하게 된다(그림 4-1). 굴뚝에서 배출된 연기는 토출속도나 온도차에 의해 상승하다가 바람에 흘러가면서 확산한다.

㉢ 이 현상을 down wash 또는 down draft라 부르고, 굴뚝주변의 지상에 있어서 오염농도를 높이기 위해 이와 같은 현상을 피하는 것이 필요하다.

ⓐ down wash 현상을 피하는 데는 굴뚝높이(stack height)를 부근의 건조물보다 높게 하거나 토출속도를 적어도 6m/sec 이상으로 토출하는 것이 바람직하다.

ⓑ 굴뚝출구의 형상(形狀)을 고안해 down wash를 억제하는 방법도 좋으며, 대표적인 것으로는 출구부근에 원판을 설치하면, 굴뚝 주위에 발생하는 소용돌이를 저감시킬 수 있다.

ⓒ 소용돌이 현상이 일어나면 계산에 의한 농도추정이 될 수 없고, 지상 대기오염이 급격히 증가하는 것도 되므로 이것을 피하는 것이 급선무라 할 것이다. 소용돌이 현상의 발생유무를 조사하는 데는 풍동(風洞)을 사용한 모형실험이 가장 유효하다.

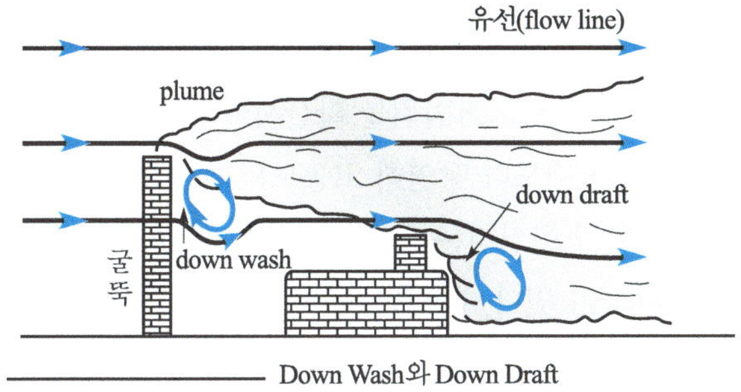

그림 4-1 down wash, down draft 등의 굽어 돌아간 현상의 배연형태

㉣ 배연의 상승과 유효굴뚝높이(He)

ⓐ 소용돌이 현상을 일으키지 않고 대기 중으로 배출된 매연은 운동량과 부력의 효과로 상승하면서 바람과 같이 흐르게 되고, 차츰 수평으로 흐르면서 확산된다. 이때 상승과 확산의 양상을 나타낸 것이 (그림 4-2)이다. 이 상승의 높이는 배출연기상승의 운동량이 클수록 일반적으로 높아진다.

ⓑ 상승에 의한 높이(ΔH)에다 굴뚝높이(H)를 더한 고도가 유효 굴뚝높이(H_e)이다. 굴뚝 주변의 지상에 나타낸 대기오염농도는 배출가스가 유효굴뚝높이에서 수평으로 확산한 경우와 거의 같게 된다. 이 때문에 취급이 간단할 수도 있고, 보통으로는 가스의 유효굴뚝높이를 먼저 계산하고, 이어서 배출가스가 유효굴뚝높이에서 수평으로 확산한다고 가정하고, 대기확산을 계산한다.

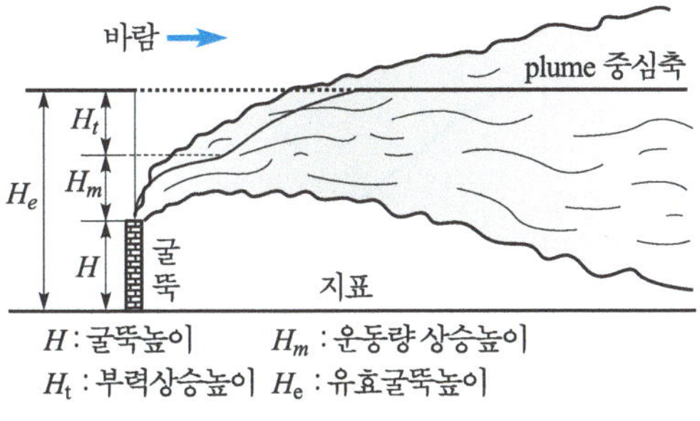

그림 4-2 plume의 상승과 확산의 형태

다. 대기오염물질의 착지농도(着地濃度)

㉠ 굴뚝의 풍하(風下) 지점의 지상농도는 (그림 4-3)에 나타나듯이 굴뚝과 가까운 장소에서는 아직 매연이 지표까지 강하하여 오지 않기 때문에 낮고, 거리가 멀어짐에 따라서 차츰 높아지며, 최대 착지농도에 달하고 나서는 아주 먼 거리까지는 확산에 의해서 차츰 낮아진다. 배출가스량이 같으면 높은 굴뚝높이(height)에서 배출된 오염물질의 착지농도는 똑같은 확산조건에서는 낮은 높이에서의 농도에 비교하면 크게 낮아진다. 높은 굴뚝은 오염범위를 확산시켜서 동일한 배출가스량의 유해가스가 낮은 굴뚝에서 배출될 때보다 당연히 고농도의 대기오염을 감소시킬 수가 있다.

㉡ 최대 착지농도와 그 출현거리는 (그림 4-3)에 나타낸 것처럼 매연의 난류에 비례한 확산 폭과 상관성이 있다. 확산폭은 기상조건에 의해서 크게 변화한다. 특히 대기의 난류(turbulent flow) 강도와 직접적인 관계가 있고, 이 난류강도는 기온의 연직구배, 풍속, 안정도 등의 기상조건과 지면거칠기(地面粗度)에 따라서 폭넓은 범위로 변화된다.

㉢ (그림 4-3)에 의한 최대 착지농도거리 X_{max}는 다른 조건이 변화되지 않는 경우에 유효굴뚝높이가 증가되면 멀어지고, 최대 착지농도 C_{max}는 감소한다. 또한 수직방향의 매연 확산폭이 증가되면 X_{max}은 가까워지고 C_{max}은 증가한다. 이들 항목은 확산계산식에 의해서 정량적으로 검토된다.

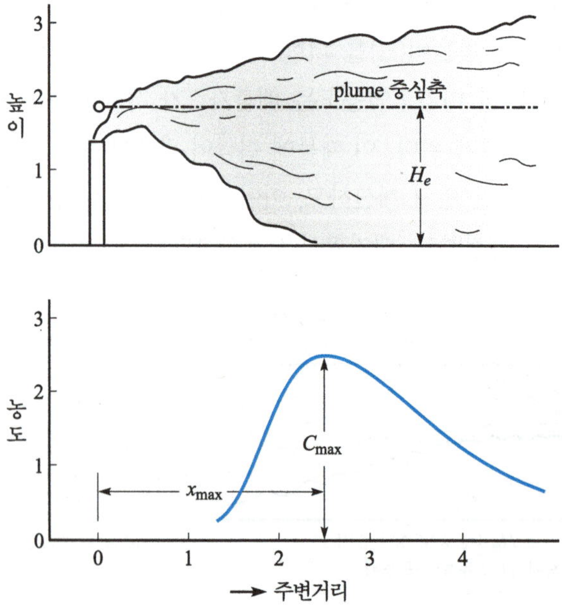

H_e : 유효굴뚝높이 C_{max} : 최대 지상농도
x_{max} : C_{max}의 출현하는 주변거리
농도, 주변거리, 높이는 비례단위이다.

그림 4-3 굴뚝의 주변에서의 배출가스

2) 대기층(大氣層)의 특징

(1) 대기경계층(Atmospheric boundary layer)

가. Ekman층일 경우

㉠ 지표면은 바다와 육지로 이루어졌으며, 바다는 대체로 평탄하다. 육지는 평야가 있는가 하면 나무, 빌딩, 숲, 산 등이 있어 울퉁불퉁해 거칠기가 다르다. 대기가 지구의 지표면을 흐를 경우에 표면의 거칠기에 따라 표면마찰 영향이 크게 달라져 지표면으로부터 1000m 높이까지 대기의 운동과 온도가 달라진다. 이때 이러한 대기층을 대기경계층이라고 하며, 지표면에서 50m까지 영향을 접지경계층(surface layer), 50~1000m 영향을 에크만(Ekman)층 또는 외부경계층이라고 한다. 그리고 1km 이상의 층을 자유대기(free atmosphere)라고 한다.

㉡ 대기안정도가 중립일 경우에 높이(Z_2)별 평균풍속(U_2)의 수직분포는 다음 식으로 구한다.

$$U_2 = \frac{U_1}{K}\left(\ln\frac{Z_2}{Z_1}\right)[\mathrm{m/sec}] \tag{4.1}$$

여기서, U은 Z_1 높이(m)에서의 평균 풍속(m/sec)이며, Z_2 높이에서의 수직분포일 때의 평균풍속은 U_2(m/sec)이다. 풍속은 접지층 내에서는 높이가 증가할수록 풍속도 거칠기값이 작아지면서 증가된다.

표 4-1 지표면의 거칠기값(k) (단위 : m)

지표면	잔잔한 수면	얼음 위	눈 위	사막 위	흙 위	풀 위	농지	삼림	대도시
거칠기값	10^{-4}~10^{-b}	10^{-5}	10^{-3}~5×10^{-5}	3×10^{-4}	10^{-2}~10^{-3}	10^{-3}~10^{-2}	0.01~0.02	1~6	2

나. 혼합층일 경우

㉠ 접지층 위에 있는 Ekman층의 대기안정도를 나타내는 인자가 μ(=h/L)이다. 여기서 h는 대기경계층 두께이며 L은 길이이다. 대기혼합층은 μ가 0일 때 중립이고 0보다 크면 안정, 0보다 작으면 불안정하다.

㉡ 맑은 날에는 햇빛에 의해 지표면이 가열되고 지표면부근의 대기가 가열되어져서

부력(浮力)을 가져, 대류(對流)에 의해 난류(turblent flow)가 일어난다. 그리고 습한 지표면이나 바다 바로 위는 대기가 다량의 수증기를 함유하고 있다.

㉢ 수증기는 공기보다 밀도가 작아 부력을 가지면 대기가 불안정해져서 상부층으로 올라갈수록 대류가 지상으로부터 높이 수백 m에서 10km까지 미쳐서 1200m까지는 온도구배가 없다. 하지만 그 상부층에 역전층을 형성하여 수직방향운동을 억제하는 뚜껑(rid)을 형성해서 하부층에서만 난류가 형성된다. 난류가 형성되는 높이 1200m 이내의 기층을 혼합층(mixed layer)이라고 한다.

(2) 대기경계층의 구조특징

가. 복사에너지일 경우

㉠ 대기경계층은 대기의 안정도(安定度)에 따라 변화하는데, 주로 햇빛에 의한 지면의 가열이나, 지면에서 방출된 적외선의 복사에 의해 지배된다. 대기 속의 적외선의 복사열에너지 $(h \cdot \upsilon)$로서의 중요한 파장은 0.1~100㎛의 장파장이며, 가시광선은 0.36(보라)~0.75(빨강) ㎛이다.

㉡ 모든 물체는 복사에너지를 방출하며, 그 자체온도에서 최대로 가능한 복사량을 방출할 때 그것을 흑체(黑體)라고 한다. 지표면에 입사한 태양복사(太陽複射)는 대기 중의 분자나 에어로졸에 의해 산란 · 흡수되어 감소되며, 에어로졸(aerosol)이 흡수되면 그 만큼의 온도가 상승에너지로 소비되어 광화학반응 등의 소비에너지가 감소된다.

㉢ 에어로졸의 반지름이 햇빛파장의 0.1보다 작을 때 햇빛은 Rayleigh 산란을 하며, 자외선 파장이 250nm보다 작을 때(자외선량은 햇빛의 3% 정도임) 상층부의 대기 중 O_2분자와 O_3에 의해서 흡수된다.

나. 해륙풍(海陸風)일 경우

㉠ 바다와 육지의 표면 온도차에 의해 생기며, 낮에는 육지가 더워져 온도가 높고 바다표면은 육지표면보다 온도가 낮아서 바다쪽의 무거운 대기가 육지쪽의 대기 아래로 빨려들어오고(해풍), 밤에는 이와 반대현상이 일어나서 육지에서 바다쪽(육풍)으로 바람이 불어간다.

㉡ 이러한 현상을 해륙풍이라고 하며, 해륙풍은 일사(日射)가 강한 육지표면이 더워지기 쉬워서 일어나기가 쉽다. 기압차에 의해 생긴 일반풍(一般風)이 약할 때 해륙풍이 일어나기가 쉽다.

다. 평균풍과 확산농도일 경우

㉠ 발생원(Emission source)에서 연속적으로 방출된 매연은 바람에 의해서 이끌려들어가 직접적으로 희석된다. 이 양상을 모델(model)로 나타낸 것이다(그림 4-4). 이 경우에 다른 조건이 일정하게 있으며 풍하에서의 매연농도는 풍속에 반비례한다. 단, 실제 굴뚝배연에서는 상승높이가 풍속에 의존하므로 착지농도의 풍속에 대한 변화는 복잡하다. 이것에 대해서는 다음에 기술하고자 한다.

㉡ 무풍상태에서 매연은 발생원 주위에 대칭적으로 확산한다. 이 경우의 매연농도는 순간마다 풍향속도 또는 난류 크기에 의존한다. 한편 무풍의 계속시간이 길어짐에 따라서 농도는 높아진다.

㉢ 연평균 장기평균농도는 풍향의 출현빈도에 의존한다. 즉 특징적인 풍향이 많이 출현하면 그 방향에 의해 농도가 장기적으로 높아진다.

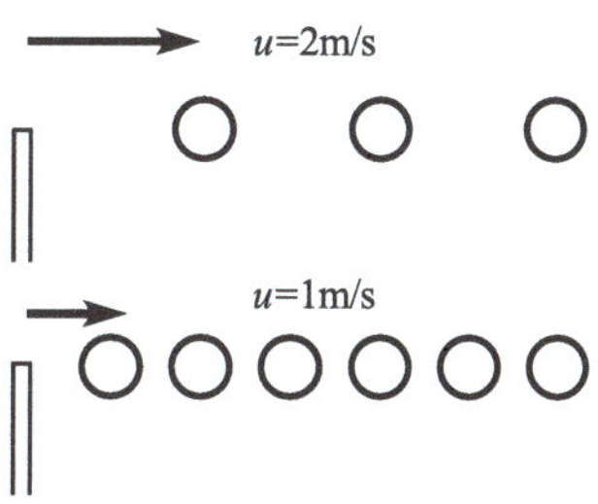

그림 4-4 바람에 의한 연기배출가스의 직접적인 희석 설명도

다. 난류확산일 경우

㉠ 지표면 근처의 대기 중에서 매연(smoke) 등이 확산하는 것은 대기 중의 크고 작은 여러 가지 소용돌이의 불규칙적인 운동 때문이고, 이와 같은 확산을 난류확산 또는 소용돌이 확산이라 부르고 있다. 정체한 대기에 있어서 분자확산에 비해 낮은 대기 중에서 난류확산은 매연 등의 분산속도가 대단히 크다. 확산계수와 비교하면 난류확산계수는 분자확산계수의 10^5~10^6배에 도달한다. 혼란의 크기는 속도의 변동성분 표준편차로 정의된다. 보통 평균풍속과 평행으로 x축, 수평에서 횡풍(橫風) 방향에 y축, 연직방향에 z축을 취하고[(그림 4-5) 참조], x, y, z 축에 평행한 방향의 혼란의 크기를 각각 σ_u, σ_v, σ_w(m/sec)로 나타낸다.

㉡ 난류확산의 통계이론(Pasquill 이론)에 의하면 정상(定常) 상태에서 같은 양상의 난류 중 연속적으로 매연을 방출할 경우 풍하에 있어서 매연 농도는 (그림 4-5)에 나타냈듯이 정규분포를 갖는다. 분포의 표준편차(σ_y 등)는 매연의 퍼짐을 나타내는

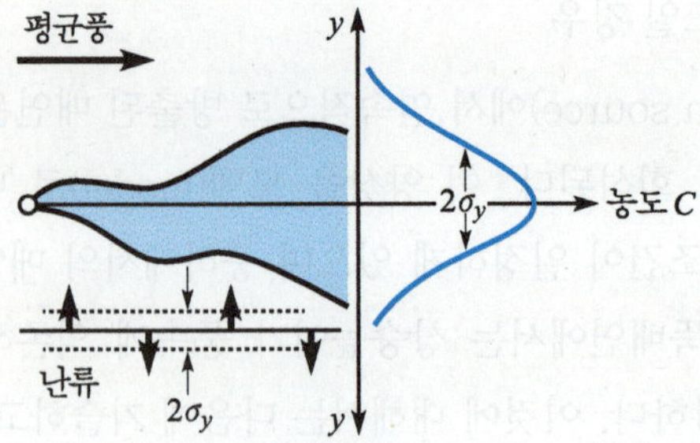

그림 4-5

지표이고, 일반적으로 이것을 확산폭이라 한다. 난류확산의 통계이론에 의하면 방출되고 난 후 시간 t(sec)가 경과 했을 때의 확산폭 σ_y는 다음 식과 같다.

$$t \leqq t_L \quad \sigma_y = \sigma_v t$$
$$t > t_L \quad \sigma_y = \sigma_v t_L (2t - t_L)^{0.5} \tag{4.2}$$

㉢ 여기서 t_L은 난류의 성질에 의해서 변화하는 시간 계수(parameter)로서 상기 식으로 나타냈듯이 확산폭은 흐름의 크기에 정비례한다. 또한 초기($t \leqq t_L$)의 매연은 시간에 정비례하여 퍼지고, 일정시간 t_L을 넘으면 $t^{0.5}$에 비례하여 증대한다. 시간 parameter는 수평과 연직방향에 따르고, 수평방향에서는 수십 시간으로 길지만, 연직방향에서는 1시간 이하이고, 또한 대기안정도와 대상(對象)으로 하는 고도에 의해서도 변한다. 이미 1회의 난류 성질에 대한 변동 주기로서 (그림 4-6)에 나타냈듯이 주기가 긴 난류변동에서는 연기흐름도 천천히 시간적으로 변화한다.

㉣ 대기의 열역학적 안정도가 불안정할 경우 일반적으로 변동의 주기는 길어지고, 안정할 경우는 짧은 변동이 많아진다. 또한 연직방향에서는 수십분 이상의 주기 변동은 포함되지 않지만, 수평방향의 난류 변동에는 수시간 이상의 변동이 나타난다. 이 때문에 수평방향의 매연 확산폭의 농도는 시간(평균시간)이 길어짐에 따라서 커진다.

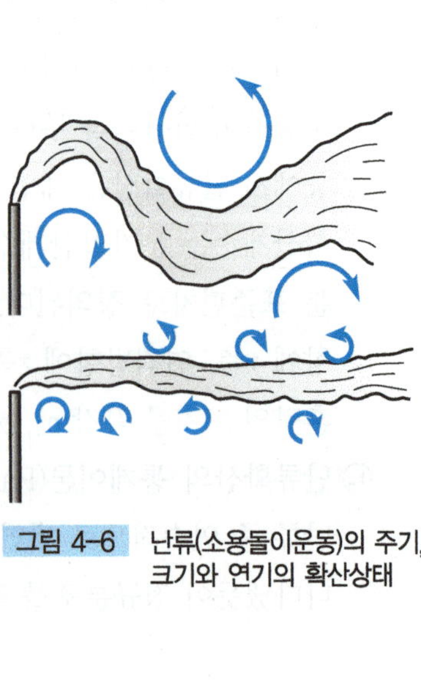

그림 4-6 난류(소용돌이운동)의 주기, 크기와 연기의 확산상태

(3) 확산과 기상조건의 특징

가. 온도변화와 대기오염의 확산일 경우

㉠ 대기 중에서 매연의 확산이 바람의 혼란과 밀접한 관계가 있는 것은 앞에서 설명한 것처럼 매연의 확산폭 및 확산계수 혼란이 증가함에 따라 커진다.

㉡ 저층대기 중에서 난류를 일으키는 기구는 두 가지가 있는데, 첫 번째는 평균폭과 지표면조도(거칠기)와의 마찰에 의해서 풍속의 연직구배가 생기고 그 결과 난류가 발생하는 기구로서 이 경우는 강제대류에 의한 난류의 발생이라고 말하고, 둘째는 지표면이 햇빛(light)으로 따뜻해지거나 열대류(heat convention)가 발생하고 이것에 따르는 난류의 발생기구가 있다. 순수한 열대류는 자유대류라 부르기도 하며, 또한 강제대류와 자연대류의 의한 난류발생 이외에 풍향의 시간적 변화와 기류의 사행(蛇行)도 수평확산에 관계한 일종의 난류로 생각할 수 있다.

나. 기온구배, 대기안정도와 자유대류일 경우

㉠ 기온의 연직구배는 열적인 난류의 발생이나 억제와 밀접한 관계가 있다. 지금 대기덩어리가 상하로 운동할 경우를 생각하면 상공(上空)일수록 기압이 낮으므로 공기괴가 상승하면 단열팽창하기 때문에 대기덩어리의 온도가 낮아진다.

㉡ 반대로 상공에서 대기덩어리가 하강(下降)하면 단열압축 대문에 온도가 상승한다. 상승 · 강하의 고도와 온도변화의 정량적인 관계는 열역학 제1법칙, 상태방정식 및 기압의 고도변화를 나타낸 정역학(靜力學)방정식에서 구할 수 있다. (그림 4-7)에 단열변화(斷熱變化: isothermal variable) 관계를 나타냈다. 고도가 dz만큼 변화될 경우 기괴의 온도변화 dT는 다음과 같은 식이 된다.

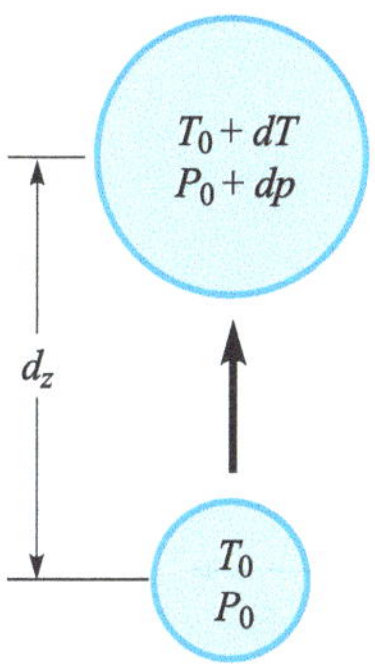

(1) $CpdT - dp/\rho = 0$

(2) $dp - \rho g d_z$

$\therefore dT/d_z = -g/Cp$

C_p : 정압비열 ρ : 밀도 g : 중력가속도
dT : 온도변화 dp : 압력변화 d_z : 고도변화
(1)은 단열변화의 식, (2)는 정역학의 식

그림 4-7 대기덩어리의 상승에 의한 팽창과 온도의 하강

$$\left(\frac{dT}{dz}\right)d = -\frac{q}{Cp} = -r_d \tag{4.3}$$

㉢ 이 때문에 한 번 상승을 시작한 대기덩어리는 점점 가속되게 되며, 이 경우에 자유대류가 발생하여 난류가 커진다. $r<r_d$의 경우는 (그림 4-8)이고 이 경우는 상승대기덩어리의 온도가 주위의 기온보다 낮아지며, 운동은 억제가 된다.

㉣ 대기의 상승하강운동이 증가하는 경우($r>r_d$)를 불안정한 대기, 억제되는 경우($r<r_d$)를 안정한 대기, 증가도 억제되지 않을 경우($r = r_d$)를 중립의 대기라고 부른다. 또 불안정한 기온구배를 강한 체감분포, 중립의 경우를 단열분포(斷熱分布)라고 부른다. 또한 안정한 기온구배에는 약하여 체감분포와 역전분포가 있다.

㉤ 대기 중 각 고도에 있어서 비교함은 온도변위(溫度變位)를 작용하는 일이 된다. 이것은 각 고도의 대기덩어리를 단열적으로 지면(1000mbar의 고도)으로 갖고 왔을 때의 대기덩어리의 온도(溫度)로 정의된다. 지금 고도 z(m)의 기온이 T(℃)였다고 하면 그 온도변화(溫位) θ(℃)의 구배는 다음 식으로 표시된다.

$$\frac{d\theta}{dz} = r_d + \frac{dT}{dz} \tag{4.4}$$

㉥ 따라서 온위가 고도에 대해서 일정한 등온(等溫)변화의 경우는 중립온위가 상공일수록 낮은 경우는 불안정, 기온변화가 상공일수록 높은 경우는 안정한 대기이다. 온위의 역전층은 강한 안전층이며, 안정층 · 역전층에서는 수직방향의 난류운동이 억제되므로 확산이 적고 불안전층에서는 크다. 지표면 부근의 대기 중의 고온구배와 연류의 모형(mode)과의 관계로서 전형적인 예를 들어 (그림 4-9)에 나타내었으며, 이들의 모형과 특징을 (표 4-2)에 종합해서 나타내었다.

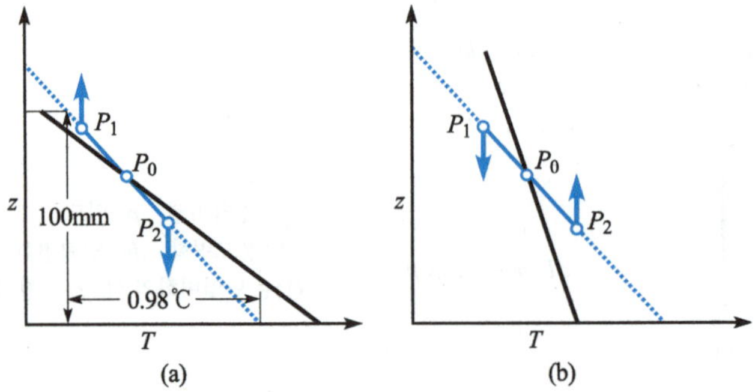

그림 4-8 기온의 구배와 대기덩어리에 작용력

ⓢ 온도구배는 높은 고도(高度)의 값에서 낮은 고도의 값을 빼고, 고도차로 나누어 구한다.

저층대기 중에서는 온도의 감률(減率)은 일정하며, 그 값은 0.0098℃/m이고, 이것을 r_d로 나타낸다. 따라서 단열적으로 상승하면 100m마다 0.98℃의 온도가 저하하고, 하강할 경우는 온도가 올라간다.

ⓞ 실제 대기 중에서 기온의 수직분포는 태양방사나 지표면의 적외선방사, 공기의 이동(移動) 등의 영향을 받아 복잡하게 된다. 실제로 기온의 구배를 r로 나타낸 경우, r과 r_d의 대소(大小) 관계에 의해서 대기 중에 상하로 운동하는 대기덩어리는 주위의 대기 사이에 온도차(밀도차)가 발생하여 가속이나 감속된다. 이 관계를 나타낸 것이 (그림 4-8)이다. (그림 4-8(a))에서는 $r > r_d$으로 되어 있다. 이와 같은 기온구배를 갖는 대기 중에서 대기덩어리가 P_0에서 P_1으로 이동할 경우 기괴의 온도는 점선으로 나타낸 단열변화의 직선에 따라서 하강하기 때문에 실선으로 나타낸 주위 기온과의 사이에 차가 생긴다. 이 경우, P_1에서는 대기덩어리 온도가 주위의 기온보다 높게 되어 버린다.

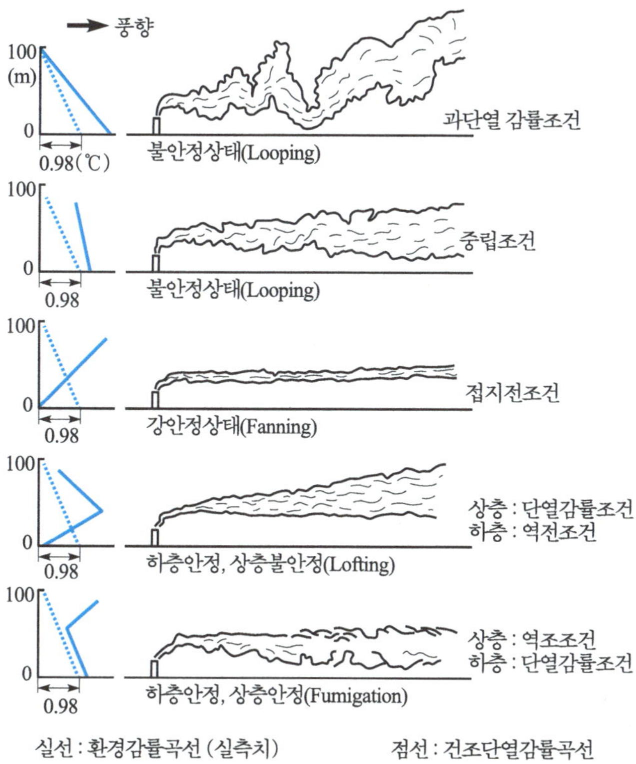

그림 4-9 전형적인 연기흐름(Plume)의 형태와 온도구배

표 4-2 연기흐름 모형과 대기안정도의 관계

연기흐름	대기의 성층상태	특 징
looping 형	전층안정도	매연은 상하로 크게 사행(蛇行) 매연발생원 가까이에 순간적으로 고농도가 나타내진다. 맑은 날에는 잘 보인다.
conning 형	전층중립약안정	확산은 횡방향 · 연직방향을 거의 같은 크기이고, 매연은 부채형으로 넓어진다. 루프형보다 멀리 최대 농도지점이 나타난다.
fanning 형	전층강안정(역전)	확산은 연직방향은 억제되고, 매연이 수평으로 부채형처럼 넓어진다.
lofting 형	하층안정, 상층안정	온위구배가 도중에서 꺾여져 있고, 매연은 역전층 위를 loft형으로 없어지면서 넓어져 스모그(smog)에 관계한다.
fumigation	하층불안정, 상층안정	하층불안정에 의해서 대류가 발생하면 매연에 그을린 상태로 된다.

다. 풍속구배와 강제대류일 경우

㉠ 저층대기 중에서는 지표면 마찰 때문에 풍속은 고도(高度)와 함께 증대한다. 평탄한 지상에서는 대기가 열역학적으로 중립이고, 지상 수십m까지의 접지경계층 중에서 풍속으로 대수분포측에 따르는 것으로 알려져 있다.

$$\mu(z) = \frac{\mu^*}{k} - \ln\frac{z}{z_0} \qquad (4.5)$$

여기서, $\mu(z)$: 고도 z(m)에서의 평균속도(m/sec)

μ^* : 마찰속도(m/sec)

z_0 : 공기역학적인 지표면조도(m)

k : Carmann 정수(~0.41)

㉡ 마찰속도 μ^*과 공기역학적인 조도(粗度)높이 z_0는 (그림 4-10)에 나타냈듯이 $\mu(z)$와 lodz의 관계를 나타내는 그래프이고, 풍속의 수직분포를 나타내는 직선의 기울기와 절편에서 구할 수 있다.

전형적인 지표면에 대한 z_0의 대표값을 (표 4-3)에 나타냈다.

표 4-3 대표적인 지표면의 대기역학적조도 Z_0

지표면	Z_0(cm)	지표면	Z_0(cm)
평균설원	0.005	초 원	1.2~10
평균사원	0.05	삼 림	10~100
설 원	0.1~0.5	시가지	100 이상
지 상	0.2~0.5		

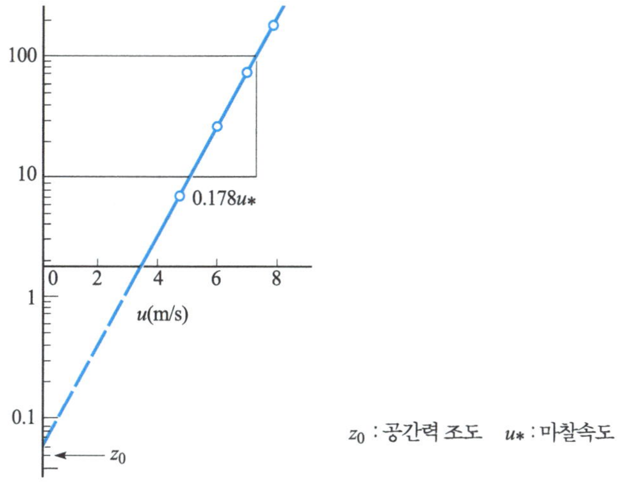

그림 4-10 풍속 u의 대수분포

㉢ 수직방향의 혼란의 크기 σ_w 및 수십분 이하의 짧은 평균시간에 대한 수평방향의 혼란의 크기 σ_u, σ_v는 모두 강제대류가 일어나고 있는 경우에 비례한다.

$$\sigma_w = \sigma_u = A \cdot \mu^* \tag{4.6}$$

여기서, A : 비례계수(약 1.2)

㉣ 식(4.5), 식(4.6)에서 나타나게 되듯이 안정도가 중립이고 풍속구배에 기인하는 강제대류에 따르는 혼란의 크기는 풍속에 비례하고, 또한 지표면의 공기역학적 조도와 함께 증대한다. 대부분의 측정에 의하면 접지기층 중에서 σ_w은 z_0^p에 비례하는 것이 알려져 있다. 단지 p는 약 0.1~0.2인 정수이다.

㉤ 식(4.1)에 관련해서 설명했듯이 매연발생원 가까이에서는 매연의 확산폭은 확산시간과 혼란의 크기에 정비례한다.

㉥ 따라서 강제대류에서 난류가 발생하고 있는 경우, 어떤 일정의 확산시간에 있어서 확산폭은 풍속에 비례하여 커진다. 그러나 (그림 4-11)에 나타냈듯이 매연원에서 본 매연의 확산각도 $\theta \fallingdotseq \sigma_w/\mu$는 풍속에 의존하지 않고 일정하게 되는 것에 주의해야 한다. σ_w/μ은 난류강도로 불려진다.

㉦ 풍속이 빠르고 강제대류가 활발한 경우에는 공기의 연직혼합이기 때문에 대기 안정도는 중립상태에 가까워지고, 따라서 기온감률은 건조단열감률(dry adiabatic lapse rate : r_d)에 접근한다.

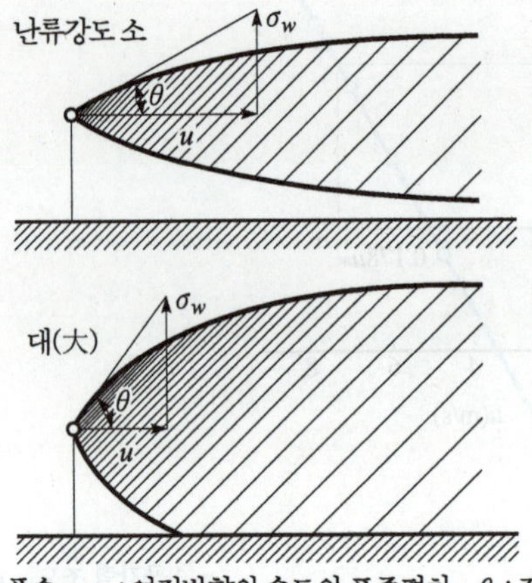

그림 4-11 난류세기와 매연 확산의 관계

다. 풍향변동과 기류의 사행(蛇行)일 경우

㉠ 풍향의 시간변화, 기류의 사행은 수평방향의 연류(煙流)의 확산폭을 증대시킨다. 다시 말하면 풍향변화와 기류의 사행은 장시간에 걸치는 난류(亂流)의 일종으로 말할 수 있다. 이 양상을 모델(model)로 나타낸 것이 (그림 4-12)이다.

㉡ 풍향변동과 기류의 사행은 총괄적으로 기압배치보다는 풍상(風上) 산악 등의 지형에 기인하는 경우가 많다. 이 때문에 연기흐름의 수평확산풍 σ_y는 평균시간과 함께 증대한다. 대부분의 측정에 의하면 확산폭 σ_y는 평균 시간 S의 p수(S^p)에 비례한다. 정수 P는 S가 3분, 1시간의 범위에서는 약 0.2, 1~100 시간에서는 약 0.25~0.3이다 (Haugen 학설).

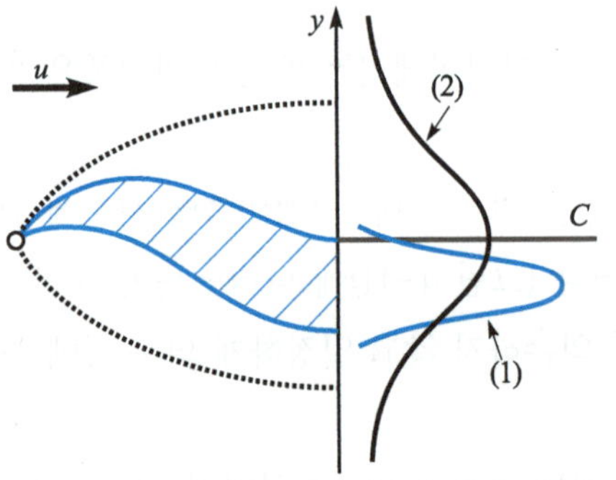

C : 농도 y : 세로방향의 거리 u : 풍속
(1)은 단시간의 농도, (2)는 장시간의 농도를 나타낸다.
연의 윤곽은. 실선은 (1), 점선은 (2)에 대응한다.

그림 4-12 평균시간과 농도의 관계

그림 4-13 기상조건에 따른 사업장의 굴뚝연기형태

2 대기확산 개요

1) 대기안정도와 대기경계층

(1) 대기 안정도

가. 바람 인자

㉠ 바람과 대기안정도

ⓐ 바람은 두 지역간의 기압차에 의한 대기덩어리를 움직임에 의해서 일어난다. 바람을 일으키는 인자는 기압경도력, 전향력, 중력, 마찰력, 원심력에 의해 지배된다.

ⓑ 기압경도력(pressure gradient force)은 고기압과 저기압의 압력차에 의한 힘이고, 항상 고기압에서 저기압쪽으로 대기덩어리가 흘러가서 작용하는 힘으로 풍속은 기압경도력에 비례한다.

ⓒ 전향력(deflecting force)은 지구의 자전(自轉)에 의해 생긴 가속력으로 corioli' s force라고도 하며, 전향력의 방향은 항상 기압경도력의 반대 방향으로 작용한다. 지균풍(地均風)은 지표면에 마찰력이 없는 지상 1km 이상에서의 기압경도력과 전항력이 똑같은 균형을 이루어 등압선과 평행한 바람(wind)이다.

ⓓ 중력(gravity force)은 지구의 자전에 의해서 생긴 원심력과 중심을 향한 인력

의 합(合)으로 나타내며, 원심력은 바람에 작용하는 힘이다. 마찰력(friction force)은 움직이는 대기와 지구의 육지 · 바다표면에서 움직이는 공기에서 작용하는 힘이다.

ⓔ 풍향은 바람이 불어오는 방향으로 명명(名命)했으며, 풍향과 풍속은 대기의 교환이나 수직운동을 말한다. 높새바람(fohn)은 대기온도가 단열적으로 변화한 현상으로 대기가 산맥을 상승하면서 온도가 하강하기 때문에 수분을 빼앗겨서 건조하며, 산맥을 넘어가면서 지표면으로 내려오면서 기온이 상승하여 고온건조한 바람을 말한다.

㉡ 대기안정도

ⓐ 대기의 덩어리가 수직으로 운동하는 것은 억제하거나 더 활발하게 난류(turbulent flow)가 증대하기도 한다. 대기안정도는 기온의 수직분포를 말하며, 불안정하다는 것은 수직방향의 대기운동을 약화시키거나 강화시킬 때를 말한다.

ⓑ 이는 대기 중에서 바람의 전단(shear)과 수직방향의 대기온도 구배에 지배된다. 일반적으로 방사성 역전은 지상으로부터 높이가 상공 120~250m에서 일어나며, 1km부근에서는 침강성 역전이 일어난다.

나. 난류(亂流)의 특성

대기의 움직임이 저층부에서 불규칙하게 흐르는 흐름을 말하며, 난류크기는 바람이 강하게 불수록(풍속이 빠를수록), 여름철과 낮에 증가하며, 겨울철과 밤에 감소한다.

㉠ Richardson' s number(Ri)일 경우

리차드슨수는 기계적인 난류와 열적인 난류의 상대적인 크기를 비교해서 바람의 수직분포, 난류의 성질, 대기안정도를 나타내는 데 사용된다. 기계적인 난류는 지표면의 거칠기에 의한 난류이고, 열적인 난류는 지표면 온도가 그 상층부 대기와의 온도차에 의해서 생긴 대류현상에 따른 난류이다. *Ri* 수는 다음 식으로 구한다.

$$Ri = \frac{g}{2T} \times \frac{\Delta T \div \Delta H}{(\Delta U \div \Delta H)^2} \tag{4.23}$$

여기서 T는 지상으로부터 높이에서의 절대온도(°K), g는 중력가속도(9.8m/sec^2), $\Delta u/\Delta H$는 수직방향의 풍속경도, $\Delta T/\Delta H$는 수직방향의 온도경도이다. *Ri* 수가 −0.05 이하이면 대기안정도는 불안정하고, −0.05~0.02이면 중립,

+0.02 이상이면 안정하다.

㉡ 대기안정도에 의한 풍속변화

대기안정도에 따른 지상(U_1, Z_1)으로부터 임의 높이(H)의 풍속(U_2)은 다음 Sutton 식에 의해 구한다.

$$\frac{U_2}{U_1} = \left(\frac{H}{Z_1}\right)^{\frac{2}{2-n}} \tag{4.24}$$

여기서 n은 대기안정도계수로서 안정시 0.5, 매우 불안정시 0.25, 불안정시 0.2이다.

㉢ 대기경계층(大氣境界層)

ⓐ 지상으로부터 높이 1~2km의 지층대기층은 지표면의 열적 영향, 역학적 영향을 직접적으로 받은 부분이고, 대기경계층으로 불려지고 있다. 가장 단순한 것은 평탄지상에 형성되는 경계층이고, 크게 구분하면 혼합층, 접지안정층 및 중립경계층이 있다.

ⓑ 대기경계층의 최하층부 30~50m는 constant plugse층이라 불려지고, 그 내부에서는 풍속, 온도, 수직확산계수 등의 수직변화가 크다. 이들을 설명한 것이 (그림 4-14)이다. 해안이나 도시와 교외의 경계 등 수평으로 한 가지 모양처럼 지표면상에는 내부경계층이 형성되고, 매연의 확산에 영향을 미친다.

ⓒ 확산거리가 수십 km 이상의 장거리로 되면, 평균적으로 상승하강 기류가 무시될 수 없게 되고, 그와 같은 기류장(氣流場)을 만드는 해륙성, 도시의 열섬효과(heat island) 등의 확산에 관계된다.

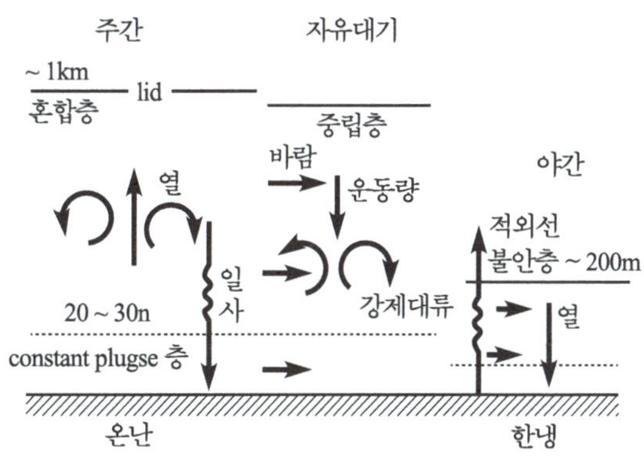

그림 4-14 대기경계층의 분류와 설명

㉣ 해류성, 도시의 열섬효과일 경우

ⓐ 거리 수십 km에 미치는 확산까지 문제가 되는 대규모적인 대기오염에서는 해류풍 등의 풍계(風界)를 명확히 해야 한다. (그림 4-15)에 나타낸 것은 해풍일 때의 기류와 매연흐름상태이다. 해풍전선은 낮에 걸쳐서 차츰 내륙부로 진입하지만, 유선(流線)은 (그림 4-18)과 같이 전선부근에서 상승하고, 이것에 따라 매연도 상공으로 확산한다.

ⓑ 도시는 일반적으로 교외보다 기온이 높기 때문에 맑은 하늘의 낮에는 특히 자주 중심부에 상승기류가 발생한다. 지상풍은 중심부로 향하지만, 상공에서는 역으로 교외로 향하는 보상풍(補償風)이 분다.

ⓒ 이와 같은 대규모적인 풍계와 그 내부에서의 확산을 조절하는 데는 운동방정식과 확산방정식을 전자계산기에 의해서 푸는 수치 그 특성에 맞는 시뮬레이션이 적용된다.

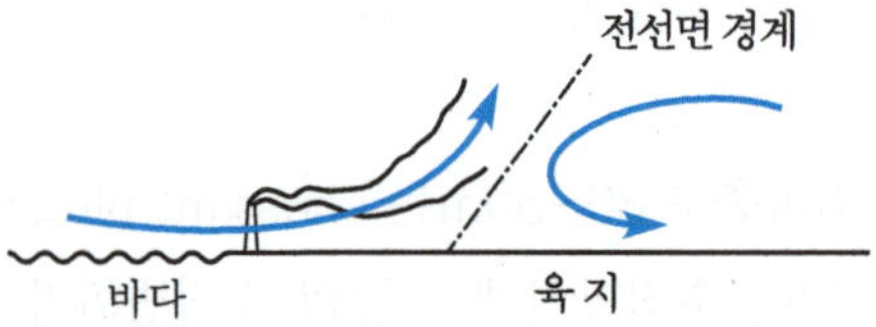

그림 4-15 해풍일 때의 기류와 매연흐름 상태

(2) 혼합고(mixing depth)

가. 혼합층

㉠ 혼합층

ⓐ 저층대기는 평균적으로 기온의 연직구배가 약 0.6℃/100m로 안정한 상태에 있다. 맑은 날 중에는 햇빛에 의해서 지표면이 따뜻해져서 자유대류가 발생하고, 아래쪽에서는 이 안정한 대기는 침식된다. 이때 온위(溫位) 연직분포를 (그림 4-16)에 나타냈으며, 이 자유대류가 미치는 범위가 혼합층이다.

ⓑ 혼합층의 상단 부분에는 자유대류의 대류 세포(cell)가 상대적으로 뜨거운 상공의 안정한 대기 중으로 활발히 유입되고 있는 부분이고, 온도의 역전이 발생된다. 이 온도역전층은 상층의 확산을 정지시키므로, 리드(lid)와 같은 작용을 한다.

ⓒ (그림 4-16)의 온도변위(potential temperature)분포와 간단한 열수지(heat balance)에 의해서 혼합층의 두께는 지표면에서 대기로 흘러들어가는 총열량

을 상공 안정층의 온도구배 r로 나눈 값의 제곱근에 비례하는 것을 알 수 있다.

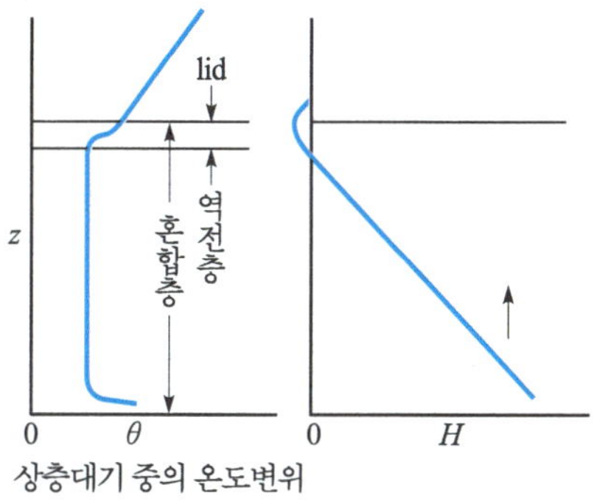

그림 4-16 혼합층 중에 있어서 온도변위 θ, 상방향의 열량 H의 고도분포

ⓓ 맑게 갠 날에는 일출(日出)과 함께 혼합층의 형성을 시작하고, 급속히 두께를 증가시키지만 정오부터 차츰 성장이 줄어들면서, 오후 2~3시 경에는 최대 혼합층(MMD) 두께에 달한다. 그 이후는 차츰 혼합층은 소멸된다.

㉡ 혼합고(mixing height)

ⓐ MMD(maximum mixing depth : 최대혼합고)는 위도(緯度), 기후대(氣候帶), 상층의 안정도에 의해서 상당히 변한다. 평야에서의 MMD는 평균 1,200m 정도이다. 혼합층에서는 연직확산도가 상당히 크고, 농도는 한결같이 된다. 혼합층은 지상부근에서 방출되는 오염물질을 상공까지 들어올려 확산시키는 작용을 갖고 있다.

ⓑ 대기오염은 지형과 기상조건에 따라 그 양상이 달라지며, 대기오염물질의 확산은 풍향과 풍속 외에도 혼합고, 대기안정도 등과 밀접한 관계를 갖고 있어서 풍향 · 풍속 · 역전층 발생여부를 관찰하기 위해 고도별 기상측정기를 설치해 우리나라도 운영하고 있다.

나. 온도역전층과 중립층의 특징

㉠ 역전층의 종류

ⓐ 온도역전층(inveRSion layer)은 몇 가지 원인으로 형성되며, 이들을 종합하여 (표 4-4)에 나타낸다. 가장 일반적이며, 특히 확산과 밀접히 관계하는 것은 방사역전이다. 이것은 미풍의 맑은 야간에 지표면이 적외선 방사 때문에 냉각하

여 발생한다. 방사역전층에 있어서 온도변위와 풍속의 연직분포의 한 예를 (그림 4-17)에 나타냈다.

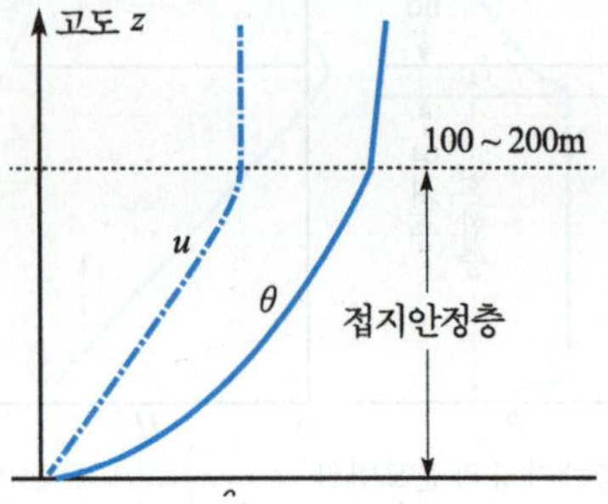

그림 4-17 접지안정층(역전층을 포함한다) 중의 풍속 u, 온도변화 θ의 연직분포

ⓑ 역전층(逆戰層)의 온도분포는 강한 안정상태이고 확산속도는 느리다. 방사역전층의 두께는 보통 200m 이하이다.
지형성의 역전층은 산골짜기, 분지 등으로 냉기가 모인 경우에 발생한다. 이와 같은 지형에서는 수평방향의 확산도 한정되어 있으므로 오염물질이 지표 가까이에 체류(滯留)하여 고농도로 될 가능성이 높다(표 4-4).

표 4-4 역전층의 원인과 특징

역전의 종류	생성원인 및 특징
지형성 역전	산을 넘는 Fohn 기류가 골짜기 사이의 공기가 상공을 향해 불기 때문에 발생하며, 기타 지형에 의해서 발생하는 역전이다.
전선성 역전	전선의 존재에 의해서 아래층에 찬 공기, 위층에 더운 공기가 되기 때문에 발생하며, 전선이 정체할 때 대기오염은 심해진다.
침강성 역전	고기압일 때는 공기의 하강으로 기온이 단열상승하고 이 때문에 발생하는 역전으로 밤낮 구별없이 출현된다(Los Angeles smog 현상).
방사성 역전	맑은 밤부터 아침까지 지표면, 지형물이 방사(放射)에 의해 냉각되어 이것에 접한 공기가 낮아져 발생하며, 맑은 밤의 방사역전, 접지역전이라 하기도 한다.
이류성 역전	냉한 지면 위로 따뜻한 공기가 흘러가면 아래층에는 기온이 내려가 발생하는 역전으로 자주 안개(fog)로 나타난다.

ⓒ 접지역전층(surface inversion layer)은 그 두께가 얇기 때문에 지상원(地上源)이나 100m 이하인 낮은 배출원에서 오염물질의 착지농도를 증대시킨다. 그것보다 높은 곳에 있는 배출원은 지상까지 확산하는 경우는 매우 드물다.

ⓓ 바람이 강하게 부는 경우나 먹구름으로 햇빛, 적외선 방사가 차단될 경우 지상

부근에는 중립층이 형성된다. 중립층(neutral layer)의 두께는 풍속, 지속시간, 공간력조도(空間力粗度)에 의해서 변하지만 일반적으로 수백 m 이하이다. 중립층의 연직확산은 층의 중간고도 부근에서 가장 크다.

ⓔ 해안(海岸) 등 성질이 다른 지표면이 접하는 곳에 형성되는 수평이 아닌 경계층은 내부경계층으로 불려지고 있고 내부경계층은 지표면의 온도차에 의해서 형성되는 자유대류층과 조도(coaRSe)에 의한 강제대류층이 있다.

ⓕ (그림 4-18)에 나타낸 것은 해풍(海風)이 볼 때 형성되는 내부경계층과 난류의 양상이다.

매끈하고 차가운 해상을 지나가는 안정한 바람은 난류가 작기 때문에 그 중에서의 확산폭도 작다. 내부경계층 중에서 따뜻한 지표면에서 자유대류가 발생하여 혼란해 있으므로 매연이 그 안에 들어가면 확산폭은 매우 빠르게 커진다. 역으로 육풍일 경우 조도가 큰 육지상에서 형성된 혼란이 큰 층은 해상으로 나오면 차츰 소멸한다. 따라서 해안 부근까지 방출된 매연의 확산폭 증대가 해상에서는 차츰 둔해진다. 내부경계층은 도시와 교외의 경계, 호안 · 하천안(湖岸 · 河川岸) 등 똑같지 않은 지표면상에 널리 존재한다.

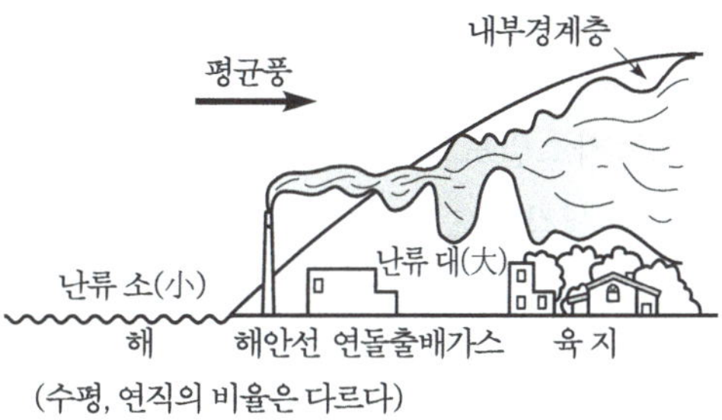

그림 4-18 내부경계층과 굴뚝배출가스 확산의 형태

2) 굴뚝(stack)

(1) 유효굴뚝높이(He) 계산

가. 보상케(Bosanquet) 이론

㉠ Bosanquet의 He 계산식

ⓐ 굴뚝 배출가스에 대해서 주변의 오염농도를 계산하는 데는 앞 장에서 서술했듯이 먼저 배출가스의 상승높이를 계산하고, 유효굴뚝높이를 구한 다음 대기오염

물질의 배출가스의 농도를 계산한다. 배출가스 계산식은 몇 가지가 있다.

ⓑ 대기환경보전법 시행규칙의 황산화물의 배출허용기준에 있어서 유효굴뚝높이에 계산에 사용되고 있는 것은 다음의 소위 Bosanquet의 제1식이라고 하는 식 (4.58)이다(Bosanquet, Carey and Halton).

$$H_m = \frac{4.77}{1+\frac{0.43u}{v_g}} \frac{\sqrt{Qv \cdot v_g}}{u} \ [\mathrm{m}] \tag{4.58}$$

$$H_t = 6.73g\frac{Qv_1 \cdot \Delta T}{u^3 \cdot T_1}(\log_e J^2 + \frac{2}{J} - 2) \tag{4.59}$$

$$J = \frac{v^2}{\sqrt{Qv_1 \cdot v_g}}(0.43\sqrt{\frac{T_1}{g(d\theta/dz)}} - 0.28\frac{v_g}{g}\ \frac{T_1}{\Delta T}) + 1$$

여기서, H_m : 속도에 의한 상승높이(m)

H_t : 부력에 의한 상승높이(m)

u : 풍속(m/s)

V_g : 토출속도(m/s)

Q_{v1} : 농도 T1에 있어서 배가스량(m^3/s)

T_1 : 배출가스밀도가 대기밀도와 같아지는 온도(°K), 보통 T_1은 대기온도로 생각해도 좋다.

ΔT : 배출가스온도와 T_1과의 차(℃)

g : 중력가속도(=9.81m/s^2)

$d\theta/dz$: 대기의 온도구배(℃/m)

ⓛ H_e(유효굴뚝 높이) 계산식

황산화물의 배출허용기준에 있어서 계산은 상기 식을 이용하고 T_1=288K, $d\theta/dz$ = 0.003℃/m, u = 6m/s을 취한다. 또한 유효굴뚝높이 H_e (m)는 H_0와 상기 식에서 구한 상승굴뚝높이 H_m, H_t는 다음 식으로 구한다.

$$H_e = H_0 + 0.65(H_m + H_t) \tag{4.60}$$

여기서, H_0 : 실제굴뚝높이(m)이다.

(2) 굴뚝상승높이(ΔH)

가. Briggs 등의 계산식

㉠ 굴뚝상승높이(ΔH)일 경우

ⓐ 굴뚝을 통해 대기 중에 배출된 대기오염물질은 실제로 상승굴뚝높이에 따라 굴뚝하부의 주변 대기오염농도와 연기흐름(plume)의 착지거리가 크게 달라지며, 대기환경농도가 달라진다. 일반적으로 대기오염지표물질인 SO_2의 총량규제를 위한 확산 시뮬레이션(simulation)에 사용되고 있는 굴뚝의 상승 높이는 다음식으로 구한다.

ⓑ 모제스와 카선의 식(Moses and CaRSom)[(표 4-5) 참조]

$$\Delta H = \frac{C_1 \cdot V_g \cdot D + C_2 \cdot Q \cdot H^{0.5}}{u} \tag{4.61}$$

ⓒ 브리그의 식(Briggs) (무풍시)

$$\Delta H = 1.4 Q_H^{1/4} (d\theta / dz)^{-3/8} \tag{4.62}$$

ⓓ 브루미즈의 식(Brummage)

$$\Delta H = 0.175 Q_H^{1/2} u^{3/4} \tag{4.63}$$

여기서, ΔH : 상승높이(m) Vg : 토출속도(m/s)
D : 굴뚝출구지름(m) u : 풍속(m/s)
$d\theta/d_z$: 온도변화구배(℃/m) QH : 배출열량(cal/s),

계수 C_1, C_2는 (표 4-9)에 나타냈다. 또한 배출열량은 QH는 $C_p \cdot \rho Q_u \cdot \Delta T$이다. ($C_p$: 정압비열에서 보통의 경우 약 0.24cal/g · K, ρ : 밀도로 보통 1.2×10^3g/sm^3, Q : 배출가스량(Sm^3/s), ΔT : 온도차(℃)와 같다.

ⓔ 배출가스의 상승높이는 배출속도나 가스량이 클수록 또는 배가스온도가 높을수록 높아지고, 풍속이 빠를수록 낮아진다. 대기의 안정도가 불안정에서는 높고, 안정에서는 낮아진다. 상공에 리드(lid)가 있는 경우에는 상승이 lid에서 정지되는 경우와 리드를 넘어서 상승을 계속하는 경우가 있고, 그 판별을 하는 방법도 제안되어 있다(예를 들면 Briggs 학설). 배가스량이 많을수록 상승높이가 증가하기 때문에 굴

뚝(stack)을 집합시키는 것으로서 상승높이를 증가시키고, 착지농도를 낮게 할 수 도 있다.

표 4-5 Moses와 CaRSon 식의 계수

대기안정도	C_1	C_2
안 정	-1.04	0.145
중립	0.35	0.171
불안정	3.47	0.33

(3) 통풍방식과 통풍력

가. 통풍방식의 특징

㉠ 굴뚝의 통풍방식일 경우

ⓐ 굴뚝의 통풍에는 자연통풍과 강제통풍이 있는데, 굴뚝의 통풍력이 좋으면 연소실의 연소를 돕는 한편 굴뚝유효고가 높아져 배출가스가 대기 중에 확산을 촉진시켜 착지오염농도를 감소시키는 효과를 가져온다.

ⓑ 자연통풍력이 발생되는 이유는 굴뚝 내의 연소가스와 외부공기의 온도차에 따라서 가스의 밀도 차이에 의한 부력이 생겨 일어난다. 일반적으로 통풍력을 높이기 위해서는 굴뚝 내의 가스온도를 높이고 굴뚝도 높여야 하나 너무 높으면 마찰손실이 커지고 체류시간이 길어서 배출가스의 온도강하 · 밀도증가 · 부력감소를 가져와 오히려 역효과를 일으킨다.

ⓒ 대체로 배출가스속도는 자연통풍이 4~5m/sec, 강제통풍시 5~9m/sec가 표준이나 대형굴뚝에서는 약간의 차이가 있는데, 화력발전소(배출가스온도 120~150℃)는 약 35m/sec, 정유 · 제철공장(배출가스온도 200~400℃)은 약 20m/sec이다. 통풍방식을 분류하면 다음과 같다.

(i) 자연통풍은 통풍력이 약하고 시설 및 동력비가 적다.

(ii) 강제통풍일 경우

- 압입통풍 : 연소실 내부가 정압으로 대기압보다 크고 공기의 새어 들어옴이 없어 중소형 package boiler에 적당하다.
- 흡입통풍 : 연소실 내부가 부압으로 대기압보다 작고 노벽 사이로 공기가 새어 들어오며 과잉공기계수가 커진다.
- 평행통풍 : 연소실 내부압력의 조정이 필요하며, 설비비가 큰 것이 단점이다.

ⓓ 통풍력일 경우

(i) 통풍력은 내부의 고온가스 비중량과 외부의 대기비중량과의 차에 의해 굴뚝 하부에 부압을 일으키며, 이론적으로 구하는 통풍력 계산식은 다음과 같다.

$$p = H_s(\rho_a - \rho_p) \tag{4.64}$$

여기서, H_s : 굴뚝높이

ρ_a : 대기의 비중량

ρ_p : 굴뚝 내 가스의 평균 비중량

(ii) 연소가스와 대기를 모두 이상기체라 하고 표준상태에서 이 두 가스의 비중량을 1.3kg/m³ 일 때 통풍력을 구하는 식은 다음과 같다.

$$p = 355H_e(\frac{1}{273+t_a} - \frac{1}{273+t_s})$$

$$\rho_a = 1.3(\frac{273}{273+t_a}) = \frac{355}{273+t_a} \tag{4.65}$$

$$\rho_p = 1.3(\frac{273}{273+t_a}) = \frac{355}{273+t}$$

여기서, t_a : 대기온도(℃), t_s : 굴뚝 내 가스의 평균온도(℃)

(iii)실제로는 굴뚝 내에서의 여러 가지의 에너지 손실이 있어 유효통풍력 p' 는 이보다 작아져 다음 식으로 나타낸다.

$$p' = p - (p_d + p_f + p_t) \tag{4.66}$$

여기서, P_d : 가스의 유동압력손실

p_f : 굴뚝 내의 마찰손실

p_t : 굴뚝의 곡절, 단면적 변화, 개구부 확대 등의 마찰손실

ⓛ 유효굴뚝높이(H_e) (대기 배출시설일 경우)

ⓐ $H_e = H_o + 0.05(H_m + H_t)$ (4.67)

ⓑ $H_m = \dfrac{0.795\sqrt{Q \cdot V}}{1+\dfrac{2.58}{V}}$ (4.68)

ⓒ $H_t = 2.01 \times 10^{-3} \times Q(T-288)(2.303\log J + \dfrac{1}{J} - 1)$ (4.69)

ⓓ $J = \dfrac{1}{\sqrt{Q \cdot V_g}}(1460 - \dfrac{296 \cdot V}{T-288}) + 1$ (4.70)

여기서, H_o : 실제 굴뚝지상높이(m)
H_m : 배출가스 운동량(momentum)에 의한 상승높이(m)
H_t : 배출가스 온도에 의한 부력 상승높이(m)
Q : 15℃에서의 배출가스량(m^3/sec)
V_g : 배출가스속도(m/sec)
T : 배출가스온도(K)

(4) Plume 확산의 특징

가. 연기배출농도와 기상관계

㉠ 대기 확산식은 3~10분 동안의 단시간에 농도평가로 결정되지만 실제로 대기오염농도는 1시간이나 1시간 이상에서 농도를 구해 평균화되어야 할 것이다. 수 분 동안의 대기오염농도와 1시간 및 1시간 이상일 때의 확산식과의 차이점은 다음과 같다.

㉡ 굴뚝으로부터 배출된 연기를 바로 위에서 오랜시간에 걸쳐 관찰해 보면 연기의 가로폭과 예상되는 수평(y)방향의 농도분포는 (그림 4-19)처럼 시간이 경과되면서 풍향의 변화 등의 영향으로 연기 가로폭은 점점 커진다. y방향의 분포형(分布型)도 정규분포인 평원상태(平原狀態) 분포에 해당한다. 따라서 σ_y 나 k_y도 확산 parameter가 시간과 함께 증대한다.

㉢ 수직방향변동은 수평방향의 풍향변동이 증대하면 작아지고, 시간과 함께 증대되는 일은 없다. 그리고 σ_z/σ_y 또는 k_z/k_y가 시간에 따라 감소한다.

㉣ 화력발전소의 배출가스에서 시간희석계수(時間希釋係數)가 3분(Sutton식 적용)값은 1시간 값의 1.5~10배이었고(평균 3배), 바람이 약할 때는 2~2.5배 정도이다. 일반적으로 시간희석계수 C_A/C_B는 관측 시간비(t_A/t_B)의 0.5승에 식(4.71)처럼 반비례한다.

$$C_A/C_B = \frac{1}{(t_A/t_B)^{0.5}} \tag{4.71}$$

여기서, C_A는 평균화시간(t_A)일 때의 최대농도이며, 1시간기준 평균화시간(t_B)일 때의 최대농도는 C_B이다.

나. 장시간의 평균농도추정할 경우

㉠ 월별 · 계절별 · 연간의 장기간 평균농도 희석계수 등을 사용하지 않고 농도를 추정하려는 기간 동안의 풍배도(風配圖)나 풍속출현빈도를 사용한 기후확산모델(climatological diffusion model)을 이용한다.

㉡ 바람장미(wind rose)는 기압이동과 지표면의 냉각 · 가열을 풍향별로 관측해서 바람의 발생빈도와 풍속을 막대그래프로 나타낸다. 주풍(主風)은 바람장미의 기간 중 가장 빈번하게 발생한 바람의 풍향을 말한다. SO_x총량규제에 이용한 확산식은 다음과 같다.

$$[SO_2] = C_B + \left(\frac{2}{\pi}\right)^{0.5}\left(\frac{8}{\pi \cdot u \cdot x \cdot \sigma_z}\right)\left\{\exp\left(-\frac{H_e^2}{2\sigma_z^2}\right)\right\} \quad [\text{ppm}] \tag{4.72}$$

여기서, C_B : 굴뚝 주변(back ground) SO_2 농도 U : 풍속(m/sec)
σ_z : plume의 수직 확산 parameter X : 착지거리(m)이다.

㉢ 유효굴뚝높이(H_e)가 200m인 굴뚝으로부터 배출된 일정량 속에 함유된 대기오염물질은 대기 안정도에 따라 약간씩 최대 대기오염농도나 그 출현거리가 다르다. 그리고 대기가 불안정한 쪽이 안정한 조건보다도 지표상 최대농도가 높고, 그 출현거리도 굴뚝에서 가깝다. 그러나 지표면에 오염원이 있을 때, 즉 굴뚝이 없을 때 ($H_e = 0$)는 고굴뚝원일 경우에 반대인 안정한 조건일수록 지표상 대기오염농도는 높다.

㉣ 풍배도(wind rose : 바람장미)일 경우

ⓐ 풍향별로 관측된 바람의 발생 빈도와 풍속을 16방향인 막대기로 표시한 기상도형이다. 원내의 수치는 정온일수의 빈도, 막대기굵기에 따라 풍속의 크기를 나타내어 일정기간동안 주풍을 알 수 있다.

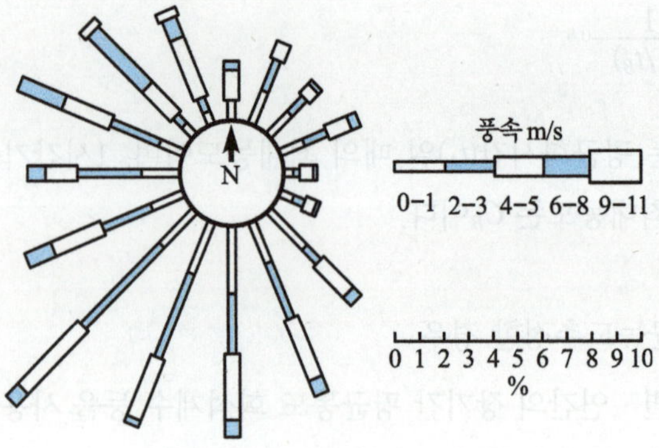

그림 4-19 풍배도(wind rose)

ⓑ 주풍은 어떤 지점의 풍배도로서 해당기간 동안 빈번하게 발생한 풍향을 말한다.

제2절 대기확산방정식 및 확산모델

1 대기확산방정식

1) 확산계수와 미분방정식

(1) 확산계수(K)의 특징

가. 난류확산일 경우

㉠ 난류확산에서 확산속도 등은 난류의 특징(혼란의 크기, 변동주기 등)에 의존하는 것은 앞 장에서 설명한 그대로이다. 그러나 경험적으로 알고 있듯이 평균적으로 연기흐름은 농도가 높은 곳에서 낮은쪽으로 확산에 의해서 운반된다. (그림 4-20)에 나타냈듯이 어떠한 단면을 통과해 확산에 의해서 운반되는 연기흐름의 수송량 F_x는 농도구배에 비례한다고 가정한다.

즉,

$$F_x = -K_x \frac{\partial_c}{\partial_x} \qquad (4.7)$$

여기서, F_x 연기흐름의 단위면적, 시간당의 수송량($m^3/m^2 \cdot sec$)

∂_c/∂_x : 거리 x에 다른 농도구배($m^3/m^2 \cdot m$)

K_x : 거리 x에 따른 확산계수(m^2/sec)

㉡ 상기 식에 있어서 부(負)의 부호는 F_x 방향을 취하는 방법에 의한다.
여기에서 F_x는 (그림 4-14)의 화살표 방향으로 취한다.

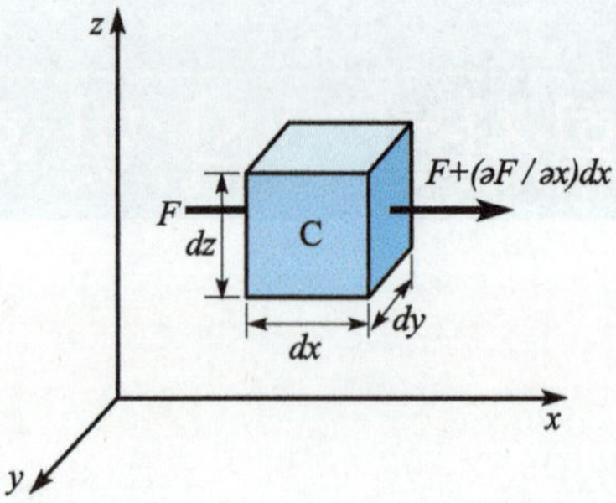

그림 4-20 작은 상자에 유입 · 유출하는 연기의 흐름 $F(m^3/m^2 \cdot sec)$의 변화($\partial c - \partial t = -\partial F / \partial x$)

상기 식은 보는 방향을 변동시킨 확산계수의 식으로 저층(底層) 대기 중에서 연기의 확산계수는 앞에서 나타낸 확산폭과 다음 식과 상관성이 있다.

$$K_y = (\frac{1}{2})(\frac{d\sigma_y^2}{dt}) \qquad (4.8)$$

여기서, t : 확산시간

㉢ 따라서 x, z 방향에서도 똑같은 관계식이 성립된다. 상기 식과 비교해 보면 저층대기 중에 있어서 연기의 확산계수 특성을 알 수가 있다.

㉣ 확산계수 K_x, K_y, K_z는 각각 풍(wind)의 혼란 크기 σ_u, σ_v, σ_w의 제곱에 시간 미분을 나눈 값에 정비례한다. 또한 수평방향의 확산계수 K_x, K_y는 확산시간이 증가함에 따라서 수십 시간에 걸쳐서 증대한다. 한편 수직방향의 확산계수 K_z는 수십 분 정도의 확산시간 후 일정값으로 된다. 특히 저층대기 중에서는 혼란의 크기와 변동의 주기가 고도와 함께 변화하기 때문에 K_x도 높이에 따라서 변화하고, 그 분포형은 대기안정도 등에 따라 변한다.

㉤ (그림 4-20)에 나타낸 미소한 상 d_x, d_y, d_z에 대해서 배출가스의 보존측(保存側) 및 연기의 확산수송량을 나타낸 식(4.8)을 적용하여 확산의 미분방정식이 유도되었다.

㉥ 지금 (그림 4-20)에서 축에 따른 확산(diffusion)만을 생각했다. 그림에 나타냈듯이 한쪽 방향에서 F_x, $dydz(m^3/sec)$의 연기가 유입하고, 다른 방향에서 $(F_x + d_x \partial F_x / \sigma_x) dydz$의 연기흐름이 유출된다. 따라서 그 차(差)는 상자(box) 내 농도의 시간변화율과 같고 식(4.8)을 사용하여 다음 식을 얻을 수 있다.

$$\frac{\partial_c}{\partial_t} = \frac{\partial}{\partial_x}(K_x\frac{\partial_c}{\partial_x}) \qquad (4.9)$$

여기서, t는 시간이다.

ⓢ 상기 식은 축에 대한 확산의 미분방정식이고, (그림 4-20)에 나타낸 y, z축에 대해서도 식(4.9)의 우변(右邊)과 같은 항(項)을 더해 3차원 방정식을 얻을 수 있다.

ⓞ 연기의 농도분포 상기 식을 적당한 조건하에서 구할 수 있다. 가장 단순한 경우로는 충분히 넓은 공간 중에서 K_y가 일정하고 $y = 0$일 때 $t = 0$이고, Q량의 매연이 순간적으로 방출되었을 때의 농도 $C(x, t)$는 식(4.9)를 풀어 다음과 같이 된다.

$$(x, t) = \frac{Q}{2\sqrt{\pi k_y t}}\exp(-\frac{y^2}{4k_y t}) \qquad (4.10)$$

여기서, exp (−p) = e^{-p}
　　　　e : 자연대수의 밑수(base)

식(4.10)에서 밝혔듯이 이 경우 y에 따른 농도분포는 (그림 4-22)와 같은 정규분포(正規分布)가 된다.

나. 확산 미분방정식

㉠ 확산식(擴散式)은 앞에서 설명한 확산 미분방정식으로 구할 수 있다.
배출가스에 대해서 사용되는 시그마 식은 다음과 같은 조건으로 평탄지이고, 어떤 고도에 위치한 점에서 연속으로 일정한 비율로 매연이 배출되고, 풍속이 일정할 경우 확산계수는 높이와 횡풍(橫風)방향 위치에 의하지 않고, 매연은 지면에 흡착하거나 공간에서 변하지 않는 것을 전제로 하여 구할 수 있다.

㉡ 앞 장에서 서술했듯이 확산계수가 일정한 경우 충분히 넓은 공간에 놓여진 점오염(point source)원에서 순간적으로 매연이 방출되면 매연농도는 정규분포(Gauss 분포)를 나타난다. (그림 4-21)에 나타냈듯이 좌표는 무풍일 때 지상높이 H_k에 놓여진 매연발생원에서 순간적으로 매연이 방출된 경우를 생각해 보기로 한다.
바람과 평행한 방향의 x축 및 횡풍 방향의 y축에 따른 농도는 (그림 4-22)에 나타냈듯이 정규분포를 나타낸다.

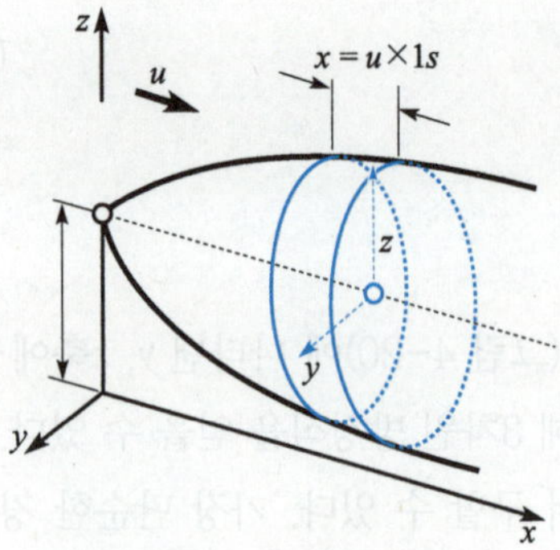

그림 4-21 시간평균을 취한 매연의 형태

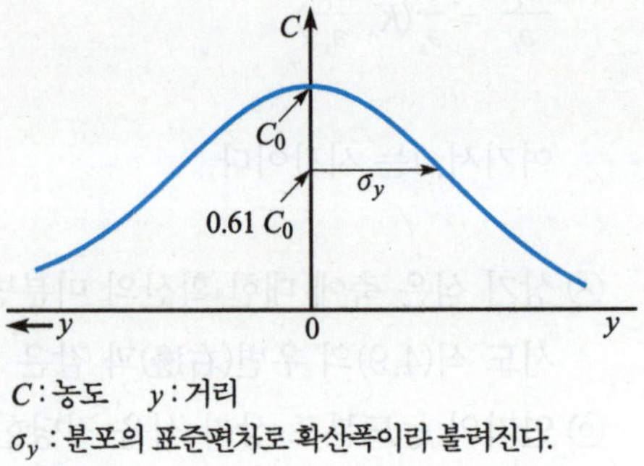

그림 4-22 수평방향의 농도분포(가우스 분포)

또한 지표면에서의 매연 완전반사를 가정하면 연직축(鉛直軸) z에 따른 농도도 정규분포 관계식을 사용해 나타내게 된다.

$$C = C_0F(x)F(y)F(z) \tag{4.11}$$

여기서 C_0 : 배연(排煙)의 초기농도

$$F_x = \exp(-\frac{x^2}{2\sigma^2_x}) \tag{4.12}$$

$$F_y = \exp(-\frac{y^2}{2\sigma_y^2}) \tag{4.13}$$

$$F_z = \exp-\frac{(H_c-z)^2}{2\sigma_z^2} + \exp-\frac{(H_c+z)^2}{2\sigma_z^2} \tag{4.14}$$

여기서, σ_x, σ_y, σ_z : 각각의 x, y, z축에 따른 농도분포의 표준편차
[확산폭, (그림 4-22) 참조]

㉢ 상기 식에서 F는 농도의 공간분포를 나타낸 관계식이고, 이 경우는 모든 정규분포 관계식으로 나타내고 있다. 또 상기 식의 $F(z)$를 나타내는 아래 식의 항(item)은 지표면에서 반사된 매연의 농도분포를 나타내고 있다. 매연의 초기농도 C_o는 앞 장에서 서술한 매연의 질량보존법칙을 사용하여 결정된다. 즉 농도는 확산에 의해서 점점 낮아지지만 매연은 전부 모으면 배출량으로 되돌리는 것을 인용했다. 이 조건은 다음 식으로 나타낸다.

$$Q' = \int_{-\infty}^{\infty}\int_{-\infty}^{\infty}\int_{0}^{\infty} Cdzdydx \tag{4.15}$$

여기서, Q' : 배연의 배출량(m³/분), C : 식(4.11)에서 표시되는 농도(m³/m³), 예를 들면 정규분포관계항목 $F(x)$의 $-\infty \sim \infty$의 적분은 $\sqrt{2\pi\sigma_x}$로 되므로 상기 식에서 C_o가 간단히 구해지고, 식(4.11)에 대입하면 C는 다음과 같이 된다. 상기 식은 순간적으로 방출된 배연의 농도를 의미하고, 일반적으로 파이프(pipe)라 불려지고 있다.

㉣ 바람이 불 때는 연속적으로 방출되는 배연은 (그림 4-21)에 나타냈듯이 연류(plume)가 된다. 이 경우 평균풍(平均豊)과 평행인 x축을 이루고 짧은 시간 dt 사이에 배출된 배연은 근사적으로는 udt(u : 풍속) 길이의 plume(배연흐름) 중에 들어가 있는 것으로 간주된다. y, z축에 따르는 농도분포는 식(4.11)과 같이 취하면 배연의 질량보존법칙에 따라 다음 식으로 나타낸다.

$$Q' = u\int_{-\infty}^{\infty}\int_{o}^{\infty} Cdzdy \tag{4.16}$$

여기서, Q : 배연의 방출량(m³/sec), μ : 풍속(m/sec), C : 식(4.11)에서 C_o를 plume의 초기농도로 하고, $F(x)$=1에 놓은 경우의 농도(m³/m³)이다.

배연의 경우와 같이 간단히 적분할 수 있는 C는 다음과 같이 된다.

$$C = \frac{Q}{2\pi \cdot \sigma_y \cdot \sigma_z \cdot u} F(y)F(z) \tag{4.17}$$

㉤ 상기 식은 연기흐름(煙流)의 확산농도를 의미하므로 plume식으로 불려지고 있다. 또 상기 식들은 정규분포식이나 시그마식으로 약칭하기도 한다.

㉥ 상기 식들은 SO_2 등 대기오염질의 확산농도를 추정하는 경우에 사용되고 있다. 그러나 이들의 식을 적용할 경우 식의 성립조건을 잊지 않는 것이 중요한다. 즉 상기 식에서는 오염물질(pollutants)은 순간적으로 점오염원에서 방출되고, 상기 식에서는 연속적으로 일정량이 점오염원에서 방출될 경우이다. 오염물질은 공기와 같이 운동하고, 변질하거나 지표면으로 낙하 · 침착하지 않고, 또한 지표면은 평탄하

며, 풍속은 일정하고 확산계수는 고도와 횡풍(橫風) 거리에 대해서는 변하지 말아야 하는 등의 조건이다.

2) 대기확산모델

(1) 실용적인 확산모델의 특징

가. 대기확산모델일 경우

㉠ 여러 가지 개발에 따르는 대기오염을 정량적으로 예측하고 그것에 준하여 대책이 수집되며, 이때 오염농도의 예측에 확산모델이 사용된다. 오염 시뮬레이션은 대상 지역에서 매연발생원 조건, 기상 조건에 대해서 조사하고 확산모델로 사용해 농도를 예측한다.

㉡ 이때 이미 오염이 발생하고 있는 지역에서는 환경농도의 측정값을 사용하여 예측의 정확도를 확인할 수 있다. 확산모델에는 전술의 매연의 plume box모델을 포함 (표 4-6)에 나타내는 모델들이 있다.

표 4-6 실용적인 확산모델의 분류와 특징

방 법	확산모델	모델의 특징
수치적	plume	플륨이란 연속하여 흐르는 연기의 형상을 말한다. 계산이 대단히 간단하며, 주로 정상적인 경우에 유효하다. 무풍시에는 사용하지 않는다. 평탄지에 적용된다.
	pipe	파이프란 알갱이인 연기로서 연속적으로 흐르는 연기는 일정 간격으로 흐른 파이프의 행렬로 나타낸다. 미풍이나 무풍의 경우 비정상적인 경우에도 유효하다. 평탄지에 적용된다.
	box 수치해석법	비정상장소에서의 농도, 시시각각의 농도를 구하는 데 적합하다. 하나의 box 내에서는 농도를 한결같다. 계산량이 일반적으로 많지만 지형의 복잡한 경우에도 사용할 수 있다.
물리적(유체실험)	풍동유로	복잡한 지형지물, 장래의 건물, 도로의 확산으로의 영향을 조사한다.

나. 총량규제를 위한 확산모델일 경우

㉠ SO_2의 배출량산정 등의 목적에는 1년 혹은 수개월간 평균농도의 추정이 필요하다. 이와 같은 장기평균농도를 취급하는 확산식에서 일반적으로 수평방향의 농도는 정규분포가 아니고, 하나의 풍향지시계(예를 들면 16방위구분) 내에서는 한 가지 모양인 분포를 한다고 보는 편이 합리적이다. 지금 풍향을 n분할했다고 하면, 상기 식의 y에 관한 적분을 $\pm\pi x/n$(m)의 범위로 바꾸고, $F(y)$=1이라면 다음 식을 얻을 수 있다.

$$C_1 = (\frac{\partial}{\pi})^{0.5}(\frac{9}{\sigma_{xu}}\ \frac{2\pi \cdot x}{n})F(z) \tag{4.18}$$

여기서, C_1 : 풍향지시계(1, 2, ……) 안에서의 풍하 x(m)에서의 농도
$F(z)$: 지표면에 반사된 plume의 농도분포

㉡ 특히 무풍(無風)시에는 Pater식을 무풍연속시간 T에 대해서 적분한 식이 사용된다. 이들의 Plume, pipe를 사용하여 1시간마다의 풍향, 풍속, 대기안정도, 배연발생원 조건을 1개년간 모아 연평균농도를 산출한다. 그러나 개개의 배연발생원에 대하여 착지농도분포를 계산하는 것은 별로 의미가 없어 기상조건을 계급분할하고, 각각의 계급에 대한 농도를 구하여 그 계급의 출현확률을 곱하여 평균농도를 구한다.

$$\overline{C_j} = \sum_{i=1}^{n} f_i C_i + C_b \tag{4.19}$$

여기서, C_j : 풍향 (= 1, 2, ……, 16) 방향의 연평균농도
C_i : 계급 (=1, 2, ……)의 농도식으로 계산
f_i : 계급의 출현확률
C_b : back ground 농도

연평균농도의 예측농도는 매우 정확하므로 과부족이 없는 배출규제가 가능하다.

다. 상자모델(box model)일 경우

㉠ 대상지역을 다수의 box처럼 자른 인접한 박스 사이의 오염물질 교환을 기상조건에 따라서 구한다.

㉡ 확산은 상당히 간단화되며, 광화학 대기오염 등 복잡한 화학변화를 하는 오염물질의 농도예측에 적합하다.

(2) 복잡지형상(複雜地形上)에서의 확산모델 특징

구릉(丘陵)이나 산악(山岳)들의 지형의 기복(起伏)이 큰 장소에서 확산은 연류(plume), 파이프(pipe) 확산모델 등의 단순화 한 방법으로 취급하는 것은 상당히 곤란하다. 이와 같은 장소에서는 확산의 미분방정식을 전산기(computer)로 수식적(program)으로 푸는 방법, 풍동 혹은 수로를 사용한 유체 모델에 의한 방법 및 현지 추적(tracer)실험에 의한 방

법이 적합하다.

가. 풍동에 의한 확산의 모델실험

㉠ 풍동(風洞)에 있어서 확산의 모형(tracer) 실험은 여러 개의 연돌에서 오염농도를 조사하거나, 복잡한 지형의 영향을 조사하는 것에 적합한 방법이고, 이것도 국립환경연구원의 환경오염에 대한 전체적인 사전조사 등으로 오래 전부터 사용되고 있다. 풍동 중에 지형이나 건물의 모형을 높고 모형의 굴뚝에서 추적(tracer)을 배출하여 풍하(風下) 농도를 측정하고, 확산폭 등을 구해 아황산가스(SO_2) 농도를 추정한다. 모형의 축적이나 풍속 등은 운동방정식에 준하는 유사한 법칙을 사용하여 현지의 조건에 맞는 모델을 선택한다.

㉡ 연속적인 매연배출원에 대해서 풍동중(風洞中)과 현지에서의 농도가 같아지기 위해서는 연류(plume)의 확산폭 비율이 모형축소율과 일치할 것과 배가스량, 풍속 및 모형축소율 사이에 다음의 관계가 성립하는 것이 필요하다.

$$\frac{Q_m}{u_m} = \frac{Q_p \cdot r^2}{u_p} \tag{4.20}$$

여기서, Q : 오염물질배출량(m^3/sec)　　u : 풍속(m/sec)
r : 모형의 축소율　　m, p : 각각의 모형과 실물을 나타냄

㉢ 확산폭의 비율(ratio)을 모형축소율에 일치시키기 위해서 풍동중(風洞中)의 풍속, 난류강도와 분포를 여러 가지로 조정한다. 이 조건은 근사적으로 다음의 레이놀즈 수를 맞추는 것으로 만족시키게 된다.

$$\left(\frac{a \cdot u}{k}\right)_m = \left(\frac{a \cdot u}{k}\right)_p \tag{4.21}$$

여기서, a : 대표길이　　u : 대표풍속
k : 대표확산계수　　μ/k : Reynold 수

상기 식을 변형해 모형의 축소율 r을 구하면 다음 식과 같다.

$$r = \frac{a_m}{a_p} = \frac{k_m u_p}{k_p u_m} \tag{4.22}$$

㉣ 보통 k_m/k_p는 1/100~1/1000의 값이고, 풍속비는 대개 1이므로 풍동 중 모형의 축

소율로서는 1/100~1/1000이 취해진다.

앞 장에서 설명했듯이 풍향에는 긴 주기의 변동이 함유되어 있지 않기 때문에 풍동 중에서 구해진 수평방향의 확산폭은 일반적으로 시간 수정계수에 의해서 수정된다. 풍동실험에서는 복잡한 지형에서의 확산이 조사됨과 동시에 장래의 공장배치 계획, 토지조성 등의 영향을 사전에 평가된 확산 예측을 실시한 환경영향평가(EIA) 제도를 적용시키면 대기오염 예방에 도움이 되고 있다.

나. 현지추적 실험일 경우

㉠ 확산의 현지실험에서는 트레이서(tracer) 물질을 굴뚝에서 주입하거나, 예상되는 유효연돌 높이에서 대기 중으로 방출하고 이것을 풍하(風河)에서 포집해 확산폭과 농도를 구한다.

㉡ Tracer 물질로는 6불화황(SF_6) 및 uropoim 등 방사화(放射化) tracer가 적합하다. Tracer 실험에 의해서 복잡한 지형상에서의 확산상태를 직접적으로 알 수 있다.

2 확산폭의 추정법(Trace Method)

1) 대기안정도

(1) 파스킬의 대기안정도일 경우

㉠ 파스킬(Pasquill : 1961년)은 대기안정도를 지상풍속, 일사량(日射量) 및 구름량을 조합시켜서 A~F처럼 6계급으로 분류하고, 각 안정도에 대응하는 확산폭 σ_y, σ_z를 대부분의 추적(tracer) 실험결과와 이론적 추정에 준하여 결정했다. 특히 구름 대신에 일사량과 적외선 방사량(야간)을 사용하도록 한 (표 4-7)의 안정도 분류가 사용되고 있다.

그러나 이 방법은 도시처럼 지표가 거칠고 열섬효과가 있는 곳이나 지면의 성질이 불균일한 곳에서는 오차가 크게 나타난다.

㉡ 각 안정도에 대응하는 확산폭 σ_y, σ_x은 (그림 4-23)에 나타냈듯이 배출원에서의 풍하거리 x의 관계식에서 주어졌다. 이 그림에 나타내게 된 수평확산폭 σ_y는 평균시간 약 3분의 값이다. 예를 들면 60분 평균값 σ_y를 구하고 싶을 때는 앞에서 서술했듯이, $(60/3)^{0.25-0.3}$배 하는 계산이 필요하다. 또 같은 그림에 나타낸 공기역학적 조

표 4-7 Pasquill의 안정도 계급(야간의 운량의 아래숫자는 순방사량 cal/cm² · h*)

지상풍속 (m/s)	일 중			일중과 야간	야 간	
	일사량(cal/cm² · h)					
	강 >50	병 49~25	약 <24	본담 (8~10)	상층운(5~10) 중 · 하층 구름량(5~7) 0~5	구름량 (0~4) >5
<2	A	A~B	B	D	–	–
2~3	A~B	B	C	D	E	F
3~4	B	B~C	C	D	D	E
4~6	C	C~D	D	D	D	D
>6	C	D	D	D	D	D

도 z_o가 약 3cm 정도인 장소의 값이고, 시가지(street) 등을 적용하는 경우는 2장에서 서술한 방법으로 수정하는 것이 바람직하다. 특히 파스킬은 지상 10m에서의 바람과 햇빛 또는 구름량(雲量)으로 안정도를 추정해 [그림 4-23 (a), (b)]에 의해 쉽게 σ_y, σ_z를 구하는 방법을 개발했다.

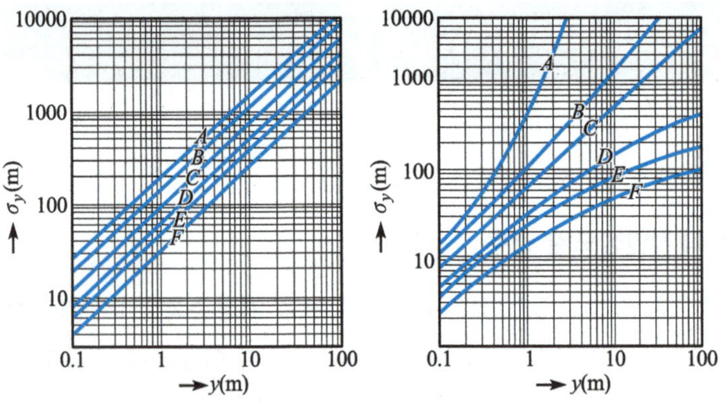

(a) (b)

그림 4-23 파스킬의 수평확산폭과 연직확산폭
(A~F는 안정도, 표 4-7 참조)

(2) 터너(Turner)의 대기안정도

㉠ 파시킬(Pasquill)의 방법과 유사하여 안정도를 태양고도각(太陽高度角), 운량(雲量) 및 지상풍속을 조합시켜서 (표 4-8)에 나타낸 계급으로 분류한다.

㉡ 각 계급에 대응하는 확산폭은 (그림 4-24)에 나타내듯이 확산시간의 관계식에서 구할 수 있다. 이 때문에 무풍시 확산농도의 추정에 따라 상기식과 조합시켜서 사용한다.

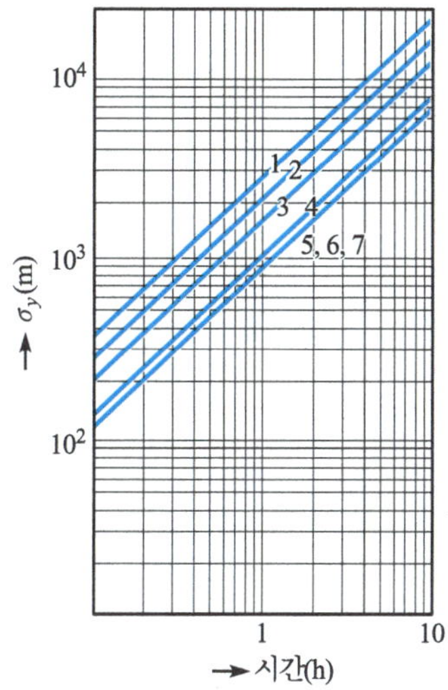

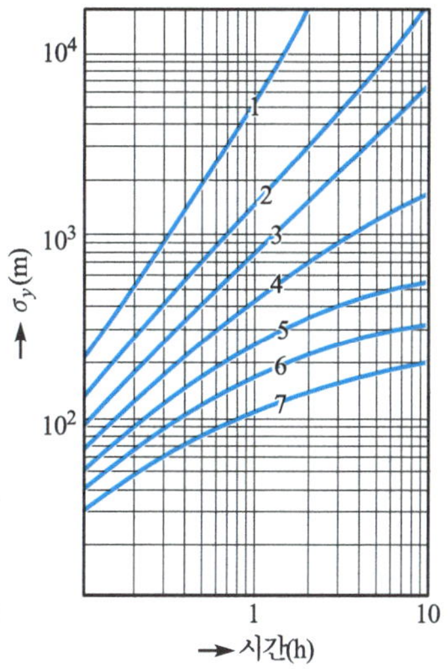

그림 4-24 Turner의 확산폭

표 4-8 터너의 안정도 계급

풍속노트	전방사의 index*3						
	4	3	2	1	0	−1	−2
0, 1	1	1	2	3	4	6	7
2, 3	1	2	2	3	4	6	7
4, 5	1	2	3	4	4	5	6
6	2	2	3	4	4	5	6
7	2	2	3	4	4	4	5
8, 9	2	3	3	4	4	4	5
10	3	3	4	4	4	4	5
11	3	3	4	4	4	4	4
12 이상	3	4	4	4	4	4	4

*: 1노트 0.52m/s

주) 1. 운량 10/10이고 운저 고도 7000 feet 이하에서는 0

2. 야간(일몰에서 일출까지)

가. 운량 ≦ 4/10, −2

나. 운량 > 4/10, −1

3. 주 간

가. 일사 인덱스를 아래표에서 구한다.

나. 운량 ≦ 5/10의 경우는 아래의 일사 인덱스를 사용한다.

다. 운량 > 5/10의 경우는 다음과 같이 일사 인덱스를 수정한다.

(i) 운저 고도 < 7000 피트의 경우 일사 인덱스에서 2를 뺀다.

(ii) 운저 고도 ≧ 7000 피트의 경우 1을 뺀다.

(iii) 운량 10/10의 경우는 1을 뺀다.

(iv) 이상의 수정을 받지 않을 경우는 일사 인덱스를 그대로 사용한다.

(v) 수정하여 1이하로 되면 1로 한다.

일사 인덱스	태양고도(a)
4	a > 60°
3	60° ≧ a > 35°
2	35° ≧ a > 15
1	15° ≧ a

(2) 서튼(Sutton)의 방법일 경우

㉠ Sutton모델은 이론적 고찰에서 확산폭이 풍하거리 x의 $1^{-0.5n}$승에 비례한다고 하면, 다음 식으로 σ_y, σ_z을 나타냈다.

$$\sigma_y = \frac{k_y}{\sqrt{2}} x^{1-\frac{n}{2}} \tag{4.25}$$

$$\sigma_z = \frac{k_z}{\sqrt{2}} x^{1-\frac{n}{2}} \tag{4.26}$$

여기서, k_y, k_z, n : 대기안정도 등 기상조건에 의해 변하는 계수(Sutton의 확산 계수)

㉡ 황산화물의 배출구허용기준의 근거로 한 확산계산에서는 평균값으로서 $C_x = 0.07$, $C_y = 0.07/0.15$, $n = 0.25$이다.

㉢ Sutton식과 같이 확산폭을 풍하거리 x의 $1^{-n/2}$승으로 구하는 방법이 많이 사용되고 있다. 그들의 추정에는 일반적으로 다음의 식이 사용된다.

표 4-9 Sutton의 확산 계수(매개변수)

안정도 조건	n	K_y, K_z($m^{0.5n}$)			
		고도(m)			
		25	50	75	100
강한불안정	0.20	0.21	0.17	0.16	0.12
중립	0.25	0.12	0.10	0.09	0.07
중간정도역전	0.33	0.08	0.06	0.05	0.04
강한역전	0.50	0.06	0.05	0.04	0.03

$$\sigma_y = Ax^a \qquad \sigma_x = Bx^b \tag{4.27}$$

여기서, A, B, a, b : 안정도에 따라 변하는 계수

㉣ 상기 식의 계수를 바람의 혼란 크기, 대기안정도 파라미터(parameter)와 관계되는 방법 등 몇 가지가 있다. 특히 점배출원인 원점을 둔 공간직교좌표 x, y, z를 정하고, 이때 x는 풍하(風下)측 방향이며, 각 축 방향의 확산계수를 k_x, k_y, k_z로 할 때, Sutton(1947년)에 의하면 풍하측 어떤 공간에서의 오염물질 농도 C는 다음 식으

로 구한다.

$$C(x,y,z : H_e) = \frac{Q}{\pi \cdot ky \cdot kz \cdot u \cdot x^{2-n}} \exp\left(\frac{-y^2}{ky^2 \cdot x^2}\right)\left[\exp-\frac{(z+H_e)^2}{k_x^2 \cdot x^{2-n}} + \exp-\frac{(z+H_e)^2}{k_z x^{2-n}}\right] \quad (4.28)$$

여기서, Q : 오염물질의 단위시간당 배출량(m^3/sec 또는 g/sec)

H_e : plume의 높이(굴뚝의 유효고도 : m)

n : 난류지수

u : plume 고도의 평균속도(m/sec)

2) 대기오염물질 농도 예측모델

(1) Gaussian model(가우시안 모델)의 특징

가. 농도예측

㉠ Gaussian 모델은 굴뚝처럼 점배출원에서 계속 배출된 오염물질의 하류방향 농도를 예측하는 모델이다. 대기오염확산은 불규칙 과정이나 평균 풍속에 수직인 단면에서 농도분포는 정규(Gauss)분포로 간주할 수 있다. 이때 굴뚝하부측에서 어떤 공간의 오염물질농도 C는 다음 식으로 나타낼 수 있다.

$$C(x,y,z : H_e) = \frac{Q}{2\pi\sigma_y\sigma_z u} \exp-\frac{1}{2}\left(\frac{y}{\sigma_y}\right)^2\left[\exp-\frac{1}{2}\left(\frac{z-H_e}{\sigma_y}\right) + \exp-\frac{1}{2}\left(\frac{z+H_e}{\sigma_z}\right)^2\right] \quad (4.29)$$

여기서, σ_y : y축에 대한 확산계수(즉 y축의 오염물질 농도표준편차 ; 확산폭)

σ_z : z축에 대한 확산계수(즉 z축이 오염물질농도 표준편차 ; 확산폭)

u : 평균 수평풍속(x축 방향)

x : plume의 중심선(x축)을 따른 풍하거리(m)

H_e : 배출원(stack)의 유효높이(m)

㉠ 따라서 대기오염물질의 확산계수는 대기의 난류상태, 유효높이, 지표면의 거칠기, 시료(sample) 채취 소요시간, 풍속, 배출원으로부터의 거리 등에 따라 달라진다. 한편 sampling 소요시간이 10분, 고도는 지표로부터 100m 이내 개방된 평야일

때 확산계수(표준편차)를 구하는 식은 다음과 같다.

$$\sigma = \sqrt{\frac{\sum^{fi}(x_i - \bar{x})^2}{N}} \tag{4.30}$$

여기서, N : 각 측정기에서 총 측정회수
x : 각 측정거리까지의 평균거리(m)

또한 Sutton 모델식과 Gaussian 모델식을 다음과 같이 나타낼 수도 있다.

$$\sigma_y = \frac{1}{\sqrt{2}} k_y x^{1-0.5n} \tag{4.31}$$

$$\sigma_x = \frac{1}{\sqrt{2}} k_y x^{1-0.5n} \tag{4.32}$$

나. Gaussion의 simulation 모델

실질적으로 대기오염농도 예측(simulation)을 할 때 다음 조건에 따라 간단히 나타낼 수도 있다.

㉠ $z = 0$인 오염농도가 지표면에서만 계산할 경우

$$C(x, y, 0 : H_e) = \frac{Q}{\pi \cdot \sigma_y \cdot \sigma_z \cdot u} exp\left\{-\frac{1}{2}(\frac{y}{\sigma_y})^2\right\} \exp\left\{-\frac{1}{2}(\frac{H_e}{\sigma_z})^2\right\} \tag{4.33}$$

㉡ $z = 0$, $y = 0$ 대기오염농도가 지표면상 연기흐름 중심선(plume center line)을 따라서 지상농도를 계산할 경우

$$C(x, , 0 : H_e) = \frac{Q}{\pi \cdot \sigma_y \cdot \sigma_z \cdot u} exp\left\{-\frac{1}{2}(\frac{H_e}{\sigma_z})_2\right\} \tag{4.34}$$

한편 지표면에서 최대농도 C_{max}가 나타나는 풍하거리 x_{max}와의 관계식은 다음과 같이 나타낸다($y = 0$, $z = 0$임).

$$C_{\max}(x_{\max}, 0, 0 : H_e) = \frac{Q}{\pi \cdot e \cdot u \cdot H_e^2}(\frac{\sigma_x}{\sigma_y}) \tag{4.35}$$

㉢ $z=0$, $y=0$, $H_e=0$인 오염원의 배출구가 굴뚝이 아니고 지상에 있을 경우

$$C(x,0,0:0) = \frac{Q}{\pi \cdot \sigma_y \cdot \sigma_z \cdot u}\left[\exp\left\{-\frac{1}{2}\left(\frac{y}{\sigma_y}\right)^2\right\} \cdot \exp\left\{-\frac{1}{2}\left(\frac{z}{\sigma_z}\right)^2\right\}\right] \tag{4.36}$$

다. Gaussian model의 가정조건

일반적으로 가우시안 모델식(4.30)은 다음과 같은 가정 아래서 성립된다.

㉠ 오염분포의 표준편차는 약 10분 동안의 대표값이어야 한다.

㉡ 배출원에서 오염물질이 연속이어서 풍하방향으로 확산은 무시한다.

㉢ plume성분은 x축 방향에 직각 방향으로 정규분포를 이룬다.

㉣ 배출물질은 기체 및 입경이 약 20μm 이하인 먼지 및 에어로졸로써 장기간 공기 중에 부유한다.

㉤ 배출된 오염물질은 흐르는 동안 없어지거나 다른 물질로 변화되지 않아야 한다.

㉥ 평균풍향은 x축, 풍속은 굴뚝유효 고도로부터 $\pm 2\sigma$, 범위의 고도에 대한 평균풍속을 택해야 하고 $2\sigma_z$가 H_e보다 더 크면 지표면으로부터 $H_e + 2\sigma_x$까지의 평균풍속을 사용한다.

(2) Sutton model(서튼 모델)의 특징

가. 농도예측

㉠ Sutton 모델은 굴뚝(stack)으로부터 배출된 가스는 대기공간의 풍향 · 풍속 · 대기안정도 · 지면거칠기 등에 크게 영향을 받아서 대기오염물질은 확산 · 희석한 후 지표면에 도달한다. 이러한 확산현상이 Gauss식(정규분포식)에 따를 경우 대기오염물질의 지표면 착지농도는 식(4.37)으로 구해진다.

$$C = \frac{2Q}{\pi \cdot k_y \cdot k_z \cdot u \cdot x^{2-n}} exp\left[-\frac{1}{x^{2-n}}\left\{\left(\frac{y}{k_y}\right)^2 + \left(\frac{H_e}{k_z}\right)^2\right\}\right] \tag{4.37}$$

여기서, Q : 대기온도 · 압력에서의 배출가스량(m3/sec)

k_y, k_z : 수평 · 수직방향의 확산계수

x : 굴뚝에서 지표면까지 대기오염물질의 착지거리(m)

n : 대기안정도 확산 parameter[(표 4-9) 참조]

y : 착지거리지점에서 바람을 향한 직각인 수평방향거리(m)

H_e : 유효굴뚝높이(m)

㉡ σ_y와 σ_z

$$\sigma_y = \frac{1}{\sqrt{2}} k_y \cdot x^{1-0.5n} \tag{4.38}$$

$$\sigma_z = \frac{1}{\sqrt{2}} k_z \cdot x^{1-0.5n} \tag{4.39}$$

나. 최대착지농도(C_{max})

㉠ 대기오염최대착지거리(x_{max})인 그 지점에서 최대농도 C_{max}는 식(4.40)으로 나타낸다($y = 0$, $z = 0$일 경우).

$$C_{max}(x_{max}, 0, 0 : H_e) = \frac{2Q}{\pi \cdot e \cdot u \cdot H_e^2}\left(\frac{k_z}{k_y}\right) \tag{4.40}$$

㉡ 따라서 C_{max}는 풍속에 반비례하고 연돌(stack)의 유효고도 제곱에 반비례되므로 He가 가장 큰 영향을 준다.

다. 대기오염 최대착지거리(X_{max})

㉠ 일반적으로 지표부근에서 난류(turgulent flow)는 수직성분이 억제되기 때문에 k_x가 k_y보다 작은데, 지상 100m 정도에서 대기의 수직온도분포가 등온이라면 $k_y = 0.21$, $k_x = 0.10$이다.

㉡ 한편 지표에서 대기오염농도가 최대가 되는 착지거리 X_{max}는 다음 식으로 계산된다.

$$x_{max} = \left(\frac{H_e}{k_x}\right)^{\frac{2}{2-n}} \tag{4.41}$$

표 4-10 Sutton의 확산 parameter

지상에서 오염원까지 거리(m)	n=0.2		n=0.25		n=0.33		n=0.5	
	k_y	k_z	k_y	k_z	k_y	k_z	k_y	k_z
0	0.37	0.21	0.21	0.12	0.12	0.074	0.08	0.047
10	0.37	0.21	0.21	0.12	0.12	0.074	0.08	0.047
25	0.21		0.12		0.074		0.074	
30	0.20		0.11		0.070		0.044	
45	0.18		0.10		0.062		0.040	
60	0.17		0.095		0.057		0.037	
75	0.16		0.086		0.053		0.034	
90	0.14		0.077		0.045		0.030	
105	0.12		0.060		0.037		0.024	

라. Sutton model의 가정조건

Sutton 모델을 경도(gradient) 모델 또는 K모델이라고 말하기도 하는데, 이 모델은 아래와 같은 가정일 때 성립된다.

㉠ 오염배출원에서 무한히 떨어지면 오염농도는 0이 된다.
㉡ 오염물질은 지표를 침투하지 못하고 반사된다.
㉢ 배출원에서 오염물질의 농도는 아주 크다.
㉣ 배출원에서 배출된 오염물질은 그 후 소멸되거나 생성되지 않고 흘러간다.
㉤ 풍하측의 지표면은 평평하고 균일하다.
㉥ 풍하측으로 가면서 대기의 안정도는 일정하고 확산계수는 변하지 않는다.
㉦ plume 축에 직각인 단면에서 오염농도분포는 Gauss분포이다.

3) 가스상물질의 확산

(1) 고밀도가스의 특성

가. 대기확산할 경우

㉠ 액화가스연료(LPG)나 유해화학물질(NH_3, MIC)의 누출(漏出)사고에 의해 생긴 고밀도가스의 확산거동은 일반 대기오염물질의 확산과는 전혀 다르다.
㉡ 1976년 미국 Houston의 NH_3 누출사고, 1976년 미국 Seveso와 1984년 인도 Bhopla의 유해화학물질 등이 사고가 발생한 후 유해화학의 수송 · 저장 · 취급시 유해가스의 확산예측이 필요하다고 느끼게 되었다. 유해가스의 확산은 온도가 낮고 밀도가 높으며 공기보다 무거워서 heavy gas또는 dense gas라고 한다.

나. 고밀도가스의 누출할 경우

㉠ 공기(air)보다 분자량이 큰 가스이지만 저온에서 저장되어 있으며, 가스는 공기보다 무거워서 소량일지라도 동일한 밀도를 가진 가스와는 달리 확산을 한다.
㉠ 소량의 저농도로서 대기 중에 방출되면 대개 공기보다도 저밀도가스인바, 사고가 날 경우 순간적으로 대량이 대기 중에 방출되어 고밀도 가스로 거동(擧動)을 한다. 대기 중에 방출된 유해물질이 공기보다 무거운 고밀도가스가 형성되는 과정은 다음과 같다.
ⓐ 액체로서 대기 중에 방출될 경우에 증발에 의해 액적(mist)을 포함한 구름전체가

차가워져서 밀도가 높게 된다.

ⓑ 대기 중에 방출된 가스분자량이 크면 그 자체가 공기보다도 밀도가 높게 된다.

ⓒ 고압상태로 저장되어 있기 때문에 대기 중에 방출될 때에 aerosol이 발생해 에어로졸과 증기와의 혼합체인 구름을 형성함으로써 전체가 고밀도가스로 거동한다.

ⓓ 화학반응에 의해 고밀도가스를 형성한다.

다. 고밀도가스가 확산할 경우

㉠ 수 ppm인 미량성분의 고밀도가스의 확산은 밀도(density)차에 의한 중력적 흐름에 따른 확산이다. 고밀도 가스흐름은 지형의 기복(凹凸)에 따라 낮은 쪽에서 내려가고, 평탄지에서는 수평방향으로 퍼져 나간다.

㉡ 고밀도 가스흐름은 바람이 아주 약하게 불고, 대기상태가 안정할 때 고밀도 가스층 내부에서는 난류(난流)가 아주 적지만 외부 대기와의 밀도차가 커서 고밀도 가스의 안정한 쪽으로 외부 대기난류흐름이 진입(進入)할 수 없는 상태가 된다.

3 대기오염물질의 확산농도

1) 최대착지농도와 확산식

(1) 착지농도(着地濃度)의 특징

가. C_{max}의 개요

㉠ 단일 굴뚝의 주변에 있어서 착지 농도는 말할 것도 없으며 연류(plume)주축상 (x축)에 나타냈다. 주축상(主軸上)의 착지농도를 다음 식과 Pasquill의 확산폭을 사용하여 계산한 예를 다음에 나타냈다.

㉡ (그림 4-25)는 유효굴뚝 높이 H_e를 변화시킨 경우이다. H_e이 높아지면 최대착지농도를 C_{max}는 감소하고, 최대착지농도 출현거리 x_{max}는 멀어진다. 그러나 훨씬 먼 방향에서는 H_e의 변화에 대한 영향은 없다.

$$\sigma_y = \frac{k_y}{\sqrt{2}} \cdot x^{1-0.5m} \qquad (4.42)$$

$$\sigma_z = \frac{k_z}{\sqrt{2}} \cdot x^{1-0.5m} \tag{4.43}$$

㉢ (그림 4-26)은 안정도가 변화한 경우이고, C_{max}는 불안정도가 클수록 높다. 그러나 지적 하고 싶은 것은 지상배출원에서의 확산은 안정한 것일수록 착지농도가 전체적으로 높아지는 것이다.

㉣ 최대착지농도는 H_e^2에 반비례한다. 이와 관련하여 황산화물의 배출구허용기준은 1개의 굴뚝(stack)에서 배출하고 있는 황산화물의 양은 H_e^2에 비례하고 있다. 따라서 최대착지농도가 일정치 이하로 유지된다.

㉤ Sutton의 확산 식에서 평균적인 k_y, k_z, n 및 Bosanquet의 상승 식을 사용해 황산화물농도를 구한다.

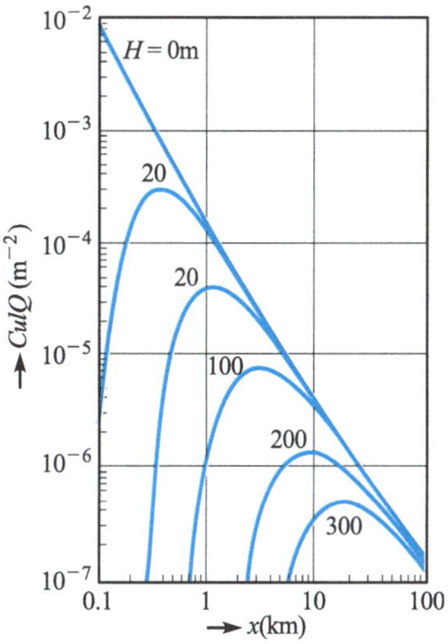

그림 4-25 plume 중심축상의 착지농도 C의 유효굴뚝높이 H_e에 의한 변화(u : 풍속, Q : 배출량)

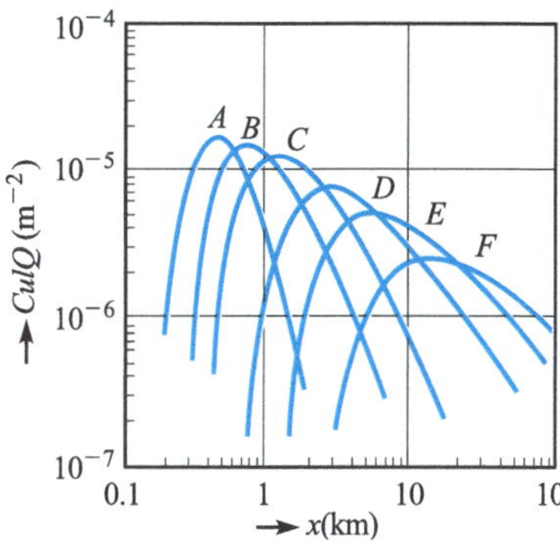

그림 4-26 plume 중심 상대희석률(Cu/Q)의 안정도에 의한 변화

(2) 지상최대착지농도의 착지거리계산

가. 지상최대착지농도(C_{max})계산할 경우

$$C_{max} = \frac{1.72Q'}{H_e^2} \quad [\text{ppm}] \tag{4.44}$$

$$SO_2 \text{ 배출량 } Q = \frac{0.7S}{100} \times F \quad [\text{Sm}^3/\text{hr}] \tag{4.45}$$

나. 착지거리 (X_{max}) 계산할 경우

$$X_{\max} = 20.8(H_e)^{1.143} \quad [\mathrm{m}] \tag{4.46}$$

여기서, Q' : SO_2 배출량(Sm^3/hr)
S : 연료중 황함량(%)
F : 연료사용량(kg/hr)

다. Sutton식에 의한 확산농도에 의한 착지거리계산

㉠ SO_2 확산농도 계산식

$$C(x,0,0) = \frac{2 \times 10^6 Q}{\pi \cdot k_y \cdot k_z \cdot V_x^{2-n}} \times \exp\left(\frac{H_e^2}{k_z^2 \cdot x^{2-n}}\right) \tag{4.47}$$

여기서, Q : 배출가스량(m^3/sec) k_y : 수평확산계수(0.47)
k_z : 수직환산계수(0.07) n : 대기안정도(0.25)
u : 풍속(m/sec) x : 수평거리(m)
$C(x,0,0)$: SO_2 확산최대농도(ppm)

㉡ 최대착지거리 계산식

$$x_{\max} = \left(\frac{H_e}{k_z}\right)^{\frac{2}{2-n}} \tag{4.48}$$

라. 고농도 오염의 조건(Fumigation 조건)

㉠ 미풍(微風)으로 상공에 역전층(lid)이 존재할 경우에 고농도 오염의 미풍이 발생하기 쉽다. lid가 유효연돌 높이 H_e의 부근에 있어서 상승으로 확산이 저해될 경우에 최대착지농도는 lid가 없는 경우의 약 2배 정도까지 증대될 수 있다.

㉡ 한편 바람이 불고 있는 경우에 배연(排煙)의 상승이 낮아지고, 유효연돌높이 H_e가 낮아져 착지농도가 높이지는 일이 있는데, 소위 fumigation이 발생한다. 즉 상승높이는 풍속 u에 반비례하고, 최대착지농도는 uH_e^2에 반비례하기 때문에 어떤 임계풍속 u_c일 때 최대농도가 된다. 또한 위험풍속 u_c는 배기가스 상승력과 관련되며, 배기가스량이 많고 배기온도가 높은 연돌일수록 u_c는 빠르다.

2) 침착속도확산식

(1) 역전층과 침착속도일 경우

㉠ 상공에 리드(rid)가 있는 경우에 상기 식들은 그대로 적용할 수 없어 고도 $L>(H_e)$에 lid가 있는 경우는 리드와 지표면에서의 배연의 반복반사가 있다고 가정하면, $F(z)$는 다음 식으로 나타낼 수 있다.

$$(F_z) = \sum_{\infty=-\infty}^{\infty} \left[\exp\left\{ -\frac{(z - H_e + 2n \cdot L)^2}{2\sigma_x^2} \right\} + \exp\left\{ -\frac{(z + H_e + 2n \cdot L)^2}{2\sigma_x^2} \right\} \right] \quad (4.49)$$

여기서, L : 리드 고도(m), n : 반사횟수(보통의 경우 n=−2~2이다.)

㉡ 확산거리가 멀어짐에 따라서 SO_2 및 NO_x 등은 확산 등에 의해서 점점 감소한다. 즉 배출가스의 질량보존법칙이 성립하지 않게 되며 또한 강우(强雨)에 의한 rain wash가 있으면 역시 먼지량은 감소한다. 이와 같은 변질이나 rain wash(雨)에 의한 먼지량을 나타내는 식은 매출량 Q를 다음의 Q'로 치환(置換)되는 방법이 사용된다.

$$Q' = Q\left\{ \exp\left(-\frac{0.693t}{t_o}\right) \right\} \quad (4.50)$$

여기서, t : 확산시간(sec) t_o : 반감기(sec)

㉢ 반감기 t_o는 오염물질의 종류, rain wash의 강우량 등 기상조건에 의해서 변하는데, SO_2의 반감기는 평균 4시간으로 나타낸다(Calder 학설). 부유성 입자나 흡착성 가스는 지표면으로 침강하는데, 이때 침착량($g/m^2 \cdot sec$)은 착지농도(g/m^3)와 침착속도(m/sec)의 곱에 비례한다. 침착속도가 일정하고 발생원이 지상에 있는 경우에 농도는 구할 수 있다(Pasquill 학설). 단, 이 경우 t_o는 침착속도와 수직확산폭에 의해서 변한다.

(2) 그밖의 확산식(擴散式)일 경우

㉠ 지상에서 20~30m 정도의 높이까지는 풍속, 확산계수가 고도와 함께 비교적 크게 변화하는 것으로 알려져 있다. 이처럼 지상부근 배출원에서의 확산을 취급할 때는

풍속, 확산계수가 높이에 의존하지 않는다고 가정하여 유도한 확산식을 적용하는 것은 엄밀히 말하면 옳지 않다.

ⓛ 이와 같은 확산계수와 풍속의 고도변화를 고려해 유도된 확산식에는 로버트(Roberts, Pasquill 참조)의 식들이 있다. 로버트 확산식은 수직확산계수와 풍속에 지표면에서 높이의 곱에 비례한다고 하고, 또 판상(plate)의 확산식은 수직확산계수가 높이에 정비례한다고 가정하여 미분방정식을 풀어 얻어진 식이다. 지상배출원에서의 확산농도를 취급하는 데는 이들의 식이 이용될 수 있다. 이들의 확산식은 비교적 복잡한 항목을 가지므로 여기에서는 확산식에 대해서 생략한다.

3) 미세먼지의 침강 속도

(1) 먼지의 침강에 따른 피해

㉠ 입경 20㎛ 이상인 미세먼지는 기계처럼 분산하지 않고 지면(ground)에 침강해 영향을 일으킨다. 먼지의 침강 특성은 먼지입경, 형상, 겉보기 비중에 따라서 특성을 나타내며, 대부분 연구는 구형입자를 사용해 실시되었는데, 구형입자의 최종침강속도(terminal velocity : V_t)는 다음 식으로 나타낸다.

$$V_t = \frac{2g(\rho_p - \rho_a)dV_p}{C_D \cdot A_p \cdot R_e \cdot u} \tag{4.51}$$

여기서, C_D : 저항계수(drag coefficient)

A_p : 입자의 침강방향에 직각인 단면적

Re : reynolds 수

u : 공기의 동점성 계수

g : 중력가속도(980cm/sec)

ρ_p : 구형입자의 비중

ρ_a : 공기의 비중

d : 입자의 직경

V_p : 입자의 부피

ⓛ 이때 Reynolds 수가 약 1인 경우에 Stokes 법칙이 적용되며, 이 경우 $d_p = 2r$, $C_D = 24/R_e$, $A_p = \pi r^2$, $V_p = \frac{4}{3}\pi r^3$을 식(4.52)에 대입하면 Stokes의 흐름에서 종속도 V_t는 다음과 같다.

$$V_t = \frac{2g(\rho_p - \rho_a)r^2}{9\mu} \quad \text{또는} \quad V_t = \frac{g(\rho_p - \rho_a)d_p^2}{18\mu}$$

여기서, 저항계수 C_D는 R_e의 함수로서 대부분의 유체역학으로 구할 수 있다. $R_e<1$ 일 경우 $C_D = 24R_e$, $3<R_e<400$일 때는 $C_C = 24/R_e+4/r^{1/3}$, $1,000<R_e<2,000,000$이라면 $C_d = 0.44$이다.

(2) 먼지의 침강속도를 구하는 공식

㉠ 입경이 100㎛이하이고 점성흐름 영역일 경우

$$V_t = \frac{g \cdot \rho_p \cdot d^2}{18\mu}$$

㉡ 입경이 100~1000㎛이고 중간흐름 영역일 경우

$$V_t = \frac{0.2(\rho_p \cdot g)^{2/3} d}{(\rho_a \mu)^{1/3}}$$

㉢ 입경이 1000㎛보다 크고 난류일 경우

$$V_t = \sqrt{\frac{3\rho_p \cdot g \cdot d_p}{\rho_a}}$$

㉣ 대기가 표준상태이고 Stokes 흐름 영역일 경우

$$V_t = 0.003\rho_p d^2 \qquad (4.56)$$

여기서, V_t : 침강속도(cm/sec) ρ_p : 입자밀도(g/cm^3)
d : 입자(㎛)

㉤ 한편 입자의 밀도가 1g/cm^{3}이고 입경이 29㎛일 경우 Stokes 흐름은 대기에서 5% 정도가 되며 입경이 커질수로 오차는 점점 증가된다.

㉥ 입경이 아주 작아서 가스분자와 충돌했을 때 입자의 속도에 변화가 생기면 Brown 운동이 일어나는데, 특히 1㎛ 이하일 경우 침강속도 외에 약간의 Brown 운동이 일어나나 1기압, 20℃에서 입경 0.25㎛ 이하가 되면 Brown 운동이 중요한 역할을 하게 된다. 따라서 aerosol 이내의 입자는 다른 물체와 작용해 독립된 상태에서 보다 빨리 이동할 수 있게 된다.

평균적인 기상상태에서 배출원으로부터 풍하지역에서의 평균침강량은 다음 식과 같다.

$$W = \frac{0.3/a \cdot Q}{H_e^2} f\left(\frac{V_t}{u}, \frac{x}{H_e}\right) \tag{4.57}$$

여기서, W : 풍하거리 x에서 45° 구역을 위한 평균침강률(mg/cm^2 · 월)

a : 45° 구역으로 부는 바람의 회수(시간당 %값)

$f(\frac{V_t}{u}, \frac{x}{H_e})$: 침강함수

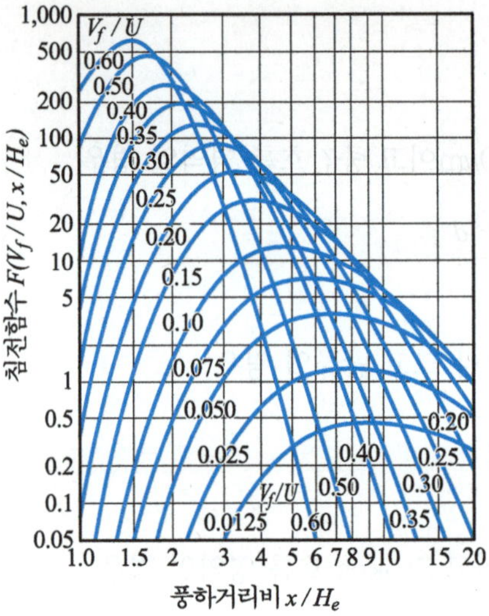

그림 4-27 침강함수 $F(\frac{V_f}{U}, \frac{x}{H_e})$와 풍하거리 $\frac{x}{H_e}$와의 관계

CHAPTER 05

지구변화 대응

제1절 지구환경문제

제2절 지구환경보전대책

제1절

지구환경문제

1 오존층파괴문제

1) 국제적 동향

(1) 산업활동과 지구환경파괴

지구환경문제는 우리나라의 경우 1977년 말까지는 공해(公害), 1996년까지는 환경보전(環境保全)과 최근 지구(地球)환경보전에 관한 것들이다. 산업혁명 이후 지구촌식구들이 부(富)의 축적을 위해 대량생산기술과 수송수단의 발달로 물질적인 풍요는 누릴 수 있었던 반면에 지구환경오염은 크게 증가되었다. 지구환경이 파괴되면 사람의 건강과 동·식물·비생물의 피해로서 쾌적한 생활환경의 공간을 잃어 삶의 질을 떨어뜨리게 된다. 우리나라도 1960년대 국가의 경제개발계획에 의한 압축경제성장으로 산업화, 인구증가, 도시화와 국토개발로 자연환경의 자정능력범위를 넘어 이들로 인한 환경파괴가 일어났다.

국가환경문제가 이제는 지구환경문제로 채택하여 국제적으로 논의하게 된 것이 Freon gas(프레온 가스)에 의한 오존층파괴, 산성비, 지구의 온난화, 사막화, 열대우림의 감소 등이며, 이들 중에서 가장 광범위하고 가장 심각한 문제가 지구온난화이다. 지구환경문제의 문제 부분은 (그림 5-1)과 같다.

산업활동이 증가되면서 지구환경의 에너지분포를 바꾸고 대기흐름을 변화시켜 엘니뇨(아기예수 뜻임) 및 라니냐(작은 예수 뜻임)현상과 같은 기상이변에 따라 전 세계적으로 농작물 수확량이 감소하며 곡물가격이 상승해 경제에 큰 타격을 받게 된다. 그리고 어떤 지역에는 폭설·폭우가 내리고 가뭄이 초래해 고생받게 된다.

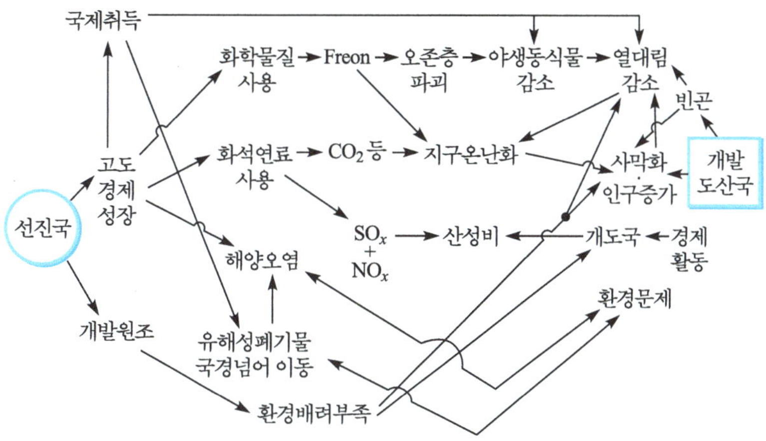

그림 5-1 지구환경의 문제부분 흐름도

(2) 지구환경대기문제

1988년 캐나다의 토론토에서 열린 세계 7개국 경제정상회의에서 논의된 대기환경문제는 지구의 기후변화, 산성비, 열대우림감소, 멸종위기에 처한 생물종 등의 문제를 우선적으로 다루었으며, 최근 유럽공동체(EU)위원회에서는 CFCs(프레온가스), 산성비, 지구온난화 3대 지구환경문제로 규정하였다.

가. 오존층 파괴(the depletion of ozone layer)

EC국가들은 성층권에 있는 오존층을 파괴하는 CFCs(chloro fluoro carbons)의 생산과 유통을 2000년까지 전면 폐지하자고 했으며, 미국도 이를 지지했고, 오존층보호를 위한 Vienna convention(비엔나협약)이 1988년 9월 22일 발효(우리나라는 1992. 2. 27가입)됨으로써 오존층 파괴방지를 위한 과학기술의 협력과 오존층파괴로부터 인간의 건강과 환경을 보호하기 위한 각국의 의무로 했다. 그리고 오존층파괴물질에 대한 Montreal protocaol(몬트리올 의정서)는 1886년을 기준으로 CFCs 등의 소비량을 점진적으로 감축하자는 사항을 규정했다.

나. 산성비(Acid rain)

산성비(酸性雨)는 지표면의 발생원으로부터 배출된 SO_x, NO_x, VOC_s가 oxidants에 의해 광화학반응으로 생성된 H_2SO_4 mist, HNO_3 mist 등의 산성강하물(降下物)이 수권(水圈) 생태계, 산림 농작물, 건축자재, 문화자원의 피해, 대기권의 시정악화와 인체에 악영향을 준다. 최근 미국 IOWA 대학에서 세계은행의 지원으로 실시한 산성비조사에 의하면 한국에 침적한 산성강하물을 근원지별로 나누어 보면, 중국 33%로 제일 높고, 화산이 1.9%, 북한이 1.9%, 일본 0.8%, 한국 62.4%이라고 밝혔다. 산성비는 1985년 헬싱키 의정서와 1988년 소피아 의정서 등에서 논의된 바 있다.

다. 지구 온난화(Global warming)

지구온난화(地球溫暖化)는 대기 중에 방사된 열이 적어서 지표면의 온도가 상승하는 현상이며, 지구를 따뜻하게 하는 온실효과(溫室效果 : green house effect)는 탄산가스(CO_2 : carbon dioxide)가 많이 발생되어 특정과정인 적외선을 흡수해 열이 대기권으로 빠져나가는 것을 막아 대기온도를 상승시킨다. CO_2는 화석연료(化石燃料)를 연소시킬 때 발생되며, 발생률은 석탄, 석유, 천연가스의 순서대로 OECD(경제협력개발기구)는 TW(tera watt : 1조 왓트)로 연간 탄소배출량을 나타낸바, 석탄 0.75, 석유 0.62, 천연가스 0.43이다.

지구온난화는 기후변화에 관한 UN framework convention(유엔기본협약)은 1994년 3월 21일 발효(우리나라는 1993. 12. 14)하여 지구의 온난화를 방지하기 위해서 각국의 온실 가스배출감축에 관한 기본내용을 규정했다.

2) 오존층 파괴

(1) 오존층

대기(Air)란 지구의 인력에 의해 외계로 날아가지 못하는 각종 기체(N_2, O_2, CO_2 등)로 이루어져 있는 공기를 말한다. 지구의 두께는 약 600~1,000km인데, 이 층을 대기권이라 말하며, 대기의 구조를 질량으로 보면 총 질량의 90%가 약 16km 고도 이내에 들어 있고 99%까지는 약 30km 이내, 99.9%가 약 48km 이내에 나머지 0.1%가 그 상공에 있다. 한편 지상 400km 이상에서는 공기가 거의 이온화되어 있고 1,000km 이상의 고도에서는 인공적으로 만든 진공보다도 더 밀도가 적다.

일반적으로 지구권은 대류운동이 활발하게 일어나는 지상에서 약 11km까지는 대류권(troposphere), 11~50km를 성층권(stratosphere)이라 말하는데, 11~30km는 거의 기온이 일정하며 30~50km에서는 기온이 약 0℃이다. 또한 50~80km를 중간권(mesospheere), 80km이상을 열권(thermosphere)이라고 말한다.

그러나 우리가 흔히들 말하고 있는 지구의 대기를 표준상태로 환산하면 그 깊이가 약

8km가 되는데, 오존량은 약 3mm로 아주 적은 양이 대기 중에 포함되어 있고, 이 오존 전량 90% 이상이 성층권인 지상 20~25km 고도부근을 중심으로 오존층을 형성하고 있으며, 오존량은 지구대기의 1ppm 정도이다.

(2) 오존층의 역할

오존층의 역할은 태양으로부터 강한 자외선을 흡수해 인체와 생태계에 영향을 주는 자외선을 차단시켜 준다. 또한 자외선을 흡수해 가열되고, 적외선을 방출하여 냉각시키면 성층권의 열수지에 직접 관계되므로 오존층의 농도변화는 대기순환과 기후에 크게 영향을 준다.

특히 CFCs(염화플루오르화탄소)를 계속해서 사용하면 오존층이 파괴되어 유해 자외선이 지표면에 닿으면 생명체를 위협(오존량이 1% 감소되면 자외선 양이 2% 증가해 피부암의 발생률 4~6% 증가)하게 된다. 그러나 지금까지 밝혀진 바에 의하면 지표면의 오존은 태양자외선과 반응해 인체 호흡기계통에 피해를 주고 이에 따른 질병에 대한 면역성을 감소시키며 눈과 코에 자극을 주는 광화학적 스모그원인물질로 작용한다. 또한 식물에 손상을 주거나 성장을 방해함으로써 농작물의 수확량을 감소시키고 그 질을 떨어트릴 뿐만 아니라 가뭄 등에 견디는 저항력을 약화시킨다고 알려져 있다.

따라서 지구를 둘러싸고 있는 성층권의 오존층은 지상의 모든 생물들을 해로운 자외선, 우주선 감마선으로부터 보호해 주는 역할을 하고 있다. 생물보호막으로 그 동안 성층권 오존층의 파괴현황은 1982년에 남극 상공에서 최초 발견되었으며, 1987년 10월에는 남극대륙상공에서 50%의 오존층이 감소되었다고 하여 오존층 구멍이 관측되었고, 1989년 10월에도 미항공우주국(NASA)은 남극 성층권의 오존 농도가 40% 줄었다고 발표하였다. 이 오존파괴의 원인은 CFCs의 냉장고 냉매, plastic 포장지 제조, spray 분무제, 전자제품의 세척 등의 사용에 따른 것으로 밝혀져서 급기야는 1989년 4월 몬트리올 의정서에 의해 5종의 특정 프레온, 3종의 특정 할로겐 물질이 특정 프레온인 냉매제(CFC-12)와 발포제(CFC-11, 12)등의 사용량을 1995년까지 50%로 감축시키다가 2000년에는 완전사용을 금지시켜서 오존층의 파괴를 방지하자고 협의한 바 있다.

우리나라의 서울에서 1984년 5월부터 1990년 4월까지 6년간 연평균 오존전량은 327m-atm-cm±74m-atm-cm로 나타났고, 봄철에는 최대치 360mm-atm-cm, 가을철이 최소치 296m-atm-cm으로 계절별 변화가 현저했으며, 매년 0.85%의 감소현상을 나타내고 있다고 한다.

(3) 오존층 파괴

CFCs(chioro fluoro carbons : 염화불화탄소화합물)은 미국의 Thomas Midgley Jr가 1930년대에 발명한 물질로서 최초로 General MotoRS 회사에서 냉장고의 냉매를 사용되다가 그 성능이 인정되어 주택, 사무실, 자동차 등의 air conditioner, 발포제로서 cushion, mattress, bedclothe, styrofoam과 단열재, 식기, 전자제품의 세정제, hair sprayor, aerosol 등으로 그 사용량이 점차 증가해 연간 전 세계적으로 100여 만톤이 생산되어 그 규제대책이 시급하다.

1974년 Rowland 박사는 CFCs가 대기 중으로 누출된다면 지구표면이 10~20km의 대류권에 존재하다가 점점 증가해 성층권의 오존층을 파괴하게 된다고 하였다. CFCs는 화학적으로 안정하고 무독성이며 안전하고 불연성으로 액화되기 쉬운 매우 이상적인 물질로서 대기 중에 방출되면 분해되지 않고 천천히 확산되면서 6~8년 정도가 지나면 오존층에 이르게 된다. 일단 오존층에 도달하면 CFCs는 태양으로부터 조사되는 자외선에 의해 분해되어 염소원자가 발생되어 반응성이 강한 염소원자가 오존(O_3)을 산소로 전환시키면서 오존층을 감소시킴으로써 오존층이 파괴된다. 따라서 염소원자 1개가 수만 개의 오존분자를 연속적으로 파괴능력을 갖고 있음이 밝혀졌고, Halon 역시 CFCs보다도 오존층 분해능력이 강렬해서 지구의 온실효과에 15~20% 정도 제공됨이 알려졌다.

현대 문명에 있어서 유용한 인공물질 Freon이 대기 중에 방출되어서 성층권 오존층을 파괴하고 생물이나 기후에 중대한 영향을 미치고 있다. Freon에 의한 오존파괴는 전형적인 지구 규모의 환경문제로서 그 중요성이 15년 전부터 이론적인 예언이 되었다. 최근에 남극상공의 ozone hole이나 지구 전 오존량이 감소됨에 따라 오존층은 생물에 유해한 파장 영역인 태양자외선(uv-B)을 흡수해서 지구의 생명을 보호하고 있으며, 또 오존이 흡수된 태양에너지는 결국 열로 변해서 성층권을 따뜻하게 한다.

그러므로 오존층이 파괴되면 현재의 온도보다도 높아지는 온실효과와 반대로 성층권 상부의 기온이 저하하게 된다.

오존층이 파괴되면 지상에서 유해한 자외선의 강도가 증가하고 피부암이나 백내장의 증가 등 인간에의 영향 외에 동 · 식물의 생태계에도 나쁜 영향을 준다. 대기권에 방출된 Freon gas는 확산에 서서히 성층권으로 흘러 들어가 대류권에서는 화학적으로 아주 안전한 Freon 분자도 성층권 상부에서 태양자외선 때문에 분해하고 염소분자를 방출한다. 염소원자는 성층권의 오존이나 산소원자의 반응해서 오존을 분해하며, 화학반응은 다음과 같다.

$$Cl+O_3 \rightarrow ClO+O_3 \quad (5.1)$$

$$ClO+O \rightarrow Cl+O_2 \quad (5.2)$$

(4) CFCs의 국제적인 동향

산업 및 생활폐기물에 의한 토양과 수질오염은 초기단계에는 해당 생활권 내의 문제로 국한되었으나, CO_2, NO_x에 의한 지구온도상승효과, SO_x에 의한 산성비, 프레온 가스에 의한 오존층 파괴 등의 대기오염 등으로 지구환경오염에 대한 시각을 국제적 차원으로 바꾸게 되었다.

가. 지구환경오염관련국제법은 다음과 같다.

㉠ 기후변화방지법안에서 NO_x, N_2O, NO_2, SO_x, SO_2, CO_2, CO, CH_4, CFCs를 지구온난화 유발물질로 규정지었다.

㉡ 비엔나(Vienna)조약에서 오존층 보호를 위한 CFCs, 할론, CCl_4, $CHCl_3$, $C_2H_3Cl_3$를 2000년 이전에 전폐(全廢)하기로 1989년 결정했다.

㉢ 헬싱키(Helsinki) 선언에서 특정 CFCs, Halon를 가능한 빨리 2000년 전에 전폐함으로써 오존층보호와 지구온난화를 방지하고, 대체품과 대체기술을 개발해 신속히 개발도상국에 기술이전하기로 했다.

나. 비엔나조약에서 논의되었던 중요한 내용은 다음과 같다.

㉠ 인간활동이 오존층에 미치는 영향, 오존층 변화의 인간활동 및 환경에 미치는 영향에 관한 조직적 관측·연구 및 정보교환이 협력을 도모하고

㉡ 오존층에 악영향을 초래하는 활동을 규제하기 위한 적절한 법적·행정적 수단의 실행 또는 적절한 정책협력을 실시하여

㉢ 본 조약의 실시를 위해 의정서, 부속서의 채택과 그 효과적인 실시에 대한 협력을 강조했다.

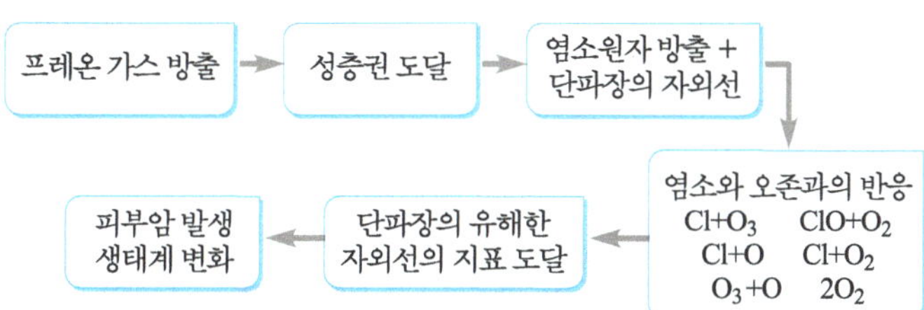

그림 5-2 Freon gas의 오존층파괴 과정

3) CFCs 규제에 따른 산업계의 대책

(1) CFCs 규제 전략

2000년까지 CFCs의 생산과 사용이 전면 금지됨에 따라 새로운 대체품 생산을 위한 신규제조, 생산시설에 전 세계적으로 40억불 이상의 신규투자가 이루어지지 않으면 안될 것으로 보고 있다. 그러나 이 액수는 CFCs를 이용하던 산업체가 새로운 대체품에 적응하기 위하여 앞으로 부담하여야 할 비용에 비하면 작은 액수라고 할 수 있다.

실제로 냉동산업, 전자산업, 발포산업 및 기계공업 등을 비롯한 CFCs이용 산업체에서 부담하여야 할 연구개발 및 시설개조비용은 1천억 불 이상이 될 것으로 추산되고 있다. 그리고 이러한 추가 부담은 결국 제품 가격의 인상으로 반영될 것이 틀림없다고 할 수 있다.

CFCs 사용금지로 많은 산업이 영향을 받겠지만 일반적으로는 그 중 자동차와 전자산업체가 특히 큰 타격을 받을 것으로 보고 있다. 세계적으로 에어콘용인 CFC-12를 연 30,000톤 사용하고 있는 자동차업계는 앞으로 대체냉매인 HFC-134a에 적합한 새로운 에어콘 system을 개발하지 않으면 안될 처지에 놓이게 되었으며, 이를 개발하기 위해서는 수억 불의 개발비가 들 것으로 예상하고 있다. 특히 미국의 General Motors, Ford 및 Chrysler와 같은 자동차회사들은 HFC-134a의 열교환능력이 CFC-12에 비하여 떨어지므로 현재 자동차 한 대당 소요되는 CFC-12(3pounds)보다 더 많은 냉매를 사용하여야 할 필요가 있다. 따라서 압축기(compressor)도 커져야 하고, 또한 새로운 윤활유를 개발하여야 될 것으로 내다 보고 있다. 또한 새로운 system과 윤활유가 개발된다고 해도 새로운 system을 장착하기 위해서는 이미 현재 복잡한 기기와 장비로 구성된 협소한 engine compartment를 재설계하지 않으면 안 될 것으로 보고 있다. 이같은 복잡한 기술적 문제가 결코 용이하거나 작은 비용으로 가능하다고 보지는 않고 있다. 이미 Toyota, Nissan 및 Honda 등 일본의 자동차회사들은 1990년대 중반에는 CFCs의 사용을 전폐한다는 목표를 설정하고 있으며, 이를 위한 기술개발을 가속화하고 있는 것으로 알려져 있다.

가. CFC 대체기술

CFC-113은 규제되고 있는 CFCs총량의 50%를 차지하고 있으며, 그 용도의 90%가 세정용매로 사용되고 있다. 따라서 CFC-113을 세정용매로 사용하던 정밀, 전자기기산업은 심대한 영향을 받을 것이다. 아직까지 CFC-113과 같이 정교한 부품에 손상을 주지 않고 세정을 할 수 있는 대체품이 개발되지 않았으며, 더욱이 사용업체와 용도구분이 어느 산업분야에서 보다도 많아 그 영향도 크고 대응전략도 다양하다.

이미 연간 CFC-113을 6,000톤이나 사용하는 IBM사나 연간 1,500톤을 사용하는 AT&T사는 늦어도 1994년까지 CFC-113의 사용을 전면 중단에 대비해 연구개발에 박차를 가했다. 일본의 Hitachi사(연간 CFCs 사용량 : 약 3,200톤, 세정용 60%, 냉매 발포용 40%)는 기술개발에 향후 20억 엔의 개발비를 투입할 예정이다. 또한 일본에서는 주요 전자회사들의 공동출자로 새로운 대체용매개발을 지원하는 노력을 하고 있는 사실을 주목할 필요가 있다. 전자산업에서는 CFC-113을 대체하려는 연구개발과 이에 따른 새로운 공정 및 장치의 개량에 앞으로 수십억 불의 비용이 들 것으로 예상하고 있다.

UNEP의 조사로는 발포업체가 받을 충격은 자동차나 전자업계에 비해서는 작을 것으로 보고 있다. 이미 세계 최대의 발포산업체인 미국의 Dow Chemical사는 이미 상당 부분의 폴리스틸렌(polystyrene)과 폴리에틸렌 발포(polyethylene foam) 제조에 CFC-12 사용을 중지하고 CFC-142b로 전환하고 있는 중이다. 여기에는 수백만 불의 비용이 들 것으로 예상되나, 대체작업은 비교적 빠르게 이루어질 것으로 보고 있다.

발포산업에서 가장 문제가 되는 것은 폴리우레탄(polyurethane)의 발포라고 할 수 있다. 경질 polyurethane과 polyurethane foam 제조에 발포제로 CFC-11이 사용되었으나 앞으로는 HCFC-123과 HCFC-141b로 대체될 전망이 크다.

특히 polyurethane foam은 단열제로서 용도가 크므로 새로운 대체물을 사용하여 단열효과가 높은 polyurethane foam을 제조하는 기술은 에너지절약 기술로서도 시급히 개발하여야 할 중요한 기술이다. 그러나 아직까지는 HCFC-123과 HCFC-141b가 생산되지 않고 있으므로 현재는 CFC-11과 CO_2의 50/50 혼합물과 같은 중간 단계의 발포제를 사용하고 있다. 1996년도 CFCs 사용량은 11,358ton, Halon 3,611ton 등 총 14,949ton이 에어컨 · 냉장고의 냉매, 발포제 등으로 사용되었다. 현재 CFCs 대체품인 HFC는 2천 ton 정도 사용되고 있다.

나. CFC-113의 대체 세정제

CFC-113에 준한 세정력, 건조력을 가진 대체세정제는 다음과 같다.

㉠ 수계는 순수, 알칼리, 중성계면활성세제, 산계통이다.

㉡ 준수계는 물 · 메텔피로리돈 · 비가연물, 물 · 글리콜에테르 · 계면활성제, 물 · 탄화수소 · 계면활성제, 터어펜 · 계면활성제, 실리콘 · 계면활성제의 혼합물이다.

㉢ 비수계(용제계)는 탄화수소계일 경우 이소파라핀, 노말파라핀, 나프텐과 가연물, 알코올계일 경우 에탄올, 이소프로필 알코올과 가연물, 실리콘계일 경우 가연물, 플로오르계일 경우, HCFC-225, 완전 플루오르계일 경우 퍼플루오르카본, 염소

계일 경우 메틸렌 · 트리클로로에틸렌 · 테트라 클로로 에틸렌과 비가연물이다.

(2) CFCs와 Halon

CFCs는 염화플루오르화탄소화합물(chloro fluoro carbon)을 지칭하는 약칭 표시이다. 1930년대 미국에서 Midgly에 의해서 최초로 합성된 CFCs는 독성이 적고 화학적으로 안정하고 탁월한 물성을 갖고 있어서 처음에는 냉매로서 주로 사용되었으나 후에 다양한 CFCs의 종류가 계속 개발됨에 따라서 에어로졸의 분사추진제, 합성수지의 발포제 및 정밀 전자기기의 정밀 세정용매 등으로 사용범위가 확대되었으며, 그 수요도 산업발전에 따라 급속하게 증가하게 되었다.

CFCs는 과학적으로 매우 안정하기 때문에 대기 중에 배출되어도 화학반응에 의하여 분해되거나 파괴되지 않으며, 점차 대기 중에서 확산되어 성층권까지 도달하게 된다. CFCs가 대기 중에 배출되어 성층권에 도달하기에는 7~10년이 걸리는 것으로 알려져 있으며, 성층권에 도달한 CFCs는 태양으로부터 조사되는 자외선에 의하여 분해되어 염소원자(Cl)를 방출한다. 그리고 이렇게 방출된 염소원자(Cl)는 성층권의 오존(O_3)과 연쇄반응을 일으켜 오존을 산소(O_2)로 만들면서 계속 오존(O_3)을 파괴한다.

Halon은 염소 및 취소로 함유된 할로겐화탄화수소 화합물(halogenated hydrocarbon) 소화제를 지칭하는 것으로서 그 명명법은 CFCs와 같다. Halon은 1950년대 미국 육군에서 개발된 성능이 매우 우수한 소화제로서 군용 전투기, 전차 및 함정에 사용되어 왔다. 1970년대 민수용으로 보급되기 시작하면서 여객기, 유조선, 박물관, 통신시설, 건물, 지하주차장 등에 널리 사용되어 화재로부터 인명과 고가의 산업시설 및 문화재를 보호하는 필수적인 소화제로 1980년대에는 그 수요가 급속히 증가하였다.

Halon도 CFCs와 마찬가지로 성층권에서 분해되어 오존을 파괴하며, Halon이 분해되면서 방출하는 취소는 염소보다도 오존을 파괴하는 능력이 훨씬 크므로 CFCs보다도 피

표 5-1 Consumption of CFCs in 1987 (Unit : 1000 MT)

USE	USA		EC		Japan		Korea	
	Q'ty	%	Q'ty	%	Q'ty	%	Q'ty	%
Refrigerant	140	45	28	9	24	18	4	22
Blowing agent	62	20	86	28	32	24	8	44
Cleaning agent	109	35	52	17	65	49	4	22
AeRSol	<1	<1	142	46	12	9	2	11
Total	311	100	308	100	133	100	18	100

해가 크다.

또한 대기 중의 CFCs와 Halon의 양은 탄산가스에 비해서 매우 적은 양이기는 하지만 열흡수능력이 크므로 현재 지구의 온실효과의 15~20%는 CFCs와 Halon에 의하여 일어나고 있는 것으로 알려져 있다.

(3) 역사적 배경

1974. 6 오존층 감소로 인해 인류와 생태계에 심각한 영향을 미칠 가능성을 지적(미국 캘리포니아 대학 F. S. Rowland 교수와 M. J. Molina 박사)

1977. 3 UNEF(UN환경계획)에서 프레온문제의 검토를 결정, 오존문제조정위원회를 발족

1985. 3 오존층보호를 위한 '비엔나 조약' 채택

1987. 9 오존층을 파괴하는 물질에 관한 '몬트리올 의정서' 채택

1988. 9 '비엔나조약' 발효

1989. 1 '몬트리올 의정서' 발효

3 오존층 보호를 위한 런던회의

4 비엔나 조약과 몬트리올 의정서 제1회 가입국 회의(헬싱키선언 채택)

1990. 6 제2회 가입국 회의(의정서 개정)

1991. 6 제3회 가입국 회의

가. 개도국의 특례(5조 1항)와 선진국 특례조항(2조 6항)

㉠ 5조 1항 : 대상물질의 소비량이 국민 1인당 0.3kg 이하인 나라에 대한 규제 일정을 10년간 유보(2010년까지)한다.

㉡ 2조 6항 : 사실상 소련의 가입을 유도하기 위한 조항이다. 1987. 9. 16 이전에 건설 또는 계약된 설비로 1990년 말 이전에 완공하는 설비나 1987. 1. 1 이전에 입법사항(national legislation)된 설비에서 생산되는 양은 1986년 생산실적에 포함시킬 수 있으며, 단 소비량은 0.5kg을 초과할 수 없다.

나. 리우국제환경회의

최근 들어 지구촌을 떠들썩하게 한 리우국제환경회의는 우리들에게 큰 의미를 갖게 했다. 오늘날 지구환경문제는 빵의 해결이 아닌 프레온에 의한 오존층의 파괴, 황산화

물에 의한 산성비, 탄산가스에 의한 지구의 온난화, 사막화, 열대우림의 감소, 해양오염, 야생생물종의 감소, 개발도상국의 공해 등 여러 가지가 있다.

다. 몬트리올 의정서

1989년 1월 몬트리올 의정서를 발효한 10년째인 1998년 1월 16일 세계 163개국 대표와 NGO(민간단체)대표팀이 모여 세계 오존층보호날을 기념했다. 1996년 미국의 NASA(미항공우주국)이 관측한 남극대륙 상공의 O_3의 구멍면적은 평균 1,150만 km^2로서 1993년 2200만 km^2에 비해 약간 감소했다고 보고했다. 오존층(O_3 농도 3~4ppm)은 지표면으로부터 20~30km 상공의 성층권에 있으며, 성층권의 오존층을 중심으로 해서 윗층에서 O_3 농도가 높을수록 좋고 지표면에는 낮을수록 좋다. 오존층은 햇빛중의 자외선으로부터 지구생명체를 지켜주는 보호막역할을 하기 때문에 꼭 필요하다.

선진국은 몬트리올 의정서에 따라 1996년 1월부터 CFCs, Halon의 생산과 수입을 금지했고, 개발도상국은 적용유예기간을 논의해서 2010년까지만 CFCs를 사용하도록 규정했다. CFCs의 대체물질은 HCFC와 살충제인 메틸브로마이드도 2001년까지 25% 줄이기로 했다.

(4) 오존층파괴시 피해

CFCs에 의해 오존층이 파괴되면 자외선이 지표면에 쪼여서 연간 2만 명의 백내장의 환자가 발생되며, 피부암환자가 현재 환자수보다 26%가 증가한다. 캐나다 보건당국은 1996년도 한 해 동안 신종 피부암환자가 6.2만 명으로 15년 전보다 2배이며, 1일 2명씩 사망하고 있다고 했다. O_3 피해로 질병에 대한 저항력이 떨어지고, 농작물의 수확량이 감소하며, 해양식물인 플랑크톤성장이 저하해서 어획량이 감소하거나 기형개구리가 늘게 된다.

미국항공우주국(NASA)이 북미대륙상공에서 성층권의 O_3 감소추세인 (그림 5-3)를 보면 1979년 3월에 오존층의 오존량이 시애틀에서 375Du(돕슨 유닛)이었는데, 1994년 3월에는 325Du로 50Du가 줄었으며, 로스앤젤레스는 325Du에서 300Du로 크게 줄었다. 100Du의 지표조건에서 O_3층은 1mm두께를 형성할 수 있는 오존량이 된다.

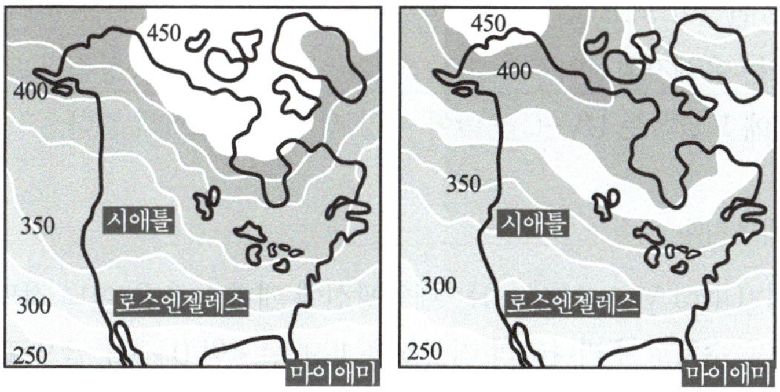

그림 5-3 오존층의 O_3 농도변화

(5) 자외선지수

가. 자외선과 오존층

태양광선은 무색인데 자주색에서 적색까지 빛은 파장에 따라 색깔이 구분되는 여러 가지 spectrum을 갖는다. 짧은 파장일수록 높은 에너지상태를 가지며, 청색 · 적색의 광자보다 청색의 광자가 더 높은 에너지를 갖는다. 적색보다 더 파장이 긴 태양광선은 적외선, 자주색보다 짧은 태양광선을 자외선(UV : ultra violet)이라고 하며, 우리 눈으로 볼 수 있는 빛의 파장을 가시광선이라 한다. 그래서 자외선과 적외선은 우리 눈에 보이지 않는다.

자외선은 파장의 길이에 따라 UV-A, UV-B, UV-C로 구분된다. UV-A는 파장이 320~400mm로 가장 길며, 오존(O_3)에 의향을 거의 받지 않으며 가시광선과 같은 경로를 따른다. UV-B는 290~320mm로 대기층을 통과시 지상 20~40km에 있는 성층권 오존층의 오존에 의해서 거의 흡수되어 지표면까지 도달하지 못한다. 그러나 지표에 도달하면 자외선 -B(UV-B) 복사는 피부암과 백내장 등을 유발하고 각종 질병에 대한 면역을 약화시키며, 식물의 광합성작용을 파괴해 농작물감소 및 바닷물의 식물성 플랑크톤의 급격한 감소로서 먹이사슬(food chaim)이 파괴되어 결국은 먹이가 없어 고등동물이 사멸되게 한다.

그리고 SO_x, NO_x를 분해하며, 광화학분해반응으로 대류권에서 O_3을 생성해 지표면 생태계에 엄청난 악영향을 준다.

햇빛은 지구촌 생명체가 살아가는데, 사람 등 살아 있는 생명세포의 비타민 D를 합성해 골격을 튼튼하게, 유전형질변형과 식물들의 색소 등 반드시 필요한데, 너무 강할 때는 이들에 의한 피해를 받게 된다. 특히 UV-A는 피부표피를 통해 전피에 닿아 피부를 검게 만드는 원인이 되고, UV-B는 피부화상을 일으키는 작용을 하며, UV-C는 생명체를 파괴하는 유해자외선이지만 지상 약 25~40km에 있는 성층권 오존층의 O_3이 흡수해 지표면에 도달하는 UV-C를 막아 지상 생태계를 보호해 준다.

나. 자외선예보지수

자외선지수(Ultra Violet Index)는 태양광선에 대한 노출을 어느 정도 주의해야 하는지를 알려주는 수치로 우리나라의 기상청은 1998년 4월 0~10등급으로 정해 피부암 등의 원인이 되는 자외선의 강도를 사전에 알려 주는 자외선지수 예보제를 실시했다.

자외선지수를 결정하기 위해서는 먼저 UV-B 복사의 전달수치모델을 이용해 지표면에 도달하는 자외선 -B 복사량을 알아 지표상 자외선세기를 수치모델로 예측해야 한다. 지표 자외선강도를 지수화해서 나타낸 자외선 지수는 자외선의 과다노출도 막고, 자외선 강도에 따라 야외 작업시간 및 여름휴가 등으로 피부노출시간 등을 결정할 수가 있다.

최근 전 지구적으로 오존층이 감퇴되고, 남극의 오존층이 구멍나서 지표면에 자외선 -B 복사량이 증가되게 된다. 즉 성층권의 오존층이 구멍(hole)이 생기거나 얇아지면 지구총 생태계의 생성과 파괴의 생물학적균형(biological balance)이 문제가 된다. 이러한 경향은 남극지방에 두드러지며, 지금까지 인공위성 nimbus 7호에 설치된 TOMS(Total Ozone Mapping Spectromradiomete)의 오존층량측정분광복사계에 의해 남위 65°~북위 65° 사이의 지역에서 O_3총량은 3%, 중위 30~60°는 4~5%, 북극지방은 약 20% 1978~1989년 사이에 감소되었다고 발표했다. 오존(O_3)은 태양광선 중 자외선에 대부분을 대기 상층에서 흡수해 지표면에 도달하는 유해 자외선을 막아 생태계파괴를 보호하는 역할을 한다. 한편 성층권의 오존층 오존이 1% 감소되면 대륙권의 SO_x와 NO_x 등이 분해하며 오존을 생성해 약 0.7~0.9%가 증가해 광화학스모그를 생성한다.

오존총량이 1% 감소하면 지표면 UV-B 복사량은 2% 이상 증가되는데 고위도로 올라갈수록 더 증가되어 인체피해가 증가된다. 자외선복사량은 다음 (표 5-2)와 같다.

따라서 UV-B 복사량증가로 발생할 수 있는 질병을 예방하기 위하여 자외선지수를 예보한 국가는 1992년부터 1~10단계로 미국, 독일, 스웨덴, 핀란드, 호주, 덴만크, 뉴질랜드, 호주 등이며 햇빛의 강도로 예보한 국가는 영국이다.

이들 국가들은 햇빛이 가장 강한 시간인 정오(낮 12시)를 중심으로 자외선의 복사세기를 기준으로 하여서 자외선지수를 예보했으나 우리나라는 낮 12시~오후 1시 사이에 자외선강도를 기준해 예보하기로 했다.

자외선지수값의 0(zero)는 자외선이 전혀 없다는 뜻이며, 10은 자외선 복사량이 대단

표 5-2 자외선별 복사량 증가

자외선파장(nm)		300	310	320
복사량증가율(%)	북반구	13	3	1
	남반구	10	3	1

표 5-3 자외선 예보지수와 피부보호요령

자외선강도	자외선예보지수	야외활동대비 피부보호요령
아주 낮음	0, 1, 2	자외선 차단크림을 사용
낮음	3, 4	UV 차단크림사용하고 모자 착용
보통	5, 6	소매 긴 의복입고 모자 착용
높음	7, 8, 9	모자 · 안경과 소매 긴 의복 착용
아주 높음	10	모자, 안경, 의복 착용 오전 10~오후 4시 사이 장시간 노출 금지

히 높은 상태로 (표 5-3)과 같다.

자외선 지수값에 따라 피부 손상이 인체에 미치는 영향은 UVI 4 이하는 1시간 이상일 때 나타나며, UVI 4~6.9는 약 30분 전후에서, UVI 7~8.9는 약 20분 전후, UVI 9~10은 15분 이하에서 나타난다.

이처럼 태양광선에 노출시 자외선지수가 높을수록 자외선으로부터 피부가 직접 노출되는 시간을 줄이고 옷소매가 긴 의복이나 선글라스, 모자 착용 등으로 피부를 가리는 것이 피부염, 피부노화, 백내장 등의 영향을 막을 수 있어 바람직하다.

그림 5-4 여름휴가와 자외선

2 산성비문제

1) 국제적 동향

(1) 산성비(Acid rain)

산성비는 산성강하물(acid deposition)이라고도 말하며 pH 5.6 미만인 비를 말한다. 자연상태의 빗물은 수소이온농도(pH)가 평균 5.6인데, 이는 대기 중의 탄산가스(CO_2 340ppm)와 수분과의 상평형을 이루어 H_2CO_3(탄산)되어서 내린 비를 말한다.

산성비 외에도 산성눈, 산성이슬 등으로 대기 중의 산성성분이 지상에 내려오는 모든 형태를 통상적으로 산성비라고 한다. 산성비는 1852년 영국의 화학자 Robert Angus Smith가 석탄사용에 의해 맨체스터의 검은 하늘과 그 지역의 빗물이 산성을 갖게 된 사실을 발표(책명 : Air and Rain)한 바 있다. 그러나 별로 흥미가 없었다가 1968년에 들어가서 Svante Oden에 의해 지표수 화학성분을 분석하던 중 호수의 산성도 증가는 대기 이동에 따라 멀리에서 날아온 황성분에 기인된 것이라고 발표했다.

정상적인 빗물이 pH 5.6의 약산성을 띠는 것은 자연상태($CO_2 + H_2O \rightarrow H_2CO_3$)에 의한 화학반응 때문이지만 산업혁명 이후 지속적인 석탄, 석유의 소모에 따른 SO_x와 NO_x에 의해 공기와 지상의 수분을 반응하여 H_2SO_4와 HNO_3으로 변환하여 빗방울, 눈, 이슬, 안개, 서리 등의 습성침전(wet deposition)과 가스와 미세입자상물질로 변환한 건성침전(dry deposition)으로 분류된다. 습성침전은 원거리로 비산하나 건성침전은 배출시설로부터 가까운 곳에 침강 · 정체해서 무풍시에는 그 피해가 높다. 한편 산성침강은 습성침전을 말하며, 그 기여율은 SO_2가 약 2/3와 NO_x가 1/3을 차지하나 앞으로 황성분이 낮은 청정연료를 사용하게 되어 NO_x 기여율이 증가될 것으로 예상된다.

(2) 산성비 국제회의

산성비를 최초로 지적한 사람은 1852년 영국의 Smith가 맨체스터에서 직물(織物)의 퇴색과 금속의 부식이 발생했다고 보고 한 후 1968년 스웨덴의 Oden이 대기오염의 심각한 산성비 원인물질은 NO_x, SO_x이라고 발표했다. 1969년에는 OECD의 대기관리그룹에서 산성비문제를 광역적 대기오염으로 보고 감시측정하기로 했다.

1972년 스톡홀름의 UN인간환경회의에서 최초로 국제적 지구환경문제라고 공인되었고, 1979년 장거리 국경이동 대기오염조약의 결실을 얻었다.

1984년 캐나다의 Odawa회의에서 산성비에 관한 각국의 환경장관회의가 개최되어 1993까지 SO_x는 1980년의 배출량보다 30% 삭감시키자고 했다. 1985년 30% 삭감을 결정한 장거리 국경이동 대기오염조약에 근거한 헬싱키 의정서가 체결되었지만 영국과 미국이 불참해 산성비 대책이 어렵게 된 일도 있다. 그러나 오존층보호와 지구온난화문제 등처럼 지구환경문제로서 국제사회에서 3대 지구환경문제 중 하나로 산성비 문제가 거론되어지고 있다. 이는 그 심각한 피해가 전 지구적이기 때문이다.

2) 산성강하물의 발생원

대기 중에 존재한 주요 산성물질은 황산(H_2SO_4), 질산(HNO_3), 염산(HCl), 유기산 등이다.

이들의 발생원을 자연발생원도 있으나 주로 인공발생원이며, 1차 오염물질 외에도 광화학적 반응에 의해서 생성된 2차 대기오염물질도 있다.

(1) 황산화물(SO_x)

석유나 석탄 중에 유기황화합물과 황화물로 수 % S(黃)이 함유된바, 연소시 SO_2와 SO_2의 5~10%는 SO_3로 생성된다. 황화합물은 자연계에서 황산화물은 인공적으로 발생되며, 모두 지구상에 연간 2.97억만 톤이다.

SO_3는 대기 중의 H_2O와 반응해 H_2SO_4가 되며, H_2SO_4는 증기압이 아주 낮아서 쉽게 입자화 해서 H_2SO_4 mist가 된다.

니켈(Ni)이나 구리(Cu) 등의 금속정련시 많은 황산화물이 발생되는 이유는 원료로서 황동광($CuFeS_2$), 휘동광(Cu_2S), 반동광($CuFeS_4$), 황철광($Cu+FeS_2$) 등이 그 안에 많은 황이 함유되었기 때문이다. 그리고 여름철 고온시 호소 · 하천 · 늪지대 등의 자연계에서 혐기성 발표에 의해 H_2S가 많이 발생되며, H_2S는 산화되어 SO_2, SO_4^{2-}로 변환되기도 한다.

특히 생물이 발생한 가스$(CH_3)_2S$ 중에서 바다에서 발생한 CS_2와 OH · 가 화합한 COS 가스는 성층권까지 도달한 H_2SO_4 mist가 되고 있다는 발표도 있다(여기서, M은 O_2, N_2 등임).

$$SO_2 + OH\cdot + M \rightarrow HOSO_2 + M \xrightarrow{+H_2O} HOSO_2 \cdot OH_2 \xrightarrow{+O_2} H_2SO_4 + HO_2\cdot \quad (5.4)$$

(2) 질소산화물(NO_x)

연료의 연소시 생성된 NO_x량은 연간 5,210만 톤(지구상의 인공발생원에서 발생된 양임)이며, 대기 중의 질소산화물은 박테리아(Bacteria)에 의한 흙 속의 질소화합물 분해 등으로 자연발생원이 인공발생원보다 많다. 그러나 그 양을 추정하기가 어렵지만 엄청나게 존재하고 있는 것만은 사실이다. 대기 중에서 NO가 NO_2로 산화되는데, 야간이나 구름낀 날처럼 암반응(暗反應)시는 아주 느리지만, HC 및 O_3와 공존시는 광화학반응으로 NO_2로 산화된다.

$$NO_2+OH+M \rightarrow HNO_3+M \text{ 또는 } 2NO_2+H_2O \rightarrow HNO_3+HNO_2$$

(3) 탄화수소(HC : hydro carbon)

내연기관의 실린더(cylinder) 냉각벽 표면에 부착한 HC가 미연소나 불완전연소시 그대로 방출되어서 배출가스 중에 HC가 발생된다. 자동차 배출가스 중의 HC는 다양한 성분으로 대기 중에 광화학반응으로 여러 가지의 유기산(有機酸)이 된다. 대체로 디젤엔진이 휘발유엔진보다 배출가스 CO농도 등이 작으나, 시간당 NO_x, HC의 배출량은 높다.

(4) 염화물(鹽化物)

HCl(염화수소)나 Cl_2(염소)는 인공발생원에서 생성되며, 자연발생원은 화산 등이고 대기 중에 부유하고 있는 해염(海塩)입자와 H_2SO_4 mist나 HNO_3 mist 입자가 반응해서 HCl가 생성되기도 한다.

3) 산성비의 발생기작

대기 중에 부유된 SO_x, NO_x, HCl 등의 산성가스가 H_2SO_4 mist, HNO_3 mist, HCl mist 등으로 변화해 지표면 위에 있는 물체에 침착하면서 피해를 일으킨다. 산성 가스사 에어로졸의 산성 mist로 변환하는 과정은 상(相)변환과 고체미립자 건 · 습성 침착에 의해서 생성된다.

(1) 가스가 액상(mist)으로 변환

SO_2가 액상 중에서 H_2SO_4로 변환되는 과정은 SO_2가 먼저 물에 녹아 pH 3.5~5.5 사이에서 90% 이상이 HSO_3^-가 되고, 다시 HSO_3^-는 H_2O_2와 H^+이 관여해서 H_2SO_4가 생성되어 H_2SO_4 mist로 변환된다.

(2) 습성침착

빗물은 큰 구름입자가 작은 구름입자와 결합해서 물방울을 형성해 내리는 따뜻한 비와 상공에서 생성된 얼음조각이 떨어지는 동안에 녹아서 내린 비가 있다. 이때 녹지 않고 그대로 내린 것이 눈(snow)이 된다. 비나 눈이 내리면서 대기공간에 부유된 산성물질과 충돌·차단·확산 등에 의해 aerosol을 흡수하여 세정되어져 내린다.

(3) 건성침착

산성물질은 지표면에 있는 풀·나무·흙·건물 등에 침착하며, 가스상 산성물질인 SO_2, NO_2, HNO_3, HCl 등이 흡착 및 흡수되어 H_2SO_4 mist 등의 입자상물질은 확산, 관성충돌과 중력낙하에 의해서 침착된다.

4) 우리나라 산도현황

우리나라에서 산성비에 대한 최초 연구는 1978년부터 연구가 이루어졌고, 환경처는 1983년부터 전국 68개소(서울 26개소, 부산 16개소 등) 지역에서 강우 중 초우(初雨)를 측정한 결과 서울시 전역에 걸쳐 pH 5.0이하의 산성강우가 77.5%가 내렸으며, 산성비 중 황산이온이 84%, 질산이온이 8%, 탄산이온이 8%를 차지하고 있음이 밝혀진 바 있었다.

최근 환경부는 빗물중 산성도(acidity)를 측정하기 위해 2014년말 현재 전국에서 유리전극법으로 가중평균해서 pH 측정하고 있다.

표 5-4 전국 주요도시의 강우중 연도별 평균산도

(단위 : pH)

구분	1983	1985	1990	2010	2014
서울	6.0	5.5	4.1~5.6	4.6	4.8
부산	5.4	5.1	4.8~5.6	4.4	5.0
광주		6.1	5.2~5.8	5.0	5.4
대구	5.4	5.4	5.0~6.4	4.6	5.0
대전		5.7	4.2~6.4	4.3	5.1
인천	6.0	5.8	5.0~6.2	4.6	4.7
춘천	–	5.6	5.4~6.4	4.5	4.9
울산	5.2	5.0	5.3~6.0	4.4	5.0
제주	–	5.9	6.0~6.4	5.1	5.8

5) 산성비가 생태계에 미치는 영향

(1) 자연생태계 피해

가. 삼림(森林) 피해

피해증상은 생장량(生長量)이 크게 감소해 생육감퇴증상, 비정상 생육증상과 토양의 pH가 3~3.4로 산성화로 진행된다. 토양의 산성화가 되는 것은 $SO_x \cdot NO_x$ 등이 토양에 침착해서 산성화되어 영양염류가 용출(溶出)되거나 독성이 강한 Al^{3+}, Mn^{2+} 등 중금속 이온의 용탈(溶脫)로 직접영향을 받기 때문이다. 그리고 대기 중의 O_3가 직접 식물의 생리적 기능을 저해시키므로 생장(生長)을 억제하기도 하며, 질소가 식물의 과잉성장을 촉진하게 함으로써 지속적인 질소영양염류의 부족으로 냉해(冷害), 기상피해(氣象被害), 병충해(病蟲害)에 대한 저항성이 떨어진다.

나. 육수(陸水) 피해

피해증상은 산성에 약한 어체(魚體) 속의 Na^+(나트륨이온)용탈이나 담수성(淡水性) 새우, 게 등의 갑각류 생명체는 Ca(칼슘)흡수를 저해시켜서 껍질이 연약해지며, 송어들의 알껍질이 고화되지 않아 부화율(孵化率)이 나빠진다. 물의 액성이 산성화되면 물 속의 Fe, Al에 인산(H_3PO_4)이 결합해 생물이 이용할 수가 없게 되어 인(P)의 순환이 저해된다.

다. 토양(soil) 피해

토양입자는 대개 음(−) 전하를 띄고 있어 양(+)이온을 흡착하는 성질이 있으나 H^+(수소이온) 등과 같은 양이온보다도 토양입자와의 흡착력이 더 강해져 산성비 속의 H^+은 토양입자 표면에 흡착되어 있는 염기성 양이온과 교환반응을 해서 식물에게 중요한 무기 영양분인 Ca^{2+}, Mg^{2+}, K^+, NH_4^+ 등의 양이온을 용탈(溶脫)시킨다. 이때 토양입자와 흡착한 H^+비율이 높을수록 산성화가 진행된다. Al(알루미늄)은 pH5 정도에서 유리되기 시작하다가 pH 3.5보다 강하게 되면 급격히 용출량이 증가해 뿌리호흡저해와 식물체 내의 인산(H_3PO_4)기능을 억제함으로써 생리활성을 저해시킨다.

라. 나무 피해

직접영향은 나뭇잎의 표피층을 파괴하거나, 잎에서 Ca^{2+}, K^+, Mg^{2+} 등의 영양염류를 용탈시켜 영양부족을 일으킨다. 그리고 기공(氣孔) 주변세포기능을 저해하며, 기공에 침투해 내부세포를 손상시켜 대사 · 생장시 장해, 잎 · 뿌리의 분비과정변화, 개화 · 결실시 증식장해를 일으킨다. 간접영향은 병충해 · 냉해 등의 저항성이 떨어지며, 토양산성화로 제반 피해를 받는다.

특히 pH3 이하의 산성비를 맞은 잎표면이 괴사해 nerosis(백색반점)을 일으키고, 주로 반점은 기공주변에 95%가 생긴다.

마. 과수(果樹) 피해

피해는 잎의 반점, 식물체의 생육량과 수확량이 저하하며, 과일의 맛, 당분, 수분, 형상이 달라지며 껍질이 오손(汚損)되어 상품가치가 떨어진다.

(2) 환경피해

산성강하물에 의한 환경피해를 알아보면 다음과 같다.

가. 지표수와 지하수의 산성화를 초래

세계 각국의 호수가 산성화 될 뿐만이 아니고 지하수층도 산성화되어서 식수로 사용을 불가능하게 하고 있다.

나. 토양, 삼림과 농산물에 피해

서독일의 삼림 중 50%와 동독일의 85%가 산성비에 의해 고사되었으며, 이 외에도 산성침전으로 인한 농산물의 수확감소와 먹이사슬이 차단되어 독수리, 제비 등의 생존에 영향을 미치게 한다.

다. 인간의 호흡계통에 직접적인 영향

건 · 습식 산성침전에 의해 노출된 지역주민의 경우, 노출 안된 지역주민에 비해 호흡기질환에 대한 이환율이 120% 이상으로 밝혀졌다.

라. 토양오염에 직접적인 영향

산성화된 토양에 의해 Pb, Cu, Cd, Hg 등이 중금속이 식수원으로 유입될 가능성이 높거나 이에 따른 식물의 뿌리가 썩어서 고사된다. 또한 식수의 파이프가 부식되어서 식수에 유입될 가능성이 있고, 이로 인하여 중금속이 체내에 생축적이 되면 독성을 일으키게 된다.

마. 구조물과 물질을 부식

국보급 문화재와 보물이 급속히 부속되며, 건축물들이 부식되어서 문화적 가치를 손상하게 된다.

따라서 산성화된 호수나 토양은 잠정적인 효과로서 속히 알카리제를 투입하여 중화시키고, 화석연료 대신 원자력 · 수력 · 태양에너지 · 풍력 · 지열 · 수소에너지 등의 에너지대체기술이 가장 현실적인 대책이라고 말할 수 있다. 또한 가장 광역적인 지역협력체제를 실현 · 달성하기 위한 한국, 중국, 일본, 소련 등이 참여하는 동북아환경계획(NAEP : northeasten asia environmental program) 아래 광역대기오염문제를 개선할 수 있는 계기를 모색해야만 할 것이다. 왜냐하면 자연환경이 풍요로울 때 우리의 건강이 보호되고 우리 후손들의 생활환경이 보장되어지기 때문이다.

(3) 국제적인 산성비문제

국제적 환경문제 중에는 산성비와 연근해의 해양오염인데, 이 중 해양오염을 규제하기 위해 1970년대에 체결된 국제적 및 지역적 협약으로 그 결실이 맺어진 바 있다. 그러나 산성비는 광역적 대기오염에 대한 각국의 이해관계가 다른 데서 비롯되어 적절한 국제사회에서 적절하게 대응하지 못하고 있다.

그림 5-5 지구환경오염으로 황폐화된 옥수수밭

최근 인도 국립과학환경센터는 인도에서는 인접 다른 국가에서 바람을 타고 와서 인도에 내린 산성비 등과 같은 대기오염에 의해 매년 2,600만 명이 병원에 입원하고 그 중 약 5.2만명이 사망하고 있다고 공식 발표했다.

이처럼 지구촌식구들은 대기와 물은 국경에 관계없이 이동하기 때문에 건강피해를 받고, 쾌적한 생활환경을 잃기 때문에 자국만의 노력만이 아닌 전 지구차원에서 노력하고 환경친화적인 생활과 폐자원의 생명연장실천이 성숙될 때만이 해결될 것이다.

3 지구온난화문제

1) 온실가스(Green house gas)

(1) 온실효과

지구온난화라고 하는 것은 우주공간으로 방사열이 적게 되어서 온도가 상승하는 경향을 말한다. 다시 말하면 우주로 방출되지 않고 대기 내에 갇혀서 지구를 따뜻하게 하는 현상을 온실효과라고 말한다. 왜냐하면 탄산가스가 특정한 파장의 적외선을 흡수하는 역할을 하여서 열이 우주공간으로 빠져나갈 수 없어 대기의 온도를 상승시키게 되는데, 이때 마치 온실의 유리(glass)와 유사한 점을 들어 탄산가스를 온실가스(GHG : green house gas)라고 한다. 온실가스(GHG)는 CO_2, CH_4, N_2O, CO, SO_2, NO_2, CFC_S이다.

최근에는 남 · 북극의 얼음 속에 있는 산소동위원소를 분석할 결과 지구의 대기온도는 체계적으로 온도 상승을 거듭해왔다고 영국의 UEA(기상연구소)는 밝혔다.

UEA(기상연구소)는 CO_2가 지구로 내리쬐는 태양광선을 거의 전량 통과시키나 지구에서 발산된 복사열은 잡아두어서 1967년 이후 20년 사이에 북반구는 0.31℃, 남반부는 0.23℃씩 기온이 상승되어 온실효과를 나타냈다고 했지만 기온상승과는 달리 북동부 유럽, 동부 캐나다, 남서부 그린랜드 등은 지난 20년간 평균 0.6℃가 기온하락현상을 보여 온실효과의 이론을 반박하고 있다.

온실효과(green house effect)는 화석연료를 사용할 때 필연적으로 발생되는 대기오염물질이 급증해 대기권에 막을 형성하여 지구표면의 복사열을 대기권 밖으로 방출되는 것을 차단해 지구촌은 1910년부터 30년간에 나타난 찜통 더위를 방불케 하는 이상 기온 현상을 나타냈다.

온실효과는 지구가 태양방사(太陽放射)를 흡수하고 그 흡수량과 같은 지구방사를 방출해 에너지 균형을 유지해가는데, CO_2 등은 특정 파장의 적외선 빛을 흡수했다가 방출하는 복사열을 내어놓는다. 따라서 지표면의 적외선 열 때문에 온도가 상승하게 된다.

우리나라 연평균기온은 CO_2 증가로 1980년 12℃에서 1995년 12.4℃로 15년 사이에

0.4℃가 증가함으로써 온·한 대 기온에 적응하는 작물의 피해가 컸으며, 미국해양대기국(NOAA)는 1백년 동안에 1.5~4.5℃ 정도 상승할 것이라고 발표했다.

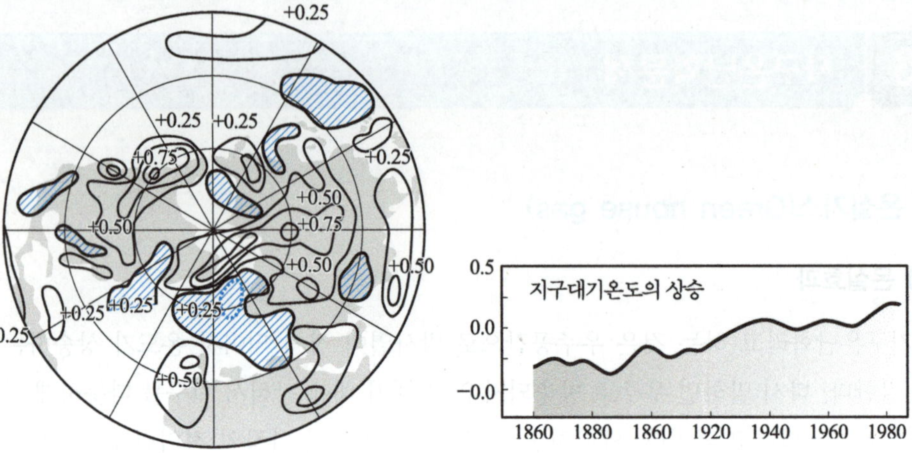

그림 5-6 온실효과

원래 지구가 현재처럼 14~15℃를 유지해 쾌적한 생활환경을 유지할 수가 있는데, CO_2 량이 100년 동안 15~20% 많아져서 0.5℃ 정도 상승되었다.

이 탄산가스는 인간의 경제활동으로 발생된 것으로서 일단 대기 중에서 방출되면 얼마 가지 않아 식물의 광합성이나 해수에 흡수 용해된다. 따라서 지구상에서 이 탄산가스의 자연순환은 물질수지식에 따라 방출과 흡수의 균형이 이루어져야 되는데, 이 지구촌의 주인공들은 자기들의 편익을 위해 다량의 탄산가스가 대폭적으로 증가하는 데 비해, 인간활동을 위해 열대우림의 파괴 등으로 탄산가스의 흡수원이 감소됨에 따라 자연순환의 균형이 무너져 대기 중의 탄산가스 농도가 가속적으로 증가해 1760~1830년 이전까지는 280ppm이었는데, 그 후부터 매년 1.5ppm씩 증가해 2030년 경에는 600ppm으로 될 것이라고 보고된 바 있다. 그렇게 되면 지구의 평균온도가 1.5~4.5℃ 상승하게 되어 지구온난화로 인해 남극이나 북극의 얼음이 녹아 해수면이 26~165cm 가량 올라갈 것이라는 계산도 하고 있다.

만일 해수면이 상승되면 남태평양에 있는 군도와 국가들이 수몰될 것으로 본다. 그리고 농작물지대가 이동한다는 것이다. 지구의 평균온도가 상승하면 당연히 평균 강수량이 증가해서 미국 곡창지대에서 토양 수분이 30~50% 감소해 현재의 농지는 황폐화되어 북방에 있는 캐나다, 러시아 등에 새로운 곡창지대가 생길 가능성이 높다고 예측하고 있다. 또한 온난화 수분의 증발량이나 기류에 영향을 끼쳐서 이상기상인 대홍수 및 가뭄이 발생할 수도 있다.

특히 온난화로 겨울철에는 월동이 용이해져서 해충과 질병의 발생으로 농작물이나 인간 · 동물의 질병발생률도 급격히 증가해질 것으로 예상된다.

온실효과(Green house effect)는 지구대기가 태양으로부터의 빛인 가스광선에 의해 투명하다는 것은 일상 체험했던 일이지만 대기 중에 약간 함유된 H_2O 0.3%, CO_2 0.03%는 가시 광선에 대해서만 투명하고 지구 표면에서 나온 적외선의 열방사에 대해서는 불투명하여 거의 완전히 흡수해 버린다. 이렇게 해서 가열된 대기는 그 온도에 따라서 상하로 열방사가 가능할 만큼 높게 290K로 된다. 만일 대기가 없으면 햇빛과 똑같을 만큼의 열방사를 내는 온도로서 균형을 이루지만 그 온도는 250K 정도이어서 40K 낮다. 이 온도효과 중 CO_2는 10~20% 함유되기 때문에 대략적으로 CO_2 때문에 4~8℃ 고온으로 된다. 그만큼 단순하게는 말할 수 없지만 CO_2가 두 배로 되면 이것에 가까운 기온상승 2~3K가 일어난다. 이 지표면의 열수지에 다른 온도상승을 온실효과라고 말한다.

한편 전 지구의 온난화 원인은 화석연료의 사용에 의한 CO_2, CH_4, O_3, N_2O, 등이 배출되었기 때문이다. 그러나 우리가 화석연료를 사용하는 한 CO_2는 발생한다. 대개 전세계에서 54억톤의 탄소가 매년 배출된다. 또한 이의 제거를 위해 칼슘염으로 고화해 fly ash로 되어 폐기물로 발생되기 때문에 사회환경문제가 되고 있다.

지구환경문제는 CO_2, CH_4, N_2O, SO_2, CO, NO_2, CFCs인데, 적외선흡수는 CO_2보다 CH_4는 약 30배, N_2O는 100배 크다. 특히 폐기물 소각시 CO_2 배출량은 소각처리량의 1~2%이며, CH_4 배출량은 0.02~0.2%이다.

(2) 지구온난화의 주범인 CO_2 등

미국해양대기국(NCAA)의 기후 예보소(CPC)는 지금까지 지구의 기온이 100년 동안 평균 1~5°F가 상승했다고 보고했다. 그런데 최근 화석연료사용으로 CO_2가 발생됨으로써 CO_2가 대기층을 형성하면서 (그림 5-7)처럼 지구의 복사열을 가두게 되어 지구의 기온이 상승되었다. (그림 5-8)는 CO_2 배출량에 따른 기온상승폭을 나타냈다.

우리나라 37개 화력발전소는 앞으로 미국처럼 농도규제 외에도 총량규제가 적용될 것 같다. 미국 총량규제기준은 IMJ당 SO_2 배출량이 520mg인데, 우리나라의 화력발전소는 847mg으로 1.6배가 높다. IMJ은 Mega Joule로 IMW급 발전소에서 1초당 생산된 전력량을 말한다. SO_2가 산성비, 광화학스모그 외에도 지구온난화유발물질이어서 화석연료를 배제한 환경친화적 전력생산설치가 의무화되어야 한다.

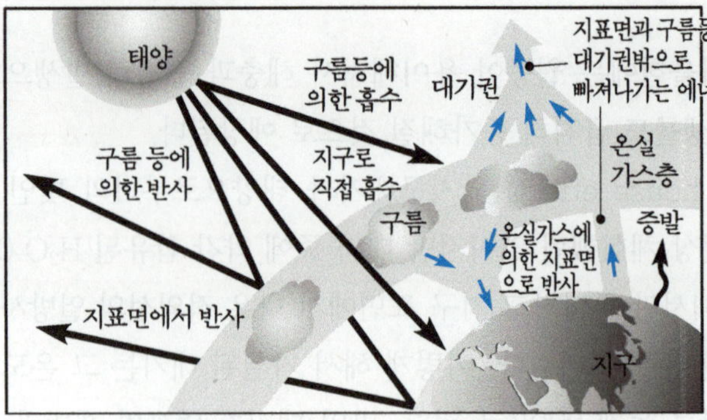

그림 5-7 온실효과와 지구의 heat balance

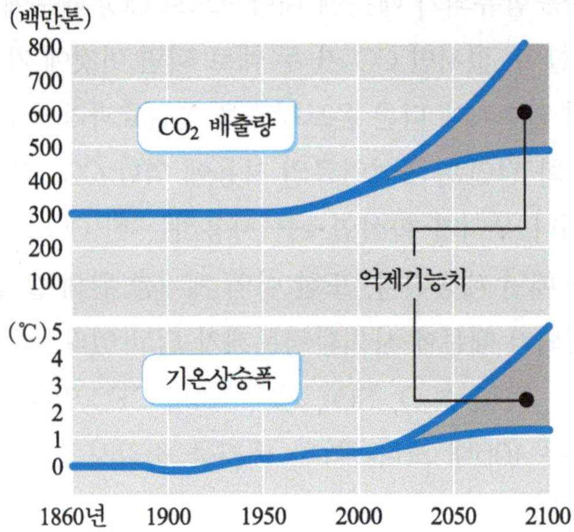

그림 5-8 지구온난화 전망

(3) 국제적인 동향

1997년말 12월 1~10일까지 (10일간) 일본 교토에서 지구온난화 방지를 위해서 국제회의가 열렸다. 세계 170여개국의 지역대표와 5천여 명의 국내외 관계자가 참석해 지구온난화를 막아야 한다는 총론에서는 모든 국가를 찬성하고들 있으나, 각론에 들어가서는 국가경제발전 등 때문에 서로들 복잡한 이해가 엇갈려 별다른 성과를 이루지 못했다.

교토회의 내용 중 기후변화감소를 위한 대책을 목표연도와 실시방식에서 목표연도를 2008~2012년까지 5년 평균으로 하되 경제상황과 기상조건을 고려해 연도별로 초과 및 부족분을 조정할 수 있게 했다.

그리고 온실효과 배출삭감값은 미국의 0(zero)안과 일본이 5%를 삭감되어 나머지 국가들은 사정을 고려해 EU(유럽공동체) 15% 삭감, 77개 개발도상국은 2020년까지 35% 삭감하자고 했으며, 지구온난화 대상가스도 일본과 EU는 CO_2, CH_4, N_2O로, 미국은 CO_2, CH_4, N_2O, CFCs, 오일가스(oil gas)로 하자고 했다.

미국은 1996년도에 CO_2 배출량의 22.5% 정도를 배출하며, 한국은 한국전력이 19.5% 정도 배출하고 있다. 최근 1997년 10월 룩셈부르크에서 열린 각국 환경장관이사회에서 우리나라는 2010년에는 1990년보다 15% 삭감한 CO_2 8억톤을 삭감하기로 했다.

그 내역은 수송부분 1.8억톤, 에너지 외의 산업부문 1억 톤, 에너지 산업부문 0.2억톤, 가정(민생)부문 1억톤과 난방 등 연료 1억톤, 발전부문 3억톤이다. 따라서 연료절약, 겨울철 사용하는 소형보일러의 개선, 에너지절약이 성취되어야만 한다.

표 5-5 온실효과 배출삭감의 목표

구분	기준년도	목표년도	삭감률(%)	비 고
미국	1990	2010	2.6	기후조건 편차를 고려해 전후 2년간 행한 5년 평균값
일본	1990	2010	2.5	〃
AOSIS	1990	2005	20	AOSIS는 소규모로서 연합체
		2005	7.5	
EU	1990	2010	15	
		2005	7.5	
중국	1990	2010	15	
		2020	35	

세계각국의 CO_2 배출률은 미국이 22.5%로 제일 많고, 중국 13.5%, 러시아 7%, 일본 6.5%, 인도 4%, 독일 3.5%, 영국 3%, 캐나다 2.5%(1.18억톤) 정도이다. CO_2 농도의 증가로 1990년도 각국의 CO_2 배출량은 (탄소 ton) 미국 13.69억톤, 일본 2.89억톤 독일 2.83억톤, 영국 1.6억톤, 캐나다 1.18억톤이며, 한국은 0.65억톤이었다. 일본은 우선 선진국은 2008~2012년(5년)간 평균 CO_2(이산화탄소), CH_4(메탄), N_2O(아산화질소)의 배출량을 1990년 수준에서 원칙적으로 5% 삭감하자는 안을 제시했다.

2) 이산화탄소(CO_2) 제어대책

(1) CO_2 배출량과 제어기술

지구촌 각 국가들은 석유환산값으로 약 100억 ton의 에너지를 매년 소비하고 있다. 그 중 석유가 37.0%, 석탄 30.7%, 천연가스 20.0%, 원자력 4.6%, 수력 등이 7.7%이며, 화석연료가 전 연료의 약 88%를 차지한다.

대기 중으로의 CO_2 방출은 화석연료 소비로서 삼림감소, 사막화 등에 의해 식물고사, 토양의 유기물분해 시 이루어진다.

CO_2에 의한 온난화기술은 CO_2 발생억제기술인 에너지이용의 효율화, 재생 가능에너지의 이용 등, CO_2의 고정기술이 식물에 흡수, 바닷물 속에 저류, 땅 속에 격리시키며, 온난화 적응기술은 온도 제어기술 등이 있다.

가. CO_2의 발생제어기술

석유 등에 의한 CO_2를 배출하는 화석연료는 사용하지 않는 방법이다. 즉 수력이나 태양에너지 등 그린에너지를 이용하고, 원자력 에너지 등으로 전환시켜서 사용한다. 또는 CO_2 생성이 적은 천연가스 등의 저탄소연료를 사용하거나 고효율화 발전설비 및 폐기물 소각로 등의 폐열을 이용한다.

나. CO_2의 고정기술

화석연료사용에 의해 배출된 CO_2는 대기 중에 방출시키지 않고 어떤 방법으로든지 고정시켜야 한다. 화력발전소 등의 대량 고정 발생원으로부터 CO_2를 분리 회수해 바닷물 속에 (-3km) 저류시키는 방법 또는 대기 중의 CO_2를 육상식물에 의해 고정시킨다.

다. 온난화 적응기술

인공적으로 지구온도를 통제하는 기술로서 농업의 적응화, 차갑고 깊은 바닷물로 대기를 냉각하거나, 성층권에 aerosol을 분사시켜서 햇빛의 지표면 입사량을 억제화시킨다.

라. CO_2 분리기술

연소가스 속에 함유된 CO_2를 저온에서 K_2CO_3, $CaCO_3$ 등의 흡수액으로 분리시킨 후 다시 이 흡수액을 가열해 발생된 가스를 다시 감압시켜 기화시키면 CO_2가 선택적으로 분리된다.

$$K_2CO_3+CO_2+H_2O \rightarrow 2K^{+}+2HCO_3^{-} \qquad (5.6)$$

$$CaCO_3+CO_2+H_2O \rightarrow CA^{2+} +2HCO_3^{-} \qquad (5.7)$$

흡수법은 CO_2를 K_2CO_3의 흡수재와 화학반응시켜서 흡수한 후 CO_2를 선택적으로 흡수한다. 이외에도 모노에탄올아민(R－NH_2) 등에 의한 화학흡수법과 물리흡수법(흡수재 : 메탄올 · 폴리에틸렌글리콜 등), 흡착법(흡착제 : 제오라이트 · 활성탄 · 이온교환수지 등) 등이 있다. 이들 화학흡착제의 구조식은 다음과 같다.

㉠ MEA(mono－ethanol anine)

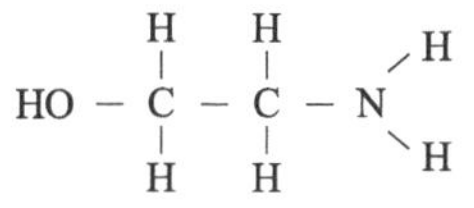

㉡ DEA(di－ethanol amine)

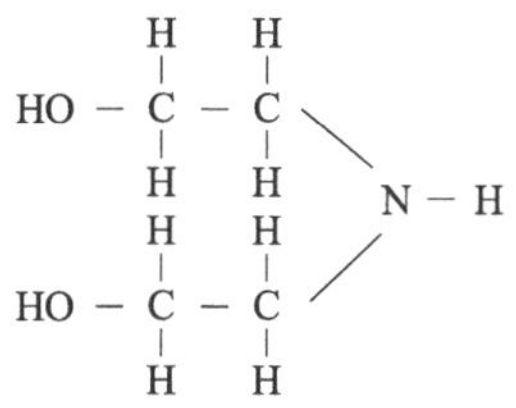

㉢ MDEA(methyl di－ethanol amine)

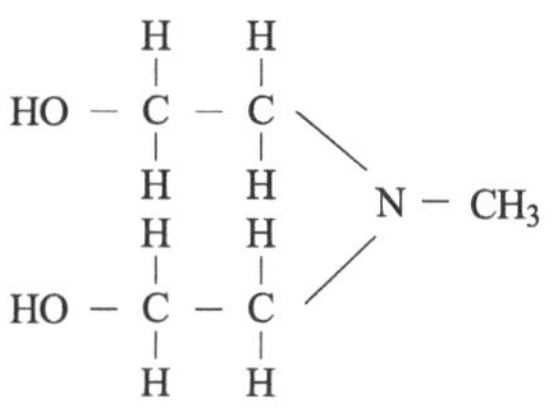

㉣ TEA(tri－ethanol amine)

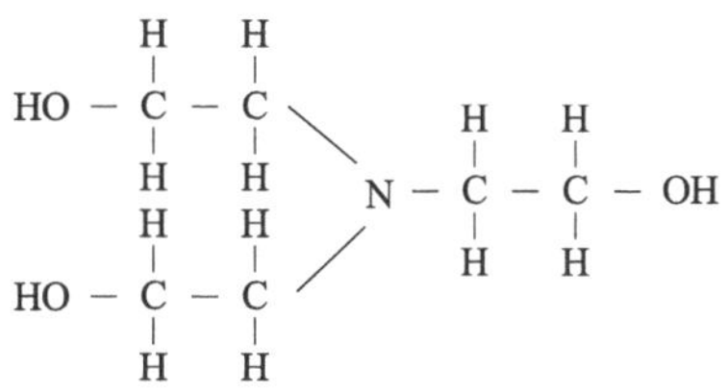

(2) CO_2의 주요용도

CO_2는 불활성가스인바, 소화제(消化劑), 아크(arc)용접, 산화방지제, 플라스틱발포로 사용되고, 냉각제로 식품의 냉각 · 냉동 · 저온수송 · 원자로용 냉각제로 이용된다. 이외에도 심냉(深冷)분리, 저온분쇄, 배관의 동결, 저온수술, 고무 · 플라스틱성 제품, 제온환경시험, blow(블로우)성형 등에 사용된다.

압력원에 따라 분말소화기의 압출제, 공기총의 압력원, 구명동의(救命胴衣)의 가스원, CO_2 hoist(호이스트), 탄산음류, 생맥주의 압출제, 콘크리트의 파쇄, aerosol의 프로페란트(properant)에 이용된다.

화학적 원료로는 시멘트의 회분(ash)제거, 알카리성 폐수의 중화처리, 탄산염(CO_3^{2+})제조, 요소(urea)제조, 탄산음료제조, CH_3OH(메탄올)제조, 용매, 반도체막 제조 · 제강에 이용되며 생화적 용도는 가스봉입포장, 크롤렐라(chrollera) 배양, 돼지도살, 식물호흡촉진, 과실보존, CO_2 시비(施肥)와 감 떫은 맛 제거 등에 이용된다.

3) 엘니뇨

(1) 엘니뇨 현상

열대성 저기압은 발생지역별로 다른데, 북태평양 남서해상에서 발생하는 것을 태풍이라고 하며, 중 · 동서부 태평양이나 북대서양, 카브해, 멕시코만에서 생긴 것을 허리케인이라고 한다. 그러나 열대성 저기압도 기상이변을 초래시키는 태평양상의 열대기순환의 엘니뇨 현상 때문에 정상진로가 변경된다.

엘니뇨는 태평양상에 있는 적도해류와 기압의 진동에 기인되며 최근 비정상적인 지구온난화에 의해 따뜻해지는 이상현상이 2~7년 주기로 나타난다. 그래서 바닷물이 따뜻해지면 바다가 대기 중에 많은 에너지와 수증기를 공급하며, 전 지구상의 바람과 강수량(降水量)을 변화시키는 작용을 한다. 라니냐는 태평양적도에 나타난 엘니뇨의 반대현상이다. 이러한 대기교란의 속성과 강도는 적도부근의 해수온도를 상승시키는 직접적인 요인으로 작용하게 된다.

우리나라의 기온이상현상이 온난화로 남부지방의 가뭄현상은 시베리아, 북태평양에서 고기압의 이상활동에 의해 겨울철에도 모기수가 늘고 열대야 일수가 증가하게 된다. 그리고 서해안지역에 눈이 많이 내리는 현상은 서해에서 증발된 수증기를 찬공기가 몰고 와서 내리기 때문이며, 만일 바닷물의 증발이 기온이상으로 정상적으로 순환이 안 되면 봄이나 여름초에 가뭄도 올 수 있다.

지구온난화에 의한 엘니뇨는 대서양이나 태평양상에서 해수의 증발이 활발해진다. 증발된 바닷물은 비 · 구름이 되어 북대서양 등에 빗물을 퍼부어 홍수를 이루고, 이로 인한 북대서양 물은 염분(NaCl) 농도가 낮아진다. 정상적인 기온이라면 차갑고 염분 농도가 높아서 침강하던 북대서양 물이 침강하지 않아서 종전처럼 해류(海流)가 정지되고 이 순간에 북극의 빙하가 녹아서 남쪽으로 내려온다.

최근 지구온난화로 열을 실어 나르는 지구대해류 중 가장 큰 물기둥 흐름을 GOCB라 하며, 대서양 · 인도양 · 태평양을 거친 대해류가 인류의 문명을 바꾸어 놓을 정도로 막대한 영향이 있다.

(2) 온난화 피해

기후변동에 관한 패넬(IPCC)의 보고서는 지금과 똑같은 CO_2량이 계속해서 배출이 증가된다면 2100년에 대기 중 CO_2 농도는 현재 CO_2 농도 340ppm의 2배가 될 예정이며, 그렇게 되면 평균 대기온도가 2℃ 정도 증가해 바닷물 수위가 최대 1m 가량 상승될 것이라고 했다.

이는 지구온난화로 남극과 북극에 있는 얼음이 녹아 바닷물 수위가 상승되어 zero meter zone인 일본의 수많은 섬, 남태평양만의 마샬섬 중 80%, 방글라데시는 18%, 네덜란드는 6% 토지가 수몰위험에 빠진다.

그리고 지구온난화로 나타난 경제적인 손실은 EDP(경제개발지수 : Economic Develope-ment Potential)의 10% 이상될 것으로 추정한다.

최근 빙하가 심상치 않게 움직이고 있다. 지구온난화의 영향으로 오츠크바다의 해빙면적이 1979~1995년 사이에 약 40% 정도가 녹았으며, 2020년이 되면 유빙(有氷)이 없어질 것이라고 예측하기도 한다.

지구온난화에 의해 미국의 신시내티지역의 라킹강이 폭우로 범람해 (그림 5-9)처럼 팔마우수쓰지역의 전체가 물에 잠겼다.

1997년 12월부터 1998년 3월까지 예년 기온이 평균값보다 엘니뇨에 의한 이상이변에 따라 4.2℃로서 예년보다 2.5℃ 높다. 올여름 병충해피해가 극심해져서 (그림 5-10)처럼 피해가 예상된다.

그림 5-9 지구온난화로 잠긴 미국 신시내티시

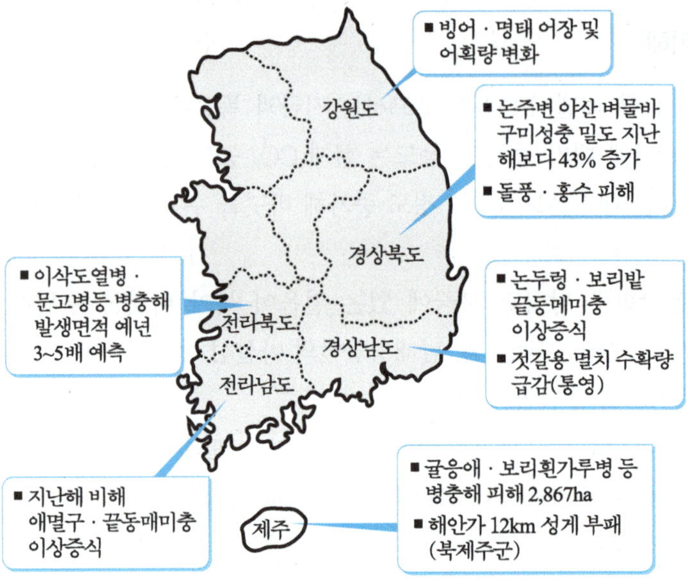

그림 5-10 엘니뇨에 의한 기온이상에 따른 농작물피해

(3) 온난화 대책기술

온난화 대책기술로서 근본적으로 화석연료의 사용을 배제한 원자력과 수소 등에 의한 에너지 대체기술개발을 들 수 있으며, 현시점에서는 CO_2 배출억제기술, CO_2 제거기술, 지구온난화에 대한 적응기술 등은 경제성의 뒷받침된 실제 개발이 되어야 할 것이다. 왜냐하면 지구온난화에 따른 온실기체로서는 CO_2와 함께 CH_4, N_2O, CFCs, 대류권 오존 등의 trace gas가 중요하다는 것이 지적되고 있다.

최근 자료에 의하면 1980년까지는 과거 100년 동안 CO_2와 CO_2 외 온실기체의 온난화

기여율이 약 2 : 1이었지만 최근 10년 동안에는 약 1 : 1로 되고 앞으로는 trace gas의 기여율이 높아질 것으로 전망하고 있다. 이것은 CO_2의 대기농도 증가율에 비해 trace gas 증가율 쪽이 크다는 것과 CO_2는 대기농도가 이미 너무 높다는 의미이다. 이런 현상은 적외선 방사흡수의 증대 때문이라고 밝혀졌다.

대기 중의 이산화탄소(CO_2)는 산림과 하천 · 바다 · 호수 등이 흡수 · 자정해왔는데 석유, 석탄의 사용증가로 CO_2 배출량이 크게 늘어가기도 했으나, CO_2의 흡수원인 열대림 등이 벌채되어 대기 중의 CO_2량이 크게 증가되었다. 열대림의 마구잡이 벌채는 CO_2의 흡수원이 줄어드는 것도 문제이나 말레이시아 등에서는 열대림에 불을 질러 화전을 일구는데, 이때 엄청난 매연과 CO_2가 방출되어 대기를 오염시킨다. 이에 대해서 한 통계자료는 열대림 파괴로 전 세계의 CO_2 배출량의 20~30% 정도 기여한다고 했다.

또 이미 지구상에 존재하는 열대림 중 절반 정도가 사라졌으며, 남은 절반 중 매년 남한 면적의 1.5배 정도인 13만 km^2씩 불에 타 훼손되고 있다고 하니 이대로 두면 얼마가지 않아 황폐해질 것이라고 판단하여 생물다양성 보전에도 치명적인 악영향을 미칠 것으로 진단했다.

또한 현재 지구상에 250만 종의 동 · 식물과 미생물이 있으나 열대림 훼손 등 지구생태계파괴로 매년 25,000~50,000종이 멸종되어 가고 있는데, 이대로 방치할 경우 2000년까지 50~100만 종이 멸종될 것으로 과학자들은 지적했다. 이러한 자연환경으로 지속된다면 동 · 식물 및 미생물의 멸종은 먹이사슬(food chain)을 끊게 되어 생물생태계를 치명적으로 파괴하게 되고야 말 것이다. 우리는 그 동안 산업혁명 이후 환경문제를 고려하지 못했던 실수로 계속된 석유, 석탄의 무제한 사용으로 대기 중의 CO_2 등의 농도가 90년 기준 350ppm으로 CO_2 등의 농도는 450~600ppm 정도로 높아질지도 모른다고 전망을 하고 있다. 앞에서 지적했듯이 CO_2 농도가 증가하면 온실효과로 지구온도가 상승해서 오는 2030년에는 지구기온이 산업혁명 이전보다 1.5~1.5℃ 상승하게 된다.

이렇게 온도가 상승하게 되면 바닷물의 수면이 20~140cm 높아져 태평양, 인도양 등의 섬들과 나일강 하류의 삼각주, 방글라데시가 해수에 잠기게 될 것이라고 과학자들은 발표했다. 또한 이상기후를 불러와 가뭄과 홍수 등 각종 천재지변이 빈번히 일어나게 될 것이다. (그림 5-11)에서와 같이 '엘니뇨가 소멸되고 라니냐가 나타나고 있다.' 는 일본 우주개발사업단은 7일에 작년 11월에 발사한 열대강우관측위성에서 촬영한 사진을 통해 이같은 사실을 설명했다. 지난해 12월에는 페루부근 해역의 해수온도가 평상시보다 4~5℃ 높은 엘니뇨현상을 나타내고 있었으나 금년 6월 초 촬영한 결과 평상시 수온보다 낮은 라니냐 현상으로 바뀌고 있음을 보여주고 있다.

그림 5-11 엘니뇨가 리니냐로

4) 열대우림피해

(1) 열대우림

육상식물은 광합성 작용에 의해 공기중에서 식물 잎면에 산재한 기공을 통해 CO_2를 흡수해서 유기물을 합성해 생장하고 있다. 인간에 있어 식물은 음식물로서, 건축재로서, 종이를 만드는 재료로 필요불가한 것이다. 식물은 단순히 인간의 생활에 직접 필요한 물질을 공급해 줄 뿐만아니라 산소를 공급한다. 이 외에도 식물이 가진 고유한 작용을 이용해서 인간은 생활환경을 쾌적하게 하고 있다. 그것은 정원에 나무를 심어서 그늘을 만들기도 하고, 바람을 막기 위한 방풍림이나 소음을 막기 위한 방음림으로도 많이 사용됨을 잘 알 수 있다.

그러나 지구상에서는 삼림파괴가 각국에서 급속히 진행됨에 따라 지구적인 규모로 환경문제가 중요시되고 있다. 유럽, 미국, 캐나다에서는 산성비에 의해 삼림감쇄, 열대지역의 삼림남벌에 의해 삼림면적이 크게 감소되고 있다. 이 때문에 여러 번 국제회의 때마다 지구환경문제를 토의해 오고 있다.

열대림은 육지의 7%을 덮고 있으나, 지구상 생물의 50~80%가 열대림에 생존하는 동·식물의 보고가 되며, 그 곳에는 3,000만을 넘는 생물종이 생존하고 있다고 한다. 지금까지 알려진 것만으로도 170만 종의 동·식물종이 존재함이 조사되었는데, 이는 75만 종의 곤충, 45,000종의 척추동물, 25만 종의 식물이다.

그러나 채벌에 의해 동·식물종이 멸종하기도 하고 종의 유지가 곤란할 만큼의 생식지가 없어져, 사라진 종의 수도 셀 수 없을 정도이다. 한 번 멸종한 종(種)은 두 번 다시 지구상에

돌아올 수 없고 생물자원의 보전 · 확보라고 하는 면에서도 긴급히 해결해야 할 문제이다.

이처럼 생물종의 다양성이 없어진다는 것은 장차 의약품이나 공업제품의 개발에 있어서 큰 손실이 된다.

최근 bio-technology의 진보가 눈부시게 발전해서 농작물이나 가축에 야성의 유전자를 도입해서 병충해 저항성 품종을 만들기도 하고 수량증가를 도모할 수도 있게 하고 있다. 그러나 생물종의 다양성이 상실되면 bio-technology가 아무리 진보하여도 이와 같은 가능성은 없어지고 만다. 그 때문에도 최신종을 개발하는 유전연구나 개발에 투자할 만큼의 투자를 열대림종의 수집 · 보전을 위해 지금 당장 해야 할 필요가 있다. 그것은 미래의 미생물개발기술을 진보 · 발전시키기 위해서는 필요불가결함이 틀림없기 때문이다.

세계의 열대다우림 면적은 종전에는 $24.5 \times 10^6 km^2$로서 육지면적의 16%이었는데, 1975년에는 42%가 체벌되어 현재(1990년)는 $16 \times 10^6 km^2$로 감소하여 육지의 7%를 차지하는 데 불과하다. 이처럼 열대다우림의 채벌속도는 연구자의 견해에 따라 평가기준이 약간 다르다. 예를 들면 세계의 열대다우림 중에서도 가장 풍부한 생산력을 가진 생물종 조성이 다양한 아시아에서는 목재생산을 위해 체벌되고 있으며, 서아프리카에서의 삼림벌채는 목재생산과 화전농업을 위해서이고 중앙아프리카와 브라질에서는 가축의 방목을 위해 행해지고 있다.

특히 브라질의 국제환경회의에서도 발표된 일이지만 급격한 인구증가에 대응하기 위해 국가정책으로 아마존의 삼림지대가 개발되고 있다. 이 때문에 브라질 아마존의 열대림은 급격히 소멸하고 있어 인공위성에서도 나대지가 드러나서 확인할 수 있다. 아마존 열대다우림의 소멸비율은 매년 증가해 이러한 속도로 채벌이 진행된다면 25년 후에는 전멸하고 말 것이라고 예상하고 있다. 현재 자료에 의하면 1985년까지 목초지로 개발하기 위해 체벌된 삼림면적은 $490 \times 10^3 km^2$ 이상으로 일본 국토보다 약 1.3배 가량 넓다.

열대림을 채벌하여 목초지로 하기 위해 삼림으로부터 증발산이 감소하고, 그 지역의 수분수지(water balance)가 변해 간다. 열대림을 채벌하면 최초의 6개월 동안에 증발산량이 30% 감소한다고 보고했다. 그밖에 강한 일사량 때문에 토양온도는 상승하고 뿌리의 호흡속도가 증가한다. 이러한 상황에서는 토양의 빈영양에 의한 광합성 속도의 저하와 광합성으로 획득한 이상의 탄소를 호흡하여 소비하기 때문에 식물체의 탄소수지(carbon balance)가 불균형으로 되어 생명을 유지할 수가 없게 된다. 그 결과 열대다우림을 채벌해서 화전에 의해 만들어진 경지도 2, 3년 후 방지하지 않을 수 없게 된다.

온대림에서는 강우량의 35%가 지표면으로부터 유출해 버리는데, 열대림에서는 강우량의 47%가 유출하고 있다. 특히 열대림의 연간 강수량은 온대림의 4배 이상으로 되어 지표면에서 방출한 수량은 온대림의 약 6배가 된다. 그 때문에 삼림이 채벌된 열대지역에서는 내려진 비가 삼림에 흡수되는 일 없이 직접 하천으로 유출해 하천의 수위를 상승시킨다. 지표면을 덮고 있는 식물이 없기 때문에 토사도 함께 하천에 흘러 들어가게 된다. 지금 아마존강에서는 수위가 올라간다고 하는 신문기사가 있는데, 이 때문에 해양의 생태계에도 악영향을 주게 된다. 다시 말하면 유출한 토사에 의해 산호초가 파괴되는 등 악영향을 주게 되며, 이곳에 서식하는 생물들이 사멸하게 된다. 따라서 열대다우림이 존재하는 지역은 개발도상국에 국한된 일인바, 이곳에 사는 주민의 생활레벨이 향상하여 식량위기, 연료문제 등의 일상생활을 유지하는 데에 필요한 물자가 조성되면 열대다우림의 과도한 채벌이 불필요하게 될 것이다. 그렇게 된다면 지구환경은 파괴의 위기까지는 안 될 것이며, 지구환경을 지키기 위해 경제선진국들이 경제원조 등의 국제협력이 있다면 열대다우림은 더 이상 소멸되지 않을 것으로 본다. 삼림을 부활해서 원래 푸른 지구가 되게 하려면 인위적인 자연 훼손행위를 삼가야만 한다는 사실을 인식해 두어야만 한다.

그림 5-12 열대우림

(2) 지구의 허파

브라질의 아마존지역 일대는 세계열대우림면적의 25% 이상에 해당하는 넓고 거대한 산소 공장이다. 이 아마존강 일대를 지구촌 50억 식구들이 필요한 산소 전체의 25%를 만들어내기에 지구의 허파라고 불리워지고 있다. 열대우림은 북위 23′ 30″와 남위 23′ 30″ 위치한 해발높이 1km 이하의 지역이고 연평균 강우량 1,800mm 이상인 곳에 자리잡고 있으며, 특히 이곳에는 지구에 살고 있는 약 50~80%의 생물종이 서식하고 있다. 열대림의 크기는 평균 30~50m 정도이고 상록수(ever green tree)이어서 두터운 임관(林冠)을 갖고 있고 그래서 숲속은 햇빛이 차단될 정도이어서 그야말로 밀림이다. 세계 열대우림면

적은 1,600만 km^{2}이며, 지구전면적의 16%에 해당된다. 세계 3대 열대우림지역은 중남미 열대우림, 아프리카열대우림과 말레이시아열대우림으로 구성되어 있지만 60%가 중남미 열대우림으로 아마존지역, 안데스산맥 서부, 적도북부의 멕시코까지 차지한다.

열대우림은 후진국에 분포되어 있어 그 나라의 경제개발재원확보로 벌채되어 급속도로 감소되고 있어 매년 1천~1.5천만 ha의 열대우림이 사라져 합판원료나 가구·목재 등에 이용되고 있다. 그리고 1ha의 열대우림은 30~40년 동안 매년 10ton의 탄소를 광합성작용에 의해 고정할 수 있는 지구온난화 방지수목이기도 하다. 또한 열대우림이 대기권에 수증기를 증산시킴으로써 구름이 형성되어 햇빛을 차단해 적정기온을 유지할 수 있는데, 열대우림이 없다면 엄청난 기온상승에 따른 열오염이 있게 된다.

화석연료의 사용에 따른 CO_2 등에 의해 지구온난화로 엘니뇨현상이 생겨서 동태평양의 따뜻한 바닷물이 움직이지 않아 상승기류를 만들어 대기정체로 동남아 일대는 가뭄이 도래하고, 중앙·동태평양과 페루 등은 홍수가 범람해 대재앙을 맞게 될지도 모른다.

1997년 인도네시아의 산불로 80만 ha의 열대우림이 잿더미화 되어 심각한 연무(haze)에 의해 인근 국가들이 엄청난 피해를 일으켜 국제문제가 된 바 있다. 그러나 이 지역은 '젖은 사막' 이라고 말할 정도로 2~3년만 경작하면 더 이상 이용가치 없는 땅이 될 곳이었다.

생물서식은 아마존 열대우림지역의 4제곱마일 면적에는 평균적으로 나무 750종, 포유동물 125종, 새 400종, 파충류 100종, 양서류 60종이 서식하며, 50cm 나무 1그루에 400여 곤충이 서식하고 있다. 1ha 면적당 열대우림은 나무가 평균 100~200종, 온대림에 10~30종 서식하고 있다. 이처럼 열대우림은 다양한 생물종이 서식하는 보금자리이자 보고(寶庫)인 셈이다.

최근 지구환경오염으로 1986년 이후부터는 하루에 100종의 생물이 멸종되어 연간 4만종이 사라지고 있어 2020년이면 3천~5천만종의 20% 정도가 서식하던 생태공간을 잃어서 생물의 생존터가 없어지기 때문에 멸종위기에 있다는 것이다.

(3) 열대우림파괴시 문제점

최근 지구환경문제는 탄산가스 등에 의한 지구온난화, 프레온 등에 의한 오존층 파괴, 사막의 급격한 확대, 열대림의 감소, 산성비 등이다.

"인간은 정말로 에너지 위기에 직면하고 있는 것일까"라는 생각을 하게 된다. 석유·석탄등의 천연자원이 앞으로 몇 년 후에 없어진다면, 에너지소비의 소멸은 곧바로 생활수준의 저하로 연결되어진다. 따라서 지금 인류가 국면하고 있는 환경문제에 대해서 알아보고자 한다.

가. 기온

전 지구의 평균 지상기온은 온실효과기체에 의한 상승과 자연적인 요인으로 변동이 겹친 형이고 변동을 반복해가면서 서서히 상승한다. 온실효과기체가 현재와 같은 증가율로서 계속 높아진다면 2030년대에는 현재보다 1.5~3.5℃ 정도 상승한다.

그리고 상승량은 겨울철, 특히 북반구의 고위도에서 높고 한국, 일본을 포함한 북반구 중위도에서는 전 지구의 평균과 똑같고, 저위도에서는 이 값보다 낮게 된다. 특히 남반구에서의 온도상승은 북반구보다 늦어진다.

나. 강수량

전 지구의 평균강수량은 증가하고, 증발량도 증가하며, 중위도의 다우지대는, 특히 북반구에서 극방향으로 이동한다.

다. 해면수위

과거 전 지구의 평균지상기온과 해면수위와의 상관관계로부터 1.5~3.5℃의 전 지구의 평균기온 상승에 따라서 20~110cm의 해면수위 상승이 일어난다. 그리고 대규모적인 남극빙하의 융해나 붕괴가 일어나지 않는다.

라. 이상기상

이상기상의 발생총수를 예상하는 것은 곤란하지만 기온상승 경향에 의한 이상기상이 증가하며, 강수분포변화에 따라 지역에 따른 이상다우(多雨)나 이상소우(小雨)가 증가한다.

이처럼 지구환경이 무한하지 않고 유한성을 거울삼아 인류가 지구상에서 번영하기 위해 지구를 단순한 무기질로 판단할 것이 아니고 대기권, 수권, 토지권 및 생물권이 상호작용해 가면서 미묘한 균형 위에 지구가 성립되고 있다고 하는 지구는 생명체와 똑같다는 사실이다. 지구생명체와 인간의 공동작업에 의해 지구환경을 보전하고 발전시켜 간다고 하는 새로운 우주적인 관점을 갖고 과학적인 이론을 축적시켜야 한다.

5) 황사

(1) 황사(Yellow sand) 현상

황사현상은 5월 초에 나타나는데, 1998년은 엘니뇨현상이 4월 중순경에 나타났다. 황사(黃砂)는 매년 중국으로부터 국경을 넘어 우리나라를 경유해 일본과 태평양을 거쳐 하와이까지 상륙하는 입자상물질에 의한 대기환경오염이다.

황사현상은 중국 황하(黃河) 상륙에서 발생한 황사가 몽골 고비사막에서 발생한 현상으로 1997년 12월~1998년 3월까지 고온건조한 바람이 많이 부는 날씨가 지속되어 많은 양의 모래먼지가 편서풍을 타고 날아온 대기오염사건이다.

황사 속에는 규소(Si), 알루미늄(Al), 구리(Cu), 카드뮴(Cd), 납(Pb) 등이 함유되어 호흡기계통 질환과 눈병을 일으킨다.

대기공간에 PM-2.5 먼지가 많이 부유되어 있으면 햇빛의 난반사로 황갈색으로 변하면서 햇빛을 차단해 시계(visibility)를 약화시키고, 일사량이 부족해 식물과 농사경작물의 발육이 저하된다.

(2) 황사피해

황사가 호흡시 체내에 흡입되면 상기도점막을 자극해서 호흡곤란과 목이 아프며, 기관지 천식을 일으키며, 폐질환자는 호흡곤란을 일으킨다. 또한 황사는 자극성 알레르기성의 결막염과 눈이 가렵고 빨갛게 충혈된다.

6) 도시 열섬(Heat island)효과

대도시에서는 교외에 비해 기온이 높게 마련이나 청명하고 바람이 거의 없는 날에는 여름철 및 겨울철 야간의 기온차에 의해 도시로 약한 국지풍(局地風)이 불어 열대야(熱帶夜)를 일으키기도 한다.

열섬효과는 도시규모가 클수록 주변 교외보다 온도가 0.5~2℃ 정도 높아 열이 교외로 방출되지 않는 열오염이다. heat island 원인은 인위적인 방열, 콘크리트빌딩 · 도로 · 건축물의 햇빛흡수율 증대, 지표가 콘크리트화 되어져 물 증발량감소, 지면에 축적된 낮의 현열이 야간에 방출, 대기오염물질의 장파장 일사량 차단, 높은 건물의 햇빛 차단 등이 있다. 그리고 heat island 효과는 도시건설이 반드시 고려되어야 하며, 가능한 쾌적한 환경을 조성하려면 에너지 소비가 적은 도시이어야만 한다. 대기확산이 잘 되어져야만 대기오염이 적다.

제2절 지구환경보전대책

1 오존층파괴 방지

1) 프레온가스 대체기술

(1) 대체 프레온가스 개발의 동향

프레온은 보통 탄소원자에 수소, 할로겐원자(F, Cl)가 결합한 할로겐화 탄화수소물질이다. 이 물질의 특징은 불소원자를 가져 높은 전기음성도와 수소 다음으로 작은 크기이며, C-F 결합에너지가 아주 높다. 따라서 열적·화학적 안정성이 크며, C-F결합이 많을수록 저비등점 물질이고 특히 Freon 구조 중의 불소원자와 염소원자가 한 개 치환할 때마다 약 50℃ 정도의 비등점이 저하된다. 또한 분자 사이의 힘이 약해서 증발잠열, 표면장력 점도가 낮다.

한편 HFC처럼 Cl원자를 함유하지 않은 Freon도 있지만 염소원자를 갖고 있는 CFCs는 성층권에서 강력한 자외선으로 분해되어 발생한 염소이온은 오존층을 파괴하며, 염소원자가 오존층 파괴에 더욱 나쁜 영향을 주는데, 그 특성은 유류, 유지 등과의 용해성이 높고 불연성의 경향이 크고, 끓는점이 상승하며 경험적으로 염소원자가 많을수록 독성이 강한 경향이 있다.

아직 완전한 대체품이 개발되지 않은 상태에서 기존의 규제 CFCs를 보다 합리적으로 사용함으로써 사용량을 줄이고 대기 중의 방출을 적극 방지하는 것이 우선 취할 수 있는 현실적이고 바람직한 대처 방안의 하나가 될 것이다.

이러기 위해서는 CFCs의 사용량을 절감할 수 있도록 기존의 공정과 시설을 개선하는 적극적인 노력이 필요하며, 또한 한 번 사용한 CFCs를 회수하여 재사용하려는 노력이 중요하다.

특히 CFCs의 회수와 재사용은 유한한 자원을 효율적으로 사용한다는 경제적인 의미도 크지만 대기 중에 CFCs의 배출을 방지함으로서 지구의 환경보전을 위해서도 중요하다.

그림 5-13 CFCs에 의한 오존층파괴

CFCs의 회수, 재생기술은 앞으로 고가의 CFCs 대체품의 합리적인 사용과 몬트리올 의정서에 추가로 규정된 메틸 클로로포름(mfmethyl chloroform) 등의 회수, 재생에도 필수적으로 응용이 되는 기술로서 중요성이 커지고 있다. 규제 CFCs화합물 대신에 이미 개발되어 상품화되어 있는 화합물의 사용이 검토되고 있다.

냉매로서 HCFC-22, HCFC-22/ HCFC-142b, DME/ CFC-12, CFC-500과 같은 화합물 및 암모니아 등이 검토되고 있으며, 발포제로는 물, 탄산가스, HCFC-22, 펜탄(pentane)이나 부탄(butane)과 같은 탄화수소 및 염화 메틸렌(methylene chloride) 등이 일부 이용되고 있다. 그러나 품질 저하가 문제되고 또 탄화수소는 인화성에 문제가 있고 methylene chloride는 발암성이므로 작업 안전에도 문제가 있다.

세정용매로는 CFC-113과 알코올의 혼합물 등을 사용하여 CFC-113의 사용량을 줄이면서도 소기의 세정효과를 얻으려는 노력 외에 물 세정, 탄화수소계 용매 등이 검토되고 있다.

분사추진제로서는 HCFC-22/DME, HCFC/CFC-142b 혼합물 및 탄화수소계 화합물로 상당 부분 이미 대체되고 있다.

Montreal Protocol이 발효되기 이전부터 이미 미국의 Du Pont사, 영국의 ICI를 비롯한 유력 화학회사들은 막대한 개발비를 들여 대체물질개발을 서둘러 왔다.

미국의 Du Pont사는 1990년까지 투자한 2억 4천만 불의 연구개발비 외에 앞으로 10년간 대체물질개발과 상업화를 위하여 10억 불을 계상하고 있으며, 영국의 ICI사는 대체품

개발에 약 1억 7천만 불의 연구개발을 투자한 것으로 알려져 있다. 불란서의 Atochem사는 1억 4천만 불을 연구개발비로 지출한 것으로 보고되어 있고, 일본에서는 회사의 독자적인 연구개발의 결과로서 이미 100여 건에 달하는 대체품 관련 특허가 출원된 상태이며, 통산성에서는 보다 이상적인 대체품 개발을 위한 3세대 CFCs연구개발을 지원하고 있는 실정이다.

(2) HCFC와 HFC 기술개발

이러한 이상적인 대체물질이 개발되기까지는 주로 HCFC(hydro chloro fluoro carbon)와 HFC(hydro fluoro carbon)가 당분간 CFCs 대체품으로 사용될 것으로 보고 있다. 그러나 HCFC는 규제 CFCs에 비해서 비록 적은 양이라고는 하지만 염소를 함유하고 있으므로 이의 사용에 대해서도 국제적인 조성과 규제가 있을 것으로 예상하고 있다.

한편 대체물질을 상업적으로 생산하려면 대체물질의 독성, 안정성, 유전독성 및 환경안전성 등에 관한 검사가 필요하다. 이를 위하여 대체물질 개발회사들은 대체물질 검사기구(PAFT)를 공동으로 구성하여 대체물질의 조기 상업화를 위한 노력을 하고 있다.

(3) 프레온가스 대체물

일반적으로 Freon 구성 원자의 특징($C_aH_bCl_cF_d$)은 다음과 같다.

① 끓는점 크기 순서 : Cl>H>F

표 5-6 대체물질의 독성시험 계획

단 계	검사물질	기 간	대체 CFC	참여회사
	HCFC-123		CFC-11	14
PAFT-1	HFC-134a	1988~1992 · 3	CFC-12	
	HCFC-141b		CFC-11	10
PAFT-2		1988~1992 · 3		
	HCFC-124		CFC-114	7
PAFT-3	HFC-125	1989~1994 · 5	CFC-115	
PAFT-4	HCFC-225ca	1990~	CFC-113	
	HCFC0225cb		CFC-113	

** PAFT : program for alternative fluorocarbon toxicity testing*
주) 급성독성, 유전독성, 환경폭로독성, 발육독성, 만성독성 등

② 연소성 크기 순서 : H>F>Cl

③ 용해성 크기 순서 : Cl>H>F

④ 안정성 크기 순서 : F>H>Cl

⑤ 독성 : Cl>H,F

Freon 대체물질은 각종 용도에 적합한 제반 특성을 가지면서 ODP(오존파괴 능력)과 GWP(온실화 계수)가 적고 지구환경에 악영향이 없어야 하며, 저독성이고 불연성이며, 작업자가 취급하는 데 우수해야 한다.

(4) 프레온가스 대체품 생산계획

각 회사의 생산계획 등에 관한 정보는 좀더 자세히 알려져 있지 않지만, 대체물질 생산은 1990~1995년 사이에 실현될 것으로 예상되고, 이를 위하여 앞으로 2000년까지 소요될 시설비용은 세계적으로 적어도 40억불은 될 것으로 추산되고 있다.

CFC 대체품 생산을 위한 각 회사들의 계획을 표로 나타낸 (표 5-7)에서 보듯이 Du Pont 사와 ICI는 1990년에 HFC-134a와 HCFC-123 제조공장을 건설하였으며, 1995년에는 HCFC-141b, HCFC-152a 및 HCFC-125를 미국, 네덜란드 및 일본에서 생산할 예정인 것으로 알려져 있다. 또한 ICI사는 약 1억 7천 만불을 들여 영국과 미국에 HFC-134a 제조공장을 건설하여 1990년과 1992년에 각각 가동하여 생산을 개시할 예정이며, 일본에도 공장을 건설할 계획인 것으로 알려져 있다. 이 밖에도 독일의 Hoechst, 불란서의 Atochem, 미국의 Allied-Signal, 이태리의 Enimont 및 일본의 Showa Denko 사 등 유력한 CFC 제조회사들이 공장 건설을 서두르고 있다.

현재 가장 먼저 상업화가 가능한 CFC 대체품은 HFC-134a이라고 할 수 있다. CFC-12의 가장 유력한 대체품으로 알려진 HFC-134a의 세계적인 시장 수요는 연 100,000톤으로 추산되고, 이는 현재 사용중인 CFC-12의 40%를 대체할 수 있을 것으로 내다보고 있다. ICI사가 HFC-134a 다음으로 기대하고 있는 대체품은 현재 supermarket freezer용, 냉매로서 연 30,000~4,000톤의 수요가 있는 CFC-115의 대체품인 HFC-125를 꼽고 있다.

그러나 HFC-125는 green house gas이므로 꼭 이상적인 대체품이라고 보기는 어렵다. 일반적으로 대체품이 생산되며 그 가격은 기존 CFC보다 3~7배 정도 비싸게 될 것으로 예상하고 있다. 그러나 이러한 대체품을 산업해 응용하기 위해서는 대체품의 물성과 특성이 기존 CFCs와는 다른 점이 많으므로 새로운 응용기술이 개발되어야 하며, 이에 따라 새로운 공정을 개발하고 시설을 설치하여야 할 산업체의 부담이 커질 것이다.

Halon은 1989년 현재 전세계적으로 연 20,000톤 가량이 생산되었고, 이 중 Halon-1211이 약 60%를 차지하고 있는 것으로 알려져 있다. Halon 대체품은 CFCs에 비해서 마땅한 대체품의 개발이 더욱 어려운 것으로 인정되었으나 1992년 미국의 Great Lakes Chemical사와 Du Pont사는 새로운 Halon 대체품의 개발을 발표하였다.

현재 Halon-1211과 Halon-1301을 생산하고 있는 Great Lakes Chemical사가 1990년 5월 발표한 Halon 대체품은 ODP가 기존 Halon의 1/20 정도로 작으며 bromine과 fluorine을 함유한 화합물이라는 정도로만 알려져 있다. Great Lakes Chemical사는 새로운 Halon 대체품의 수요가 앞으로 연 50,000톤으로 예상하고 1991년부터 생산할 계획

표 5-7 CFC 대체물질 개발현황

company	alternatives	location	capacity(mT/Yr)	year
Du Pont	HFC-134a	Corpus Christi, TX, USA	Ccmmercial	1990
Du Pont	HFC-123	Maitland, ONT, USA		
Du Pont	HCFC-123	Maitland, ONT, USA		1990
Du Pont	HCFC-123	Canada		1990
Du Pont	HCFC-141b			1993
Allied Signal	HCFC-141b	Geismar, LA, USA		1992
Allied Signal	HFC-134a			1994
ICI	HFC-134a	Runcorn, Cheshire, U.K.	Thousands	1989
ICI	HFC-134a	(CW. Oct. 31. p.12, 1990)		
ICI	HFC-134a	St. Gabriel		1993
ICI	HFC-134a	St. Gabriel, LA		1993
ICI	HFC-134a	Japan		Plan
ICI	HCFC-123			
ICI	HCFC-141b			
Atochem	HFC-134a	Pierre Benite, France		
Atochem	HCFC-141b	Pierre Benite, France	10000	
Atochem	HCFC-141b	Calvert City, KY		1991
Hpechst	HCFC-134a			
Akzo	HCFC-141b			
Showa Denko	HFC-134a	Await Ministry		1990
Asahi Glass	HFC-134a	Kashima	50~60	1990
Asahi Glass	HFC-134a	Await Ministry		1990

표 5-8 대체 CFCs 비교

Freon 명	끓는점(℃)	ODP	GWP
CFC-11	23.8	1.0	1.0
HCFC-123	27.1	0.013~0.022	0.017~0.020
HCFC-1416	32	0.07~0.11	0.084~0.097
CFC-12	-29.8	0.9~1.0	2.8~3.4
HCFC-22	-40.8	0.04~0.06	0.32~0.37
HFC-134a	-26.2	0	0.24~0.29
HCFC-142b	-9.2	0.05~0.06	0.34~0.39
HFC-152a	-24.7	0	0.026~0.033
CFC-113	47.6	0.8~0.9	1.3~1.4
HCFC-225ca	51.1	0.05 이하	-
HCFC-225cb	56.1	0.05 이하	-
CFC-114	3.6	0.06~0.8	3.7~4.1
HCFC-124	-12	0.016~0.024	0.092~0.10
R-502	-45.3	0.17~0.29	3.9~4.1
HFC-125	-48.5	0	0.51~0.65

표 5-9 기존 CFCs 대체물 비교

code	formula	b.p.(℃)	life(년)	ODP	GHP	main use
HFC-152a	CH_3CHF_2	-25	2	0	<0.1	refrigeration
HCFC-22	$CHClF_2$	-41	16	0.05	0.07	refrigeration
HCFC-142b	CH_2CClF_2	-9	21	0.03	<0.05	refrigeration

표 5-10 신규 CFCs 대체물 비교

code	formula	b.p.(℃)	life(년)	ODP	GHP	main use
HCFC-141b	CCl_2FCH3	32	9	0.03	0.05	foam blowing
HCFC-123	CH_3CHCl_2	28	8	0.02	0.01	foam blowing
HCFC-124	CF_3CHClF	-12	6	0.02	≦0.1	foam blowing
HCFC-125	CF_3CHF_2	-48.5	30	0	1.2	foam blowing
HFC-134a	CH_3CH_2F	-27	8	0	≦0.1	refrigeration
HCFC-225ca	$CF_3CF_2CHCl_2$	51				solvent
HCFC-225cb	$CClF_2CF_2$ CHCLF	56				solvent

(참고) ODP : relative value of ozone depletion potential based on CFC-11.
GHP : relative value of green house potential based on CFC-11.

을 갖고 있다.

Du Pont사는 Halon-1301의 대체품으로서 ODP가 0(zero)인 HFC-125를, 그리고 Halon-1211의 대체품으로 ODP가 Halon-1211의 1/100인 HCFC-123을 제안하고 있다.

Du Pont사는 Halon 대체품으로서의 HCFC-123과 HFC-125를 1991년부터 시험용으로 소량씩 공급할 수 있을 것으로 보고 있다.

ICI사도 Halon 대체품 개발을 추진중에 있으나 아직 독성문제가 해결되지 않아 개발기간을 연장한 것으로 알려져 있다.

2) 대체 프레온가스 개발

(1) 냉매개발에 대한 동향

냉동사이클의 작동매체로서 각종 Freon이 사용되고 있으나 특정 Freon으로서 CFC-11, CFC-12가 사용되고 있으며, 특정 Freon의 15%에 해당된다. CFC-12는 냉매로서 널리 사용되고 있다. CFC-114는 빌딩공기조화 등에 사용되는 turbo 냉동기용 매체로서 사용되고 있다. CFC-11를 중심으로 CFC-11, CFC-12를 중저위열원의 회수를 목표로 하고 feed pump 매체로서 이용되고 있다.

특정 Freon 등에 의한 오존층 파괴처럼 CO_2에 의한 지구온난화 문제가 된다. CO_2절감과 에너지 수요증가의 균형면에서 에너지 절약 기술의 개발촉진이 세계적인 문제가 되어 이 분야에 있어서 대체 Freon 개발도 지구환경보호에 의한 커다란 과제로 된다.

Car-aircone 등의 냉매 CFC-12의 대체로 HCFC-22를 생각하고 있지만 compressor의 토출압혁, 토출온도 등의 문제에 의해 HFC-134a를 그 대체냉매로서 사용할 때의 문제점이 모두 해결되는 것은 아니다. 가장 커다란 문제점은 그 구조중에 염소원자를 함유하지 않는 것으로서 윤활유의 상용성이 문제가 된다. 종전 HC계 윤활유는 HCFC-134a와의 용해성이 떨어지고 극성이 커서 PAG oil(글리콜 유)를 대체 윤활유로서 개발, 평가할 문제도 많다. 일반적으로 PAG oil은 냉매와의 상용성, 윤활성과 안전성에 우수한 냉동기 오일이다.

가. R-11에 대하여 적용시 검토사항은 다음과 같다.

① ODP 계수 0.02 : 1.0

② 용량 5~18% 감소

③ 효율 2~7% 감소

④ 가격 2~4배 상승
⑤ 시일과 가스켓의 기밀 문제
⑥ 밀폐모터 절연재료 문제
⑦ 허용되는 exposure limit 100ppm : 1,000ppm
⑧ 환기문제로 별도의 환기(ventilation), 센서, 경보장치 등이 요구
⑨ retrofit가 아주 어렵고, 비용 상승

나. Carrier에서는 R-123 이후 적용 개발계획 사항으로 기존의 R-12에 비해 적용시 검토사항은 다음과 같다.

① ODP 계수 0.0
② 성능 감소 없음
③ 효율 0.5% 감소
④ 대략적으로 동일압력에 운전
⑤ 비용 4~6배 상승
⑥ CFC-12 압축기용 윤활유에 용해되지 않음
⑦ 밀폐모터에서 어떤 폴리스티(polyster) 재료가 R-134A 윤활유 문제
⑧ retrofit가 어렵고 비용 상승

(2) 세정제 개발에 대한 동향

오일, 그리스, 왁스 등 유분을 용해하고 피세정물인 플라스틱에 대한 영향이 적고 적당한 용해력을 갖는다는 특징 때문에 CFC-113은 인쇄회로기판인 전자부품의 세정제로서 최근 그 소비량이 크게 증가하고 있다. 또한 유분에 대한 용해력이 크고 염소계 용제 중에서도 독성이 적다는 특징과 금속부품 세정제로서 크게 수요를 갖는 trichloroethane(TCE)이 CFC-113의 대체품으로 그 수요가 지금까지 증가되고 있다. 특히 세정(rince)하는 공정의 필요성이 시작됨으로써 세척방법, 운전방법 등을 다시 검토해 봄으로써 대폭적인 삭감이 기대된다.

또한 CFC-113을 삭감한 새로운 혼합용제를 채용하는 일이든지 회수 재이용으로 대응하는 일이 재고되어야 한다. 따라서 트리클로로에탄에 대해서는 이러한 대체물의 발견이 없어 회수장치 도입에 따른 조치가 필요하다. 그러나 장기적인 측면으로 볼 때 새로운 대체품이 개발되어야 할 것이다. CFC-113, TCE의 세정제로서 특징은 증류회수가 가능하

고, 재이용을 할 수 있다는 것과 증기세정 공정에서 세정과 같이 건조할 수 있는 것이다.

최근 대체품으로서 개발이 추진되고 있는 물세척(알카리 세척)은 1회 세척으로 된다고 하는 일로부터 필요한 세정액량이 많기 때문에 폐수처리 부하가 크고 건조공정을 별도로 부대시설로 설비하는 일이 필요하다.

또한 텔레핀계, 고급 알콜계 등의 세정제는 세척한 다음 물세척이 필요할 경우에는 건조공정을 별도로 부가하는 일이 필요하다.

대체품으로는 CFC의 성능을 가능한 바꿀 수 있는 'drop in replacement' 인 것을 추구하는 방침으로 개발이 진행되고 있는데, 주로 끓는점, 용해성, 안정성, 독성 등을 감안하면 탄소수가 1개, 2개인 Freon 중에는 후보물질이 없어 탄소수 3개인 Freon에서 찾아보고 있는 중이다. 300개 이상의 C_3 Freon 중에서 끓는점 범위가 40~100℃이며, 화학적 안정성(탈염산되기 어려운 구조 : $-CF_2^-$)와 CFC-113과 똑같은 용해 성능을 갖는 제품을 찾아낸바, 끓는점이 51.1℃ HCFC-255ca와 56.1℃인 HCFC-225cb의 두 가지 화합물이 대체물질로 밝혀졌는데, 그 구조와 물성은 다음과 같다.

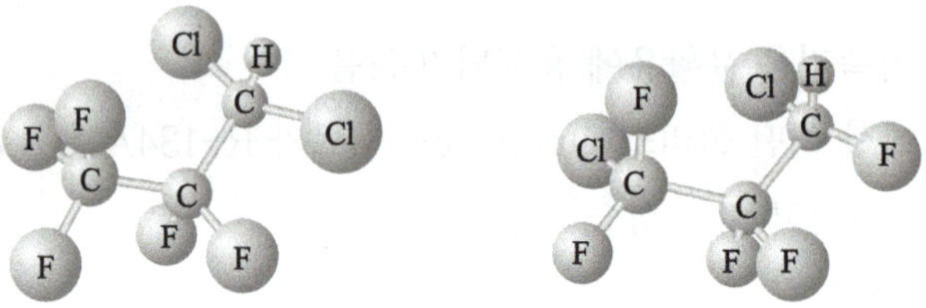

HCFC – 225ca ($CF_3CF_2CHCl_2$)

HCFC – 225cb ($CClF_3CF_2CHClF$)

그림 5-14 HCFC-225의 분자구조

표 5-11 HCFC-225와 CFC-113의 물성비교

분 류	HCFC-225ca	HCFC-225cb	CFC-113
구조식	$CF_3CF_2CHCl_2$	$CClF_2CF_2CHClF$	CCl_2CClF_2
끓는점	51.1℃	56.1℃	47.6℃
비중(a) 25℃	1.55	1.56	1.57
점도(a) 25℃	0.58Cps	0.60Cps	0.68Cps
표면장력	15.8dyne/cm	16.7dyne/cm	17.3dyne/cm
KB값	34	30	31
증발속도(에트르를 100으로 기준시 비교)	101	84	123
증발잠열	33cal/g	33cal/g	34cal/g
인화성	없음	없음	없음

(3) 발포제 개발에 대한 동향

우레탄 foam의 발포제로서는 CFC-11, CFC-12 그리고 H_2O, CO_2, 염화메틸렌 등이 사용되고 있다. 특히 단열성능을 요구하는 경질 우레탄 foam 분야로 CFC-11이 사용되며, 발포 폴리스틸렌 등의 폴리올레핀의 발포제로서는 LPG, CFC-12, CFC-114 등이 사용되고 있다. 발포제의 역할은 용존하고 있는 발포제가 중합할 때 발생하는 반응열이든지 가해지는 열에 의해 발포제가 가스화하고 치밀한 foam을 만들지만 경질일 경우는 그 foam이 독립해 있어 기포 내에 있는 발포제는 단열성에 크게 기여하고 있고 기체의 열전도율이 낮은 발포제가 필요하다.

경질발포에 대해서도 단기적으로는 발포성이나 염화메틸렌을 가한 혼합발포제의 사용이 검토되었지만 단열 성능면에서 CFHC-123이나 HCFC-141b 등의 대체 Freon의 이용에 고려되고 있는데 HCFC-141b가 가격이 싸서 유망시되고 있으며 대체 Freon으로는 ODP가 0.07~0.11 정도이다.

(4) CFCs 회수장치 개발에 대한 동향

CFC-113, CFC-111 등의 사용량을 줄이기 위해서는 세척기의 밀폐화(encloded system), 증류 재생기의 도입과 동시에 가스로서 비산하는 용제를 포촉하여 재이용하는 것이 유효하다. Freon 등의 분리회수기술은 특정 Freon의 사용량 삭감의미와 대체품으로 바꾼 후 대체품의 효율적 이용이라고 하는 두 가지 면을 들 수가 있다. 따라서 종래처럼 대체용제 등을 이용하기 시작한 경우에도 환경보호면에서나 경제효율면에서도 분리회수기술에 따른 closed system의 실현을 도모할 수가 있다. 특히 용제성능을 유지하기 위해서는 일정량의 안정제가 존재하는 것이 불가피하여 TCE로는 PAS압력 swing법이 적절하다고 보고된 바 있다.

가. Halon의 명명법

나. CFCs와 Halon 번호의 명명

CFCs	1 자리수 : F수	10단위 : methane계
	10 자리수 : H수+1	100단위 : ethane계
	100자리수 : C수-1	1,000단위 : propane계
Halon	1 자리수 : Br수	
	10 자리수 : Cl수	1000번대 : methane계

100 자리수 : F수 2000번대 : ethane계

1,000자리수 : C수

표 5-12 규제물질과 삭감 계획

구분	그룹	품목	규제내용	
			현행	개정
현행	I	〈CFC〉 CFC-11 〈1.0〉 CFC-12 〈1.0〉 CFC-113 〈0.8〉 CFC-114 〈1.0〉 CFC-115 〈0.6〉	〈소비량〉 • 1989. 7 : 1986 실적 • 1993. 7 : 1986 실적×80% • 1998. 7 : 1986 실적×50% 단, 2조 6항 적용시 1986년 실적을 0.5kg으로 인정 〈생산량〉 • 1989. 7 : 1986 실적(+10%) • 1993. 7 : 1986 실적×80%(+10%) • 1998. 7 : 1986 실적×50% (+15%) 단, 2조 6항 적용시 1986년 생산실적 + 2조 6항 설비능력	〈소비량〉 • 1989. 7 : 1986 실적 • 1993. 1 : 1986 실적×50% • 1997. 1 : 1986 실적×15% • 2000. 1 : 사용금지 단, 2조 6항 적용시 1986년 실적을 0.5kg으로 인정 〈생산량〉 • 상 동 단, 2조 6항 적용시 좌동
현행	II	〈Halon〉 Halon-1301〈3.0〉 Halon-1211〈10.0〉 Halon-2402〈6.0〉	〈소비량〉 • 1992. 1 : 1986 실적 단, 2조 6항 적용시 group I과 합산 후 group I과 동일 기준 적용 〈생산량〉 • 1992. 1 : 1986 실적(+10%)	〈소비량 및 생산량〉 • 1992. 1 : 1986 실적 • 1995. 1 : 1986 실적×50% • 2000. 1 : 사용금지 – 단서조항적용시 좌동 – 1995년 이후 필수소요분(essential use)은 제외 – essential use의 정의는 추후 결정
신규	III	〈여타 CFC〉 other fully halogenated CFC – 13, 111, 112 – 211~217(10개)	–	• 1993. 1 : 1989 실적 • 1995. 1 : 1989 실적×15% • 2000. 1 : 사용금지
신규	IV	사염화탄소(CCl_4)	–	• 1993. 1 : 1989 실적 • 1995. 1 : 1989 실적×15% • 2000. 1 : 사용금지
신규	V	메틸클로로포름 (CH_3CCl_3)	–	• 1993. 1 : 1989 실적 • 1995. 1 : 1989 실적×70% • 2000. 1 : 1989 실적×30 % • 2005. 1 : 사용금지

(5) CFCs의 수요

CFCs는 전 세계적으로 연간 약 100여 만톤이 생산되고 있다. CFCs의 용도와 수요구조는 (표 5-13~15)에 표시한 바와 같다.

유럽에서는 CFCs는 주로 분사추진제로서 가장 많이 쓰이고, 미국에서는 냉매와 세정용매로 많이 쓰이고 있다. 한편 일본에서는 세정용매로서의 수요가 가장 크며, 이에 비해서 우리나라의 발포제로서 수요가 현재 가장 크고 다음이 냉매와 세정용매인 것을 볼 수 있다.

우리나라의 CFCs 수요 구조는 최근 급격하게 발전하는 정밀기기와 전자산업 및 에어콘을 비롯한 냉동 · 냉장산업을 반영하고 있으며, 특히 발포제로서 수요가 큰 것은 냉장고 및 수송용 콘테이너 등의 보온 단열재 및 자동차의 내외장용 발포 polyurethane 제품과 같은 합성수지 발포제품의 수요가 급격히 증가하고 있기 때문인 것으로 볼 수 있다.

미국의 경우 CFCs의 시장 자규모는 1989년 현재 연 7억 5천 만불에 이르고 CFCs관련 제품의 규모는 연 1,630억불로 추산되고 있다. 앞으로 CFCs의 수요는 더욱 증가하여 1994년에 이르면 24억불 이상으로 증가될 것으로 전망하고 있다. 일본은 1989년에 이르면 24억불 이상으로 증가될 것으로 전망하고 있다.

일본은 1989년 현재 CFCs의 시장규모가 535억엔, CFCs관련 업체가 33,000여 개에 이르고, CFCs관련 제품의 연 매출은 4조 5천억엔으로 보도되고 있다. 우리나라는 1989년 현재 CFCs를 연간 20,000여톤 사용하였고 CFCs를 사용하는 관련업체수가 1,400여 개에 이르는 것으로 알려져 있다. 그리고 이들 산업체의 연간 제품매출이 4조원이 넘는 것으로 추산되고 있다.

최근 산업의 발전과 더불어 우리나라에서 CFCs의 수요가 연 25%씩 급속하게 증가하고 있음을 볼 때 앞으로 CFCs의 사용삭감과 금지는 우리나라 산업계에 매우 심대한 영향을 미치게 될 것이다.

표 5-13 특정 CFCs 사용추이와 지수환산 실적 (단위 : 톤, %)

구분	1986	1987	1988	1989	연평균 증가율
CFC-11	4,775	7,812	7,756	9,702	26.9
CFC-12	1,657	2,941	3,282	4,223	36.6
CFC-113	2,742	4,166	4,760	5,645	27.2
CFC-114	100	120	160	160	17.0
계	9,244	15,039	15,958	19,730	28.8
ODP 환산실적	8,696	14,206	15,006	18,601	28.8

참고) ODP지수는 CFC-113이 0.8, 나머지는 1.000이다.

표 5-14 특정 Halon 사용추이와 지수환산 실적 (단위 : 톤, %)

구분	1986	1987	1988	연평균 증가율
Halon-1211	42	81	68	27.2
Halon-1301	281	307	341	10.2
계	323	388	409	12.5
ODP 환산실적	2,936	3,313	3,614	10.9

참고) ODP지수는 Halon-1211이 3.0, Halon-1301이 10.0이다.

표 5-15 여타 CFCs와 경과물질(HCFC) (단위 : 톤, %)

구분			
여타 CFC (10개)	CFC-13	CFC-213	
	CFC-111	CFC-214	
	CFC-112	CFC-215	
	CFC-211	CFC-216	
	CFC-212	CFC-217	
경과물질 HCFC (33개)	HCFC-21	HCFC-142	HCFC-235
	HCFC-22	HCFC-221	HCFC-241
	HCFC-31	HCFC-222	HCFC-242
	HCFC-121	HCFC-223	HCFC-243
	HCFC-122	HCFC-224	HCFC-244
	HCFC-123	HCFC-225	HCFC-251
	HCFC-124	HCFC-226	HCFC-252
	HCFC-131	HCFC-231	HCFC-253
	HCFC-132	HCFC-232	HCFC-261
	HCFC-133	HCFC-233	HCFC-262
	HCFC-141	HCFC-234	HCFC-271

표 5-16 품목별 국내 사용업체수

CFCs	용도	업체수	Halon	용도	업체수
CFC-11	발포제, 냉동기	390	Halon-1211 Halon-1301 Halon-2402	소화제	200
CFC-12	냉장고, 에어콘	750			
CFC-113	세정용	200			
CFC-114	분사제	30			

표 5-17 각종 CFCs의 ODP와 GWP

명 칭	화학식	대기 중의 수명(년)	오존파괴지수 (ODP)	지구온난화지수 (GWP)
CFC-11	CCl_3F	47~80	1.0	1.0
CFC-12	CCl_2F_2	95~150	0.9~1.0	2.8~3.4
CFC-113	CCl_2FCClF_2	96~117	0.8~1.0	1.3~1.4
CFC-114	$CClF_2CClF_2$	210~320	0.6~0.8	3.7~4.1
CFC-115	$CClF_2CF_3$	390~680	0.3~0.5	7.4~7.6
HCFC-22	$CHClF_2$	15~23	0.04~0.05	0.32~0.37
HCFC-123	$CHCl_2CF_3$	2~3	0.013~0.022	0.017~0.020
HCFC-124	$CHClFCF_3$	6~8	0.016~0.024	0.092~0.10
HCFC-141b	CH_3CCl_2F	9~11	0.07~0.111	0.084~0.097
HCFC-142b	CH_3CClF_2	21~27	0.05~0.06	0.34~0.39
HFC-125	CHF_2CF_3	20~24	0	0.51~0.65
HFC-134a	CH_2FCF_3	8~11	0	0.24~0.29
HFC-143a	CH_3CF_3	65~110	0	0.72~0.76
HFC-152a	CH_3CHF_2	2~3	0	0.026~0.033
사염화탄소	CCl_4	51~73	1.0~1.2	0.34~0.35
1, 1, 1 - 트리클로로에탄	CH_3CCl_3	6~8	0.10~0.16	0.022~0.026

〈참고〉 ODP(ozone depleting potential) : CFC-11의 값을 1.0으로 한 상대치
GWP(global warming potential) : CFC-11의 값을 1.0으로 한 상대치

2 기후변화 대응

1) 국내외 기후변화의 영향 및 전망

(1) 세계 기후변화 예측

세계기상기구(WMO)와 유엔환경계획(UNEP)이 공동으로 설립한 '기후변화에 관한 정부간협의체(Intergovernmental Panel on Climate Change, IPCC)' 가 2013년 9월에 발표한 제5차평가보고서(WG1)에 따르면, 지구온난화로 인해 지구 평균기온이 지난

133년간(1880~2012) 0.85℃ 상승했으며, 지구 평균해수면은 110년간(1901~2010) 19cm 높아졌다. 또한 지난 34년(1979~2012) 동안 북극 해빙(海氷)의 연평균 면적이 10

년에 3.5～4.1%의 비율로 줄어들었을 가능성이 높다고 밝혔다. 만약 현재와 같은 추세로 온실가스를 배출한다면(RCP[*] 8.5), 21세기 말(2081～2100)의 지구평균 기온은 1986～2005년에 비해 3.7℃, 해수면은 63cm 상승할 것으로 전망된다. 반면 온실가스 감축이 상당히 실현될 경우(RCP 4.5) 평균기온은 1.8℃, 해수면은 47cm 상승에 그칠 것으로 예측된다. 또한, 전지구적 기온 상승으로 21세기에는 북극의 해빙면적이 지속적으로 줄어들고 얇아질 것이며, 북반구 봄철 적설 면적이 줄어들 가능성이 매우 높다. 특히 RCP 8.5에서는 21세기말 9월에 북극 해빙면적이 거의 사라질 것으로 전망 되었다.

(2) 우리나라 기후변화 예측(한국 기후변화 평가보고서, 2014년)

가. 총론

최근 기후변화로 인한 기상재해가 빈번해 환경, 경제, 사회 등 다양한 분야에 영향을 미치고 있다. 특히, 한반도를 포함한 아시아 지역은 기후변화로 인한 생물다양성 감소, 질병, 홍수 등과 같은 영향이 타 지역에 비해 클 것으로 평가되어 이에 대한 적응대책 수립이 요구된다.

우리나라는 연평균 기온과 해수면의 상승 현상이 관측되고 있으며 연평균 기온이 1954년부터 1999년에는 0.23℃/10년, 1981년부터 2010년에는 0.41℃/10년, 2001년부터 2010년에는 0.5℃/10년의 변화율을 보이고 있어 온난화가 더욱 심화되고 있다. 우리나라 주변 해양의 수온과 해수면 상승률은 전지구 평균인 0.85℃, 1.4mm/년 보다 약 2～3배 높은 것으로 관측되었다. 온실가스 배출추세를 현재대로 유지한다면(RCP 8.5) 21세기 후반(2071～2100) 우리나라의 기온은 현재(1981～2010)대비 5.3℃ 상승할 것으로 전망된다.

나. 수자원

한반도의 지표 유출량은 미래로 갈수록 증가할 것으로 전망되며, 그 변화정도는 먼미래로 갈수록 증가할 것으로 보인다. 한편, 지하수 함양량은 줄어들 것으로 전망된다.

---

*) RCP(Representative Concentration Pathways) : 온실가스 배출 시나리오

※ RCP 2.6 : 지금부터 즉시 온실가스 감축을 수행하는 경우
RCP 4.5 : 온실가스 저감정책이 상당히 실현되는 경우
RCP 6.0 : 온실가스 저감정책이 어느 정도 실현되는 경우
RCP 8.5 : 저감없이 온실가스가 현재 추세로 배출되는 경우

집중강우 빈발은 지표침투보다는 지표 유출을 증가시키고 강설의 감소로 지하수 함양량이 줄어들어 수자원 관리 측면에서 어려움이 가중될 것으로 보인다.

한반도 홍수 연구에 따르면 기후변화로 인해 홍수량은 증가할 것으로 전망된다. 따라서 향후 홍수위험성 및 취약성이 현재에 비해 증가할 것으로 예상된다.

미래 가뭄의 발생빈도 및 심도는 지역적으로 다소 차이를 보이지만 전반적으로 모두 증가할 것으로 전망된다. 따라서 가뭄의 발생빈도와 심도가 증가하는 지역에서는 필연적으로 물부족이 발생할 것으로 예상된다. 가뭄의 계절별 경향을 보면 봄철 및 겨울철의 가뭄현상이 심화될 것으로 전망된다.

다. 생태계

기후변화에 따른 연평균 기온의 상승과 강수량의 증가로 식물계절의 시기가 변하였고, 식물과 동물 모두 분포와 종조성의 변화가 나타났다. CO_2 농도 증가에 따른 기온 상승으로 식물의 개화시기가 빨라지고, 한랭성 식물들의 경우 수평적, 수직적 분포지가 축소 되고, 난대성 식물들의 경우는 분포지가 확대될 것으로 전망된다.

한반도 기온이 연평균 0.5℃ 상승할 때에 난온대 상록활엽수림대의 분포는 서해안과 동해안이 80Km 정도 북상할 것으로 예상된다. 이는 동서해안의 북상거리는 유사하나, 면적으로는 서해안 지역이 넓을 것으로 예상되었다. 제주도의 경우 난온대 상록활엽 수림대는 과거에 비해 최근에 산지 방면으로 약 2Km가 확장되고, 미래엔 최근보다 1~2Km 확장될 것으로 전망되었다. 고도상으로는 해발고도 약 360m까지 분포할 것으로 예측된다.

우리나라의 주요 수종인 소나무, 참나무류의 측방생장량과 지형, 기후인자와의 관계 연구에서 소나무의 생장은 약 60 Km까지 공간적 자기상관성이 있으나, 참나무는 없는 것으로 분석되었다. 또한 시간이 지남에 따라 식생 분포의 변화는 소나무에서 참나무류로 변화 가능하여, 60년 후 부터는 남부 및 동해안 지역을 중심으로 참나무류림이 소나무림을 대체하기 시작할 것으로 예측된다.

라. 산림

연평균기온 상승에 따라 지역별 산림 구성의 변화가 나타났으며, 한대성 병충해의 감소와 아열대성 병충해 유입 및 확산이 확인되었다. 산림 분포는 침엽수 및 혼효림이 감소하고 활엽수림은 증가할 것으로 예측된다.

기후변화에 따라서 산림분포를 모니터링하고 예측한 결과 특히 아고산, 고산 지대의 산림과 활엽수가 쇠퇴하는 것으로 나타났으며, 한반도 전체 식생의 변화가 관측 및 예상된다. 동시에 산림의 탄소 흡수원으로서의 역할을 증대시키기 위한 관리 및 적응 전략이 필요하다.

병충해에 대한 연구는 미진하지만 기후변화와 그에 따른 이상기상현상이 빈번하게 발생됨에 따라 병충해의 종류 및 분포범위에 변화가 있을 것이며, 특히 아열대성 병해 충의 지속적 유입 및 정착과 함께 특정 병해충의 돌발적 발생 또한 예상된다.

마. 농업

기후가 온난화됨에 따라 노지 작물의 생육 가능 기간이 길어지고 있다. 첫서리는 늦어지고 늦서리는 빨라져 무상기간이 뚜렷하게 길어지고 있다. 기후의 변동성이 커져서 폭염, 폭설, 한파, 한발, 폭우 등의 이상 기상의 발생과 그에 의한 농작물 피해가 급격히 늘어나고 있는 반면 이상저온의 연간 출현 빈도는 크게 감소하여 저온 관련 농업기후자원 특성이 과거에 비하여 많이 개선되었으나, 온난화에 따라 발아기, 개화기 등의 식물계절이 빨라짐으로 인하여 저온에 의한 피해 위험성은 상존할 것이다.

지구 온난화에 따른 기후 변화는 따뜻한 월동환경, 식물체 피복기간 연장, 장마 변동 등으로 월동해충의 증가와 토착화 가능성 확대 등과 맞물려 최근 돌발 병해충 발생이 증가하고 있다. 지금까지의 기후변화는 논농사에서 벼멸바구미, 혹병나방, 줄무늬잎마름병, 입집무늬마름병 등의 피해를 확대시키는 쪽으로 작용하였으나 벼 재배에 있어 저항성 품종, 방제 및 시비에 관한 기술들이 지속적으로 발전되어 병해충 피해 면적이 감소한 것으로 분석된다. 온대기후대에 속한 한반도는 이러한 온난화의 진행에 따라 점진적으로 아열대성 기후대로 변화하게 되어 우리나라에서 재배 가능한 농작물 종류 및 재배 작형이 변화되고 그에 따른 병해충 · 잡초 발생양상도 달라질 것으로 전망된다. 병해충에 대한 벼 생산의 취약성은 현재보다 미래 기후 조건에서 크게 높아지고 취약지역 면적도 증가할 것으로 전망된다.

바. 해양 및 수산

지구온난화에 의한 해수면 상승, 해류의 변화, 해양 산성화, 용존기체의 감소 현상이 관찰되고 있으며, 그 진행속도는 전지구적 해양의 변화보다 빠르다. 수온 상승이 해양 생태계에 미친 영향으로는 수산업 대상 어종의 가입 증가와 생물의 분포, 계절생물학적 변화가 있다. 우리나라 해역의 온난화 현상은 지속적으로 진행될 것으로 예상되며,

먹이망 구조의 변화, 일차 생산량의 변화, 주요어획어종의 변화와 어획 해역의 이동을 수반할 것으로 예측된다.

우리나라도 지구 온난화에 따라 지난 40년 동안 남한 지표면 기온은 약 1.3℃, 해양 표층 수온은 1.0℃ 상승하여, 세계에서 수온 상승이 가장 빠른 곳 중의 하나로 알려져 있다.

지구온난화에 따른 우리나라 연근해 표층 수온 증가가 연근해 수산업에 미치는 영향은 전체적인 어획고는 큰 변화가 없으나 상대적으로 저어류 어획고는 감소하고 부어류 어획고는 증가, 연안 어업 어획고는 감소하고 근해 어업 어획고는 증가, 현재의 주요 어획 대상인 부어류 분포가 북상하는 대신 새로운 아열대성 어종 어획고 증가, 현재의 주요 어획 대상인 저어류 분포는 대체적으로 남하하거나 현 상태 유지 등 어종, 어업방법, 해역에 따라 긍정적인 면과 부정적인 면이 교차할 것으로 전망된다.

사. 산업 및 에너지

여름철 기온 패턴 변화, 강풍에 의한 에너지 공급의 차질 등 기후변화에 따른 소비 패턴과 산업 및 에너지 분야 전반에 걸쳐 다양한 피해비용이 발생된다. 기후변화에 따른 재해를 가정할 때 국내 산업단지의 규모와 현황, 업종에 따라 기후변화의 영향을 받는 정도가 다르게 나타날 것으로 전망된다.

산업 측면에서는 기후변화 그 자체로 취약성의 원인이 될 수 있다. 기온의 상승과 강수일수의 감소는 옥외 활동인 건설 등의 작업가능일수를 증가시키지만 집중호우의 증가는 현장침수와 건설자재의 유실, 안전사고 등의 피해로 이어질 수 있다.

국내 산업계 인식조사 결과, 발전과 화공 업종은 기후변화에 따라 부정적인 영향이 있을 것으로 인식하며, 금속 산업은 부정적인 영향이 낮을 것으로 예상하고 있었다. 특히 기후변화에 따라 부정적 영향이 있을 것으로 예상하는 기업의 경우는 기후경영체계나 기후 관련 전담 조직을 구성하는 성과가 높은 것으로 조사되었다.

에너지 분야의 송/배전 측면에서 기후변화에 따른 도시지역의 자연재해 시 복구차원의 임시주거의 개념을 포함한 건물자체로 재난에 대비되어진 안전가옥 및 안전주거에 대한 계획수립이 이루어져야 할 것이다.

기후변화가 산업과 에너지에 큰 영향을 미치고 있다는 것은 명확한 사실이다. 하지만 기존의 연구에서는 일부 산업단지와 신재생에너지의 일정부문만 다뤄지고 있어, 전체로 확장하기 어렵다는 한계가 있다. 산업과 에너지 부문은 전체적으로 연구의 수가 적고 제한적이기 때문에 추가적인 연구가 필요하며, 영향과 평가를 통한 적응 전략에 대한 구체적인 계획 수립이 이루어져야 할 것이다.

아. 보건

폭염에 의한 온열 손상환자 및 사망자, 기상재해로 인한 사망자, 알레르기 질환자, 삼일열 말라리아 발생 등은 기후요소와의 상관성이 확인되었다. 한반도의 폭염발생 기간이 길어짐에 따라 폭염으로 인한 사망부담과 알레르기 질환, 수인성 질환 등이 증가할 것으로 예상된다.

폭염에 의한 서울 지역의 사망자를 전망한 결과, 현재대비(2001~2010) 미래(2036~2040)에는 인구 10만 명당 0.7명에서 1.5명으로 약 2배 이상 증가할 것으로 전망된다.

21세기 말에 이르면 이산화탄소 농도가 약 2배가 될 것으로 예측되어, 자작나무의 꽃가루 시기가 약 1개월 빨라지고 그 농도는 약 50% 증가할 것으로 예측된다. 따라서 기후변화로 인한 나무 및 초본의 꽃가루 시기가 증가하고 노출이 증가되어 알레르기 질환이 증가할 뿐만 아니라 증상의 강도와 기간 증가로 인한 질병 부담이 증가할 것으로 예상된다.

2005~2008년도 발생한 설사질환과 기후변화 시나리오자료를 이용하여 2038년, 2058년도의 환자발생 및 진료비 상승을 예측한 결과, 2038년과 2058년에 환자 발생이 각각 0.9~2.4% 및 4.2~11.2%, 연간 진료비가 각각 60~160억원 및 290~760억원 상승할 것으로 예상된다.

자. 인간정주공간 및 복지

도시는 기후변화로 인한 영향에 취약하며, 그 취약계층은 기후의 특성과 공간에 따라 다르게 나타났다. 기반시설군 전체적으로 홍수 및 집중호우와 태풍 및 폭풍에 대한 취약성이 높게 나타났으며, 특히 수도권지역에서 저소득계층이 밀집거주하고 있는 지역에 풍수해 발생빈도가 크게 나타날 것으로 예측된다.

기후변화 영향에 따라 도시에서 발생하는 홍수 등 재해규모가 대형화되고, 도시는 홍수, 폭설, 폭염, 해수면 상승 등 다양한 재해, 새로운 위험에 노출될 것으로 전망되어 기후 변화가 일상화되고, 재해는 대형화, 다양화 되고 있다. 기후변화가 도시 시스템에 미치는 영향에 대해 가장 취약한 공간은 도시의 해안, 하천변, 지하공간, 산기슭으로써 이러한 취약공간에 위치한 도시기반시설, 건축물, 시민은 기후변화로 인한 재해 위험성이 더욱 높아지게 된다. 기후변화 취약성 측면에서는 기반시설군 전체적으로 홍수 및 집중

호우와 태풍 및 폭풍에 대한 취약성이 높게 나타났다.

지역정주공간으로서 농촌의 미래전망은 인구감소와 고령화로 농산업중심의 농지와 산지이용이 줄어들고, 여가관광 공간으로 활용될 것으로 예측되며, 지역간 인구이동은 크게 진전되고, 인구유동이 상대적으로 확대될 것으로 전망된다. 농촌에서는 기후변화로 인하여 농작물생산이 가장 크게 영향을 받을 것으로 예상되며, 우리나라의 경우, 농경지는 온실가스 배출비중은 적지만 기후변화를 저감하기 위한 방안 중 하나로 이산화탄소 배출이 없는 청정에너지원 개발에 대한 정부투자가 지속적으로 증가할 것으로 예상된다.

차. 적응전략

기후변화 적응전략 및 적응기법에 관련한 지속적인 연구와 정책적 관심이 필요하다. 특히, 국가와 지자체 이행평가체계 구축 및 적응지표 마련, 기후변화 리스크 평가체계 마련, 적응형 공간계획 강화, 공간 계획기법 개발, 적응 인식제고와 적응행동 강화 매커니즘 분석, 적응 거버넌스 구축, 감축과 적응의 연계 등에 대한 지속적인 연구와 관심이 요구된다.

2) 기후변화 대응을 위한 국제적 노력

1979년 제1차 세계 기후회의에서 최초로 기후변화 대응을 위한 국제적 공조 방안, IPCC 설립이 논의되었다. 이후 1985년의 비엔나협약에 의해 온실가스이자 오존층 파괴물질인 프레온 가스(CFCs)에 대한 규제가 시작되었고, 1987년 몬트리올 의정서를 통해 결실을 맺게 되었다. 이러한 움직임은 1992년 기후변화협약이 탄생될 수 있도록 국제사회의 인식과 관심을 이끌어냈다.

이후 기후변화협약에 따른 기후변화당사국총회(COP)에서 기후변화 대응을 위한 다양한 논의가 진행되고, 교토의정서 등이 탄생하였다.

지구온난화에 대한 과학적 자료가 증가하고 범지구 차원의 온실가스 감축 노력이 필요하다는 공감대 속에 UN 주관으로 1992년 브라질 리우데자네이루에서 열린 환경회의에서 기후변화협약(UNFCCC)이 채택되었다.

동 협약은 인간활동에 의해 발생되는 인위적 영향이 기후시스템에 위험한 영향을 미치지 않도록 대기 중 온실가스 농도를 안정화하는 것이 목적이다. 선진국은 그간의 개발과정에서 대기 중으로 배출한 온실가스에 대한 역사적 책임을 갖고 있으므로 선도적 역할을 수행하되 개발도상국들은 현재의 개발 상황에 대한 특수 사정을 배려하여 공통 되나 차별화 된 책임과 능력에 입각한 의무부담을 갖는 것으로 정하였다.

표 5-18 기후변화협약 주요 내용

전 문		내 용
목적(2조)		• 지구온난화를 방지할 수 있는 수준으로 온실가스의 농도 안정화
원칙(3조)		• 형평성: 공통의 차별화된 책임, 국가별 특수사정 고려 • 효율성: 예방의 원칙, 정책 및 조치, 대상 온실가스의 포괄성, 공동이행 • 경제발전: 지속 가능한 개발의 촉진, 개방적 국제경제체제 촉진
의무사항	공통 의무사항	• 온실가스 배출통계 작성발표, 정책 및 조치의 이행(4조1항) • 연구 및 체계적 관측(5조) • 교육훈련 및 공공인식(6조) • 정보 교환 특정 의무사항
	특정 의무사항	• 배출원 흡수원에 관한 특정의무사항: 1990년 수준으로 온실가스 배출 안정화에 노력(4조 2항) • 재정지원 및 기술이전에 관한 특정공약(4조 3항~5항)
기구 및 제도	기구	• 개도국의 특수상황 골려(4조 8항~10항) • 당사국총회(7조)/사무국(8조)/과학기술자문 부속기구(9조)/이행자문기구(10조)/재정 기구(11조)
	제도	• 서약 및 검토(Pledge & Review) 제도(12조) : 국가 보고서 제출 및 당사국 총회 검토 • 이행과 관련된 의문점해소를 위한 다자간 협의과정(13조/분쟁조정제도(14조)

기후변화 협약은 1994년 3월 50개국 이상이 가입함에 따라 발효되었고, 우리나라는 1993년 12월 47번째로 가입하였으며 2015년말 현재 196개국이 가입되어있다. 기후 변화에 가입한 국가를 당사국(Party)라고 하며, 이들 당사국들은 당사국 총회(COP : Conference of Parties)를 협약(UNFCCC)의 최고 의사결정기구로 정하여 1995년 9월 독일 베를린에서 제1차 총회를 개최한 이후 매년 협약의 이행방법 등 주요 사안을 결정하는 당사국 총회를 개최한다.

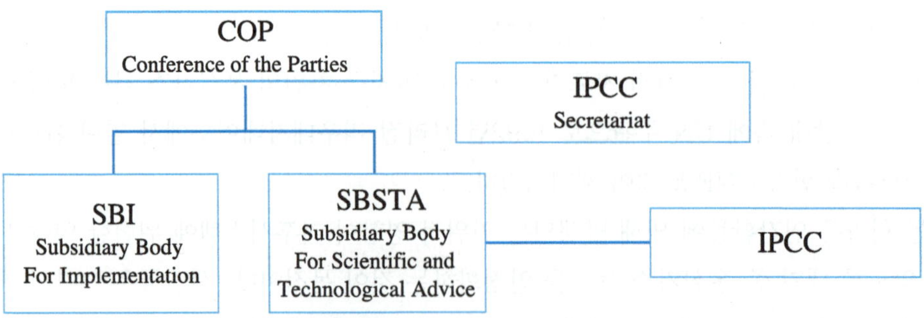

그림 5-15 UNFCCC 구조도

표 5-19 당사국총회 주요내용 요약

제1차 ('95, 독일 베를린)	2000년 이후의 온실가스 감축을 위한 협상그룹을 설치하고 논의결과를 제3차 당사국 총회에 보고하도록 하는 베를린 위임사항을 결정함
제2차 ('96, 스위스 제네바)	미국과 EU는 감축목표에 대해 법적 구속력을 부여하기로 합의하고 기후변화에 관한 IPCC의 2차 평가보고서 중 인간의 활동이 지구의 기후에 명백한 영향을 미치고 있다는 주장을 과학적 사실로 공식 인정함
제3차 ('97, 일본 교토)	Annex I 국가들의 온실가스 배출량 감축의무화, 공동이행제도, 청정개발체제, 배출권 거래제 등 시장원리에 입각한 새로운 온실가스 감축수단의 도입 등을 주요내용으로 하는 교토의정서가 채택됨
제4차 ('98 아르헨티나 부에노스아이레스)	교토의정서의 세부이행절차 마련을 위한 행동계획을 수립하였으며 아르헨티나와 카자흐스탄이 비부속서 I 국가로는 처음으로 감축의무 부담의사를 표명
제5차 ('99 독일 본)	아르헨티나가 자국의 자발적인 감축목표를 발표함에 따라 개발도상국의 온실가스 감축 의무 부담 문제가 부각되었으며 아르헨티나 자국의 온실가스 감축의무 부담 방안으로 경제성장에 연동된 온실가스 배출목표를 제시함
제6차 당사국총회 및 속개회의 ('00네덜란드 헤이그, 독일 본)	2002년 교토의정서 발효를 위해 의정서의 상세운영규정을 확정할 예정이었으나 미국, 호주, 일본 등 Umbrella 그룹과 EU간의 입장차이로 협상이 결렬. 속개회의에서는 EU와 개발도상국의 양보로 캐나다, 일본이 참여하면서 협상이 극적으로 타결되어 미국을 배제한 교토의정서 체제 합의가 이루어짐
제7차 ('01, 모로코 마라케쉬)	제6차 회의에서 해결되지 않았던 교토메커니즘, 의무준수체제, 흡수원 등에 있어서 정책적 현안에 대한 최종합의가 도출되어 CDM등 교토메커니즘 관련 사업을 추진하기 위한 기반을 마련함
제8차 ('02, 인도 뉴델리)	통계작성, 보고, 메커니즘, 기후변화협약 및 교토의정서 향후 방향 등을 논의, 적응, 지속 가능발전 및 온실가스 감축노력 촉구 등을 담은 뉴델리 각료선언을 채택함
제9차 ('03, 이탈리아 밀라노)	기술이전 등 기후변화협약의 이행과 교토의정서의 발효를 전제로 한 이행체제 보완에 대한 논의 진행, 기술이전 전문가 그룹회의의 활동과 개도국의 적응 및 기술이전 등에 지원할 기후변화 특별기금 및 최빈국 기금의 운용방안이 타결됨
제10차 ('04, 아르헨티나 부에노스아이레스)	과학기술자문부속기구가 기후변화 영향, 취약성 평가, 적응수단 등에 관한 5년 활동 계획을 수립하였으며 1차 공약기간(2008-2012)이후의 의무부담에 대한 비공식 논의가 시작됨
제11차 ('05, 캐나다 몬트리올)	교토의정서 u50612 이행절차보고 방안을 담은 19개의 마라케쉬 결정문을 제1차 교토의정서 당사국회의에서 승인 함. 2012년 이후 기후변화체제 협의회(2 Track Approach)에 합의
제12차 ('06, 케냐 나이로비)	선진국들의 2차 공약기간 온실가스 감축량 설정을 위한 논의 일정에 합의하고 개도국들의 의무감축 참여를 당사국 총회에서 결정할수 있도록 하여 13차 총회에서 재논의 하기로 함
제13차 ('07, 인도네시아 발리)	2012년 이후 선·개도국의 의무감축부담에 대한 논의가 활발히 진행됨 특히 교토의 정서의 의무감축에 상응한 노력을 하기위해 선·개도국 등 모든 국가들은 측정, 보고, 검증 가능한 방법으로 온실가스 감축을 수행토록 하는 발리로드맵을 채택, 2009년 말을 목표로 협상 진행에 합의함

제14차 ('08, 폴란드 포츠난)	2010년 이후 선진국 및 개도국이 참여하는 기후변화체제의 본격적인 협상모드 전환을 위한 기반을 마련한 회의, 그러나 미국의 정권교체기 등의 상황으로 공유비전, 기술이 전, 재원확대 등 중요 쟁점에 대해서는 선 · 개도국간 입장 차이를 재확인하는 수준으로 구체적 성과는 미흡
제15차 ('09, 덴마크 코펜하겐)	선 · 개도국간의 대립으로 난항을 겪었으며, 최종적 코펜하겐 합의라는 형태로 합의를 도출했으나 법적 구속력은 없고 선 · 개도국간의 민감한 주요 쟁점들을 미해결과제로 남기고 정치적 합의문 수준으로 종료
제16차 ('10, 멕시코 칸쿤)	2011년 남아공 총회까지 Post-2012 기후체제 합의를 위한 협상을 지속하기로 하였으며, 기본적 내용에 합의한 감축, 재원, 적응, Measurable, Reportable, Verifiable(측정, 보고, 검증) 등에 대한 논의가 핵심이슈가 될 것으로 전망
제17차 ('11, 남아프리카공화국 더반)	2012년 효력이 만료되는 교토의정서를 연장하는 한편, 2015년까지 새로운 조약을 마련, 2020년까지 이 조약을 강제적으로 적용. 또한 제1차 의무감축 공약기간이 만료됨에 따라 EU 등 주요 선진국들은 2차 공약기간 설정을 약속하였으며, 2020년 이후부터 우리나라를 포함한 중국, 인도 등 주요 개도국이 모두 참여하는 단일 온실가스 감축체제 설립을 위한 협상을 개시하는 것에 합의하는 '더반 플랫폼(Durban Platform)'을 채택(일본, 러시아, 캐나다는 2차 공약기간 설정에 불참))
제18차 ('12, 카타르 도하)	제2차 공약기간(2013~2020) 연장 합의, 2015년까지 신 기후체제에 대한 협상문을 만들기로 합의, 제19차 당사국총회에서 GCF 자금 조성전략을 마련키로 합의
제19차 ('13, 폴란드 바르샤바)	모든 국가가 2020년 이후의 온실가스 감축공약을 자체적으로 결정하여 2015년까지 제출토록 요청, 2020년까지 연간 1천억 불 마련을 위해 2년마다 기후재원장관회의를 개최하고 세부사항은 재정상설위에서 논의
제20차 ('14, 페루 리마)	Post-2020 감축목표를 포함한 각국의 기여내용(INDC) 제출범위, 제출시기, 제출정보 등 관련 지침을 확정, 신기후체제 협정문의 주요항목 문서(element paper) 채택
제21차 ('15, 프랑스 파리)	기존 교토의정서를 대체하는 파리협정을 채택하여 2020년 이후 선진 · 개도국 모두 온 실가스 감축에 동참하는 신기후체제 근간을 마련, 지구 평균기온 상승을 산업혁명 이전에 비해 2℃ 상승 이내로 억제하고 1.5℃ 이하까지 상승을 제한하는 국제사회 공동의 장기목표 제시

3) 온실가스 감축정책

(1) 일반 현황

2013년 우리나라의 온실가스 총배출량은 694.5 백만톤 CO_2eq이며, 지속적인 경제성장으로 1990년 대비 137.6%(연료연소분야 154.7%) 증가하였다. 또한, 연료연소에 따른 이산화탄소 배출량은 세계 7위이며 전세계 배출량의 1.8%를 차지하고 있다(IEA,*) 2015).

분야별로 보면, 에너지, 산업공정, 폐기물 분야의 2013년 배출량은 1990년 대비 각각 151.2%, 158.2%, 52.2% 증가하였으며, 농업 분야 배출량은 농경지 감소에 따라 0.2% 감소하였다. 온실가스별로는, 산림흡수량을 고려하지 않은 이산화탄소 배출량 비중이 1990

*) IEA(International Energy Agency) : 국제에너지기구

년 88.3%에서 2013년 93.8%로 증가한 반면, 메탄의 경우 농경지 감소 및 폐기물 감축대책 추진 등으로 1990년 10.3%에서 2013년 3.7%로 감소하였다.

표 5-20 **주요 국가별 연료연소에 의한 이산화탄소 배출현황 및 점유율** (단위 : 백만 CO_2톤)

구분		1990	1995	2000	2005	2010	2011	2012	2013	증가율 ('90대비,%)	비중 (%)
전세계		19,993	20,757	22,468	26,044	28,711	30,144	30,395	31,091	55.5	100.0
OECD		11,006	11,496	12,447	12,816	12,306	12,132	11,990	12,038	9.4	38.7
1	중국	2,217	3,035	3,300	5,401	7,137	8,466	8,564	9,023	307.0	29.0
2	미국	4,802	5,073	5,643	5,702	5,355	5,219	5,032	5,120	6.6	16.5
3	인도	534	708	892	1,086	1,597	1,660	1,780	1,869	249.9	6.0
4	러시아	2,163	1,548	1,474	1,482	1,529	1,604	1,551	1,543	-28.7	5.0
5	일본	1,049	1,122	1,157	1,196	1,126	1,178	1,217	1,235	17.7	4.0
6	독일	940	857	812	787	759	731	745	760	-19.2	2.4
7	한국	232	357	432	458	551	574	575	572	147.0	1.8
8	캐나다	419	448	516	536	515	524	524	536	28.0	1.7
9	이란	171	244	312	418	498	509	516	526	207.2	1.7
10	사우디 아라비아	151	192	235	298	419	435	463	472	212.7	1.5

※자료출처 : CO_2 Emissions from FuelCombustion(IEA, 2015)

(2) 온실가스 감축정책 추진

가. 총괄

2011년 12월 남아프리카 더반에서 개최된 제17차 기후변화당사국총회에서 2020년 이후 기후변화협약의 모든 당사국에게 온실가스 감축 의무를 부여함을 골자로 하는 국제적 합의가 이루어짐에 따라, 산업 · 수송 부문은 물론 비산업 부문에 이르기까지 부문별 온실가스 감축정책의 본격적인 추진이 요구되었다.

新기후체제 마련을 위한 협상 일정이 구체화됨에 따라, EU 이사회는 2030년까지 1990년 대비 온실가스 40% 감축이라는 목표를 승인('14.10) 하였으며, 미국은 2005년 대비 기준으로 2020년까지 17%, 2025년까지 26-28%의 감축목표를 설정했다.

기후변화협약 20차 총회('14.12, 페루 리마)에서는 2020년 이후 각국의 국가별 기여(INDC*)를 2015년 9월말까지 제출하기로 합의하여, 2016년 4월 현재 EU 28개국을 비롯한 162개국이 국가기여를 국제사회에 제출하였다. 제출국의 주요내용을 살펴보면 EU 28개 회원국, 노르웨이, 스위스는 2030년에 1990년 발생량보다 40~50%를 덜 배출하는 것으로, 멕시코는 2026년에 배출량 정점을 찍은 후 2030년까지 BAU 대비 25~40% 줄이겠다는 목표를 제시하였다.

우리나라도 국무조정실 주관으로 범부처 "기후변화대응 TF" 및 "공동작업반"을 구성하여 2014년 4월부터 2020년 이후의 온실가스 감축목표 설정작업을 추진하였다.

실무작업 결과를 토대로 감축시나리오 4개를 정부안으로 마련하여 민관합동검토반('15.6.11), 공청회('15.6.12), 국회토론회('15.6.18) 등을 통해 다양한 의견을 수렴 하였다.

이 과정에서 산업계는 감축부담을 더 완화할 것을 주장한 반면, 시민사회와 UN 등 국제사회는 GCF 유치국으로서의 한국의 위상에 걸맞게 현재보다 진일보한 감축목표를 요구하였다.

정부는 이러한 요구들을 수렴 · 조정하여 "2030년 온실가스 감축목표를 BAU(851백만 톤) 대비 37%으로 확정"하고 국제사회에 제출('15.6.30)하였다. 2015년 12월 파리 기후 변화당사국총회(COP21)에서 국제적으로 확정된 이후 그 후속조치로 부문별 · 업종별 · 연도별 감축목표를 설정하는 세부이행계획을 마련 중이다.

이와 함께, 2009년 코펜하겐 총회에서 공표한 온실가스 감축공약['20년 예상배출량(BAU) 대비 30% 감축] 이행을 위해 '온실가스 감축 국제공약 이행'을 박근혜정부 국정과제로 설정하고 국가 온실가스 감축목표의 실질적 이행을 위해 산업 · 건물 · 수송 등 각 부문별 감축정책과 수단을 체계화하고 과학기술을 활용한 감축방안과 취약부문의 감축 지원방안을 제시하는 '국가 온실가스 감축 로드맵'을 마련('14.1)하여 시행중이다.

나. 국제적 수준의 온실가스 관리체계 구축

정부는 국제적 수준의 온실가스 관리체계 구축을 위해 2010년 「저탄소 녹색성장 기본법」을 제정하고 같은 해 6월 온실가스종합정보센터(이하 센터)를 설립했다. 센터 설립의 주요 목적은 온실가스 배출에 관한 총괄적이고 체계적인 관리이며, 주요 기능은 국가의 저탄소 정책 추진을 위한 부문별 · 업종별 온실가스 감축목표 설정 · 관리 및 기후 변화 관련 국제협력 업무 지원이다.

이에 센터는 '국가 온실가스 통계 총괄관리 규정(환경부 훈령 제935호, '10.12)'을 만들고 이에 따라 '국가 온실가스 통계의 산정 · 보고 · 검증 지침' 등을 작성하여 유관 기관에 제공하고 있다.

또한, 온실가스 통계와 관련된 다양한 자료를 수집 · 관리하기 위해 2011년부터 '국가

*) INDC (Intended Nationally Determined Contributions) : 기후변화에 대해 각 국가가 자발적으로 계획한 감축목표, 추진계획, 적응 등의 기후변화 대응 및 국제사회 기여계획

온실가스 종합정보관리시스템(NGMS)'을 운영하고 있다. 이는 국가 및 사업장 인벤토리(배출원 정보) 보고 · 검증 · 관리의 핵심적 수단으로, 온실가스 · 에너지 목표관리제 적용대상인 관리업체와 부문별 관장기관(산업부, 국토부 등) 및 총괄기관(환경부) 등이 온실가스 배출량, 에너지 소비량 등의 관련 자료를 보고 · 확정하는 전산 인프라이다.

한편, 2015년 배출권 거래제의 시행을 위해 배출권 등록부*) 및 상쇄 등록부**) 등 관련 시스템을 2014년말 구축 완료하여 한국거래소와 연계함으로써, 온실가스 감축 제도 운영 · 관리를 위한 체계를 마련하였다.

온실가스 통계관리에 필요한 각종 지침과 국가 온실가스 배출량 및 배출계수는 센터와 외부전문가 검토를 통한 검증과 국가 온실가스 통계 실무협의회***)의 협의를 거쳐 국가 온실가스 통계 관리위원회의 승인을 받아 확정된다. 일련의 과정을 진행하여 국가 배출량이 확정되면 센터는 국가 온실가스 인벤토리 보고서(NIR ; National Inventory Report)를 작성하여 대외적으로 공표한다. 2015년에는 1990년부터 2013년까지의 8 산국가 온실가스 배출량이 산정 · 확정되었으며, 금년에는 2014년까지의 국가 온실가스 배출량이 확정될 예정이다.

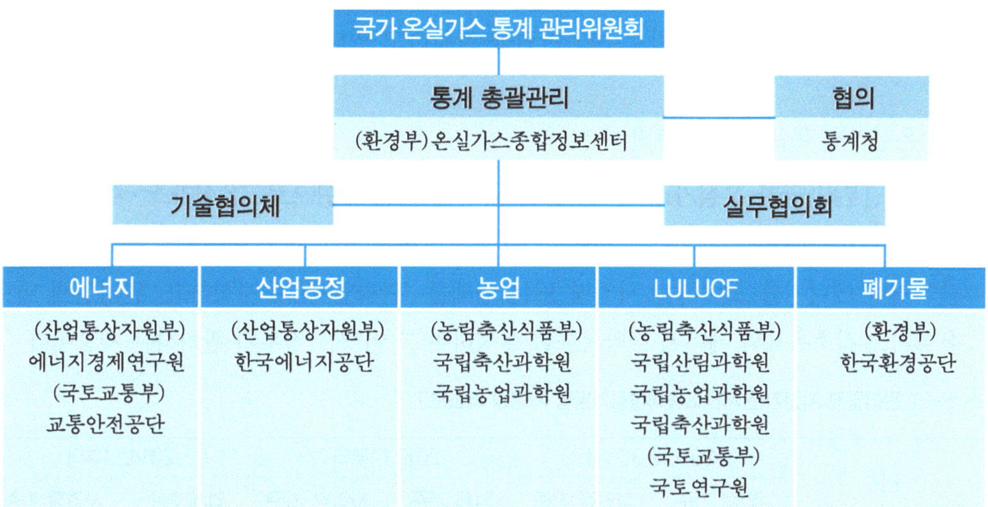

그림 5-16 국가 온실가스 통계 작성 체계

*) 배출권 거래제도 운영을 위해 배출권 할당 및 거래, 할당대상업체의 온실가스 배출량 등을 등록 · 관리하기 위한 시스템으로, 배출권 생성 · 이전 · 폐기 등 배출권 이력 관리, 배출권 거래 및 예탁, 배출권 제출 등의 기능을 가짐

**) 외부사업으로 발생한 온실가스 감축량을 등록 · 관리하기 위한 시스템으로, 외부사업으로 감축한 온실가스량의 인증 실적을 상쇄배출권으로 전환 등의 기능을 가짐

***) 국가 온실가스 통계 총괄관리에 관한 규정(환경부 훈령 제935호)에 의해 구성된 관계부처 협의를 위한 실무기구

온실가스 관련 정보관리 기능 이외에 국가 및 부문별 · 업종별 온실가스 감축목표 설정과 감축잠재량 평가도 센터의 주요 기능 가운데 하나이다. 2011년 국가 부문별 · 업종별 · 연도별 온실가스 감축목표 설정 과정에서 이미 다양한 온실가스 감축모형*) (MESSAGE, LEAP, AIM, CGE 등)을 활용, 최적의 감축경로를 분석 · 제시한 바 있으며 관련부처 전문가로 구성된 '공동 작업반' 을 운영하여 정부 차원의 단일안 마련에 기여한 바 있다.

또한, 2020년 이후 신(新)기후체제 대응을 위한 국가 장기 온실가스 감축목표를 마련하여 2015년에 국제사회에 제출한 바 있다.

센터는 글로벌 온실가스 정보 허브 구축을 목표로 국제협력사업도 활발히 추진하고 있다. 감축모형에 특화된 다자간 협력을 이끌어내기 위해, 선진적 지식과 정보 교류의 장으로 2010년부터 매년 '국제 모형 컨퍼런스(IMC; International Modeling Conference)' 를 개최하고 있으며 2011년부터 인벤토리와 감축모형에 관한 '개도국 교육 프로그램(GHG Inventory and Modeling Training Program)' 을 진행하고 있다.

아울러, 2011년부터 개도국을 대상으로 하는 다자간 협력 사업인 '개도국 협력 포럼(C2GMF ; Cooperative Green Growth Modeling Forum)' 을 운영하여 개도국의 온실 가스 감축목표 설정 및 감축수단 마련을 지원하고 있다.

다. 온실가스 목표관리제 추진

2010년부터 국가 온실가스 감축목표를 달성을 위한 수단으로 '온실가스 · 에너지 목표관리제' (이하 목표관리제)를 도입하였다. 목표관리제는 일정 규모 이상으로 온실가스를 배출하거나 에너지를 소비하는 사업장 또는 업체를 '관리업체' 로 지정하고, 관리업체 별로 온실가스 감축목표와 에너지 절약목표를 설정하여 그 이행을 정부가 관리하는 제도이다.

표 5-21 관리업체 지정기준(저탄소녹색성장기본법 시행령 제29조)

구분	2011.12.31까지		2012.1.1부터		2014.1.1부터	
	업체 기준	사업장 기준	업체 기준	사업장 기준	업체 기준	사업장 기준
온실가스 (CO_2 ton)	125,000	25,000	87,500	20,000	50,000	15,000
에너지소비 (terajoules)	500	100	350	90	200	80

* *최근 3년간 연평균 총량 기준*

*) 주요 온실가스 배출 부문(산업, 수송, 건물, 전환, 농업, 폐기물 등)의 주요 활동자료(Activity) 및 기술 특성을 바탕으로 최적의 온실가스 감축 경로(방법) 및 잠재량을 도출해내는 모형

목표관리제는 총괄·관장기관 체계로 운영되는데, 총괄기관인 환경부는 제도 운영에 필요한 종합적인 기준·절차와 지침을 마련하고 부문별 관장기관 사무에 대한 점검·평가를 담당한다. 관장기관인 농림축산식품부(농업· 임업·축산 분야), 산업통상자원부(산업·발전 분야), 환경부(폐기물 분야), 국토교통부(건물·교통 분야)는 소관 부문별로 관리업체를 지정하고 업체별 감축목표를 설정하며, 그 이행사항을 직접 관리한다.

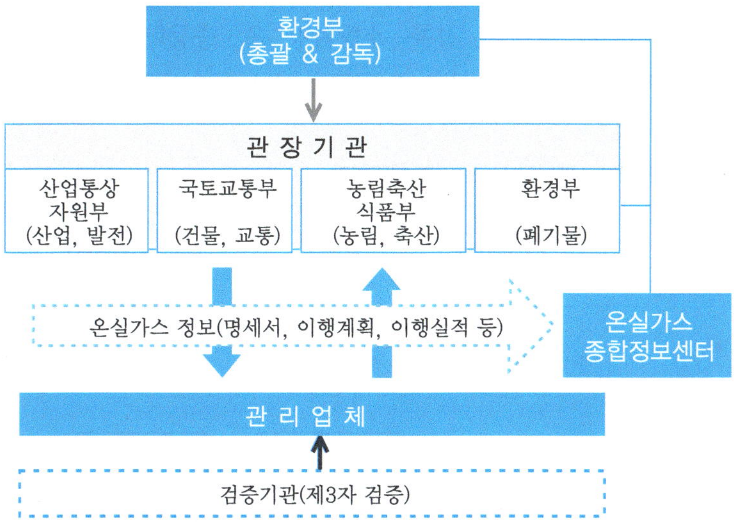

그림 5-17 온실가스·에너지 목표관리제 운영체계

2014년 감축목표의 이행결과('16.4월) 540개 관리업체 중 458개가 목표를 달성하여 85%의 목표 달성률을 보였으며, 당초 감축목표량 1,694만톤(예상배출량 6억806만톤에서 배출허용량 5억9,112만톤을 감한 양)의 2배에 해당되는 3,877만톤을 감축하였다.(감축률 6.4%, '13년 감축량 3,653만톤CO_{2eq}의 1.1배) 환경부는 2015년 업체별 이행실적에 대해 산업부 등 관장기관과 합동으로 점검을 실시하여 목표관리제의 이행관리를 강화하는 한편, 2017년도 관리업체별 감축목표 설정을 위한 작업을 추진 중에 있다.

환경부는 목표관리제 및 배출권거래제의 원활한 운영을 위해 '온실가스·에너지 목표관리 운영 등에 관한 지침'을 전면 개정('14.10.10)하여 두 제도에 공통으로 적용 가능한 온실가스 배출량 산정·보고 기준을 마련하고, 관리업체가 개정된 지침에 따라 효율적으로 제도를 이행할 수 있도록 돕기 위해 명세서 작성가이드라인('15.2) 및 지침 해설서('15.7)를 배포하였다.

한편, 「저탄소 녹색성장 기본법」에는 목표관리 대상기관으로 중앙행정기관, 지방자치단체, 공공기관, 지방공사 · 공단, 국 · 공립대학, 국립대학병원 · 치과병원 등 공공기관도 포함('16년 기준 814개 기관)되어 있다.

공공부문 목표관리제 대상기관은 2015년까지 기준배출량('07~'09년 연평균 배출량) 대비 20% 이상, 2020년까지 기준배출량 대비 30%이상 저감하도록 연차별 감축목표를 설정하고 이를 이행해야한다.

다만, 공공부문이라도 국방, 치안 및 학습권 보호 등을 위해 일부 시설은 적용에서 제외할 수 있도록 하였는데, 군부대, 경찰 · 소방차량, 초 · 중등학교, 노인 · 아동 · 장애인 등 복지시설, 연면적 100㎡ 미만 소규모 건물 등이 이에 해당된다.

표 5-22 공공부문 온실가스 · 에너지 목표관리제 운영체계

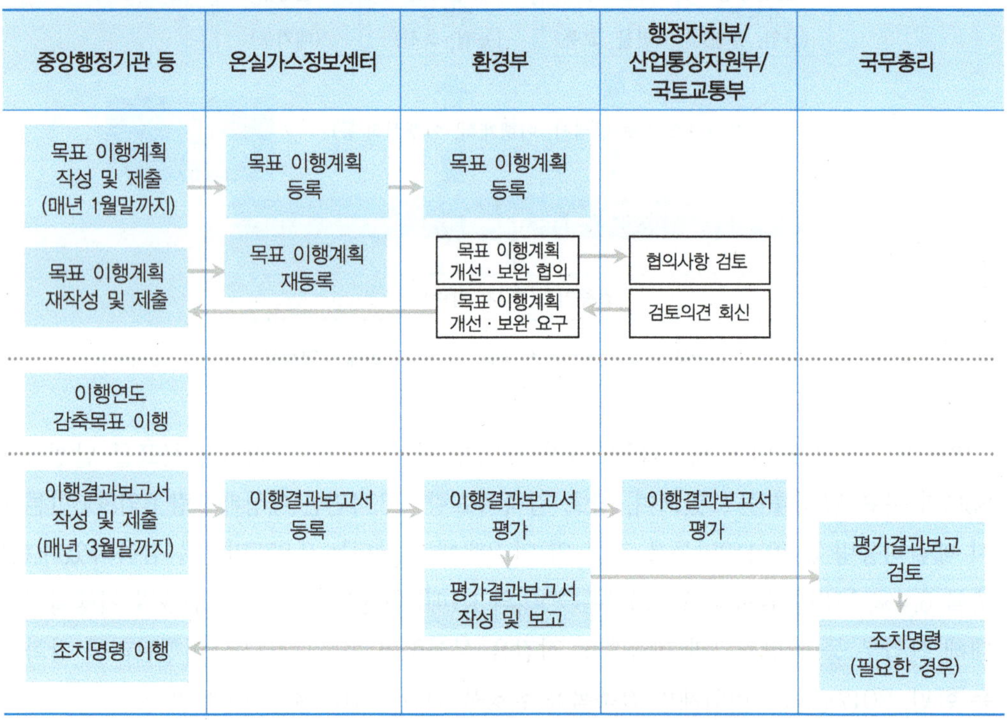

환경부는 지자체 등 공공부문의 온실가스 감축활동을 지원하기 위해 옥상녹화 등 감축사업에 대한 국고지원을 하고 있으며, 공공기관의 온실가스 감축 이행실적을 정부 권장정책 평가(기획재정부 주관)에 반영하여, 제도운영의 실효성을 제고하고 공공기관의 자율 감축활동 활성화를 유도하고 있다.

아울러, 공공부문 목표관리제도의 효율적 운영을 위해 대상기관 담당자를 대상으로 공공부문 목표관리제 이행 및 관리 시스템 교육을 실시하고 있으며, 대상기관 중 온실

가스 감축 취약기관에 대한 감축관리 지원을 위해 현장 감축기술 진단 및 기관 여건에 맞는 맞춤형 컨설팅 등을 제공하고 있다.

또한, '공공부문 온실가스 목표관리 운영성과 보고대회'를 개최하여 감축활동 우수기관에 대한 포상·표창 및 우수사례 발표, 건의사항 수렴 등 공공부문의 감축활동 활성화 및 제도운영 추진기반을 다져나가고 있다.

라. 온실가스 배출권거래제 시행

배출권거래제란 정부가 온실가스를 대량으로 배출하는 사업장을 대상으로 배출권(permit)을 할당(allocation)하여 할당된 배출권 범위 내에서 배출행위를 할 수 있도록 하고, 감축 후 여분 또는 부족 배출권에 대해 다른 사업장과의 거래를 허용하는 제도이다.

감축여력이 높은 기업(한계감축비용이 낮은 기업)은 할당된 배출권 보다 많이 감축하여 배출권을 배출권시장에 판매할 수 있고, 감축여력이 낮은 기업(한계감축비용이 높은 기업)은 직접감축 보다는 배출권을 구매함으로써 감축비용 절감이 가능하도록 하였다.

정부는 최근 3년간 온실가스 배출 연평균 총량이 125,000tCO_{2-eq} 이상인 업체 또는 25,000tCO_{2e} 이상인 단위사업장을 보유한 '배출권거래제 할당대상 업체' 525개소를 지정·고시하고, 관계부처 협의와 할당결정위원회 심의·조정을 거쳐 2014년 11월 할당량을 결정·통보함으로써 2015년부터 온실가스배출권거래제를 본격 도입·시행하였다.

배출권 할당은 무상할당과 유상할당으로 구분되는데, 1차 계획기간('15~'17)에는 100% 무상으로 할당하고, 2차 계획기간('18~'20)에는 유상할당 비율이 3%, 3차 계획기간('21~'25)에는 10% 이상 되도록 하여 시행 초기 산업계의 비용부담 완화와 제도의 연착륙을 도모하였다. 한편, 2차 계획기간 이후에도 우리나라 산업의 대외경쟁력을 고려하여, 수출비중이 높은 업종 또는 에너지 집약 업종에 대해서는 100% 무상할당이 가능하도록 하였다.

사업장은 배출권을 할당받고 배출 및 감축활동을 한 후 배출량을 산정하여 외부 전문기관의 검증을 거친 후 정부에 보고해야 하며, 정부는 이의 적합 여부를 평가한 후 배출량을 인증해준다. 배출권의 제출 방법은 할당받은 배출권을 제출하거나, 부족할 경우 다른 사업장으로부터 배출권을 구매하여 제출할 수도 있고, 다음 연도의 배출권을 차입하여 제출할 수도 있다. 또한, 해당 사업장 외부에서 감축사업(외부사업)을 통해 인증받은 온실 가스 감축량(상쇄배출권)이 있을 경우 이를 제출할 수도 있다. 외부사업의 승인 및 감축량 인증은 배출량 인증위원회의 심의를 거쳐야 한다. 할당받은 배출권 외에 다른 방법으로 배출권을 제출하는 경우 그 규모에 제한을 두고 있는데, 차입과 상쇄량은 제출해야 하는 배출권 총수량의 10%(차입의 경우, 제1차 계획기간에 한해 20%) 이내로 제한하고 있다.

외부사업을 통해 획득한 상쇄배출권에는 해외 상쇄도 가능(제3차 계획기간부터 적용)하며, 해외 상쇄의 경우 전체 상쇄배출권 제출한도의 50% 이내로 제한을 두고 있다.

배출권을 제출하고도 남는 경우에는 이를 다음 년도로 이월하여 미래의 배출권 수요에 대비할 수도 있다.

배출권의 거래는 등록부(registry)에 거래 계정을 등록함으로써 가능하다. 2차 계획기간까지 할당대상업체가 아닌 제3자의 거래 계정 등록에 제한을 두고 있으며, 배출권 거래는 거래당사자 간에 이루어 질 수도 있지만, 금융상품과 같이 배출권거래소를 통해 쉽고 안전하게 거래할 수도 있다. 아울러, 정부는 배출권 거래시장의 안정화를 위한 여러 가지 장치를 마련해 놓았다. 배출권가격이 폭등하는 등 긴급한 사유가 발생할 경우 가격 안정화를 위해 예비분을 추가 공급하여 시장 안정화 조치를 할 수 있으며, 이외에도 배출권의 최소 및 최대 보유한도를 설정하거나, 차입 또는 상쇄배출권의 제출 한도를 제한 할 수도 있고, 배출권 최고 또는 최소 가격을 설정할 수도 있다.

환경부에서 배출권거래소로 지정('14.1)한 한국거래소는 2015년 1월에 개장하여 운영 중이다. 또한 시장안정화 조치를 위해 공적금융기관(한국산업은행, 중소기업은행, 한국수출입은행), 한국환경공단과 시장안정화조치용 예비분 위탁관리 협약을 체결('15.5)하였으며, 배출권가격 급등 또는 급락, 거래물량 급증 또는 급감, 시장의 수급현황 등에 따른 배출권거래제 시장안정화조치 가이드라인을 마련('15.7) 하였다.

또한, 그간 제도적 기반 구축을 위해 제도의 종합적인 운영방안을 담은 '국가 배출권 할당계획', 배출권 할당, 보고 및 인증, 상쇄(외부사업), 검증, 조기감축, 거래 등과 관련한 세부 고시 또는 지침을 제정('14.9)하였고, 중소기업 등 산업계의 제도 적응력을 높이기 위해 기술지원을 위한 일괄 지원체계를 구축하고 있으며, 할당신청서 작성 사전교육, 모의거래 실시, 맞춤형 컨설팅 등을 제공하였다.

마. 자동차 온실가스 감축 추진

기후변화 대응을 위해 2020년까지 수송부문에서 감축해야 할 온실가스 목표량은 3,420만톤으로 전체의 34.3%를 차지한다. 이러한 목표치의 달성을 위해 2012년부터 시행된 자동차 평균 온실가스 · 연비 기준을 2016년부터 강화하였다.

2012년부터 2015년까지 10인승 이하 승용차와 승합차 중 총 중량이 3.5톤 미만 자동차를 대상으로 자동차 온실가스 배출허용기준과 연비 기준 중 하나를 선택하여 준수 토록 하고 있다. 환경부와 산업부가 각각 온실가스와 연비기준을 정하고, 제도 총괄관리는 환경부가 담당하고 있다. 자동차 제작사는 2015년까지 온실가스 140g/km, 연비 17km/ℓ 를 의무적으로 준수해야하며, 기준 미달성 시 과징금을 부과 받는다.

2014년에는 자동차 업계와 자동차 주요 무역국과의 협의를 거쳐 2016~2020년에 적용할 차기 자동차 평균 온실가스 · 연비 기준을 마련하였다. 관리대상 차종은 종전 15인승 이하 승용차 · 승합차 중 총 중량이 3.5톤 미만 자동차에서 3.5톤 미만 화물차까지 대상을 확대하였다. 승용차 · 승합차는 2020년까지 온실가스 97g/km, 연비 24.3km/ℓ 를 준수하여야하며, 화물차는 2020년까지 온실가스 166g/km, 연비 15.6km/ℓ 를 달성하여야한다.

이와 더불어, 오염물질과 온실가스가 배출되지 않는 무공해자동차(ZEV*)) 보급, 화석연료 기반의 운송수단 패러다임의 획기적 전환을 통해 환경개선과 신기술 개발 촉진을 유도하고 있다.

바. 가정 · 상업 등 비산업부문 기후변화대응 추진

우리나라 전체 온실가스의 40% 이상은 가정 · 상업 · 수송 등 비산업부문에서 배출되며, 비산업부문의 온실가스 감축은 산업부문에 비해 소요비용이 적으면서 효과는 즉시 발생하는 특성이 있다.

또한, 국가 2030년 온실가스 감축목표(BAU 37%)에서 산업계는 BAU 대비 12% (기존 18%) 이하로 감축목표가 줄어들어 비산업부문의 온실가스 감축의 중요성이 증가하고 있다.

환경부는 가정, 상업 등 전기, 상수도, 도시가스 및 지역난방 등의 사용량 절감에 따른 온실가스 감축률을 포인트로 환산하여 현금, 상품권, 쓰레기 종량제 봉투, 그린카드 포인트 적립 등 다양한 방법으로 인센티브를 제공하는 '탄소포인트(Carbon Point) 제도' 를 2008년 도입, 시범 운영을 거쳐, 2009년 7월부터 전국 지자체로 확대하였다. 2015년 12월말 현재 전국 광역시 · 도 전체 230개 기초지자체에서 개별가구 기준으로 350만여 세대가 참여중이며, 2015년 한 해만 온실가스 약 144만톤 CO2를 감축하였다.

*) ZEV(Zero emission vehicle) : 전기자동차, 수소연료전지자동차 등 배출가스가 전혀 나오지 않는 무공해자동차

표 5-23 지자체별 탄소포인트제 참여가구 현황('15.12)

구분	계	단지가입	개별가입	비고
계	5,886,277	2,385,370	3,500,907	
서울특별시	3,009,427	1,127,597	1,881,830	
부산광역시	324,130	261,321	62,809	
인천광역시	186,075	69,046	117,029	
대구광역시	85,568	690	84,878	
광주광역시	433,529	86,113	347,416	
대전광역시	270,036	189,210	80,826	
울산광역시	102,866	76,489	26,377	
세종특별자치시	7,729	5,944	1,785	
경기도	336,386	160,476	175,910	
강원도	67,968	31,314	36,654	
충청북도	54,725	15,874	38,851	
충청남도	117,177	51,487	65,690	
전라북도	175,407	21,798	153,609	
전라남도	180,300	91,290	89,010	
경상북도	154,797	55,285	99,512	
경상남도	292,906	141,436	151,470	
제주도	87,251	–	87,251	

비고 : 서울특별시는 환경부 탄소포인트제와 협력하여 에코마일리지라는 이름으로 유사한 제도를 운영 중에 있으며 참여가구에 포함

한편, 제품과 서비스의 원료채취, 수송 · 유통, 생산, 소비, 폐기 등 전과정(life cycle)에서 발생하는 온실가스 배출량을 이산화탄소 배출량으로 환산하여 제품에 표시함으로써 소비자의 친환경소비를 유도하는 '탄소성적표지제도'를 2009년 2월부터 시행하고 있다.

또한, 탄소성적표지제도는 1단계 탄소배출량인증('09.2. 시행), 2단계 저탄소제품인증('11.11. 시행), 3단계 탄소중립제품 인증('14.9. 시행)으로 나뉘어져 기업의 저탄소 기술 개발 · 적용을 촉진하기 위한 체계를 갖추고 있다. 2015년 12월말 현재 217개 기업, 1,923개 제품이 인증을 받았으며, 저탄소제품 인증으로 2015년 한 해 동안 약 46만 톤 CO_2를 감축하였다.

또한, 온 국민의 친환경생활문화를 정착시키기 위해 저탄소 · 친환경제품 구매, 에너지 절약 및 대중교통 이용 시 포인트를 적립 받고, 지자체 등 공공기관의 관광 · 문화 · 체육시설에서 할인서비스를 받을 수 있는 '그린카드제도'를 2011년 7월 도입하였다. 친환경 생활 실천에 따른 경제적 인센티브는 연 20만 원정도 수준이며, 20개 금융기관,

200개 기업, 920개 공공시설에서 인센티브 제공에 참여하여 도입이후 2015년말까지 총 196만 톤의 CO_2를 감축하는 등 대표적인 친환경 금융상품으로 정착되어 가고 있는 중이다.

그린카드는 보편적 결제수단인 신용카드를 이용하여 국민들의 참여가 용이하고, 기존 신용카드사의 전산 인프라를 활용하여 예산 투자를 최소화 했다는 것이 특징이며 신용 및 체크카드 외에 멤버십카드도 발급함으로써 개인 신용도에 상관없이 이용할 수 있도록 하여 사용 저변을 확대하였다. 또한 유통매장과의 제휴 및 친환경제품 제조업체와의 협력을 강화하고 있으며, 대국민 인지도 향상을 위해 신문, SNS(페이스북, 트위터, 블로그) 광고 및 '물범이' 캐릭터를 이용한 홍보를 지속적으로 실시하고 있다. 2015년 12월말 현재 1196만좌의 그린카드가 발급되어 친환경생활 실천에 기여하고 있다.

아울러, 환경부는 2006년부터 기후변화 교육 · 연구기반 확충과 전문인력 양성을 위한 기후변화특성화대학원을 지정 · 운영하고 있다. 현재까지 20개 대학원을 지정 · 운영하여 관련 전문분야의 석 · 박사 252명(박사 41명, 석사 211명)을 양성하였다.

환경부는 지자체의 기후변화대응 활동을 촉진하기 위해 '지자체 온실가스 감축 이행 및 평가 시스템' 개발 · 보급 등 기술적 · 재정적 지원을 실시하고 있으며, 외국 우수사례집 발간, 가이드라인 개발 · 보급, 순회교육 등 지자체의 기후변화대응 역량을 제고하기 위한 노력을 지속적으로 추진하고 있다.

2008년부터는 지역특성에 맞는 기후변화대응 모델을 개발하고 우수 사례의 보급 · 전파를 위해 지자체별로 다양한 테마 및 협력사업을 선정하여 행정적 · 기술적 · 재정적 지원을 병행하고 있다.

표 5-24 지자체 기후변화대응 예산지원 현황 (단위 : 백만원)

시 · 도	계	'08년	'09년	'10년	'11년	'12년	'13년	'14년	'15년
서울특별시	350	-	300	-	-	50	-	-	-
부산광역시	3,825	-	500	1,330	1,895	100	-	-	-
대구광역시	1,222	-	200	395	327	200	100	-	-
인천광역시	1,115	50	200	305	100	120	130	130	80
광주광역시	3,344	50	500	534	130	1,630	100	400	-
대전광역시	865	-	200	365	150	100	-	-	50
울산광역시	1,345	-	500	340	160	100	170	75	-
경기도	20,272	100	750	2,186	930	4,774	10,067	365	1,100
강원도	19,235	70	270	3,600	3,000	3,900	4,845	1,826	1,724
충청북도	3,320	-	180	280	360	1,300	1,200	-	-
충청남도	3,905	-	280	405	405	550	360	1,455	450
전라북도	2,245	45	180	570	580	500	170	200	-
전라남도	4,715	140	380	645	280	1,370	1,700	200	-
경상북도	5,035	-	230	55	250	1,480	3,020	-	-
경상남도	3,231	45	380	410	890	460	300	500	246
제주특별자치도	2,330	-	850	580	200	500	200	-	-

4) 기후변화 적응대책

(1) 국가 기후변화 적응대책

기후변화는 사회 모든 영역에 영향을 미침과 동시에 점진적으로 진행됨에 따라, 사회 전 부문을 아우를 수 있는 통합적이고 체계적인 기후변화 적응대책이 필요하다.

그동안 기후변화 대책의 근간인 '기후변화 대응 종합계획'이 4차례에 걸쳐 수립되었으나 제1차(1999~2001년) 및 제2차(2002~2007년) 대책은 기후변화 완화 내용만 반영되었으며, 제3차(2005년~2007년)에 와서 처음으로 기후변화 적응 관련 내용이 포함되었다. 이후, 2008년 12월 24일 13개 부처가 합동으로 수립한 "국가 기후변화 적응 종합계획(2009~2030년)"은 '기후변화 적응을 통한 안전사회 구축 및 녹색성장 지원'을 국가 비전으로 제시함으로써, 국가차원의 통합된 기후변화적응 계획을 수립하였다.

2009년 7월에 대통령 직속 녹색성장위원회에서 발표한 「녹색성장 국가전략 및 5개년 계획」에 "기후변화 적응역량 강화"가 10대 정책과제에 포함되는 등 기후변화 적응대책의 필요성과 시급성에 대한 인식이 점차 확대되었다.

2010년 4월 시행된 「저탄소 녹색성장기본법」에서는 국가 적응대책의 수립을 의무화 하였고, 이에 따라 적응대책 총괄부처인 환경부를 비롯하여 보건복지부, 국토해양부, 농림수산식품부 등 13개 중앙부처와 70여명의 해당 분야 전문가가 참여하여 '제1차 국가기후변화적응대책(2011~2015년)' 을 수립('10.10)하였다. 동 대책은 2008년 수립한 "국가기후변화적응종합계획"을 보완 · 발전시킨 것으로, 건강, 재해 · 재난, 물관리 등 10개 분야 87개 과제를 담고 있다.

2012년에는 IPCC 제5차 평가보고서에서 사용하는 기후변화 新시나리오(RCP: Representative Concentration Pathways)를 활용하여 국가기후변화적응대책을 수정 · 보완('12.12)하였다. 또한 2013년에는 수정 · 보완 작업의 후속조치로서 적응대책 세부과제를 9개 부문, 67개 과제로 재정비하고 이에 대한 세부시행계획(2013~2015년)을 수립하였다.

적응대책에 따라, 노인 · 장애인 · 만성질환자 등 기후변화에 가장 직접적인 피해를 받는 취약계층의 건강피해 방지를 위해 취약계층 맞춤형 대책을 마련하였고, 통합적인 정책 수립 및 민간기업의 기후변화 정보활용 지원을 위해 기후변화 적응 정보 통합시스템 구축을 추진하였다. 이를 토대로 부처 간, 기관 간 전문성을 상호 보완하고, 실효성 높은 적응대책 수립 지원을 위한 장기적 기후변화 적응 R&D를 추진하고 있다. 공공 부문의 적응역량 강화와 함께, 산업계 등 민간의 적응능력 제고를 위해 기후변화 리스크 평가체계 개발 및 공공기관 적응보고제도 도입방안 마련 등 민간으로의 적응 확산 대책도 추진해 나가고 있다. '제1차 국가 기후변화 적응대책' 으로 기후 전망자료 마련, 농수산 · 건강 · 생태계 등의 취약성을 분석하여 적응분야 관리를 강화하였다.

1차 대책의 성과를 보완 · 발전시켜 "제2차 국가 기후변화 적응대책(2016~2020)"을 마련('15.12)하였다. 제2차 대책은 과학적인 기후변화 리스크 분석을 바탕으로 분야별 연계 · 통합을 강화하였다. 국제적으로 적응의 중요성 강조, 국내적으로 고령화 가속으로 인한 위험 증가 등 대내외 여건변화도 반영하였다.

환경부를 포함한 20개 부처 합동으로 수립한 제2차 대책은 4개 정책부문, 1개 정책 기반, 20개 주요과제로 이루어져 있다. 또한 적응대책의 이행점검 · 평가를 위해 핵심지표 및 부문별 · 부처별 성과지표 등 점검체계도 포함하고 있다.

또한 환경부는 심화되는 기후변화에 대하여 체계적이고 심도 있는 영향 분석 및 취약성 평가, 기후변화로 인한 피해규모 분석 등을 실시하고 정책결정자들에게 필요한 기후변화 정보를 제공하기 위한 싱크탱크 기관으로서 한국환경정책 · 평가연구원을 '국가 기후변화적응센터(Korean Adaptation Center for Climate Change)'로 지정('09.7월)하였다. 적응센터는 기후변화 적응과 관련하여 중앙행정기관과 지방자치단체의 기후변화 적응정책 수립 및 운영에 있어서의 다양한 지원 기능을 수행하고 있다.

그림 5-18 국가 기후변화 적응대책(2016~2020) 비전 및 대책분야

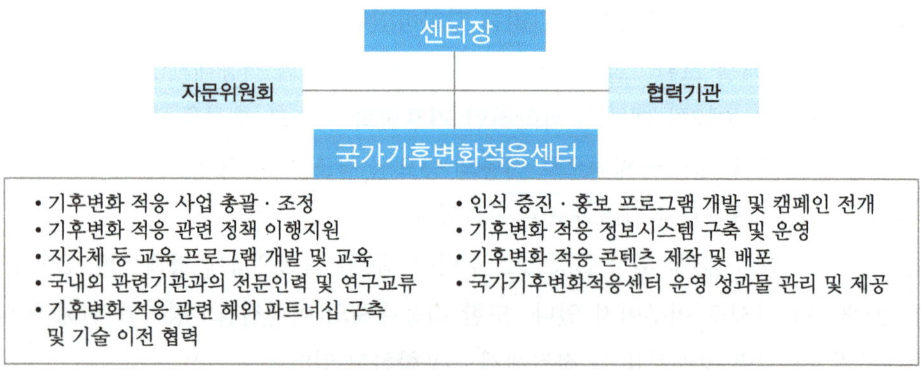

그림 5-19 국가기후변화적응센터 조직운영 계획 및 조직별 기능

또한, 환경부는 기후변화 감시예측 기능 강화를 위해 동아시아지역의 기후변화 및 대기

오염 물질(질소산화물, 황산화물, 오존, 알데히드, 에어로졸 등)의 배출 · 이동 상시 감시 목적의 환경위성 탑재체를 2019년 발사를 목표로 개발하고 있다. 이를 위해 2009년 6월부터 국립환경과학원 내에 환경위성 사업추진단을 구성 · 운영하였으며, 2010년에 '정지궤도 복합위성'에 대한 예비타당성 조사에서 사업 추진의 타당성을 인정받은 바 있다. 2012년에는 한국항공우주연구원을 환경위성탑재체 개발 주관 기관으로 지정하여 본격적인 개발을 시작하였으며, 2013년에는 허블 우주망원경과 케플러 우주망원경 등의 개발에 참여한 미국의 BATC(Ball Aerospace & Technology Corporation)와 환경위성 탑재체 공동개발 계약을 체결하였다. 2015년에는 상세설계를 완료하였고, 2016년 이후에는 환경위성 탑재 체의 비행모델(FM, Flight Model)의 조립 및 성능 · 환경시험 등을 수행할 계획이다. 환경위성 정보의 수신 · 처리 · 활용을 위한 국가환경위성센터 설립 또한 차질 없이 추진 중이다.

기후변화 적응에는 장기간에 걸친 공감대 형성과 참여가 필요하다는 인식하에 전문가, NGO, 대학생 등 다양한 계층의 눈높이를 맞춘 홍보전략을 수립하여 추진하고 있다.

또한, 기후변화 적응분야의 전문가와 국민의 정보 수요에 대응하기 위해 국내 정부부처, 연구기관 및 국제기구(UNDP, OECD, UNEP 등) 등에 분산되어 있는 기후변화 적응 정보의 메타데이터를 수집하고, 국민 및 전문가 그룹 등의 요청 정보를 제공하는 시스템(국가기후변화적응센터 홈페이지, http://ccas.kei.re.kr)을 구축 · 운영하여 '기후변화 적응정보 전달 허브' 역할을 수행하고 있다.

(2) 지자체 기후변화 적응대책

「저탄소 녹색성장 기본법」 시행령 제38조에 따라 광역 · 기초지자체는 기후변화 적응대책 세부시행계획을 수립 · 시행하여야 하며, 환경부장관은 매년 그 실적을 점검할 수 있다. 기초지자체의 경우 시행령 개정에 따라 2015년부터 기후변화 적응대책 세부시행 계획을 수립 · 시행하여야 한다.

이에 따라 광역지자체는 2012년부터 광역지자체 기후변화 적응대책 세부시행계획(2012~2016)을 수립 · 시행중에 있으며, 기초지자체는 2015년부터 기초지자체 기후변화 적응대책 세부시행계획을 수립하고 있다.

지자체의 적응대책 세부시행계획은 해당 지자체의 기후변화 적응을 위한 방향성과 세부 행동전략을 담은 계획으로서 기후변화 현황 및 전망, 기후변화 영향 및 취약성 평가 결과 등을 바탕으로 적응 목표와 연차별 세부시행계획 등을 포함하고 있다.

환경부는 기초지자체의 적응대책 수립을 지원하기 위하여 가이드라인, 지침, 우수 사례집 등 표준내용을 마련 · 제공하고 있으며, 전문가 컨설팅 및 교육을 운영하고 있다.

또한 취약성평가 도구의 개발 · 제공 등으로 지자체 적응대책 수립을 지원하고 있다.

표 5-25 기초지자체 기후변화 적응대책 세부시행계획 수립체계

단계	계획절차	세부내용
준비	적응대책 수립 기반체계 마련	(1) 기후변화 적응 인식 형성 (2) 적응대책 수립 T/F 구성
↓		
수립	[1] 지역 현황 및 기후변화 영향	(1) 지역현황 및 특성 (2) 기후변화 현황 및 전망 (3) 기후변화 영향 · 취약성 평가 (4) 종합분석 및 중점분야 선정
	[2] 계획 목표 및 세부전략	(1) 적응대책 비전 및 목표 설정 (2) 적응분야별 세부전략 설정
	[3] 적응대책 발굴 및 세부시행계획 수립	(1) 분야별 적응대책 발굴 및 선정 (2) 연차별 세부시행계획 마련
	[4] 계획의 집행 및 관리	(1) 이행 추진기반 마련 (2) 이행평가 및 모니터링 계획
	[5] 계획의 확정 및 공표	–
↓		
시행	모니터링 및 실적점검(이행성과 · 평가)	–

3 환경마크(Green mark)

1) 지구환경보전

(1) 지구환경회의

1992년 6월 14일 지구정상회의가 지구환경보전의 헌법격인 리우선언과 21세기를 향한 지구환경보전의 실천강령을 담은 '의제 21' 을 채택하고 세계환경회의가 성공적으로 폐막을 했다. 우리 인류는 부를 위해 산업혁명 이후 200년 동안 경제개발로 지구환경을 파괴해 이제는 인류의 생존 자체가 위협받게 됨에 따라 자연과 함께 사는 방안을 모색하고자

회의를 했다. 앞으로 선진국과 개발도상국가들이 지구환경파괴의 역사적 책임과 보상문제, 지구환경보전에 소요되는 경비 부담과 기술이전문제 등을 놓고 대립 · 논란을 거듭한 결과로 지구온난화 방지협약과 생물다양성 보전협약에 대한 절대 다수국가의 서명으로 발효하게 되었다.

지구환경은 악화되어 가고 있는 지구촌을 그대로 방치해 두면 머지 않아 인류의 생존권마저 위협받게 된다는게 환경전문가들의 진단이다. 리우회의에서 채택한 '의제 21' 은 날로 황폐해지고 있는 지구환경을 총괄적으로 관리하기 위한 실천강령이며, 취급하고 있는 의제가 38개나 된다. 각 의제별로 실천기반, 목표, 활동사항, 이행방안으로 구성 되었다. 이 중 활동사항은 관리, 자료 및 정보, 지역 및 국제협력 등으로 이행방안을 재정지원, 과학기술적 지원, 인적자원의 개발의 시행능력형성 등의 항목으로 세분화되었다.

유엔은 리우회의에서 결정한대로 곧 유엔 경제사회이사회에 지구환경을 총괄해서 관리하고 점검할 새로운 기구를 설치, 본격적인 지구환경관리에 들어가게 되었다. 이제 '의제 21' 은 법적 구속력은 없으나 세계 각국의 정상들이 한 자리에 모여 채택한 것인만큼 법적 구속력보다도 더 강한 정치적 구속력을 갖게 되었다.

따라서 총괄적인 지구환경보전을 위한 지구온난화 방지공약이 발효되면 협약 발효 3년 이내에 세계 각국은 CO_2 발생량을 국가통계로 작성해서 유엔에 의무적으로 제출하게 되었으며, 온실가스 저감정책 이행보고서도 내도록 규정되어 선진국은 이 협약발효 6개월 이내에 세계최초 보고서를 제출하도록 의무화되어 있다.

과거에는 경제개발에 환경을 포함시키지 않았지만 앞으로는 환경과 개발이 조화된 지구환경 보전관리의 공조체제가 시작되었다.

(2) 지속가능한 개발

지구환경의 총괄적인 보전관리를 위해서는 지구 전체를 대상으로 한 환경감시체제를 갖추어야 한다. 이의 첨단장비로서 원거리탐지 인공위성인 RSS(remote sensing satellites)는 지상 3만 6천km 상공의 정지궤도에 올려진 통신위성과는 달리 지상 900km의 극궤도를 돌며, 지상의 길이 10m짜리 물체까지 지구표면을 탐색해 산림규모의 변화, 수질의 변화, 해초류 이동 등 여러 가지 지구환경 감시를 위한 원거리탐지 위성이 필요에 따라 10여 개가 쏘아질 전망이다. 이제 최첨단기술이 총망라되어 원거리탐지위성이 보내온 각종 데이터를 종합적으로 분해 판독할 수 있는 GISS 컴퓨터기술이 개발되어 지구환경 감시체제는 각 국가마다 주기적으로 환경감시가 이루어질 전망이다. 따라서 CO_2, CH_4, CFCs 등 온실가스는 물론 각종 오염물질의 배출량이 국가별로 전량 규제되고 나아가 지구환경이 견딜 수 있는 환경용량 범위 내에서 지구 전체적인 규제를 실시함으로써 배출량에 따른 배출권 판매제도를 도입하려고 한다. 이 제도는 오염물질 배출량의 초과시에는 허용량보다 적은 국가로부터 남은 배출권을 살 수 있도록 하자는 것이다. 따라서 하나뿐인 지구를 인류의 쾌적한 환경으로 개선하자는 적극적인 노력이다.

1992년 6월 5일 선포된 환경에 대한 국가선언은 환경문제를 더 이상 이대로 둘 수 없다는 국내외적 조치로서 환경산업과 기술개발에 대한 관심과 국제적 여건조성이 우루과이라운드(UR)가 타결되었으며 GATT를 중심한 후속규제는 환경문제인 green round(GR)로서 기업의 사활은 환경문제와 직결될 수 밖에 없을 것으로 보며, 좀 더 기업들은 장차 국제무역 경쟁에서 이기기 위해 환경적으로 건전하고 지속가능한 개발운동인 ESSD(emvironmentally sound and sustainable developement)에 깊은 관심을 갖고 대비해야 한다.

2) 환경마크제도

1979년 5월에는 독일에서 최초로 시작된 agel mark(환경마크)의 도입이 절실하다고 판단되어 환경부는 환경마크(E mark)제도를 도입해 동일제품의 다른 제품에 비해 생산 · 사용 · 폐기과정에서 환경오염을 덜 시키거나 에너지 및 자원절약과 관련한 저공해 상품에 공인기관인 민간주도(사)환경마크협회에서 일정한 마크를 부여해 다른 상품과 구별해 줌으로써 저공해 상품 기술개발을 촉진하는 제도이다. 환경마크제도는 정부가 간접적으로 관여하면서 소비자단체 · 생산업체 · 학계대표 등 전문가 그룹이 주관해서 생산 · 사용 · 폐기과정에서 환경오염을 덜 일으키거나 자원절약에 기여하는 상품을 골라서 구매하도록 유도하고 저공해 상품을 선별, 소비자에게 알림으로써 환경보전에 이바지하는 간접적인 규제수단이다. 결과적으로 이러한 제품들이 잘 팔리게 함으로써 환경오염을 줄이는 데 기여하고 기업에게는 기업 스스로 저공해 상품 및 청정기술개발을 유도하고자 함과 소비자가 스스로 선택할 수 있는 기회를 부여함으로써 환경보전실천운동을 도와주고 환경보전의식을 높일 수 있다는 점이다. 현재 환경마크대상 상품의 종류는 재생종이를 포함한 종이 및 그 제품류, 재생종이를 포함한 화장지류, 폐플라스틱 재생제품류 및 염화플루오르화탄소(CFCs)를 사용하지 않는 스프레이류이다.

참고로 환경마크의 상징은 다음과 같다.

• 크기(환경마크)

표시하고자 하는 제품, 포장, 용지크기, 형태, 주변의 도안 등을 고려하여 적정한 크기로 표시한다.

• 색깔

환경마크의 색상은 청색(DIC No. 137) 및 연푸른 녹색(DIC No.93) 2도로 표현하는 것을 원칙으로 하고, 청색(DIC No. 93), 짙은 녹색, 검정색, 금색 또는 은색의 단색으로도 표현 할 수 있다. 단, 예외가 발생할 경우에는 (사) 환경마크협회와 협의하여 표현한다.

그림 5-20 환경마크

memo

부록

Ⅰ. 탄소원자량 12를 바탕으로 한 원소들의 국제원자량
Ⅱ. 공기의 성질
Ⅲ. 다중이용시설의 실내공기질 기준
Ⅳ. 단위확산
Ⅴ. 각종 배출원의 미세먼지 방출계수
Ⅵ. NOx 배출계수
Ⅶ. 연료의 종류 및 용도별 NOx 배출률
Ⅷ. SOx에 대한 영향
Ⅸ. NOx의 인체에 대한 영향
Ⅹ. SOx가스에 의한 식물피해

I 탄소원자량 12를 바탕으로 한 원소들의 국제원자량

원 소	기 호	원 자 수	원 자 량
Aluminum	Al	13	26.98
Antimony	Sb	51	121.75
ARSenic	As	33	74.92
Barium	Ba	56	137.34
Boron	B	5	10.81
Brominc	Br	35	79.91
Cadmiun	Cd	48	112.40
Calcium	Ca	20	40.08
Carbon	C	6	12.01
Chlorine	CL	17	35.45
Chromium	Cr	24	52.00
Cobalt	Co	27	58.93
Copper	Cu	29	63.54
Flurorine	F	9	19.00
Glod	Au	79	196.97
Helium	He	2	4.00
Hydrogen	H	1	1.008
lodine		53	126.90
Iron		26	55.85
Lead	Fe	82	207.19
Mageneium	Pb	12	24.31
Manganese	Mg	25	54.94
Mercury	Mn	80	200.59
Molybdenum	Mo	42	95.94
Nickel	Ni	28	58.71
Nitrogen	N	7	14.01
Oxygen	O	8	16.00
Phosphorous	P	15	30.97
Platinum	Pt	78	195.09
Potassium	K	19	39.10
Selenium	Se	34	78.96
Silicon	Si	14	28.09
Silver	Ag	47	107.87
Sodium	Na	11	22.99
Strontium	Sr	38	87.62

원소	기호	원자수	원자량
Sulfur	S	16	32.06
Tin	Sn	50	118.69
Zinc	Zn	30	65.37

상기 내용은 일부 원소이다. 특히 방사선 원소는 기재되어 있지 않다. 전체 원소들에 관해서 알려면 각종 화학전문서적을 참고할 것임.

II 공기의 성질

온 도 T(℃)	밀 도 r(kg/m³)	비 열 Cp(kcal/kg ·℃)	점성계수 μ(kg · sec/m²)	동점성계수 ν(m²/sec)
−100	1.984	0.241	1.21×10^{-6}	0.0598×10^{-4}
−50	1.533	0.240	1.49×10^{-6}	0.0953×10^{-4}
−20	1.348	0.240	1.65×10^{-6}	0.120×10^{-4}
0	1.251	0.240	1.76×10^{-6}	0.138×10^{-4}
20	1.166	0.240	1.86×10^{-6}	0.156×10^{-4}
40	1.091	0.241	1.95×10^{-6}	0.175×10^{-4}
60	1.026	0.241	2.05×10^{-6}	0.196×10^{-4}
80	0.968	0.241	2.14×10^{-6}	0.217×10^{-4}
100	0.916	0.242	2.23×10^{-6}	0.239×10^{-4}
120	0.869	0.242	2.32×10^{-6}	0.262×10^{-4}
140	0.827	0.243	2.40×10^{-6}	0.285×10^{-4}
160	0.789	0.243	2.48×10^{-6}	0.308×10^{-4}
180	0.754	0.244	2.56×10^{-6}	0.333×10^{-4}
200	0.722	0.245	2.64×10^{-6}	0.359×10^{-4}
250	0.652	0.247	2.83×10^{-6}	0.426×10^{-4}
300	0.596	0.250	3.01×10^{-6}	0.495×10^{-4}
350	0.548	0.253	3.18×10^{-6}	0.569×10^{-4}
400	0.508	0.255	3.34×10^{-6}	0.645×10^{-4}
500	0.442	0.261	3.65×10^{-6}	0.810×10^{-4}
600	0.391	0.267	3.94×10^{-6}	0.988×10^{-4}
800	0.319	0.276	4.47×10^{-6}	1.37×10^{-4}
1,000	0.265	0.285	4.94×10^{-6}	1.83×10^{-4}
1,200	0.232	0.293	5.38×10^{-6}	2.27×10^{-4}
1,400	0.204	0.302	5.79×10^{-7}	2.78×10^{-4}
1,600	0.183	0.312	6.17×10^{-6}	2.31×10^{-4}

III 다중이용시설의 실내공기질 기준

(1) 실내공기질 유지기준

<table>
<tr><th>오염물질 항목 / 다중이용시설</th><th>미세먼지 ($\mu g/m^3$)</th><th>이산화탄소 (ppm)</th><th>폼알데하이드 ($\mu g/m^3$)</th><th>총부유세균 (CFU/m^3)</th><th>일산화탄소 (ppm)</th></tr>
<tr><td>지하역사, 지하도상가, 여객자동차터미널의 대합실, 철도역사의 대합실, 공항시설 중 여객터미널, 항만시설 중 대합실, 도서관, 박물관, 미술관, 장례식장, 찜질방, 대규모점포, 영화상영관, 학원, 전시시설, 인터넷컴퓨터게임시설 제공업 영업시설</td><td>150 이하</td><td rowspan="3">1,000 이하</td><td rowspan="3">100 이하</td><td>–</td><td rowspan="2">10 이하</td></tr>
<tr><td>의료기관, 어린이집, 노인요양시설, 산후조리원</td><td>100 이하</td><td>800 이하</td></tr>
<tr><td>실내주차장</td><td>200 이하</td><td>–</td><td>25 이하</td></tr>
</table>

※ *도서관, 영화상영관, 학원, 인터넷컴퓨터 게임시설제공업 영업시설 중 자연환기가 불가능하여 자연환기설비 또는 기계환기설비를 이용하는 경우에는 이산화탄소의 기준을 1,500ppm 이하로 한다.*

(2) 실내공기질 권고기준

<table>
<tr><th>오염물질 항목 / 다중이용시설</th><th>이산화질소 (ppm)</th><th>라돈 (Bq/m^3)</th><th>총휘발성유기화합물($\mu g/m^3$)</th><th>석면 (개/cc)</th><th>오존 (ppm)</th></tr>
<tr><td>지하역사, 지하도상가, 여객자동차터미널의 대합실, 철도역사의 대합실, 공항시설 중 여객터미널, 항만시설 중 대합실, 도서관, 박물관, 미술관, 장례식장, 찜질방, 대규모점포, 영화상영관, 학원, 전시시설, 인터넷컴퓨터게임시설 제공업 영업시설</td><td rowspan="2">0.05 이하</td><td rowspan="3">148 이하</td><td>500 이하</td><td rowspan="3">0.01 이하</td><td rowspan="2">0.06 이하</td></tr>
<tr><td>의료기관, 어린이집, 노인요양시설, 산후조리원</td><td>400 이하</td></tr>
<tr><td>실내주차장</td><td>0.30 이하</td><td>1,000 이하</td><td>0.08 이하</td></tr>
</table>

Ⅳ 단위환산

(1) 길 이

mi	yd	ft	in	mm	cm	m	km
1	1760	5280	–	–	–	–	1.609
–	1	3	36	–	91.44	0.9144	–
–	–	1	12	–	30.48	–	–
–	–	–	1	25.40	2.54	–	–
–	–	–	–	10	1	–	–
–	1.094	3.281	–	–	100	1	–
0.6215	–	–	–	–	–	1000	1

(2) 면 적

mi^2	ac	yd^2	ft^2	in^2	cm^2	m^2	km^2
1	640	–	–	–	–	–	–
–	1	–	43,560	–	–	–	–
–	–	1	9	–	–	–	–
–	–	–	1	114	–	–	–
–	–	–	–	1	6.45	–	–
–	–	1.196	10.764	–	10	1	–
0.3863	247	–	–	–	–	106	1

1hectare(ha) = 10.000m^2 = 2.47ac

(3) 부 피

ft^3	Imp. gal	U.S. gal	U.S. pt	in^3	1	cmf	m^3
1	6.23	7.481	29.92	1728	28.32	–	–
–	1	1.2	4.9	277.4	4.536	–	–
–	–	1	4	231	3.785	–	–
–	–	–	1	57.75	0.946	–	–
–	–	0.264	1.057	61.02	1	1000	–
35.31	–	264.2	–	–	1000	106	1

(4) 중량 및 질량

ton	long ton	1b	grains	mg	gm	kgm	toeen
1	–	2000	–	–	–	–	–
–	1	2240	–	–	–	–	–
–	–	1	7000	–	454	–	–
–	–	–	15.43	1000	1	–	–
–	–	2.203	–	–	1000	1	–
–	–	–	–	–	–	1000	1

(5) 압 력

pai	ft of water	in of Hg	mm of Hg	atm	kilopascal
1	2.307	2.036	51.714	–	6.8957
0.4335	1	0.8825	22.416	–	–
0.4912	1.33	1	25.4	–	–
14.70	33.93	29.92	760	1	101.37

(6) 속 도

mi/hr	ft/sec	in/min	cm/s	km/h
1	1.467	1056	–	1.609
–	–	1	0.423	–
0.6215	–	–	–	1

(7) 유 량

f³/sec	MGD	gpm	ℓ /s	ℓ /min	m³/sec
1	0.6463	448.8	28.32	1699	–
1.547	1	694.4	–	–	–
–	–	15.85	1	–	–
35.32	22.82	15.850	1000	60.000	1

(8) 힘

kw	h[	ft-1b/sec	joule/sec (watt)
1	1.341	737.6	1000
0.7457	1	550	745.7

(9) 일, 동력, 열

kw-hr	hp-hr	ft-ld	Btu	gm-cal	joule
1	1.341	–	3412	–	–
0.7457	1	–	2544	–	–
–	–	1	–	–	1.356
–	–	777.5	1	252	1054
–	–	–	–	1	4.184
–	–	0.7376	–	–	1

(10) 기 타

1 U.S. gal = 8.34lb of water

°F=9/5(℃)+32

1 Imp. gal = 10 ld of water

°C=5/9(°F−32)

1 ft^3 = 62.43 lb of water

R=°F+460

1 m^3 = 2283 lb of water

K=°C+273

1 newton(N) = 0.2248 lb force = 1 kgm−m/s^2

g=32.17ft/sec^2 = 9.806m/s^2

1 pascal(Pa) = 1N/m^2

1 joule(J) = 1N−m

1 joule/sec(J/sec) =1N−m/sec

1 watt(W) = 1joule/sec = 1N−m/sec

1 ppm = 1mg/ℓ if the specific gravity = 1.00

V 각종 배출원의 미세먼지 방출계수

배 출 원	방 출 계 수
1) 천연가스의 연소	가스 1,000,000m³ 당 240kg
a) 화력발전소	가스 1,000,000m³ 당 288kg
b) 공업용 보일러	가스 1,000,000m³ 당 304kg
c) 가정용 및 상업용 난로	
2) 중류오일의 연소	오일, 1000ℓ 당 1.8kg
a) 공업용 및 상업용 난로	오일, 1000ℓ 당 0.96kg
b) 가정용 난로	
3) 잔류오일의 연소	오일, 1000ℓ 당 1.2kg
a) 화력발전소	오일, 1000ℓ 당 2.75kg
b) 공업용 및 상업용 난로	
4) 석탄의 연소	석탄 1 ton 당 0.9×재함유량
a) cyclone 난로	석탄 1 ton 당 5.9~7.7×재함유량
b) 기타 분말 석탄난로	석탄 1 ton 당 0.9×재함유량
c) 뿌려지는 화덕	석탄 1 ton 당 0.9~2.3×재함유량
d) 기타 화덕	
5) 소각	쓰레기 1 ton당 7.7kg
a) 복실 도시용 소각로	쓰레기 1 ton당 1.4kg
b) 복실 산업용 소각로	쓰레기 1 ton당 4.5kg
c) 단실 상업용 소각로	쓰레기 1 ton당 12.7kg
d) 연도 주입식 소각로	쓰레기 1 ton당 6.8kg
e) 가스 연소식 가정용 소각로	쓰레기 1 ton당 7.3kg
f) 도시 쓰레기의 노천소각	
6) 자동차	휘발유 1,000ℓ 당 1.44kg
a) 휘발유 엔진	디젤 1,000ℓ 당 13.2kg
b) 디젤엔진	주입된 금속 1 ton당 7.9kg
7) 회색주철 cupola furnaces	생산된 시멘트 1 barrel당 17.2kg
8) 시멘트 공장	
9) kraft 펄프 공장	생산된 건조상태의 펄프 1 ton당 9.1kg
a) smelt tank	생산된 건조상태의 펄프 1 ton당 42.6kg
b) 석회로(lime kiln)	생산된 건조상태의 펄프 1 ton당 68.0kg
c) 회수로	생산된 황산 1 ton당 0.14~3.4kg의 mist
10) 황산공장	
11) 제강공장	
a) 평로	생산된 강철 1 ton 당 0.68~9.1kg
b) 전기로	생산된 강철 1ton 당 6.8kg

VI NOx 배출계수

	배 출 원	평 균 배 출 계 수
석탄	가정 및 상가	3.6kg/ton
	공장	9.1kg/ton
	화력발전소	9.1kg/ton
연료오일	가정 및 상가	1.4~8.6kg/1,000ℓ
	공장	8.6kg/1,000ℓ
	화력발전소	12.4kg/1,000ℓ
천연가스	가정 및 상가	1.9kg/1,000m^3
	공장	3.4kg/1,000m^3
	화력발전소	6.2kg/1,000m^3
가스엔진	오일 및 가스생산	12.3kg/1,000m^3
	가스공장	68.8kg/1,000m^3
	파이프라인	116.8kg/1,000m^3
	정유공장	70.4kg/1,000m^3
가스터빈	가스공장	3.2kg/1,000m^3
	파이프라인	3.2kg/1,000m^3
	정유공장	3.2kg/1,000m^3
연료연소 (이동배출원)	가솔린엔진자동차	13.5kg/1,000ℓ
	디젤자동차	26.6kg/1,000ℓ
	비행기(재래식제트기)	10.4kg/엔진-비행
	프로펠러식엔진	4.2kg/엔진-비행
폐기물처분	노천소각	5.0kg/ton
	원추형소각로	0.3kg/ton
	도시소각로	0.9kg/ton
	현장소각	1.1kg/ton
화학공장	질산생산	25.8kg/ton HNO
	Adipic산	5.4kg/ton 생산품
	Terepjthalic산	5.9kg/ton 생산품
	대규모	0.09~6.3kg/ton-HNO_3
	질산화 소규모	0.9~117.8kg/ton-HNO_3

VII 연료의 종류 및 용도별 NOx 배출률

(단위 : 1b $NO_X/10^9$ Btu)

	Household and Commercial	Industry	Electric Utilities
Natural gas	110	205	375
Fuel Oil	80~480	480	690
Coal	340	840	840

VIII SOx에 대한 영향

(1) SO_2 단기노출에 의한 호흡기 계통의 영향

농 도		노출시간 (분)	영 향	대상인원	Reference
mg/m³	ppm				
2.9~23	1~8	10	맥박수 증가, 폐활량 감소, 호흡수 증가	14명의 건강한 남성	Amder)1953)
2.9	1	10~30	폐기능의 저항 증가	11명의 건강한 남성	Frank(1962)
2.9	1	15	호흡기능의 저항 증가	5명의 남성, 4명의 여성	Snell & Luchsinger(1969)
2.9	1	60~180	코의 점액흐름 감소, 비공의 단면적 감소	15명의 건강한 남성	AndeRSen(1974)
2.1	0.75	120	30분 노출시 강제폐활량(Forced Vital Capa city), 1초치호흡량(One Serond forced expiratory Volume), 최대호기율 (maximum expiratory flow rote) 등의 감소	4명의 건강인	Bates & Hazucha(1975)
1.1	0.37	120	폐기능에 대한 장애 없음	4명의 건강인	Pates & Hazucha(1973)

자료) *1. Enviromental Health Criteria 8, Sulfur Oxide and Suspended Particulate Matter WHO 1979*
2. Air Quality Criteria For Sulfur Oxide and Supended Particulate Matter

(2) 황산 미스트 단기노출에 의한 호흡기 계통의 영향

농도 (mg/m³)	입경 (㎛)	노출시간 (분)	상대습도 (%)	온도 (℃)	영 향	대상인원	Reference
0.35	1	5~15	–	24	15명 중 5명의 호흡률증가 및 폐활량감소	15명의 건강인	Amder(1952)
39.4	0.99	60	62	18.4	폐기능의 저항증가, 초조감 증가	12명의 건강한 남성	Sim & Pattle (1957)
20.8	1.54	30	91	24.5	폐기능저항의 뚜렷한 증가, 심한 초조감	12명의 건강한 남성	Sim & Pattle (1957)

(3) 감각기관 또는 반사기능에 영향을 미치는 SO_2와 황산의 초기농도

영 향	반응 초기 도 (mg/m^3)		
	황산(Sulfuric Acid mist)	이산화황(SO_2)	SO_2+황산 mist
냄새 감지가능, 코 점막의 자극	0.6~0.85	1.6~2.8	0.3+0.5
어둠에 대한 적응시의 감소	0.63~0.73	0.92	0.3+0.5
Optical Chronaxy의 상승	0.73	1.5	0.6+1.2
Disruption of alpha rhythm	0.63	0.9	0.3+0.5
Conditioning of electrocortical reflex	0.4	0.6	0.15+0.5~0.3+0.25

자료) *Environmental Health Criteria and Sulfur Oxide and Particulate Matter, WHO 1979*
US Dept of HEW, "Air Quality Criteria for Sulfur Oxide," AP-50 US Govt. Printing Office, Washington, D. C., 1969
US Dept of HEW, "Air Quality Criteria for Particulate Matter,"AP-49, US Govt. Printing Office, Washington, D. C., 1969

(4) SO_2, Smoke, TSP의 단기노출에 의한 영향

24시간 평균의 연평균농도($\mu g/m^3$)			영 향
SO_2	Smoke	TSP	
>1000	>1000	-	1952년 영국 런던에서 5일간의 노출시, 사망률이 평상시의 약 5배로 늘어났음
710	750	-	최대 SO_2 농도 3,700$\mu g/m^3$, 최대 Smoke 농도 4,500$\mu g/m^3$ 사망률이 일간예상 사망률의 약 1.25배로 늘었음(1958~59 런던, Lawther)
500	500	-	이 농도 이상을 넘어섰을 때 사망률은 일간예상률의 1.25배로 증가 및 병원입원환자 수 증가(1958~60 런던, Martin)
500	-	-	이 농도 이상부터 사망률의 증가와 관계있음
500	250	-	이 농도 이상부터 환자율 증가(1954~68 런던, Lawther)
300	140	-	일시적인 호흡기능의 감소(169~72 네덜란드 Vlaardingen, Vander Lende).
200	-	150	이 농도 이상에서 환자 중 일부의 천식증상 증가(미국 Cumberland WV, Cohen)

자료) *Environmental Health Criteria and Sulfur Oxide and Particulate Matter, WHO 1979*
US Dept of HEW, "Air Quality Criteria for Sulfur Oxide," AP-50 US Govt. Printing Office, Washington, D. C., 1969
US Dept of HEW, "Air Quality Criteria for Particulate Matter."AP-49, US Govt. Printing Office, Washington, D. C., 1969

(5) SO_2, Smoke, TSP의 장기노출에 의한 영향

24시간 평균의 연평균농도($\mu g/m^3$)			영 향
SO_2	Smoke	TSP	
200	200	-	어린이들이 호흡기질환의 증가(영국 Sheffield, Lunn 1967, 1970)
-	-	180	호흡기질환의 증상발견, 성인의 호흡기 기능의 감소(미국 Berlin, NH, Ferris 1973)
150	-	-	어린이들의 호흡기질환의 증상 증가(영국 & Wales, Colly & Reid 1970)
125	170	-	성인의 호흡기질환 증상의 증가(폴란드 Cracow, Sawicki 1972)
140	140	-	어린이들의 호흡기관 하부의 질환증가(영국, Douglas & Walter 1966)
60~140	-	100~200	성인의 호흡기질환증상의 증가(Tokyo, Suzuki & Hitosugi 1970)

자료) *Environmental Health Criteria 8 Sulfur Oxide and Particulate Matter, WHO 1979*
US Dept of HEW, "Air Quality Criteria for Particulate Matter", AP-49, US Govt. Printing Office, Washington, D. C., 1969
US Dept of HEW, "Air Quality Criteria for Sulfur Oxide," AP-50 US Govt. Printing Office, Washington, D.C., 1969

IX NOx의 인체에 대한 영향

(1) 감각기관에 대한 영향

NO_2 농도		노출시간	영 향	반응 및 대상		Reference
(㎍/m³)	(ppm)			반응[*1]	대 상	
790	0.42	즉시	노출이 시작되면서 바로 냄새를 감지할 수 있음	8/8	8명의 정상인	Henschler et al(1960)
410	0.22	즉시	노출이 시작되면서 바로 냄새를 감지할 수 있음	8/13	13명의 정상인	〃
230	0.12	즉시	노출이 시작되면서 바로 냄새를 감지할 수 있음	3/9	9명의 정상인	〃
230	0.12	즉시	노출이 시작되면서 바로 냄새를 감지할 수 있음	대부분의 대상인	14명의 정상인	Salamberidze(1967)
200	0.11	즉시	노출이 시작되면서 바로 냄새를 감지할 수 있음	26/28	28명의 정상인	Feldman(1974)
0~51,000	0-27	54min	NO_2농도를 0에서 27ppm으로 54분 동안 서서히 증가시켰을 때 냄새를 감지할 수 없었으며 상대습도의 증가가 냄새 감지를 증가시킴	0/6	6명의 정상인	Henschler et al(1960)
140	0.074	5~25 min	코로 숨을 쉼으로써 어둠에 대한 적응 시력이 감소됨	4/4	4명의 정상인	Salamveridze(1967)

*주) 반응*1 : 각 노출에 대한 반응을 보인 대상인원/총대상인*

자료) 1. Environmental Health Criteria 4 Oxide of Nitrogen, WHO 1979

2. Air Quality Criteria for Oxides of Nitrogen WHO 1977

(2) 허파기능에 대한 영향

NO_2 농도		노출시간 (hour)	영 향	대상인원	Reference
㎍/m³	ppm				
9400	5	2hr	Raw[*1]가 급격히 증가, $AaDO_2$[*2]의 감소	11명의 정상인	Nieding et al(1976)
9400	5	15min	노출 전, 중, 후 PAO_2[*3]는 불변이나 PaO_2[*4]는 급격히 감소하고 $AaDO_2$[*2]는 증가	14명의 만성기관지염 환자	Nieding et al(1973)
9400	5	15min	DL_{CO}[*5]이 급격히 감소	16명의 정상인	Nieding et al(1973)
7500~ 9400	4~5	10min	들숨과 날숨의 저항증가에 따라 폐활동기능 저하	5명의 정상인	Abe(1967)
3000~ 3800	1.6~2.0	15min	Raw[*1]의 증가	15명의 만성기관지염 환자	Nieding(1971)
1300~ 3800	0.7~2.0	10min	들숨과 날숨의 저항증가	10명의 정상인	Suzuki & Ishikawa
190	0.1	1hr	대상인원중 13명이 SRaw[*6]의 급격한 증가	20명의 천식환자	Orehek et al(1976)
100 NO_2	0.05 NO_2		와 기관지 수축 현상을 보임.		
50 O_3	0.025 O_3		Raw[*1]와 $AaDO_2$[*2]의 증세 없음. 노출 전에	11명의 정상인	Nieding et al(1976)
260 SO_2	0.10S O_2	2hr	비하여 기관지에 민감한 반응보임		

주) *Raw[*1] : 기도저항*
*AaDO[*2] : 폐포의 혈관 사이의 산소압차*
*PAO[*2] : 폐포의 부분압*
*PaO_2[*4] : 혈관의 부분압*
*DL_{co}[*5] : 폐에서의 CO에 대한 확산능력*
*SRaw[*5] : 기도비저항*

자료) *Environtal Health Criteria 4 Oxides of Nitrogen, WHO 1979*
Air Quality Criteria for Oxides of Nitrogen

X SOx가스에 의한 식물피해

적송	엽중간	유엽 → 노엽	반점황	황 → · 갈 → (적갈)
곰솔	엽중간	성엽 → 노엽	긴반점	상아 → 담갈 → 황갈 → (적갈)
리기다소나무	엽중간	성엽 → 전체	긴반점	담갈 → 황 → (적갈)
옥향나무	엽연	유엽 → 0년생가지	반점	담갈 → 갈
선향나무	엽연	유엽 → 전체	반점	담갈 → 갈
누운향나무	엽연	유엽 → 노엽	반점	담갈 → 연회 → 황갈
가이쓰카향나무	엽중간	유엽 → 노엽	반점	담갈 → 황갈
스트로브잣나무	엽중간	유엽성엽 → 노엽	긴반점	담갈 → 황갈 → 황
잣나무	엽중간	유엽 → 노엽	긴반점	연록 → 황갈 → 갈
낙엽송	엽정	유엽 → 노엽	반점	담갈 → 황갈 → 황
히말라야시다	엽정	유엽 → • 엽	반점	상아 → 연회 → 담갈 → 황갈
서양측백나무	엽정	유엽 → 노엽	반점	담갈 → 갈
황금편백나무	엽중간	유엽 → 노엽	반점	흑갈 → 갈
독일가문비	엽연	유엽 → 노엽	반점	담갈
회양목	엽맥간	유엽 → 성엽	반점	담갈
젓나무	엽중간	유엽 → 노엽	반점	담갈 → 갈 → 적갈
가중나무	엽맥간	성엽 → 전체	반점	연두 → 담갈 → 갈 → 흑갈
느릅나무	엽맥간	성엽 → 전체	반점	담갈 → 갈 → 적갈
느티나무	엽맥간	성엽 → 전체	반점	적갈 → 갈
벚나무	엽맥간	유엽 → 전체	반점	담갈 → 갈 → 흑갈
벽오동나무	엽맥간	성엽 → 전체	반점	황 → 담갈 → 황갈 → 갈
은단풍나무	엽맥간	유엽 → 전체	반점	담갈 → 갈
은행나무	엽연	유엽 → 노엽	대상	담갈 → 갈
양버즘나무	엽맥간	성엽 → 전체	반점	연회 → 담갈 → 갈
회화나무	엽맥간	성엽 → 전체	반점	회백 → 담갈 → 연회 → 황
개나리	엽맥간	유엽 → 전체	반점	연두 → 담갈 → 갈
겹철쭉	엽맥간	노엽 → 전체	반점	담갈 → 황갈 → 갈
매자나무	엽맥간	성엽 → 전체	반점	적 → 적갈 → 담갈
무궁화	엽맥간	성엽 → 전체	반점	연두 → 담갈 → 황갈
산철쭉	엽맥간	유엽 → 전체	반점	황 · 황갈 → 적갈 → 갈
쥐똥나무	엽맥간	유엽 → 노엽	반점	담갈 → 흑갈 → 갈

참고문헌

1. 이규성, 대기오염개론, 형설출판사
2. 환경부, 환경백서, 2015
3. 환경부, 환경통계연감, 2015
4. 환경부, 통계로 본 기후와 대기환경
5. 환경부, 폐자원에너지화 사업실무, 2015
6. 이규성, 인간과 환경, 형설출판사
7. 이규성, 공중보건학, 동화기술
8. 이규성, 환경위생학, 동화기술
9. 이규성, 환경화학, 동화기술
10. 이규성, 대기오염방지기술, 형설출판사
11. 이규성, 연소공학, 형설출판사
12. 이규성, 미기생학, 나무와 숲
13. 이규성, 환경학개론, 형설출판사
14. 이규성, 환경영향평가, 화수목
15. 환경부, 대기환경보전법, 2016
16. 환경부, 환경정책기본법, 2016
17. 환경보전협회, 대기관리, 2016
18. 이규성, 폐기물재활용기술, 형설출판사
19. 이규성, 대기환경관리기사 이론문제집, 시대고시
20. 이규성, 대기환경관리기사 실기문제집, 시대고시

대기오염개론

정가 18,000원

저자 : 대기연구회
감수 : 서성석

발행인 : 임정대
발행처 : 도서출판 화수목

인쇄 : 2017년 3월 03일 초판 1쇄
발행 : 2017년 3월 10일 초판 1쇄

등록 : 제2014-000166호

주소 : 서울시 마포구 신촌로 2길 5-15
전화 : 02-338-9119
팩스 : 02-335-2201

ISBN : 979-11-86290-72-9 (93530)